物联网工程技术及其应用系列规划教材

家居物联网技术开发与实践

主　编　付　蔚

副主编　王　平　童世华

内 容 简 介

本书主要针对智能家居平台，对智能家居本身及其涉及的关键技术进行了详细的介绍和总结，同时也列举了一些智能家居系统实例的搭建、应用和测试。第1章介绍了物联网技术和智能家居的起源、概念、技术架构及未来的发展。第2章详细介绍了智能家居中的关键技术，包括智能家居中的网络技术、嵌入式开发技术、移动终端开发技术。同时，创造性地将智能家居系统分为家居安防、环境监控、家电控制、能耗管控和智能医疗5大块。第3章介绍了智能家居综合设备及云服务平台，在其后的第4章到第8章分别介绍了各大块的典型设备及其搭建、应用和测试。最后，在第9章对智能家居的相关标准与规范进行了归纳和整理。

本书具有较强的系统性和实用性，突出了基础性和先进性，强调核心知识，理论与实践相结合，可作为高等院校自动化、计算机等专业的智能家居课程的教学参考书及工程技术人员的实用参考书，也可作为应用技术的培训教材。

图书在版编目(CIP)数据

家居物联网技术开发与实践/付蔚主编. —北京：北京大学出版社，2013.8

(物联网工程技术及其应用系列规划教材)

ISBN 978-7-301-22385-7

Ⅰ. ①家… Ⅱ. ①付… Ⅲ. ①互联网络—应用—住宅—智能化建筑—自动控制系统—高等学校—教材 Ⅳ. ①TU241-39

中国版本图书馆 CIP 数据核字(2013)第 173104 号

书　　名：家居物联网技术开发与实践

著作责任者：付　蔚　主编

策 划 编 辑：程志强

责 任 编 辑：程志强

标 准 书 号：ISBN 978-7-301-22385-7/TN・0100

出 版 发 行：北京大学出版社

地　　址：北京市海淀区成府路 205 号　100871

网　　址：http://www.pup.cn　新浪官方微博：@北京大学出版社

电 子 信 箱：pup_6@163.com

电　　话：邮购部 62752015　发行部 62750672　编辑部 62750667　出版部 62754962

印　刷　者：北京飞达印刷有限责任公司

经　销　者：新华书店

787 毫米×1092 毫米　16 开本　19.25 印张　450 千字

2013 年 8 月第 1 版　2014 年 12 月第 2 次印刷

定　　价：39.00 元

前　言

智能家居是以住宅为平台，利用综合布线技术、网络通信技术、安全防范技术、自动控制技术、音视频技术将家居生活有关的设施集成，构建高效的住宅设施与家庭日程事务的管理系统，有助于提升家居安全性、便利性、舒适性和艺术性，并实现节能环保的居住环境。智能家居实际上是集多种不同领域和学科于一体的综合性学科。

物联网作为战略性新兴产业已被写入我国政府制订的“十二五”规划，上升为国家战略。2012年2月14日出台的《物联网“十二五”发展规划》圈定了重点发展的九大应用，包括智能工业、智能农业、智能物流、智能交通、智能电网、智能环保、智能安防、智能医疗和智能家居。智能家居作为物联网发展中的一个板块，在物联网飞速发展的同时，也在快速地切入及发展。智能家居作为物联网的重要组成部分，也是离大家生活最近的一部分，发展前景十分广阔。

虽然智能家居发展十分迅速和火爆，但目前仍然缺少一些系统而全面的书籍介绍智能家居系统，在这种情况下，编者将智能家居所涉及的各种技术、规范及部分开发实例整理成书，作为大家了解和学习智能家居系统的工具。阅读完本书，读者会对智能家居的发展过程及其在物联网中的地位有深刻的了解。

本书由付蔚担任主编，王平、童世华担任副主编，工业物联网与网络化控制国家教育部重点实验室智能家居研发团队研究生陈莉、陈钰莹、唐鹏光、谢浩、任荣、张阳阳、陈博、李倩、葛厚阳、葛清华、敬章浩、王俊参与了本书部分章节的编写和整理工作，在此表示衷心的感谢！

本书为初版，在编写本书的过程中，难免出现疏漏和不足之处，还请大家谅解，同时也欢迎大家批评和指正。

编　者

2013年5月

目　录

第 1 章

智能家居系统概述

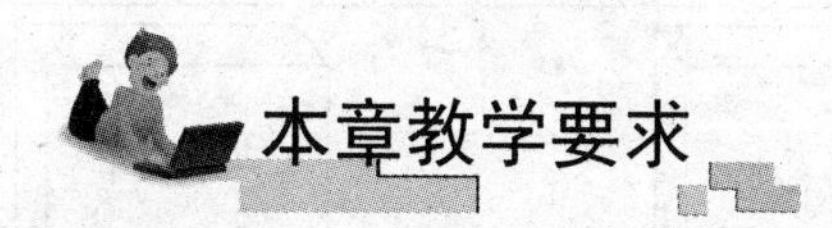

- 了解物联网的起源
- 掌握智能家居的概念
- 了解智能家居未来的发展

本章导读

物联网，简而言之就是把感应器嵌入和装配到电网、铁路、桥梁、隧道、公路、建筑、供水系统、大坝、油气管道等各种物体中，然后将“物联网”与现有的互联网整合起来，实现人类社会与物理系统的整合。智能家居就是基于物联网技术而建立起来的一个集成性的系统体系环境，它是未来发展的趋势。在本章中，我们将学习到物联网的起源，基于物联网的智能家居是如何定义的以及它的未来发展。通过本章的学习，希望同学们对物联网和智能家居都能有个清楚的认识。

1.1 智能家居的起源

1.1.1 物联网的起源

物联网是基于互联网、传统电信网等信息承载体，让所有能够被独立寻址的普通物理对象实现互联互通的网络。物联网是现代信息技术发展到一定阶段后出现的一种聚合性应用与技术提升，被称为信息产业的第三次革命性创新。

物联网把新一代 IT 技术充分运用到各行各业之中，具体地说，就是把感应器嵌入和装配到电网、铁路、桥梁、隧道、公路、建筑、供水系统、大坝、油气管道等各种物体中，然后将“物联网”与现有的互联网整合起来，实现人类社会与物理系统的整合，在这个整合的网络当中，存在能力超级强大的中心计算机群，能够对整合网络内的人员、机器、设备和基础设施实施实时的管理和控制，在此基础上，人类可以以更加精细和动态的方式管理生产和生活，达到“智慧”状态，提高资源利用率和生产力水平，改善人与自然的关系。

物联网技术是在互联网技术基础上的延伸和扩展的一种网络技术，从技术架构上看，物联网可分为3层：感知层、网络层和应用层。其体系架构如图1-1所示。

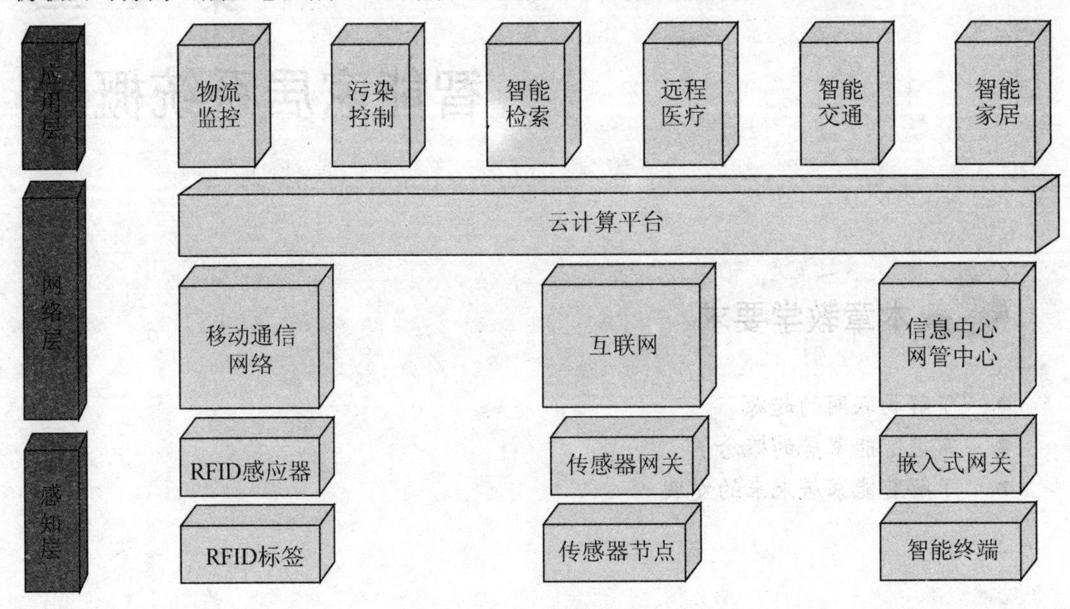

图1-1 物联网体系架构

感知层由各种传感器及传感器网关构成，常见的有二氧化碳浓度传感器、温度传感器、湿度传感器、二维码标签、RFID标签和读写器、摄像头、GPS等感知终端。感知层的作用相当于人的眼耳鼻喉和皮肤等神经末梢，它是物联网识别物体、采集信息的来源。

网络层由各种私有网络、互联网、有线和无线通信网络、网络管理系统和云计算平台等组成，网络层的作用相当于人的神经中枢和大脑，负责传递和处理感知层获取的信息。

应用层是物联网和用户(包括人、组织和其他系统)的接口，它与行业需求结合，实现物联网的智能应用。

下面分别从这3层对物联网相关技术进行介绍。

1. *感知层*

物联网感知层处于物联网体系架构的最底层，是物联网识别物体、采集信息的来源，是物联网应用的基础。

感知层涉及的关键技术主要包括：传感器技术、嵌入式技术、无线传感器网络通信技术、分布式信息处理技术等。感知层主要由各类集成化的微型传感器的协作实时监测、感知和采集各种环境下检测对象的信息，再经过嵌入式系统对信息进行处理，使之能通过无线传感器网络传送至网络层，进而最终到达用户终端。

传感器是一种检测装置，它能感受被检测者的信息，并能将检测到的信息转换成相应的电信号或其他需要的信号形式输出，以满足信息的传输、处理、存储、显示等要求。

传感器技术就是通过对传感器的应用实现对物联网中各种参量进行信息采集和简单加工，传感器技术的高低不但直接影响物联网的感知能力，还影响到物联网应用的发展。物联网应用随着传感器技术的不断发展渗透到社会的各个行业领域，在未来的物联网发展中，传感器技术将继续扮演重要的角色。

无线传感器网络就是由部署在监测区域内大量的廉价微型传感器节点组成，通过无线通信方式形成的一个多跳自组织网络。物联网感知层部署有大量的传感器节点用于感知各种信息，而这些感知到的信息需要通过无线传感器网络进行传递。

对于相关的无线传感器网络通信技术在后续章节将会给出详细介绍。

随着物联网的发展，对物联网应用的智能化程度的要求在不断提高，以应用为中心，计算机技术为基础的嵌入式技术很好地解决了这个问题。

嵌入式技术应用于传感器网络节点，大大加强了节点的运算处理能力，使得传感器节点能完成更多复杂的特定任务，扩大物联网的应用领域。

对于嵌入式相关技术，后续章节将会给出详细介绍。

2. 网络层

物联网网络层是在现有网络的基础上建立起来的，它与目前主流的内部网络、互联网、有线和无线通信网络等一样，主要承担数据传输功能。

在物联网网络层，除了继承了现有网络成熟的有线、无线通信技术和网络技术外，为了满足“物物相连”的需求，物联网网络层还运用了 IPv6 技术。同时，网络层中对感知数据管理和处理技术也是以数据为中心的物联网的核心技术。

对于相关的物联网网络层技术将在本文后章节给出详细介绍。

应用是物联网发展的动力和目的，物联网应用层的作用就是针对各钟感知数据信息进行挖掘、分析、处理，以及基于此进行数据决策和行为。也就是说，应用层将感知层感知的通过网络层传输来的数据通过各类信息系统进行处理，并通过各种设备进行人机交互，为用户提供丰富的业务体验。应用层包括两部分：物联网中间件和物联网应用。

物联网中间件是一种独立的系统软件或服务程序。中间件将许多可以公用的能力进行统一封装，提供给丰富多样的物联网应用。统一封装的能力包括通信的管理能力、设备的控制能力、定位能力等。

物联网应用是用户直接使用的各种应用，种类非常多，包括家庭物联网应用，如家电智能控制、家庭安防等，也包括很多企业和行业应用，如石油监控应用、电力抄表、车载应用、远程医疗等。

应用层的实现主要基于软件技术和计算机技术。应用层的关键技术主要是基于软件的各种数据处理技术，此外，云计算技术作为海量数据的存储、分析平台，也将是物联网应用层的重要组成部分。应用是物联网发展的目的。各种行业和家庭应用的开发是物联网普及的源动力，将给整个物联网产业链带来巨大利润。

目前，我国物联网在安防、电力、交通、物流、医疗、环保等领域已经得到应用，且应用模式正日趋成熟。在安防领域，视频监控、周界防入侵等应用已取得良好效果；在电力行业，远程抄表、输变电监测等应用正在逐步拓展；在交通领域，路网监测、车辆管理和调度等应用正在发挥积极作用；在物流领域，物品仓储、运输、监测应用广泛推广；在医疗领域，个人健康监护、远程医疗等应用日趋成熟。除此之外，物联网在环境监测、市政设施监控、楼宇节能、食品药品溯源等方面也开展了广泛的应用。

物联网已成为当前世界新一轮经济和科技发展的战略制高点之一，发展物联网对于促进经济发展和社会进步具有重要的现实意义。为抓住机遇，明确方向，突出重点，加快培育和壮大物联网，根据我国《国民经济和社会发展第十二个五年规划纲要》和《国务院关于加快培育和发展战略性新兴产业的决定》，工业和信息化部于2011年11月28日发布了《物联网"十二五"发展规划》(以下简称《规划》)，这标志着我国已经将物联网的发展提升到战略高度。

根据《规划》要求，国家将在重点领域开展应用示范工程，探索应用模式，积累应用部署和推广的经验和方法，形成一系列成熟的可复制推广的应用模板，为物联网应用在全社会、全行业的规模化推广做准备。经济领域应用示范以行业主管部门或典型大企业为主导，民生领域应用示范以地方政府为主导，联合物联网关键技术、关键产业和重要标准机构共同参与，形成优秀解决方案并进行部署、改进、完善，最终形成示范应用牵引产业发展的良好态势。物联网重点应用领域如下。

(1) 智能工业：生产控制、生产环境监测、制造供应链跟踪、产品生命周期监测、促进安全生产和节能减排。

(2) 智能农业：农业资源利用、农业生产精细化管理、生产养殖环境监控、农产品质量安全管理与产品溯源。

(3) 智能物流：建设库存监控、配送管理、安全追溯等现代流通应用系统，建设跨区域、跨行业部门的物流公共服务平台，实现电子商务与物流配送一体化管理。

(4) 智能交通：交通状态感知与交换、交通诱导与智能化管控、车辆定位与调度、车辆远程监测与服务、车路协同控制，建设开放的综合智能交通平台。

(5) 智能电网：电力设施监测、智能变电站、配网自动化、智能用电、智能调度、远程抄表，建设安全、稳定、可靠的智能电力网络。

(6) 智能环保：污染源监控、水质监测、空气检测、生态监测，建立智能环保信息采集网络和信息平台。

(7) 智能安防：社会治安监控、危化品运输监控、食品安全监控、重要桥梁、建筑、轨道交通、水利设施、市政管网等基础设施安全监测、预警和应急联动。

(8) 智能家居：家庭网络、家庭安防、家电智能控制、能源智能计量、节能低碳、远程教育等。

智能家居作为物联网应用的主要领域之一，不仅满足了人们对家居环境生活品质要求的不断提高，还与物联网技术紧密结合促进科技转化为生产力。

1.1.2 物联网快速发展下的智能家居

未来学家沃尔夫·伦森曾说，"人类在经过农耕、工业、电气化等时代后，将进入关注梦想、精神和生活情趣的新社会"。

1984 年 1 月，美国康涅狄格州(Connecticut)哈特福特市(Hartford)，将一幢旧金融大厦进行改建，定名为“都市办公大楼”(City Place Building)，这就是公认的世界上第一幢“智能建筑”。该大楼有 38 层，总建筑面积 10 万多平方米。当初改建时，该大楼的设计与投资者，并未意识到这是开创了“智能建筑”的创举，主要功绩应归于该大楼住户之一的联合技术建筑系统公司(United Technologies Building System Co.，UTBS)。UTBS 公司当初承包了该大楼的空调、电梯及防灾设备等工程，并且将计算机与通信设施连接，对大楼的空调、电梯、照明等设备进行监测和控制，并提供语音通信、电子邮件和情报资料等方面的信息服务，形成了智能建筑的基本雏形，如图 1-2 所示。

图 1-2　智能建筑鼻祖

20 世纪 80 年代初期，随着大量采用电子技术的家用电器面市，住宅电子化出现。80 年代中期，将家用电器、通信设备与安全防范设备各自独立的功能综合为一体后，形成了住宅自动化概念。80 年代末期，随着通信与信息技术的发展，出现了通过总线技术对住宅中各种通信、家电、安防设备进行监控与管理的商用系统，这在美国称为 SmartHome，也就是现在智能家居的原型。

早期最具有代表性的完整意义上的智能家居要数盖茨位于西雅图华盛顿湖畔的建造期长达 7 年、耗资近亿美元的“未来之屋”。盖茨曾在他的《未来之路》一书中以很大篇幅描绘他在西雅图华盛顿湖畔建造的私人豪宅。他描绘他的住宅是“由硅片和软件建成的”并且要“采纳不断变化的尖端技术”。经过 7 年的建设，1997 年，盖茨的豪宅终于建成，不仅具备高速上网的专线，所有的门窗、灯具、电器都能够通过计算机控制，而且还有一个高性能的服务器作为管理整个系统的后台。

(1) 大门设有气象感知器计算机，可根据各项气象指标，控制室内的温度和通风的情况。

(2) 室内所有的照明、温湿度、音响、防盗等系统都可以根据需要通过计算机进行调节。

(3) 地板中的传感器能在 6 英寸范围内跟踪到人的足迹，在感应到人来时会自动打开照明系统，在离去时自动关闭。

(4) 厕所安装有检查身体的计算机系统，如果发现异常情况，计算机就会立即发出警报。

(5) 院内有一棵百年老树，先进的传感器能根据老树的需水情况，实现及时、全自动浇灌。

(6) 来访者通过出入口，其个人信息(包括指纹)等，就会作为来访资料存储到计算机中。

(7) 通过安检后，保卫人员发给来访者一个纽扣大小的内嵌微晶片的胸针，佩戴上它可以随时获取来访者在盖茨家的行踪。

盖茨说："虽然房子的设计和建筑都有点领先于时代，但也许它预示着家庭的未来。"虽然盖茨的豪宅离普通人很远，但是它的出现给人一种梦想，并且开创性地给智能家居较为完整的含义，为智能家居的发展奠定了基础和指明了方向。

自从世界上第一幢智能建筑 1984 年在美国出现后，美国、加拿大、欧洲、澳大利亚和东南亚等经济比较发达的国家和地区先后提出了各种智能家居的方案，这些方案按组网方式主要分为有线和无线两种，其中比较有代表性的是以美国的 BAC net、CEB bus 及欧洲的 EIB 等为代表的基于总线技术的智能家居方案和基于 X-10 协议的以电力线为传输介质的智能家居方案，以红外、Zigbee、蓝牙等无线技术为代表的智能家居方案。

经过市场的检验验证，基于总线技术的综合布线组网方案最好的应用领域是大型楼宇系统，而别墅、公寓等家庭组网的最佳方式是无线解决方案。

智能家居是一个集成性的系统体系环境，智能家居系统的构建涉及传感器节点组网技术、无线局域网技术、GPRS 技术、动态网页开发技术、嵌入式开发技术、物联网安全技术等，整个智能家居系统就是一个综合网络、软件和嵌入式的应用平台。

用于智能家居的无线组网需要满足几个特性：低功耗、稳定、易于扩展并网，目前常见的智能家居的无线组网技术有：Zigbee 技术、6LoWPAN 技术。

整个智能家居系统网络就是一个典型的局域网，当前比较成熟的无线局域网技术主要有蓝牙技术和 Wi-Fi 技术。

GPRS(General Packet Radio Service，通用无线分组业务)是一种新的移动通信业务，在移动用户和数据网络间提供一种连接，使用户获取高速无线 IP 和 X.25 分组数据接入服务。GPRS 技术很好地继承了 GSM 网络的可靠稳定性和覆盖完整性，还用了分组交换技术，提供 10 倍于 GSM 的数据传输速率，并且能够保持永远在线，大大提高了网络资源的利用率。实验室开发的智能家居系统中的健康监测设备就采用了 GPRS 技术。

智能家居系统中远程网页控制是家居控制中一种主要控制方式，用户可以在登录页面查看智能家居系统的工作状况，并实施家居的控制，实现交互性操作。这一切都是基于动态网页的开发。常见的动态网页开发技术有 ASP、PHP、JSP 等，实验室采用的是 JSP 的动态网页开发技术，JSP 是一个开放的标准，得到了 Oracle、Netscape、IBM & WebLogic、Inprise 等的支持，JSP 的组件编写更为容易，而且 JSP 的性能优于 ASP 和 PHP。

嵌入式系统在通信产品、家用电器、医疗器械、汽车制造、航空航天等领域的广泛应用，已使其成为促进信息产业发展、加速传统产业改造的最为实用的高新技术。我们的生活已经被嵌入式硬、软件所包围。智能家居系统就是一个嵌入式开发的应用平台，嵌入式技术的蓬勃兴起为智能家居行业的发展指明了技术发展方向，也提供了技术革新的有利武器。

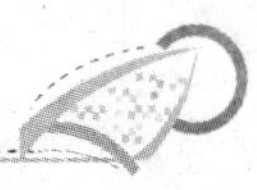

网络安全是智能家居系统中不能忽视的一个部分，整个智能家居系统就是架构在网络之上的，网络安全一旦出现问题，智能家居系统就会瘫痪无法工作。本书将对智能家居系统的网络安全部分做详细讲解。

1.2　智能家居的概念

智能家居是以住宅为平台，利用综合布线技术、网络通信技术、安全防范技术、自动控制技术、音视频技术将家居生活有关的设施集成，构建高效的住宅设施与家庭日程事务的管理系统，提升家居安全性、便利性、舒适性、艺术性，并实现环保节能的居住环境。

智能家居是一个集成性的系统体系环境，而不是单单一个或一类智能设备的简单组合，传统的家居通过利用先进的计算机技术、网络通信技术、综合布线技术，将与家居生活有关的各种子系统，有机地结合在一起，通过统筹管理，让家居生活更加舒适、安全、有效。与普通家居相比，智能家居不仅具有传统的居住功能，提供舒适安全、高品位且宜人的家庭生活空间；还由原来的被动静止结构转变为具有能动智慧的工具，提供全方位的信息交换功能，实现了“与家居对话”的愿望，帮助家庭与外部保持信息交流畅通，优化人们的生活方式，帮助人们有效安排时间，增强家居生活的安全性，甚至为各种能源费用节约资金。

1.3　智能家居的未来发展

智能家居这一概念自从其出现之日起就吸引了众人的注意，因为它承载着人们对美好生活的向往，对未来的憧憬。

智能家居虽然经历了多年的发展，但是却没有实质性的进展。这主要是受到缺乏统一的相关标准规范、成本过高、安装复杂、技术不成熟等因素的制约(见图 1-3)，造成智能家居产业仍然没有大规模推广应用，走进平常百姓家。

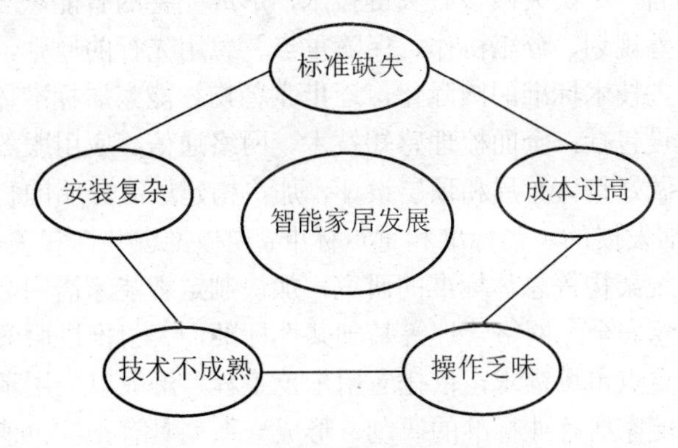

图 1-3　智能家居发展受限因素

随着物联网技术的不断发展，国家政策对智能家居发展不断扶持，使得智能家居产业重新焕发出生机。

2010 年 10 月 18 日，国务院通过了《加快培育和发展战略性新兴产业的决定》，提出了七大支持产业。大战略性新兴产业，新一代信息技术位列其中。新一代信息技术被分为 6 个方面，分别是下一代通信网络、物联网、三网融合、新型平板显示、高性能集成电路和以云计算为代表的高端软件。当前，国家对新一代信息技术的推动，无疑给智能家居行业送来了暖风。

在 2011 年 3 月 16 日发布的《中华人民共和国国民经济和社会发展第十二个五年规划纲要》中明确指出："'十二五'期间，初步完成产业体系构建。形成较为完善的物联网产业链，培育和发展 10 个产业聚集区，100 家以上骨干企业，一批专、精、特、新的中小企业，建设一批覆盖面广、支撑力强的公共服务平台，初步形成门类齐全、布局合理、结构优化的物联网产业体系。"与物联网密切相关的智能电网、智能交通、智能物流、智能工业、智能农业、智能环保、智能医疗与智能家居等领域都将成为引领时代的朝阳行业。

"十二五"规划中对高新产业的注重和扶持，让大家看到智能家居未来发展的希望，其中，《物联网发展专项资金》、《智能家用电器的智能化技术通则》、《中国物联网产业发展年度蓝皮书》、《宽带网络基础设施"十二五"规划》、《智能建筑设计标准》等一系列与智能家居相关政策的陆续出台，让智能家居产业的发展切实有效地落到实处。

此外，随着智能手机的广泛普及应用，培养了人们对"智能"要求的习惯。据谷歌的调查研究显示，中国城市是全球五大智能手机普及率最高的地区之一，高达 35%。谷歌在 2011 年 5 月 10 日 Google I/O 大会上提出了"Android@Home"的概念，还用钨丝灯泡的控制来示范，Android@Home 是通过 2.4GHz 转 900MHz 的转换器，控制其他符合 900MHz 家庭自动化标准的家电装置。Android 装置在这个计划担当的是遥控器，所谓的 2.4GHz 转 900MHz 转换器本身是控制所有家电装置的核心，是整个 Android@Home 的本体，它的工作不是转换，而是收到 Android 装置的指令后，再把指令针向对应的装置发出指令。Android@Home 的提出意味着谷歌开始进军智能家居市场，谷歌的加入无疑将给智能家居市场的发展带来新的活力。

因此，未来智能家居产业的发展大力攻克核心技术，集中多方资源，协同开展重大技术攻关和应用集成创新，尽快突破核心关键技术，形成完善的智能家居技术体系；加快构建标准体系，按照统筹规划、分工协作、保障重点、急用先行的原则，建立高效的标准协调机制，积极推动自主技术标准的国际化，逐步完善物智能家居标准体系。其中，加速完成标准体系框架的建设包括：全面梳理感知技术、网络通信、应用服务及安全保障等领域的国内外相关标准，做好整体布局和顶层设计，加快构建层次分明的智能家居标准体系框架，明确我国智能家居发展的急需标准和重点标准；积极推进共性和关键技术标准的研制；重点支持智能家居系统架构等总体标准的研究，加快制定智能家居网络标识和解析、应用接口、数据格式、信息安全、网络管理等基础共性标准，大力推进服务支撑等关键技术标准的制定工作；面向重点市场需求，依托应用示范工程，形成以应用示范带动标准研制和推广的机制，做好智能家居行业标准的研制，形成一系列具有推广价值的应用标准，为智能家居产业的健康发展奠定坚实的基础。

第2章

智能家居系统架构和关键技术

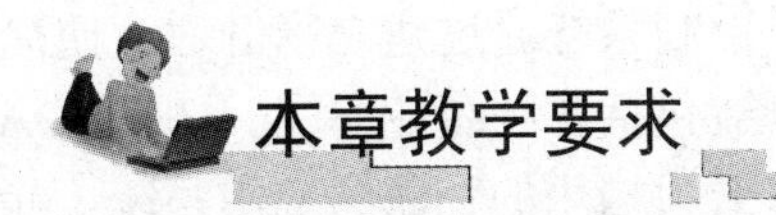

- 了解智能家居的体系架构
- 掌握智能家居中的网络技术
- 掌握 Linux 和 Contiki 这两种嵌入式开发技术
- 了解移动终端开发技术

本章导读

我们可以认为智能家居是一个局域网，而对于一个网络而言，网络技术如同电路中的导线，贯穿着整个网络。所以研究一个网络就必须知道这个网络是如何搭建起来的。在本章中，我们将学习到智能家居的体系架构是怎样的以及智能家居的网络技术的介绍。我们还通过介绍 Linux 和 Contiki 这两种嵌入式开发技术来讲解智能家居系统的搭建。在本章的最后，我们还将学习到移动终端开发技术的相关知识。通过本章的学习，希望大家从技术层面对智能家居有更深的认识和理解。

2.1 智能家居的体系架构

围绕着智能家居的设计理念：方便、舒适、安全、节能，将智能家居系统按照功能划分可以分为 5 个部分，分别为家居安防、环境监控、家电控制、能耗管控和智能医疗。并实现本地控制终端(即室内机)、远程控制终端(即智能手机和平板)和 web 网页等方式的查看与控制。图 2-1 为智能家居的体系架构图。

从图 2-1 中可看出整套系统的核心是家庭物联网网关，它是底层传感器设备、控制器和控制终端之间的桥梁。家庭物联网网关转发传感器采集的数据和用户下发的控制命令，屏蔽了协议的不同，是一个综合性设备。另一个综合性设备为室内机，它一般位于家居的门口，实现对整个智能家居控制系统与用户的信息交互。室内机在整个智能家居系统中占据着重要地位，它实现了对家庭中各系统集中管理和控制，并与门口机相连，实现视频对讲功能，处理门禁问题。智能家居首选应解决的是安全问题，建设部就智能家居发展提出的《全国住宅小区智能化技术示范工程建设大纲》将智能家居划分为几个等级标准，将家居安防智能化技术纳入智能家居必备的功能中。传统的机械式(防盗网、防盗窗)家居防卫在实际使用中暴露出一些隐患，智能家居安防将红外探测器、窗磁门磁 、烟雾及有害气体传感器、网络摄像机结合起来，利用控制终端进行查看和报警，为用户提供一个全方位的智能安防系统。当今社会科技飞速，使人们的生活水平的不断的提高，大家对居住的环境的关注度也越来越高，对环境的监控也成为智能家居系统必不可少的一部分。通过分析温湿度传感器等环境传感器采集到的环境值，利用对灯光、窗帘、空调等家庭设备的智能控制调节家中的环境，是家居内部保持舒适环境。家电控制系统通过建立以舒适、便捷、节能为目标的家电控制网络，将各种家电设备和系统融合(包括各种智能终端(手机、PDA)、移动通信网络、云端服务器等)在一起，形成以家庭生活云为构想的物联网应用系统，可以有效地实现随时随地的对家用电器的控制。能源的短缺是当今社会的热门话题，家居中对能耗的管控不仅给用户带来好处的同时也对整个社会具有一定的现实意义。能耗管控系统通过对家中大型用电设备的监测和家中三表(即电表、水表和气表)数据的采集，对家中的能耗情况进行监测和管理。在现今的智能家居系统中，家庭医疗和老人监护功能越来越受到人们的重视和关注。因为受计划生育的影响，我国人口结构也随之发生着巨大的变化4+2+1 的家庭成员结构越来越明显，没有子女或子女都不在老人身边的家庭越来越多，这对老年人独居及医疗保健服务提出了严峻的挑战，此外，如何更好地护理家中的认知障碍者、残疾人、慢性病者、婴幼儿，也是中国构建和谐社会需要重视的问题。智能医疗提供给行动不便和心脏病、高血压等慢性病患者，可以足不出户地随时地监测身体健康状况，接受健康管理中心和社会后勤资源协同提供的综合性医疗服务，具有很好的现实意义。

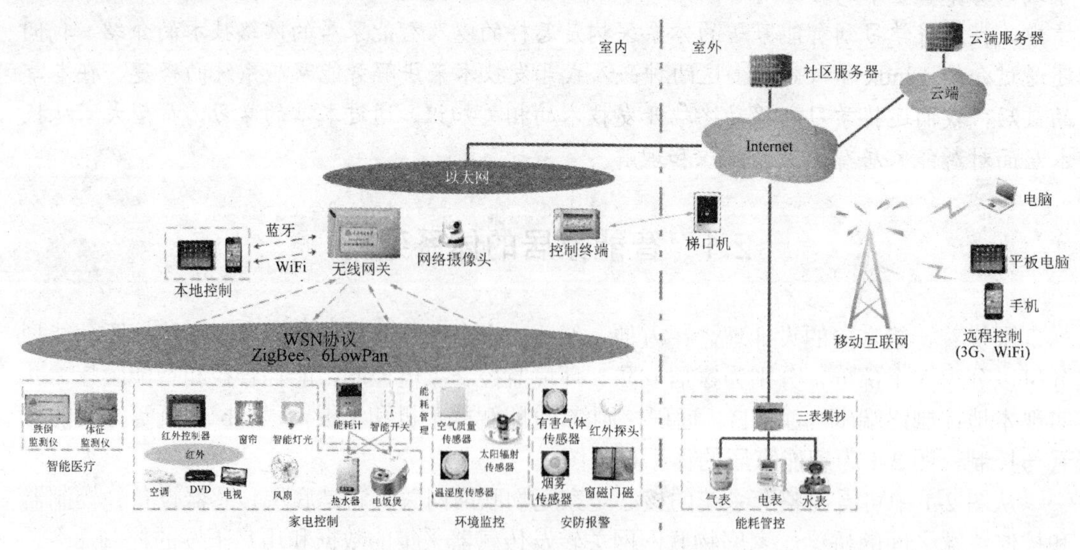

图 2-1　智能家居体系架构图

2.2 网络技术

2.2.1 无线局域网组网技术

随着通信技术、网络技术、控制技术和人工智能技术的发展，人们对家居环境的舒适程度和智能化程度要求也越来越高，智能网络不可阻挡地进入了家庭。近几年，随着无线网络研究在全世界范围内的兴起，对无线智能家居网络的研究已经成为新的研究热点。智能家居无线网络是指在家庭内部将各种电气设备和电气子系统连接起来，采用统一的通信协议，对内实现资源共享，对外通过网关与外部网互联进行信息交换的无线局域网。

1. Zigbee 技术

Zigbee 技术是一种无线连接技术，可工作在 2.4GHz(全球流行)、868MHz(欧洲流行)和 915 MHz(美国流行)3 个频段上，分别具有最高 250Kbit/s、20Kbit/s 和 40Kbit/s 的传输速率，它的传输距离在 10～75m 的范围内，但可以继续增加。它是一种近距离、低复杂度、低功耗、低速率、低成本的双向无线通信技术，主要用于距离短、功耗低且传输速率不高的各种电子设备之间进行数据传输及典型的有周期性数据、间歇性数据和低反应时间数据传输的应用。

2000 年 12 月，IEEE 成立了 IEEE802.15.4 工作组，制定了低速率无线个人区域网(LR-WPANs)的物理层与 MAC 层协议规范，而上层标准，包括网络层、安全层和应用层剖面是由 Zigbee 联盟来制定的。

Zigbee 的网络层提供设备进入/退出网络的机制、帧安全机制、路由发现及维护机制。Zigbee 协调器的网络层还负责新网络并为新关联的设备分配地址。Zigbee 的应用层包括应用支持子层(APS)、Zigbee 设备对象(ZDO)和制造商定义的应用对象。APS 子层负责维护绑定列表，根据设备的服务和需求对设备进行匹配，并在绑定的设备之间传送信息。ZDO 负责发现网络中的设备并明确其提供的应用服务。

Zigbee 网络中的设备通常可以划分为两种类型：一种是全功能设备(Full Function Device，FFD)，它可以承担网络协调者的功能，可以同网络中的任何设备通信；另一种是简化功能设备(Reduced Function Device，RFD)，它不能作为网络协调者，只能与 FFD 通信，两个 RFD 之间不能直接通信。Zigbee 网络定义了 3 种功能设备：网络协调器(Coordinator)，网络路由器(Router)，网络终端设备(End Device)。前两种都是 FFD，后一种是 RFD。

Zigbee 技术具有以下特点。

(1) 低功耗：工作模式情况下，Zigbee 技术传输速率低，传输数据量很小，因此信号的收发时间很短；其次在非工作模式时，Zigbee 节点处于休眠模式。设备搜索时延一般为 30ms，休眠激活时延为 15ms，活动设备信道接入时延为 15ms。由于工作时间较短、收发信息功耗较低且采用了休眠模式，使得 Zigbee 节点非常省电，Zigbee 节点的电池工作时间可以长达 6 个月到 2 年。同时，由于电池时间取决于很多因素，如电池种类、容量和应用场合，Zigbee 技术在协议上对电池使用也做了优化。对于典型应用，碱性电池可以使用数年，对于某些工作时间和总时间(工作时间+休眠时间)之比小于1%的情况，电池的寿命甚至可以超过10年。

(2) 低成本：Zigbee模块的成本估计能降到1.5～2.5美元之间，且Zigbee协议是免专利费的，所以应用了Zigbee技术的无线抄表，价格最终可以为用户所接受。

(3) 网络容量大：相比于蓝牙网络只支持7个从设备的连接，Zigbee网络可以容纳最多254个从设备和一个主设备，一个区域内可以最多同时存在100个Zigbee网络。这样，最多可组成65 000个节点的大网，网络容量大，组网灵活。

(4) 时延短：通信时延和从休眠状态激活的时延都非常短，典型的搜索设备时延30ms，休眠激活的时延是15ms，活动设备信道接入的时延为15ms。

(5) 可靠性：Zigbee采用了CSMA/CA碰撞避免机制，同时为需要固定带宽的通信业务预留了专用时隙，避免了发送数据时的竞争和冲突。MAC层采用了完全确认的数据传输机制，每个发送的数据包都必须等待接收方的确认信息。

(6) 安全性：Zigbee提供了三级安全模式。第一级实际上是无安全方式，对于某种应用，如果安全并不重要或者上层已经提供足够的安全保护，器件就可以选择这种方式来转移数据；对于第二级安全级别，器件可以使用接入控制清单(ACL)来防止非法器件获取数据，在这一级不采取加密措施；第三级安全级别在数据转移中采用属于高级加密标准(AES)的对称密码，AES可以用来保护数据净荷和防止攻击者冒充合法器件，以灵活地确定其安全性。

完整的Zigbee协议套件由高层应用规范、应用会聚层、网络层、数据链路层和物理层组成。网络层以上协议由Zigbee联盟制定，IEEE负责物理层和链路层标准。

1) 物理层

IEEE 802.15.4在物理(PHY)层设计中面向低成本和更高层次的集成需求，采用的工作频率均是免费开放的，分为2.4GHz、868MHz、915MHz，为避免被干扰，各个频段都基于DSSS(Direct Sequence Spread Spectrum，直接序列扩频)，可使用的信道分别有16、1、10个，各自提供250Kbit/s、20Kbit/s和40Kbit/s的传输速率，其传输范围介于10～100m之间。它们除了在工作频率、调制技术、扩频码片长度和传输速率方面存在差别之外，使用的均为相同的物理层数据包格式。2.4GHz波段为全球统一的无须申请的ISM频段，有助于Zigbee设备的推广和生产成本的降低。2.4GHz的物理层通过采用高阶调制技术能够提供250Kbit/s的传输速率，有助于获得更高的吞吐量、更小的通信时延和更短的工作周期，从而更加省电。868MHz是欧洲的ISM频段，915MHz是美国的ISM频段，这两个频段的引入避免了2.4GHz附近各种无线通信设备的相互干扰。868MHz的传输速率为20Kbit/s，916MHz的是40Kbit/s。这两个频段上无线信号传播损耗较小，因此可以降低对接收机灵敏度的要求，获得较远的有效通信距离，从而可以用较少的设备覆盖给定的区域。

2) MAC层

802.15.4在媒体存取控制(MAC)层方面，主要是沿用无线局域网(WLAN)中802.11系列标准的CSMA/CA方式，以提高系统兼容性。这种MAC层的设计，不但使多种拓扑结构网络的应用变得简单，还可以实现非常有效的功耗管理。为此，将IEEE 802.15.4/Zigbee帧结构的设计原则定为，既要保证网络在有噪声的信道上健壮的传输，而且要尽可能地降

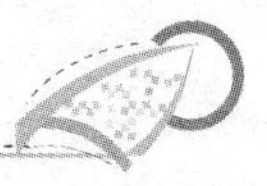

低网络的复杂性，使每一个后继的协议层都能在其前一层上通过添加或者剥除帧头和帧尾而形成。IEEE 802.15.4 的 MAC 层定义了如下 4 种基本帧结构。

(1) 信标帧：供协商者使用。

(2) 数据帧：承载所有的数据。

(3) 响应帧：确认帧的顺利传送。

(4) MAC 命令：帧用来处理 MAC 对等实体之间的控制传送。

IEEE 802.15.4 网可以工作于信标使能方式或非信标使能方式。在信标使能方式中，协调器定期广播信标，以达到相关器件同步及其他目的；在非信标使能方式中，协调器并不是定期地广播信标，而是在器件请求信标时向它单播信标。在信标使能方式中使用超帧结构，超帧结构的格式由协调器定义，一般包括工作部分和任选的非工作部分。

MAC 层的安全性有 3 种模式：利用 AES 进行加密的 CTR 模式(Counter mode)、利用 AES 保证一致性的 CBC-MAC 模式(Cipher Block Chaining，密码分组链接)，以及综合利用 CTR 和 CBC-MAC 两者的 CCM 模式。

IEEE802.15.4 的 MAC 协议包括以下功能。

(1) 设备间无线链路的建立、维护和结束。

(2) 确认模式的帧传送与接收。

(3) 信道接入控制。

(4) 帧校验。

(5) 预留时隙管理。

(6) 广播信息管理。

3) 数据链路层

IEEE 802 系列标准把数据链路层分成 LLC 和 MAC 两个子层。MAC 子层协议则依赖于各自的物理层。IEEE 802.15.4 的 MAC 层能支持多种 LLC 标准，通过 SSCS 协议承载 IEEE 802.2 类型一的 LLC 标准，同时也允许其他 LLC 标准直接使用 IEEE802.15.4 的 MAC 层的服务。而 LLC 子层的主要功能包括以下几个方面。

(1) 传输可靠性保障和控制。

(2) 数据包的分段与重组。

(3) 数据包的顺序传输。

4) 网络层

IEEE 802.15.4 仅处理 MAC 层和物理层协议，而由 Zigbee 联盟所主导的 Zigbee 标准中，定义了网络层、安全层、应用层和各种应用产品的资料或行规，并对其网络层协议和 API 进行了标准化。

网络功能是 Zigbee 最重要的特点，也是与其他无线局域网(Wireless Private Area Network，WPAN)标准不同的地方。在网络层方面，其主要工作在于负责网络机制的建立与管理，并具有自我组态与自我修复功能。在网络层中，Zigbee 定义了 3 种角色：第一个是网络协调者，负责网络的建立，以及网络位置的分配；第二个是路由器，主要负责找寻、建立及修复信息包的路由路径，并负责转送信息包；第三个是末端装置，只能选择加入他人已经形成的网络，可以收发信息，但不能转发信息，不具备路由功能。在同一个 WPAN

上，可以存在 65 536 个 Zigbee 装置，彼此可通过多重跳点的方式传递信息。为了在省电、复杂度、稳定性与实现难易度等因素上取得平衡，网络层采用的路由算法共有 3 种：以 AODV 算法建立随意网络的拓扑架构(Mesh Topology)；以摩托罗拉 Cluster-tree 算法的方法建立星状的拓扑架构(Star Topology)；以及利用广播的方式传递信息。因此，人们可以根据具体应用需求，选择适合的网络架构。

为了降低系统成本，定义了两种类型的装置：全功能设备(Full function device，FFD)，可以支持任何一种拓扑结构，可以作为网络协商者和普通协商者，并且可以和任何一种设备进行通信；简化功能设备(Reduced Function Device，RFD)，只支持星型结构，不能成为任何协商者，可以和网络协商者进行通信，实现简单。它们可构成多种网络拓扑结构，在组网方式上，Zigbee 主要采用了 3 种组网方式：一种为星型网，网络为主从结构，一个网络有一个网络协调者和最多可达 65 535 个从属装置，而网络协调者必须是 FFD，由它来负责管理和维护网络；另一种为簇状形网，可以是扩展的单个星型网或互联两个星型网络；还有一种为网状网，网络中的每一个 FFD 同时可作为路由器，根据 AD hoc 网络路由协议来优化最短和最可靠的路径。

网络层主要考虑采用基于 AD hoc 技术的网络协议，包含有以下功能。

(1) 通用的网络层功能：拓扑结构的搭建和维护，命名和关联业务，包含了寻址、路由和安全。

(2) 同 IEEE 802.15.4 标准一样，非常省电。

(3) 有自组织、自维护功能，以最大程度减少消费者的开支和维护成本。

5) 安全层

安全性一直是个人无线网络中的极其重要的话题。安全层并非独立的协议，Zigbee 为其提供了一套基于 128 位 AES 算法的安全类和软件，并集成了 802.15.4 的安全元素。为了提供灵活性和支持简单器件，802.15.4 在数据传输中提供了 3 级安全性。第一级实际是无安全性方式，对于某种应用，如果安全性并不重要或者上层已经提供足够的安全保护，器件就可以选择这种方式来转移数据。对于第二级安全性，器件可以使用接入控制清单(ACL)来防止非法器件获取数据，在这一级不采取加密措施。第三级安全性在数据转移中采用属于高级加密标准(AES)的对称密码，如 Zigbee 的 MAC 层使用了一种被称为高级加密标准(AES)的算法进行加密，并且它基于 AES 算法生成一系列的安全机制，用来保证 MAC 层帧的机密性、一致性和真实性。选择 AES 的原因主要是考虑到在计算能力不强的平台上实现起来较容易，目前大多数的 RF 芯片，都会加入 AES 的硬件加速电路，以加快安全机制的处理。

6) 应用层

对于应用层，主要有 3 个部分，即与网络层连接的 APS(Application Support)、ZDO(Zigbee Device Object)及装置应用 Profile。Zigbee 的应用层架构，最重要的是已涵盖了服务(Service)的观念，所谓的服务，简单来看就是功能。对于 Zigbee 装置而言，当加入一个 WPAN 后，应用层的 ZDO 会发动一系列初始化的动作，先通过 APS 做装置搜寻(Device Discovery)及服务搜寻(Service Discovery)，然后根据事先定义好的描述信息(Description)，将与自己相关的装置或是服务记录在 APS 里的绑定表(Binding Table)中，之后，所有服务的使用都要通

过这个绑定表来查询装置的资料或行规。而装置应用 Profile 则是根据不同的产品而设计出不同的描述信息及进行 Zigbee 各层协议的参数设定。在应用层，开发商必须决定是采用公共的应用类还是开发自己专有的类。Zigbee V1.0 已经为照明应用定义了基本的公共类，并正在制定针对 HVAC、工业传感器和其他传感器的应用类。任何公司都可以设计与支持公共类的产品相兼容的产品。

应用会聚层将主要负责把不同的应用映射到 Zigbee 网络上，具体而言包括以下几种。

(1) 安全与鉴权。

(2) 多个业务数据流的会聚。

(3) 设备发现。

(4) 业务发现。

传感器的作用是根据程序设定来感知周围环境的变化，然后将初步分析后的信息以无线通信方式传送给控制中心的计算机。许多已有的传感器可以通过加入无线网络模块升级为无线传感器，这种升级其实就像将 PC 联网一样。每一个无线传感器，或者说每个“传感单元”，都至少包括一个处理器、一定容量的内存、一个功耗极低的无线收发模块和感应模块，以及一个能量供应模块。由各种各样的传感器节点构成的 WSN 网络并不需要很高的数据速率，而更多的时候需要满足的是低占空比、低功耗和低成本的需求。例如，在抄表系统中，我们通过 WSN 网络把水、电、气等仪表的数据传到中心控制器，如果能够采用无线连接，不仅不影响家居设计的美观，而且也节省了连接线的成本。然而，采用的无线通信模块的成本要非常低，同时由于传感器一般使用电池供电，这就要求使用的无线通信技术必须非常省电，以获得较长的电池寿命及组成较大规模的节点网络。Zigbee 正好符合以上要求，因此 Zigbee 是智能家居组建无线传感器网络的一个很好的选择。

2. 6LoWPAN 技术

IPv6 over IEEE 802.15.4 或 IPv6 over LR_PAN(简称 6LoWPAN)是 IETF 于 2004 年 11 月新成立的一个工作组，致力于完成 IPv6 数据包在 IEEE802.15.4 上传输的实现。同 Zigbee 技术一样，6LoWPAN 技术也是采用规定的 IEEE802.15.4 物理层和 MAC 层，不同之处在于 6LoWPAN 技术使用 IETF 规定的 IPv6 功能，上层采用 TCP/IPv6 协议栈，它与 TCP/IP 对比的参考模型如图 2-2 所示。

TCP/IP Protocol Stack			6LoWPAN Protocol Stack
HTTP	RRTP	Application	Application
TCP	UDP	Transport	UDP
IP/ICMP		Network	IPv6 with LoWPAN
Ethernet MAC		Data Link	IEEE 802.15.4 MAC
Ethernet PHY		Physical	IEEE 802.15.4 PHY

图 2-2　TCP/IPv6 与 TCP/IP 对比的参考模型图

6LoWPAN 协议栈参考模型与 TCP/IP 的参考模型大致相似，区别在于 6LoWPAN 底层使用的是 IEEE 802.15.4 标准，并且因低速无线局域网的特性，在 6LoWPAN 的传输层没有使用 TCP 协议。

由于 6LoWPAN 上层协议采用 TCP/IPv6 协议，所以在这里简单地介绍一下 IPv6 技术。

目前的全球因特网所采用的协议族是 TCP/IP 协议族。IP 是 TCP/IP 协议族中网络层的协议，是 TCP/IP 协议族的核心协议。目前 IP 协议的版本号是 4(简称为 IPv4)，IPv6 是下一个版本。IPv6 正处在不断发展和完善的过程中，它在不久的将来将取代目前被广泛使用的 IPv4。2012 年 6 月 6 日 IPv6 全球启动，它是由互联网协会组织的，当日参加的各大网站和互联网服务提供商(ISP)将会永久启用 IPv6，并开始从 IPv4 转型。

IPv6 较 IPv4 具有地址量大和报头结构简化等特点。IPv6 把 IP 地址增至 128 位，可以表达超过 3.4×1038 种可能的数字组合，几乎可以不受限制地提供 IP 地址。使用 IPv6 技术，家居中使用的电话、电视、电冰箱等物件都可以分配到自己的地址。IPv6 的报头结构简单得多，它只有 6 个域和 2 个地址空间，删除了 IPv4 中不常用的域，放入了可选域和报头扩展，并且报头长度固定，所以内存容量不必消耗过多，提高了数据吞吐量。

6LoWPAN 技术具有以下特点。

(1) 普及性：IP 网络应用广泛，作为下一代互联网核心技术的 IPv6，也在加速普及的步伐，在 LR-WPAN 网络中使用 IPv6 更易于被接受。

(2) 适用性：IP 网络协议栈架构受到广泛的认可，LR-WPAN 网络完全可以基于此架构进行简单、有效的开发。

(3) 更多地址空间：IPv6 应用于 LR-WPAN 最大的亮点是庞大的地址空间，这恰恰满足了部署大规模、高密度 LR-WPAN 网络设备的需要。

(4) 支持无状态自动地址配置：IPv6 中当节点启动时，可以自动读取 MAC 地址，并根据相关规则配置好所需的 IPv6 地址。这个特性对传感器网络来说，非常具有吸引力，因为在大多数情况下，不可能对传感器节点配置用户界面，节点必须具备自动配置功能。

(5) 易接入：LR-WPAN 使用 IPv6 技术，更易于接入其他基于 IP 技术的网络及下一代互联网，使其可以充分利用 IP 网络的技术进行发展。

(6) 易开发：目前基于 IPv6 的许多技术已比较成熟，并被广泛接受，针对 LR-WPAN 的特性需进行适当的精简和取舍，简化协议开发的过程。

为了更好地实现 IPv6 网络层与 IEEE 802.15.4 MAC 层之间的连接，在它们之间加入适配层以实现屏蔽底层硬件对 IPv6 网络层的限制。

适配层是 IPv6 网络和 IEEE 802.15.4MAC 层间的一个中间层，其向上提供 IPv6 对 IEEE 802.15.4 媒介访问支持，向下则控制 6LoWPAN 网络构建、拓扑及 MAC 层路由。6LoWPAN 的基本功能，如链路层的分片和重组、头部压缩、组播支持、网络拓扑构建和地址分配等均在适配层实现。

由于最大 MTU、组播及 MAC 层路由等原因，IPv6 不能直接运行在 IEEE 802.15.4MAC 层之上，适配层将起到中间层的作用，同时提供对上下两层的支持，其主要功能如下。

(1) 链路层的分片和重组：IPv6 规定数据链路层最小 MTU 为 1280 字节，对于不支持

该 MTU 的链路层，协议要求必须提供对 IPv6 透明的链路层的分片和重组。因此，适配层需要通过对 IP 报文进行分片和重组来传输超过 IEEE 802.15.4MAC 层最大帧长(127 字节)的报文。

(2) 组播支持：组播在 IPv6 中有非常重要的作用，IPv6 特别是邻居发现协议的很多功能都依赖于 IP 层组播。此外，WSN 的一些应用也需要 MAC 层广播的功能。IEEE 802.15.4 MAC 层不支持组播，但提供有限的广播功能，适配层利用可控的广播泛洪的方式在整个 WSN 中传播 IP 组播报文。

(3) 头部压缩：在不使用安全功能的前提下，IEEE 802.15.4 MAC 层的最大的帧内数据(Payload)为 102 字节，而 IPv6 报文头部为 40 字节，再除去适配层和传输层(如 UDP)头部，将只有 50 字节左右的应用数据空间。为了满足 IPv6 在 IEEE 802.15.4 传输的 MTU，一方面可以通过分片和重组来传输大于 102 字节的 IPv6 报文，另一方面也需要对 IPv6 报文进行压缩来提高传输效率和节省节点能量。为了实现压缩，需要在适配层头部后增加一个头部压缩编码字段，该字段将指出 IPv6 头部哪些可压缩字段将被压缩，除了对 IPv6 头部以外，还可以对上层协议(UDP、TCP 及 ICMPv6)头部进行进一步压缩。

(4) 网络拓扑构建和地址分配：IEEE 802.15.4 标准对物理层和 MAC 层做了详尽的描述，其中，MAC 层提供了功能丰富的各种原语，包括信道扫描、网络维护等。但 MAC 层并不负责调用这些原语来形成网络拓扑并对拓扑进行维护，因此调用原语进行拓扑维护的工作将由适配层来完成。另外，6LoWPAN 中每个节点都使用 EUI-64 地址标识符，但是一般的 6LoWPAN 网络节点能力非常有限，而且通常会有大量的部署节点，若采用 64bits 地址将占用大量的存储空间并增加报文长度，因此，更合适的方案是在 PAN 内部采用 16bits 短地址来标识一个节点，这就需要在适配层来实现动态的 16bits 短地址分配机制。

(5) MAC 层路由：现网络拓扑构建和地址分配相同，IEEE 802.15.4 标准并没有定义 MAC 层的多跳路由。适配层将在地址分配方案的基础上提供两种基本的路由机制——树状路由和网状路由。

随着 LR-WPAN 的飞速发展及下一代互联网技术的日益普及，6LoWPAN 技术将广泛应用于智能家居、环境监测等多个领域，使人们通过互联网实现对大规模传感器网络的控制、应用成为可能。例如，在智能家居中，可将 6LoWPAN 节点嵌入到家具和家电中，通过无线网络与因特网互联，实现智能家居环境的管理。

以家庭为单位介绍此系统的设计和安装。每个家庭安装一个家庭网关、若干个无线通信 6LoWPAN 子节点模块，在家庭网关和每个子节点上都接一个无线网络收发模块(符合 6LoWPAN 技术标准的产品)，通过这些无线网络收发模块，数据在网关和子节点之间进行传送。各部分结构及功能如下。

(1) 家庭网关的结构及功能：①可采用 ARM 构架的 32 位嵌入式 RISC 处理器和 uc Linux 操作系统；②通过门锁进行自动设防/解防；③遇抢劫或疾病，按紧急按钮，自动向管理中心报警；④每家每户配有自己的网页，通过网页显示小区通知、系统各部分工作状况及数据；⑤水、电、气各表数据发给物业管理中心；⑥通过以太网与小区管理中心通信；⑦通过网关上的无线 6LoWPAN(IEEE802.15.4)模块与网络中各子节点进行通信。

(2) 6LoWPAN 无线通信子节点功能：①数据采集，可采集水、电、气 3 表数据；②安防传感器开关量数据采集，可进行设防/撤防报警、安防报警(红外幕帘、门磁、窗磁、玻璃破碎等)；③通过无线通信 IEEE802.15.4 协议及家庭网关通信。

3. 蓝牙技术

蓝牙技术(Bluetooth)是一种短途的无线通信技术，其通信距离一般在 10 米以内，能让移动手机、平板式计算机、笔记本式计算机、无线耳机等移动设备或者 PC 等固定设备之间进行方便快速的无线信息交换。

其含义是为各种蓝牙设备建立一个通用的无线电空中接口及其软件开发的标准。它的出现方便了移动设备之间的通信，同时也方便了设备连接进入 Internet 的通信，从而使数据传输变得更加简单、迅速、高效，为无线通信拓宽了道路。

蓝牙技术具有以下特点。

(1) 低成本：蓝牙技术使用的是 2.4GHz 的免费频段。现有的蓝牙标准定义的工作频段为 2.402～2.480MHz，这是一个无须向专门管理部门申请频率使用权的频段。

(2) 便于使用：蓝牙技术的程序写在一个不超过 $1cm^2$ 的微芯片中，并采用分撒网络结构及快调频和短包技术。与其他工作在相同频段的系统相比，蓝牙跳频更快，数据包更短，这使蓝牙技术比其他系统都更稳定。

(3) 安全性和抗干扰能力：蓝牙无线收发器采用扩展频谱跳频技术。把 2.402～2.480MHz 以 1MHz 划分为 79 个频点，根据主单元调频序列，采用每秒 1600 次快速调频。跳频是扩展频谱常用的方法之一，在一次传输过程中，信号从一个频率跳到另一个频率，这样蓝牙传输不会长时间保持在一个频率上，也就不会受到该频率信号的干扰。

(4) 全双工通信和可靠性：蓝牙技术是采用时分双工通信(Time Division Duplex，TDD)，实现了全双工通信。采用 FSK(Frequency Shift Keying)调制，CRC(Cyclic Redundancy Check)、FEC(Forward Error Correction)和 ARQ(Automatic Repeat Request)，保证了通信的可靠性。

(5) 网络特性：由于蓝牙支持一点对一点及一点对多点通信，利用蓝牙设备也可方便地组成简单的网络(微网)。

蓝牙技术作为一项新兴的技术，它的主要目的是在全世界建立一个短距离的无线通信标准。它使用 2.4GHz ISM(Industrial Scientific Medicine)频段来传送语音和数据，并运用成熟、实用、先进的无线电技术来代替线缆，使所有固定和移动设备，诸如计算机系统、家庭影院系统、无绳电话系统及其他通信设备等，通过微微网 PAN(Personal Area Network)连接起来，以求实现相互通信和资源共享的目的。蓝牙(Bluetooth)技术支持多种电子设备之间的短距离无线通信，每当一个嵌入了蓝牙芯片的设备在一定范围内发现了另一个同样嵌入蓝牙芯片的设备，它们就能自动同步，相互通信。那么，如何实现这种唤醒和通信功能呢？可以从蓝牙的结构体系去研究，根据规范的描述和分析，它主要由底层和高层传输协议、中间协议及应用协议三大部分组成。底层传输协议侧重于语音与数据无线传输的物理实现及蓝牙设备间的连接与组网，它包括蓝牙的射频(Radio)、基带与链路控制器(Baseband & Link Controller)和链路管理器协议(Link Manager Protocol，LMP)。高层传输协议主要为高层应用程序屏蔽低层传输操作，并为高层应用程序提供更加有效和更加有利于

实现的数据分组格式，它包括逻辑链路控制与适配协议(Logical Link Control and Adaptation Protocol，LZCAP)和主机控制器接口(Host Controller Interface，HCI)。

蓝牙中间协议主要为高层应用协议或程序在蓝牙逻辑链路上工作提供必要的支持，为应用层提供各种不同的标准接口。中间协议包括串口仿真协议(RFCOMM)、服务发现协议、对象交换协议、网络访问协议及电话控制协议。蓝牙的协议栈如图2-3所示。

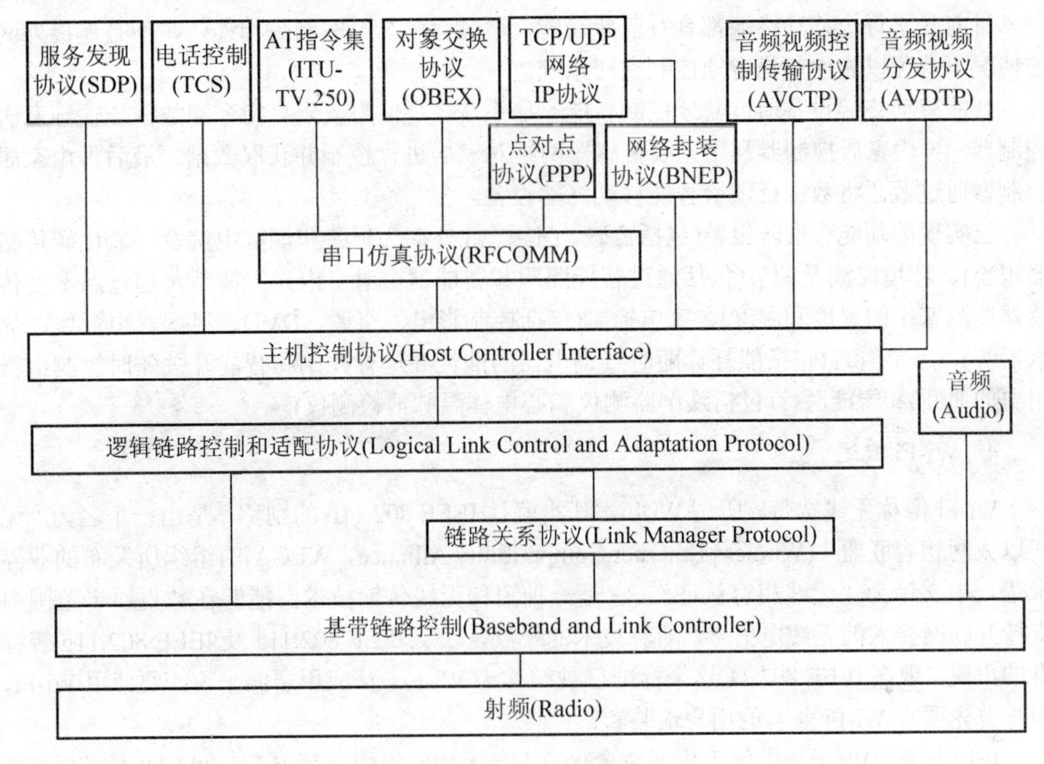

图2-3 蓝牙协议栈

蓝牙应用协议是指那些位于蓝牙协议栈之上的应用软件。这些软件是由设备制造商、独立的软件销售商或其他开发人员提供的，因为蓝牙规范仅提供传输层及中间层的定义和应用框架，中间层之上的应用完全由开发人员自主实现。事实上，许多传统的应用几乎都不用修改就可以在蓝牙协议栈之上运行，如基于串口和OBEX协议的应用。通常蓝牙技术的应用开发人员利用基于某一平台的开发工具所提供的应用程序接口(Application Programming Interface，API)来进行开发工作，但SIG并没有给出API的规范，API的开发由开发工具的设计人员来完成，这样既有利于设计人员展示他们开发的与众不同的产品，又有利于蓝牙技术与各类应用的紧密结合。

家庭网关是位于现代家庭内部的一个网络设备，它的作用是使家庭用户连接到Internet，使位于家庭中的多种智能设备都能得到Internet的服务，或者使这些智能设备相互之间实现通信。简单地说，家庭网关是使家庭内部多种智能设备之间实现联网，以及从家庭内部到外部网络互联的一座桥梁。从技术角度说，家庭网关在家庭内部及从内部到外部实现桥接/路由、协议转换、地址管理和转换，承担防火墙的职责，并提供可能的voip/video over IP等业务。

家庭网关可使多个设备共享 Internet 的连接，同时接受网络服务，包括：家庭内部设备(如打印机)和媒体文化(如视频、音乐)的共享，家庭内部网络(如无线局域网)连接，防火墙(父母控制)，IP 话音业务，IPTV/IP VOD 等 IP 视频业务，远程健康跟踪，家庭保安，家庭自动化，远程抄表作业等服务。多种业务通过单一的网络实现，可简化网络管理，降低运营成本。

目前几乎每个移动终端都具有蓝牙功能，通过蓝牙与家庭网关相连，在不必连接外网的情况下就可以方便和稳定地控制家居系统。

智能移动终端设备通过蓝牙控制智能家居系统，是使用蓝牙将指令和数据传输到家居控制器，再由家居控制器利用无线传感器网络对家居进行控制并获取数据，最后再由家居控制器通过蓝牙将数据反馈给智能移动终端设备。

已实现的功能有安防报警(包括窗磁、门磁、红外探头报警和烟雾甲烷及一氧化碳传感器报警)、环境监测及调节(包括通过智能照明和智能窗帘对室内光线调节及通过温湿度传感器监测家中的温度和湿度)、家电控制(包括控制彩电、空调、DVD、风扇、电饭煲、热水器等)、节能管理(包括能耗计随时查询电器的能耗并进行控制和智能开关随时控制电器用电的通断)和智能医疗(包括跌倒监测仪和心电体温脉搏检测仪)。

4. Wi-Fi 概述

Wi-Fi 俗称无线宽带，所谓 Wi-Fi，其实就是 IEEE 802.11b 的别称，是由一个名为“无线以太网相容联盟”(Wireless Ethernet Compatibility Alliance，WECA)的组织所发布的业界术语，中文译为“无线相容认证”。它是一种短程无线传输技术，能够在数百厘米范围内支持互联网接入的无线电信号。随着技术的发展，以及 IEEE 802.11a 及 IEEE 802.11g 等标准的出现，现在 IEEE 802.11 这个标准已被统称为 Wi-Fi。从应用层面来说，要使用 Wi-Fi，用户首先要有 Wi-Fi 兼容的用户端装置。

IEEE[(美国)电子和电气工程师协会]802.11b 无线网络规范是 IEEE 802.11 网络规范的扩展，最高带宽为 11Mbit/s，在信号较弱或有干扰的情况下，带宽可调整为 5.5Mbit/s、2Mbit/s 和 1Mbit/s，带宽的自动调整，有效地保障了网络的稳定性和可靠性。其主要特性为：速度快，可靠性高，在开放性区域，通讯距离可达 305 米，在封闭性区域，通讯距离为 76～122 米，方便与现有的有线以太网络整合，组网的成本更低。

Wi-Fi 是一种帮助用户访问电子邮件、Web 和流式媒体的赋能技术。它为用户提供了无线的宽带互联网访问。同时，它也是在家里、办公室或在旅途中上网的快速、便捷的途径。能够访问 Wi-Fi 网络的地方被称为热点。Wi-Fi 或 802.11b 在 2.4GHz 频段工作，所支持的速度最高达 11Mbit/s。另外，还有两种 802.11 空间的协议，包括(a)和(g)。它们也是公开使用的，但 802.11b 在世界上最为常用。Wi-Fi 热点是通过在互联网连接上安装访问点来创建的。这个访问点将无线信号通过短程进行传输，一般覆盖 300 厘米。当一台支持 Wi-Fi 的设备(如 Pocket PC)遇到一个热点时，这个设备可以用无线方式连接到网络。

Wi-Fi 技术具有以下特点。

(1) 无线电波的覆盖范围广：Wi-Fi 的半径可达 100 米，甚至可以覆盖整栋大楼。

(2) Wi-Fi 的传输速度很快：最高可达 54Mbit/s，符合个人和社会信息化的需求。在网

络覆盖范围内，允许用户在任何时间、任何地点访问网络，随时随地享受诸如网上证券、视频点播(VOD)、远程教育、远程医疗、视频会议、网络游戏等一系列宽带信息增值服务，并实现移动办公。

(3) 无须布线：可以不受现实地理条件的限制，因此非常适合移动办公用户的需要。只要在需要的地方设置“热点”，并通过高速线路将因特网接入。这样，在“热点”所发射出的电波的覆盖范围内，用户只要将支持无线 LAN 的笔记本计算机或 PDA 拿到该区域内，即可高速接入因特网。

(4) 健康安全：IEEE 802.11 规定的发射功率不可超过 100 毫瓦，实际发射功率为 60～70 毫瓦，而手机的发射功率为 200 毫瓦～1 瓦，手持式对讲机高达 5 瓦。与后者相比，Wi-Fi 产品的辐射更小。

(5) Wi-Fi 应用现在已经非常普遍：支持 Wi-Fi 的电子产品越来越多，像手机、MP4、计算机等，基本上已经成为了主流标准配置。此外，由于 Wi-Fi 网络能够很好地实现家庭范围内的网络覆盖，适合充当家庭中的主导网络，家里的其他具备 Wi-Fi 功能的设备，如电视机、影碟机、数字音响、数码相框、照相机等，都可以通过 Wi-Fi 建立通信连接，实现整个家庭的数字化与无线化，使人们的生活变得更加方便与丰富。

Wi-Fi 定义了两种类型的设备。一种是无线站，通常通过一台 PC 加上一块无线网卡构成。另一种称为无线接入点(Access Point，AP)，它的作用是提供无线和有线网络之间的桥接。一个无线接入点通常由一个无线输出口和一个有线的网络接口(802.3 接口)构成，桥接软件符合 802.1d 桥接协议。接入点就像是无线网络的一个无线基站，将多个无线的接入站聚合到有线的网络上。

Wi-Fi 定义了两种模式：infrastructure 模式和 ad hoc 模式。infrastructure 模式，即无线网络至少有一个和有线网络连接的无线接入点，还包括一系列无线的终端站。由于很多用户需要访问有线网络上的设备或服务，所以基本上都会采用这种模式。ad hoc 模式，也称为点对点模式(pear to pear 模式)或 IBSS(Independent Basic Service Set)。

一般架设无线网络的基本配备就是无线网卡及一台 AP，如此便能以无线的模式，配合既有的有线架构来分享网络资源，架设费用和复杂程度远远低于传统的有线网络。如果只是几台计算机的对等网，也可不要 AP，只需要每台计算机配备无线网卡。AP 为 Access Point 的简称，一般翻译为“无线访问节点”或“桥接器”。它主要在媒体存取控制层 MAC 中扮演无线工作站及有线局域网络的桥梁。有了 AP，就像一般有线网络的 Hub 一样，无线工作站可以快速且轻易地与网络相连。特别是对于宽带的使用，Wi-Fi 更显优势，有线宽带网络(ADSL、小区 LAN 等)到户后，连接到一个 AP，然后在计算机中安装一块无线网卡即可。普通的家庭有一个 AP 已经足够，甚至用户的邻里得到授权后，则无须增加端口，也能以共享的方式上网。

别看无线 Wi-Fi 的工作距离不大，在网络建设完备的情况下，802.11b 的真实工作距离可以达到 100 米以上，并且解决了高速移动时数据的纠错问题、误码问题，Wi-Fi、设备与设备、设备与基站之间的切换和安全认证都得到了很好的解决。

但随着无线产业从 802.11g 到下一代 802.11n 标准的演变，越来越多的产品开始采用功能强大的 802.11n 技术，因为它能提供更快更可靠的无线连接。802.11n 平台的速度比

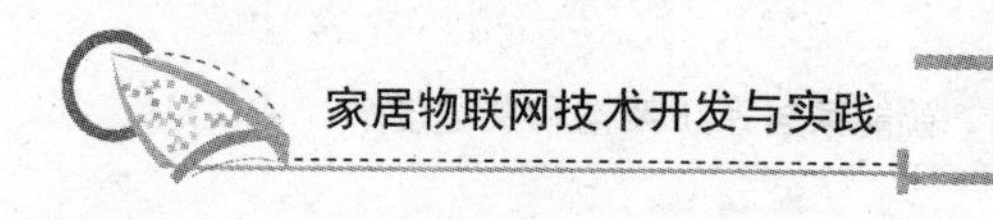

802.11g 快 7 倍，比以太网快 3 倍。另外，它具有更大的覆盖范围，可以在整个家庭内提供健壮的连接，即使是各个角落也游刃有余。由于它具有很大的带宽，因此 802.11n 是首个能够同时承载高清视频、音频和数据流的无线多媒体分发技术。此外，802.11n 产品还提供并发双频操作，因此能为宽带多媒体应用提供更多的信道容量。

因此，市场向 802.11n 转变的趋势越来越明显，并且更具性价比。802.11n 生态系统也在迅速发展，有越来越多的制造商在 HDTV、机顶盒和媒体适配器中增加 802.11n 技术。该趋势将推动整个家庭的视频发布无线覆盖成为新的杀手应用。

5. GPRS 技术

随着 Internet 技术的不断发展和应用，用户对移动通信数据业务的需求越来越多，通过移动通信网络实现互联网的接入、浏览网页、下载资源等应用。可以预测：未来的移动通信业务中，数据通信业务将会超过语音通信业务。基于数字时分多址(TDMA)技术的第二代移动通信(GSM)虽然满足了人们语音通话的自由，但是由于第二代移动通信(GSM)采用电路交换方式提供数据通信业务，电路利用率非常低，仅适用于对数据传输速率要求不高或者通信对象比较确定的用户，远不能满足所有用户对移动数据业务的需求。

为了迎合 GSM 移动通信系统网络用户对数据业务的需求，GPRS(General Packet Radio Service，通用无线分组业务)技术应运而生，GPRS 是一种新的移动通信业务，在移动用户和数据网络间提供一种连接，使用户获取高速无线 IP 和 X.25 分组数据接入服务。

GPRS 技术具有以下特点。

(1) 高速数据传输。

速度 10 倍于 GSM，更可满足用户的理想需求，还可以稳定地传送大容量的高质量音频与视频文件。

(2) 永远在线。

由于建立新的连接几乎无须任何时间(即无须为每次数据的访问建立呼叫连接)，因而用户随时都可与网络保持联系。例如，若没有 GPRS 的支持，当用户正在网上漫游，而此时恰有电话接入，大部分情况下用户不得不断线后接通来电，通话完毕后重新拨号上网。这对大多数人来说，的确是件非常令人恼火的事。而有了 GPRS，用户就能轻而易举地解决这个冲突。

(3) 仅按数据流量计费。

仅按数据流量计费即根据用户传输的数据量(如网上下载信息时)来计费，而不是按上网时间计费。也就是说，只要不进行数据传输，哪怕用户一直“在线”，也无须付费。做个“打电话”的比方，在使用 GSM+WAP 手机上网时，就好比电话接通便开始计费；而使用 GPRS+WAP 上网则要合理得多，就像电话接通并不收费，只有对话时才计算费用。总之，它真正体现了少用少付费的原则。

GPRS 核心技术是数据交换技术。下面将介绍两种数据交换技术。

1) 电路交换

电路交换的通信方式中，在发送数据之前，首先通过一系列的信令过程，为特定的信息传输过程分配信道，并在信息的发送方、信息经过的中间节点、信息的接收方之间建立

起连接，然后传送数据，数据传输过程结束以后再释放信道资源，断开连接，即数据传送时，系统为主、被叫用户之间分配一条专用的物理传送通路，并且无论是否有数据传送，通路都将一直保持，直到双方要求拆除电路为止，在 GSM 通信系统中采用电路交换提供数据业务，电路利用率非常低，仅适用于对数据传输速率要求不高或者通信对象比较确定的用户。基于电路交换方式的数据通信过程如图 2-4 所示。

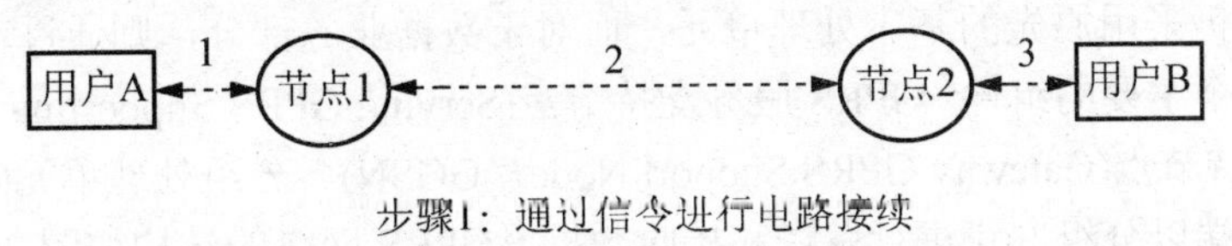

步骤1：通过信令进行电路接续

步骤2：在接续好的话路上进行信息(如话音)传输

图 2-4　基于电路方式的通信过程

2) 分组交换

数据分组交换是为适应计算机通信而发展起来的一种先进通信手段，它以 CCITTX.25 协议为基础，以满足不同速率、不同型号终端与终端、终端与计算机、计算机与计算机间及局域网间的通信，实现数据库资源共享。GPRS 就是一种基于 GSM 通信系统网络的无线分组交换技术，将发送的数据分成一定长度的包(分组)，根据数据包头中的信息，临时寻找一条可用的信道资源将该数据发送出去，即数据传输之前不需要预先分配信道，建立连接，数据发送和接收与信道没有固定的占用关系，使得每个用户可以同时占用多个无线信道，同一条无线信道又可以由多个用户共享，资源被有效地利用，GPRS 的理论带宽可达 171.2KB，接入时间缩短到小于 1 秒，特别适用于间断的、突发性的、频繁的、少量的数据传输，为用户提供了一种高效的、低成本的无线数据业务。基于分组交换方式的数据通信过程如图 2-5 所示。

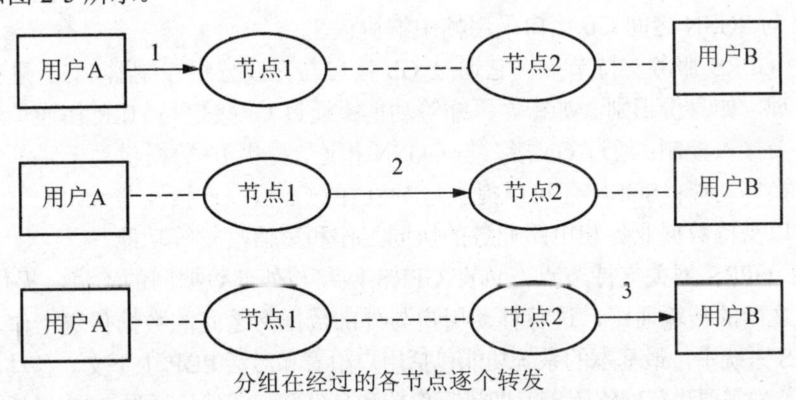

分组在经过的各节点逐个转发

图 2-5　分组通信示意图

由于数据业务在绝大多数情况下都表现出一种突发性的业务特点，对信道需求变化较

大，因此采用分组方式进行数据传输，让每个用户可以同时占用多个无线信道，同一条无线信道又可以由多个用户共享，使得信道资源被有效地利用。例如，用户进行网页浏览，大部分时间处于浏览状态，而真正用于数据传送的时间只占很小的比例，这种情况下若采用固定占用信道的方式，将会造成较大的资源浪费。

GPRS 系统本身采用 IP 网络结构，并对用户分配独立地址，将用户作为独立的数据用户，语音部分仍采用原先的基本处理单元，而对于数据业务部分，则通过在原有的 GSM 系统中引入 3 个主要的组件，GPRS 服务支持节点(Serving GPRS Supporting Node，SGSN)、GPRS 网关支持节点(Gateway GPRS Support Node，GGSN)、分组处理单元(PCU)，使得用户能够在端到端以分组方式进行发送和接收数据。GPRS 网络的结构如图 2-6 所示。

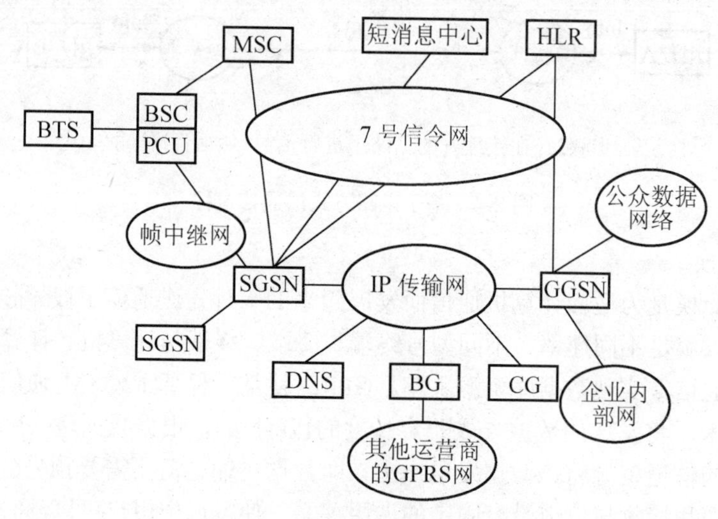

图 2-6　GPRS 网络的结构

PCU：分组数据处理单元。它与 BSC 协同作用，提供无线数据的处理功能，如逻辑链路与物理链路的映射、数据包的拆封、数据包的确认、无线数据信道的分配等。PCU 可作为模块插入 BSC 中，或者作为独立于 BSC 的单元存在，它与 BSC 之间的接口方式规范未定义。PCU 与 SGSN 之间 Gb 接口采用帧中继协议。

SGSN：GPRS 服务支持节点。它通过 Gb 接口与无线分组控制器 PCU 进行连接及移动数据的管理，如身份识别、加密、压缩等功能；通过 Gr 接口与 HLR 相连，进行用户数据库的访问及接入控制；通过 Gn 接口与 GGSN 相连，提供 IP 数据包到无线单元的传输通路和协议变换等功能；SGSN 还可以提供与 MSC 的 Gs 接口连接及与 SMSC 之间的 Gd 接口连接，用以支持数据业务和电路业务的协同工作和短信收发等功能。

GGSN：GPRS 网关支持节点。负责 GPRS 网络与外部数据网的连接，提供 GPRS 与外部数据网之间的传输通路，进行移动用户与外部数据网之间的数据传送工作。

在 GPRS 系统中，最基本的系统功能包括用户附着和激活 PDP 上下文。移动用户进行数据传送时，首先需要进行网络附着，即进行位置和身份登记，然后通过 PDP 激活请求信息申请网络接入，系统根据接入申请信息中的 APN 信息进行处理，如通过 DHCP 服务器进行用户地址分配及通过 Radius 服务器进行用户身份认证等过程，最终使合法用户得到 IP 地址，用户在进行数据传送与接收时拥有独立的 IP 地址，是一个真正意义上的 IP 或数据用户。

1) 移动用户附着过程

在用户附着过程中，主要涉及无线系统，如 PCU、SGSN、MSC 和 HLR 等业务单元，而与 GGSN 等数据单元无关。

移动终端 MS 通过附着过程登录到 GPRS 网络，从而能够进行位置区的更新及发送数据和接收过程，其附着过程如图 2-7 所示，MS 附着过程中，通过 PCU 进行接入控制和信道分配；通过 SGSN 和 HLR 进行鉴权管理，并从 HLR 中获取用户签约信息；最终在 MS、HLR 与 SGSN 内部形成有关用户的移动管理信息。

MS 在未进行附着之前脱离 GPRS 网络，处于空闲状态，不能进行任何数据业务操作，附着之后用户得到临时身份识别号 TLLI，并在 MS 与 SGSN 之间建立起逻辑链路，变为就绪状态，可以进行 PDP 上下文激活过程，进行 IP 地址的申请。

2) 移动用户激活 PDP 过程

PDP(Packet Data Protocol)分组数据规程，PDP 上下文包含与某个接入网络(APN)相关的地址映射以及路由信息，在激活 PDP 上下文过程中，涉及数据单元与无线单元的配合，如 PCU、SGSN、GGSN、DNS 服务器、DHCP 服务器、Radius 服务器等。

PDP 上下文激活过程如图 2-8 所示，MS 发送 PDP 上下文激活请求信息到 SGSN，SGSN 根据 APN 判断可接入性，并通过 DNS 得到相应的 GGSN 地址，再通过 Gn 接口转发 PDP 激活请求信息到 GGSN，由 GGSN 控制进行动态地址分配和接入认证过程，如果 Radius 认证过程能够通过，则 MS 得到 IP 地址，并在 MS 与相应的 SGSN 和 GGSN 中形成 MS 的相关 PDP 欣赏希望信息。移动用户通过激活 PDP 上下文得到动态地址以随时通过 GGSN 接入特定的数据网络。

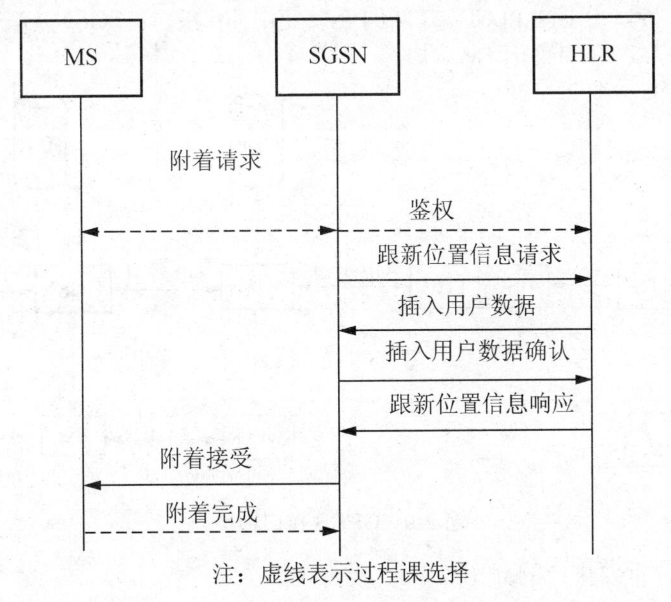

图 2-7　GPRS 系统用户附着过程示意图

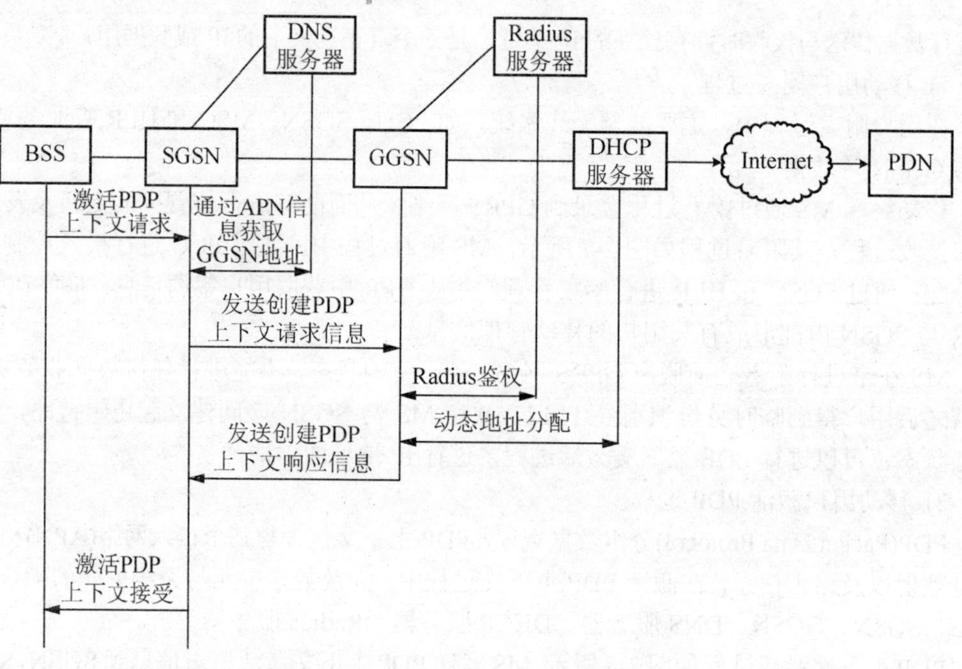

图 2-8 GPRS 系统激活 PDP 过程示意图

下面来介绍 GPRS 网络的主要接口。

GPRS 系统中存在各种不同的接口种类，如图 2-9 所示。系统中 PCU 与 SGSN 之间为 Gb 接口，采用帧中继协议，通过直接或者帧中继网络实现；SGSN 与 SGSN 和 GGSN 之间采用基于 IP 协议的 GTP 规程，即 Gn 接口；GGSN 与外部网络可采用 X.25 协议或 IP 协议等，选用 Gi 接口；不同 PLMN 之间的连接使用 Gp 接口；SGSN 与 HLR 之间采用 Gr 接口；SGSN 与 MSC 之间采用 Gs 接口。

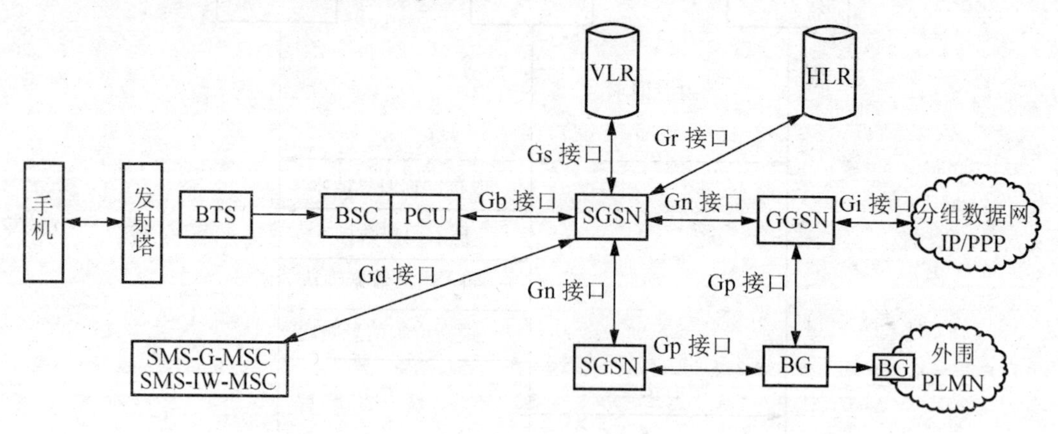

图 2-9 GPRS 接口种类

下面是对部分重要接口的介绍。

1) Gb 接口

Gb 接口是 BSS 与 SGSN 之间的接口，该接口支持用户数据传输和信令传输。它基于帧中继网络，提供流量控制，支持移动性管理和会话管理。

Gb接口的规程结构如图2-10所示，Gb接口经由FR、NS层和BSSGP层进行BSS与SGSN之间的连接，其中帧中继FR可由EI/TI或帧中继网络等方式提供；NS层进行帧中继PVC连接；BSSGP层进行小区、PCU、路由区等管理。Gb接口还提供MS与SGSN之间LLC层连接、GPRS移动管理和进程管理等功能。

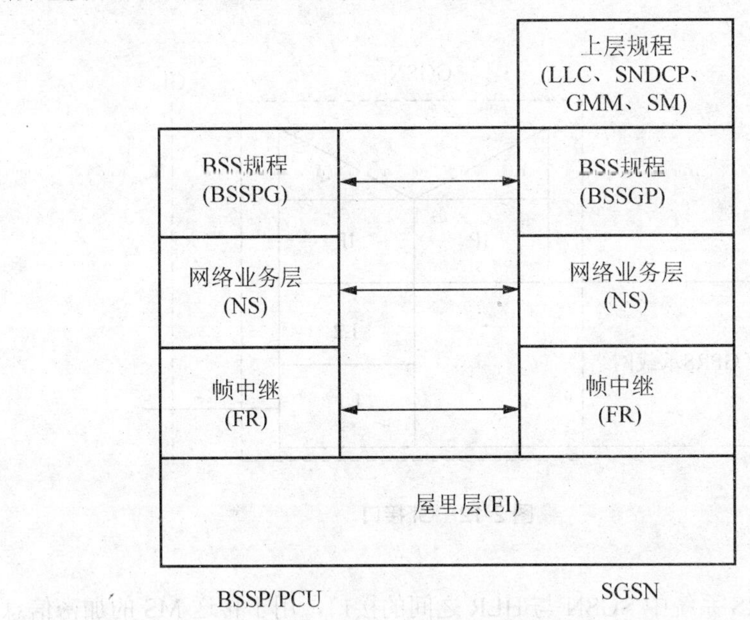

图2-10　Gb接口规程结构

2) Gn/Gp接口

Gn是同一个PLMN内部GSN之间的接口，Gp是不同PLMN中GSN之间的接口，Gn与Gp接口都采用基于IP的GTP协议规程，提供协议规程数据包在GSN节点间通过GTP隧道协议传送的机制。Gn接口一般支持域内静态或动态路由协议，而Gp接口由于经由PLMN之间路由传送，所以它必须支持域间路由协议，如边界网关协议BGP。

GTP规程仅在SGSN与GGSN之间实现，其他系统单元不涉及GTP规程的处理，如图2-11所示。

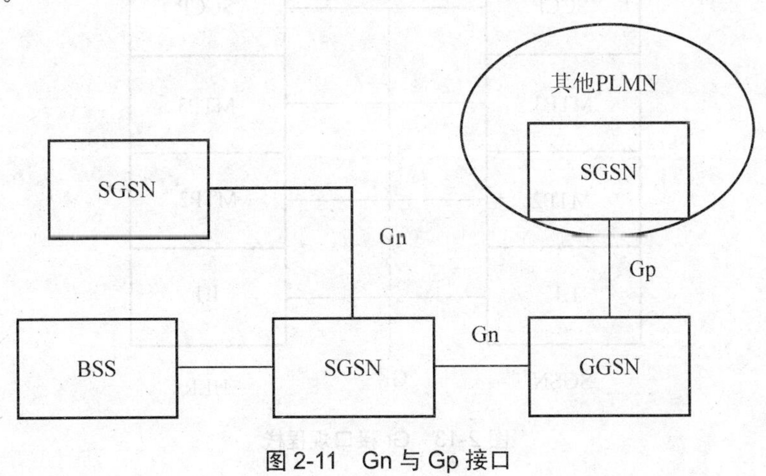

图2-11　Gn与Gp接口

3) Gi 接口

Gi 接口是 GPRS 网络与外部数据网络的接口，它可以采用 X.25 协议、X.75 协议或 IP 协议等接口方式，其中 IP 接口方式如图 2-12 所示。在 IP 网络中，子网的连接一般通过路由器进行。因此，外部 IP 网认为 GGSN 就是一台路由器，它们之间可根据客户需要考虑采用何种 IP 路由协议。

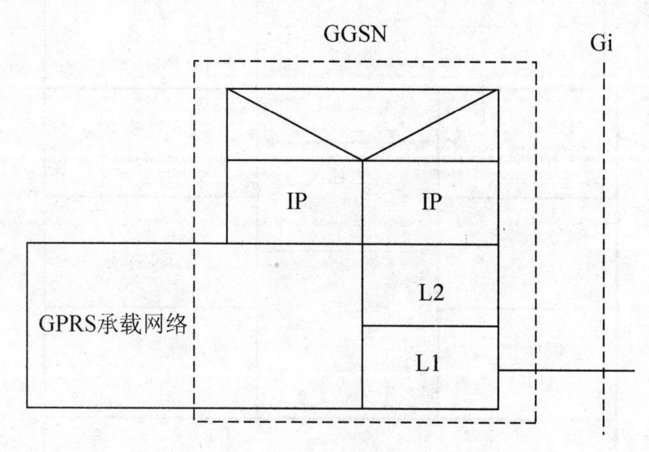

图 2-12　Gi 接口

4) Gr 接口

Gr 接口指 GPRS 系统中 SGSN 与 HLR 之间的接口，用于传送 MS 的加密信息、鉴权信息和用户数据库信息等。

Gr 接口采用 CCS7 规程，应用层采用 MAP 协议，如图 2-13 所示。

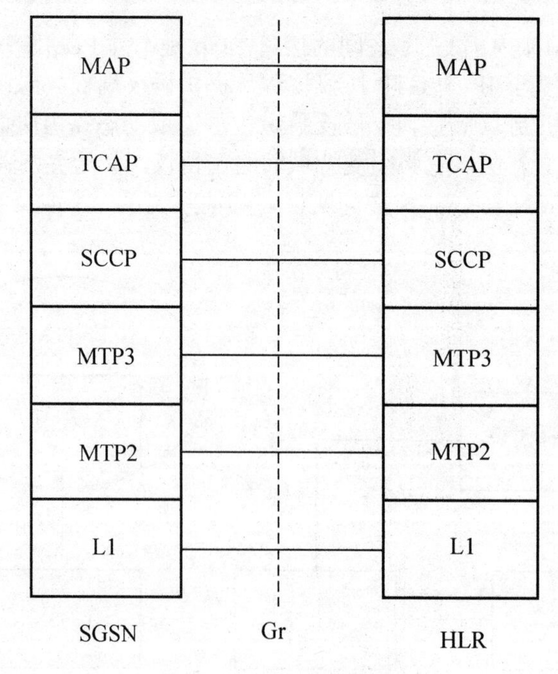

图 2-13　Gr 接口规程栈

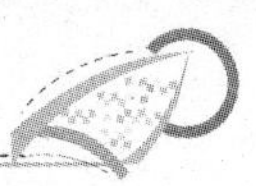

5) Gs 接口

Gs 接口为 SGSN 与 MSC 之间的接口，如图 2-14 所示。在 Gs 接口存在的情况下，MS 可通过 SGSN 进行 IMSI/GPRS 联合附着、LA/RA 联合更新，并采用寻呼协调通过 SGSN 进行 GPRS 附着用户的电路寻呼，从而降低系统无线资源的利用，减少系统信令链路负荷，有效提高网络性能。

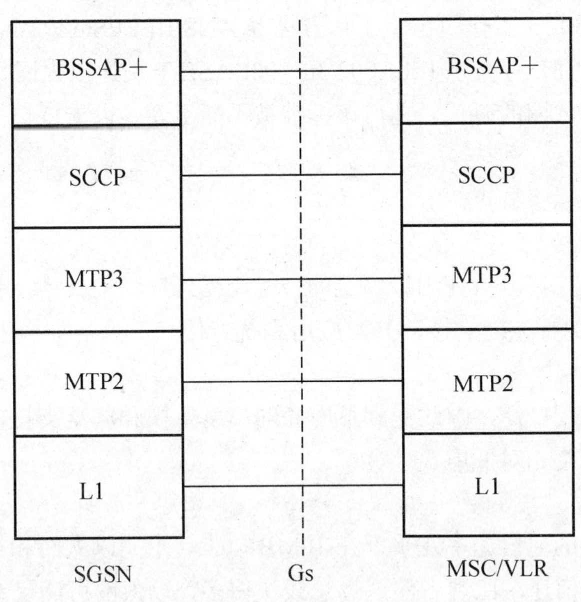

图 2-14　Gs 接口

GPRS 是在现有 GSM 网络上开通的一种新型的分组数据传输业务，在有 GPRS 承载业务支持的标准化网络协议的基础上，GPRS 可以提供系列交互式业务服务。

(1) 点对点面向连接的数据业务。为两个或者多个用户之间发送多分组的业务，该业务要求有建立连接、数据传送及连接释放等工作程序。

(2) 单点对多点业务。根据某个业务请求者的要求，把单一信息传送给多个用户。该业务又可以分为点对多点多信道广播业务、点对多点群呼业务和 IP 多点传播业务。

(3) 点对点无连接型网络业务。各个数据分组彼此互相独立，用户之间的信息传输不需要端到端的呼叫建立程序，分组的传送没有逻辑连接，分组的交付没有确认保护，是由 IP 协议支持的业务。

GPRS 除了提供点对点、点对多点的数据业务外，还能支持用户终端业务、补充业务、GSM 短消息业务和各种 GPRS 电信业务。

由于这些特性，GPRS 通信系统可以用于智能家居的远程通信。家居安防，家庭内部出现盗抢、火灾、燃气泄漏等紧急情况，能自动将报警信息传到物业管理中心或主人手机；家电远程监控，即通过个人电话或互联网实现对家用电器，如空调、热水器和灯等的监视和控制；远程抄表，水、电、气表自动显示并抄送到管理中心，解决入户抄表的低效率、干扰性和不安全性。除此之外，还可实现可视对讲、家庭信息服务、增值服务等功能。

6. 以太网技术

以太网(Ethernet)是一种计算机局域网组网技术，指的是在 1975 年由 Xerox 公司创建并由 Xerox、Intel 和 DEC 公司联合开发的基带局域网规范，是当今现有局域网采用的最通用也是应用最广泛的通信协议标准。以太网络使用 CSMA/CD(载波监听多路访问及冲突检测)技术。1985 年，802.3 工作组出版了官方标准 ANS/IIEEEStd802.3-1985，即 IEEE802.3 标准。1995 年 3 月 IEEE 宣布了 IEEE802.3u 100BASE-T 快速以太网标准(Fast Ethernet)，就这样开始了快速以太网的时代。之后该标准被不断更新，以支持更多的传输介质和更高的传输速率。

以太网技术具有以下特点。

(1) 应用广泛。

以太网是当今计算机网络使用最广泛的技术，受到广泛的技术支持。此外，更重要的是，它能与 Internet 进行无缝链接，开发应用系统方便。

(2) 成本低廉。

由于以太网的应用广泛，因此受到各厂商的高度重视和广泛支持，还有许多的品牌可供选择，并且硬件价格相对低廉。

(3) 通信速率高。

目前以太网技术的通信速率几乎都在 10MB 以上，千兆以太网和 10Gbit/s 的以太网技术也逐渐成熟。其通信速率比现有的现场总线快得多，以太网可满足对带宽有更高要求的应用，如在家庭网络中的视频、音频流的传输就需要很大的带宽。

(4) 软硬件资源非常丰富。

由于以太网已应用多年，人们对以太网的应用及设计有很多的经验，对其技术已十分熟悉，大规模的开发和设计经验可以显著降低系统的开发费用，从而降低系统的整体成本，并大大加快系统的开发和推广速度。

(5) 发展的潜力大。

以太网的广泛应用，使它的发展一直受到广泛的关注和大量的技术投入。此外，在这个瞬息万变的年代，企业的生存与发展将在很大程度上依赖于一个快速而有效的通信管理网络，信息技术与通信技术的发展将更加迅速，同时也更加成熟，由此保证了以太网技术更加快速地向前发展。

(6) 易于实现管控一体化——E 网到底。

易于实现控制网络与信息网络的无缝集成，建立统一的家庭网络。可将嵌入式控制器、智能现场测控仪表和传感器方便地接入以太网络，直至与 Internet 相连。

由于上述特点，采用以太网组建网络，使网络的标准统一，可增强网络的可维护性。因此，在智能家居系统中使用以太网技术作为网络通信平台，可以避免技术游离于技术主流之外，在技术的升级方面无须单独的研究投入。同时家庭语音、视频都需要更高的带宽、更好的传输性能，通信协议有更高的灵活性，这些要求以太网都能很好地满足。

以太网主要分为以下几类。

1) 十兆以太网(标准以太网)

以太网开始只有 10Mbit/s 的吞吐量，使用的是带有冲突检测的载波侦听多路访问(Carrier Sense Multiple Access/Collision Detection，CSMA/CD)的访问控制方法，这种早期的 10Mbit/s 以太网被称为标准以太网。以太网可以使用粗同轴电缆、细同轴电缆、非屏蔽双绞线、屏蔽双绞线和光纤等多种传输介质进行连接，并且在 IEEE 802.3 标准中，为不同的传输介质制定了不同的物理层标准，在这些标准中前面的数字表示传输速度，单位是“Mbit/s”，最后的一个数字表示单段网线长度(基准单位是 100m)，Base 表示“基带”，Broad 代表“宽带”。

10Base—5：使用直径为 0.4 英寸、阻抗为 50Ω粗同轴电缆，也称粗缆以太网，最大网段长度为 500m，基带传输方法，拓扑结构为总线型；10Base—5 组网主要硬件设备有：粗同轴电缆、带有 AUI 插口的以太网卡、中继器、收发器、收发器电缆、终结器等。

10Base—2：使用直径为 0.2 英寸、阻抗为 50Ω细同轴电缆，也称细缆以太网，最大网段长度为 185m，基带传输方法，拓扑结构为总线型；10Base—2 组网主要硬件设备有：细同轴电缆、带有 BNC 插口的以太网卡、中继器、T 型连接器、终结器等。

10Base—T：使用双绞线电缆，最大网段长度为 100m，拓扑结构为星型；10Base—T 组网主要硬件设备有：3 类或 5 类非屏蔽双绞线、带有 RJ-45 插口的以太网卡、集线器、交换机、RJ-45 插头等。

1Base—5：使用双绞线电缆，最大网段长度为 500m，传输速度为 1Mbit/s。

10Broad—36：使用同轴电缆(RG—59/U CATV)，网络的最大跨度为 3600m，网段长度最大为 1800m，是一种宽带传输方式。

10Base—F：使用光纤传输介质，传输速率为 10Mbit/s。

2) 百兆以太网(快速以太网)

随着网络的发展，传统标准的以太网技术已难以满足日益增长的网络数据流量速度需求。在 1993 年 10 月以前，对于要求 10Mbit/s 以上数据流量的 LAN 应用，只有光纤分布式数据接口(FDDI)可供选择，但它是一种价格非常昂贵的、基于 100Mpbs 光缆的 LAN。1993 年 10 月，Grand Junction 公司推出了世界上第一台快速以太网集线器 Fastch10/100 和网络接口卡 FastNIC100，快速以太网技术正式得以应用。随后，Intel、SynOptics、3COM、BayNetworks 等公司亦相继推出自己的快速以太网装置。与此同时，IEEE802 工程组亦对 100Mbit/s 以太网的各种标准，如 100BASE—TX、100BASE—T4、MII、中继器、全双工等标准进行了研究。1995 年 3 月 IEEE 宣布了 IEEE802.3u 100BASE—T 快速以太网标准(Fast Ethernet)，就这样开始了快速以太网的时代。

快速以太网与原来在 100Mbit/s 带宽下工作的 FDDI 相比具有许多优点，最主要体现在快速以太网技术可以有效地保障用户在布线基础实施上的投资，它支持 3、4、5 类双绞线及光纤的连接，能有效地利用现有的设施。快速以太网的不足其实也是以太网技术的不足，即快速以太网仍是基于 CSMA/CD 技术，当网络负载较重时，会造成效率的降低，当然这可以使用交换技术来弥补。100Mbit/s 快速以太网标准又分为 100Base—TX、100Base—FX、100Base—T4 这 3 个子类。

100Base—TX：一种使用 5 类数据级无屏蔽双绞线或屏蔽双绞线的快速以太网技术。它使用两对双绞线，一对用于发送，一对用于接收数据。在传输中使用 4B/5B 编码方式，信号频率为 125MHz，符合 EIA586 的 5 类布线标准和 IBM 的 SPT 1 类布线标准，使用同 10BASE—T 相同的 RJ-45 连接器。它的最大网段长度为 100 米，支持全双工的数据传输。

100Base—FX：一种使用光缆的快速以太网技术，可使用单模和多模光纤(62.5μm 和 125μm)。多模光纤连接的最大距离为 550 米，单模光纤连接的最大距离为 3000 米。在传输中使用 4B/5B 编码方式，信号频率为 125MHz。它使用 MIC/FDDI 连接器、ST 连接器或 SC 连接器。它的最大网段长度为 150 米、412 米、2000 米或更长至 10 千米，这与所使用的光纤类型和工作模式有关，支持全双工的数据传输。100Base—FX 特别适合有电气干扰的环境、较大距离连接或高保密环境等情况下的适用。

100Base—T4：一种可使用 3、4、5 类无屏蔽双绞线或屏蔽双绞线的快速以太网技术。100Base—T4 使用 4 对双绞线，其中的 3 对用于在 33MHz 的频率上传输数据，每一对均工作于半双工模式，第四对用于 CSMA/CD 冲突检测。在传输中使用 8B/6T 编码方式，信号频率为 25MHz，符合 EIA586 结构化布线标准。它使用与 10Base—T 相同的 RJ-45 连接器，最大网段长度为 100 米。

3) 千兆以太网

千兆以太网(Gigabit Ethernet)技术作为最新的高速以太网技术，给用户带来了提高核心网络的有效解决方案，这种解决方案的最大优点是继承了传统以太网技术价格便宜的优点。千兆技术仍然是以太网技术，它采用了与 10M 以太网相同的帧格式、帧结构、网络协议、全/半双工工作方式、流控模式及布线系统。由于该技术不改变传统以太网的桌面应用、操作系统，因此可与 10M 或 100M 的以太网很好地配合工作。升级到千兆以太网不必改变网络应用程序、网管部件和网络操作系统，能够最大程度地保护投资。此外，IEEE 标准将支持最大距离为 550 米的多模光纤、最大距离为 70 千米的单模光纤和最大距离为 100 米的铜轴电缆。千兆以太网填补了标准以太网/快速以太网标准的不足。

为了能够侦测到 64Bytes 资料框的碰撞，千兆以太网所支持的距离更短。Gigabit Ethernet 支持的网络类型，见表 2-1。

表 2-1　Gigabit Ethernet 支持的网络类型

传输介质距离	
1000Base—CX Copper STP	25m
1000Base—T Copper Cat 5 UTP	100m
1000Base—SX Multi-mode Fiber	500m
1000Base—LX Single-mode Fiber	3000m

千兆以太网技术有两个标准：IEEE802.3z 和 IEEE802.3ab。IEEE802.3z 制定了光纤和短程铜线连接方案的标准，IEEE802.3ab 制定了 5 类双绞线上较长距离连接方案的标准。

(1) IEEE802.3z。

IEEE802.3z 工作组负责制定光纤(单模或多模)和同轴电缆的全双工链路标准。IEEE802.3z 定义了基于光纤和短距离铜缆的 1000Base—X，采用 8B/10B 编码技术，信道

传输速度为 1.25Gbit/s，去耦后实现 1000Mbit/s 传输速度。IEEE802.3z 具有下列千兆以太网标准。

1000Base—SX：只支持多模光纤，可以采用直径为 62.5μm 或 50μm 的多模光纤，工作波长为 770～860nm，传输距离为 220～550 米。

1000Base—LX：可以支持直径为 9μm 或 10μm 的单模光纤，工作波长范围为 1270～1355nm，传输距离为 5 千米左右。

1000Base—CX：采用 150 欧屏蔽双绞线(STP)，传输距离为 25 米。

(2) IEEE802.3ab。

IEEE802.3ab 工作组负责制定基于 UTP 的半双工链路的千兆以太网标准，产生 IEEE802.3ab 标准及协议。IEEE802.3ab 定义基于 5 类 UTP 的 1000Base—T 标准，其目的是在 5 类 UTP 上以 1000Mbit/s 速率传输 100 米。IEEE802.3ab 标准的意义主要有：保护用户在 5 类 UTP 布线系统上的投资。1000Base—T 是 100Base—T 的自然扩展，与 10Base—T、100Base—T 完全兼容。不过，在 5 类 UTP 上达到 1000Mbit/s 的传输速率需要解决 5 类 UTP 的串扰和衰减问题，因此，IEEE802.3ab 工作组的开发任务要比 IEEE802.3z 复杂些。

4) 万兆以太网

万兆以太网规范包含在 IEEE 802.3 标准的补充标准 IEEE 802.3ae 中，它扩展了 IEEE 802.3 协议和 MAC 规范，使其支持 10Gbit/s 的传输速率。除此之外，通过 WAN 界面子层(WAN Interface Sublayer，WIS)，10 千兆位以太网也能被调整为较低的传输速率，如 9.584640 Gbit/s (OC-192)，这就允许 10 千兆位以太网设备与同步光纤网络(SONET)STS-192c 传输格式相兼容。

10GBase—SR 和 10GBase—SW 主要支持短波(850nm)多模光纤(MMF)，光纤距离为 2～300 米。10GBase—SR 主要支持“暗光纤”(Dark Fiber)，暗光纤是指没有光传播并且不与任何设备连接的光纤。10GBase—SW 主要用于连接 SONET 设备，它应用于远程数据通信。

10GBase—LR 和 10GBase—LW 主要支持长波(1310nm)单模光纤(SMF)，光纤距离为 2 米～10 千米(约 32 808 英尺)。10GBase—LW 主要用来连接 SONET 设备时，10GBase—LR 则用来支持“暗光纤”(Dark Fiber)。

10GBase—ER 和 10GBase—EW 主要支持超长波(1550nm)单模光纤(SMF)，光纤距离为 2 米～40 千米(约 131 233 英尺)。10GBase—EW 主要用来连接 SONET 设备，10GBase—ER 则用来支持“暗光纤”(Dark Fiber)。

10GBase—LX4 采用波分复用技术，在单对光缆上以 4 倍光波长发送信号。系统运行在 1310nm 的多模或单模暗光纤方式下。该系统的设计目标是针对于 2～300 米的多模光纤模式或 2 米～10 千米的单模光纤模式。

5) 40GB/100GB 以太网

新的 40GB/100GB 以太网标准在 2010 年制定完成，包含若干种不同的节制类型。当前使用附加标准 IEEE 802.3ba 加以说明。

40GBase—KR4：背板方案，最少距离 1 米。

40GBase—CR4/100GBase—CR10：短距离铜缆方案，最大长度大约为 7 米。

40GBase—SR4/100GBase—SR10：用于短距离多模光纤，长度至少在 100 米以上。

40GBase—LR4/100GBase—LR10：使用单模光纤，距离超过 10 千米。

100GBase—ER4：使用单模光纤，距离超过 40 千米。

网络技术发展的历史表明，只有开放的、简单的、标准的技术才有前途。在很大程度上，以太网标准的发展进程就是以太网技术本身的发展历程。在以太网标准发展的过程中，电器和电子工程师协会(IEEE)802 工作委员会是以太网标准的主要制定者，IEEE802.3 标准在 1983 年获得正式批准，该标准确定以太网采用带冲突检测的载波侦听多路访问机制(Carrier Sense Multiple Access with Collision Detection，CSMA/CD)作为介质访问控制方法，标准带宽为 10Mbit/s。此后的 20 年间，以太网技术作为局域网标准战胜了令牌总线、令牌环、Wangnet、25M ATM 等技术，在有线和无线领域的市场和技术方面取得蓬勃发展，成为局域网的事实标准。

根据开放系统互连参考模型(OSIRM)的七层协议分层模型，IEEE 802 标准体系与这一分层模型的物理层和链路层相对应。IEEE 802 协议将数据链路层分为介质访问控制子层(Media Access Control，MAC)和逻辑链路子层(Logic Link Control，LLC)，另外，802 标准还规定了多种物理层介质的要求。

802 体系的其他标准：IEEE 802.1 通用网络概念及网桥、IEEE 802.2 逻辑链路控制、IEEE 802.3 以太网 CSMA/CD 复用方法及物理层规定、IEEE 802.4 令牌总线结构和访问方法及物理层规定、IEEE 802.5 令牌环访问方法及物理层规定、IEEE 802.6 城域网的访问方法及物理层规定、IEEE 802.7 宽带局域网、IEEE 802.8 光纤局域网、IEEE 802.9 ISDN 局域网、IEEE 802.10 网络安全、IEEE 802.11 无线局域网、IEEE 802.12 优先高速局域网(100Mbit/s)、IEEE 802.13 有线电视(Cable-TV)等。

802.3 标准族是以太网最为核心的内容，也是一个不断发展中的协议体系。IEEE 802.3 定义了传统以太网、快速以太网、全双工以太网、千兆以太网及万兆以太网的架构，同时也定义了 5 类屏蔽双绞线和光缆类型的传输介质。该工作组还明确了不同厂商设备之间、不同速率、不同介质类型下的互操作方式。但无论如何，从传统以太网的 10Mbit/s，到快速以太网的 100Mbit/s，再到千兆以太网的 1Gbit/s，直至万兆以太网的 10Gbit/s，所有的以太网技术都保留了最初的帧的格式和帧的长度，无论从技术上还是应用上都保持了高度的兼容性，确保为上层协议提供一致的接口，给用户升级提供了极大的方便。

IEEE 802.3 标准为采用不同传输介质的传统以太网制定了对应的标准，主要包括采用细缆的 10Base—2，采用粗缆的 10Base—5 和采用双绞线的 10Base—T；IEEE 802.3u 标准则为采用不同传输介质的快速以太网制定了相应的标准，主要包括采用双绞线介质的 100Base—TX 和 100Base—T4，采用多模光纤介质的 100Base—FX 及 10/100Base 速率的自动协商功能；IEEE 802.3x 定义了全双工以太网的各种控制功能，主要包括过负荷流量控制、暂停帧的使用及类型域定义等；802.3z 千兆以太网标准主要包括采用光纤作为传输介质的 1000Base—SX/LX 和采用双绞线介质的 1000Base—T；802.3ad 链路聚合技术；802.3ae 基于光纤的万兆以太网标准根据接口类型不同，主要包括 3 个标准，即 10GBase—X、10GBase—R 和 10GBase—W；802.3an 基于铜缆的万兆以太网的标准 10GBase—T。

除 IEEE 以外，还有其他国际标准组织在进行以太网标准的研究，包括国际电信联盟

(ITU-T)、城域以太网论坛(Metro Ethernet Forum，MEF)、10G 以太网联盟(10 Gigabit Ethernet Alliance，10GEA)及 Internet 工程任务组(Internet Engineer Task Force，IETF)。

TU-T 是国际上最重要的电信行业标准化组织，国际上大的运营商和设备制造商都非常重视 ITU-T 的标准。ITU-T 主要关注运营商网络的体系结构，因此其关于以太网技术和业务的标准重点是规范如何在不同的传送网上承载以太网帧，包括 SDH、OTN、ATM 和 MPLS 等。ITU-T 与以太网相关的标准主要由 SG15 和 SG13 研究组负责制定。

ITU-TSG13 工作组负责制定传送网承载以太网的标准，目前正在制定的标准包括以下几种。

(1) 以太网层网络体系结构 G.8010。

(2) 以太网业务框架 G.8011。G.8011 从运营商网络的角度定义了几种类型的以太网业务，包括以太网专线(EPL)、以太网虚拟专线(EVPL)、以太网专用 LAN(EPLAN)和以太网虚拟专用 LAN(EVPLAN)。

(3) 传送网承载以太网的体系结构 G.8012.x。

(4) 以太网传送网设备功能块特性 G.eequ。

(5) 以太网业务复用 G.ESM。

(6) 多承载和多运营商环境中的业务管理结构 G.asm。

(7) MPLS 层网络结构 G.mta。

ITU-T SG13 WP3 主要研究以太网的性能和流量管理，目前主要关注的是以太网 OAM。已经和正在制定的标准包括以下几种。

(1) 以太网 OAM 需求 Y.1730。

(2) 以太网 OAM 机制 Y.17ethoam。

IETF 主要研究如何在分组网络(如 IP/MPLS)中提供以太网业务。IETF 内与以太网相关的工作组有 PWE3 和 L2VPN 工作组。

其中，PWE3 工作组主要负责制定伪线的框架结构和与业务相关的技术(伪线：封装和承载不同业务的 PDU 的隧道)，PWE3 协议侧重于特定业务的端到端模拟和维护，而不是规范隧道的创建和放置。PWE3 封装使用的隧道技术包括 IP、L2 TP 或 MPLS，并对这些 PSN 使用相同的技术规范。

PWE3 对于运营商的重要意义在于能够在统一的 IP/MPLS 网上承载 PPP/HDLC、FR、ATM 和以太网等各种业务；突破了传统以太网 4096 个 VLAN 数量的限制；可以实现与其他封装方法的共存，实现不同业务的互联互通。

L2VPN 工作组负责制定运营商的 L2VPN 实施方案。L2VPN 工作组并不制定新的协议，而是对现有的协议提出功能需求。例如，该上作组不会制定新的封装机制，而是使用 PWE3 工作组制定的封装协议。L2VPN 工作组目前正在制定的标准有虚拟专线业务 VPWS、虚拟专用 LAN 业务(VPLS)和只支持 IP 的 L2VPN。

MEF 的工作动态尤其值得关注，它成立于 2001 年 6 月，是专注于解决城域以太网技术问题的非营利性组织，目的是要将以太网技术作为交换技术和传输技术广泛应用于城域网建设。它首要的目标是统一以太网的实现，并以此影响现有的标准；其次是对其他相关标准组织的工作提出一些建议；最后也制定一些其他标准组织未制定的标准。MEF 目前开展的工作包括以下几个方面。

(1) 开发城域以太网参考模式，为内部组件和外部组件之间定义参考点和接口。

(2) 定义城域以太网的服务模式，对城域以太网服务的术语、接口、规范、和提供的基本服务进行统一。开发服务提供商和终端客户之间建立 SLA 使用的 SLS 框架。

(3) 研究如何能使以太网作为一种广域传输技术，包括城域以太网的保护模式及服务质量。保护模式的目标是以太网服务提供端到端的保护恢复时间小于 50ms；QoS 的目标是创建一种框架，可以提供各种分等级的服务(CoS)，并且在每个 CoS 中确保 QoS。

(4) 开发用于服务提供商和终端客户之间以太网接口管理的要求、模式和框架，也包括服务提供商的城域网络内部的以太网接口的管理。

为推动我国 IP 多媒体数据通信网络标准化的发展，1999 年国内电信研究机构联合诸多通信企业成立了中国 IP 和多媒体标准研究组。研究组成立后，便将以太网作为该研究组的一项重要技术进行研究和制定。截至目前，已经立项研究了一批以太网标准，包括《二层 VPN 业务技术要求》、《基于 LDP 信令的虚拟专用以太网技术要求》、《基于 LDP 信令的虚拟专用以太网测试方法》及《仿真点到点伪线业务技术规范》等。

按照 ISO 的 OSI 七层结构，以太网标准只定义了数据链路层和物理层。作为一个完整的通信系统，以太网在定义数据链路和物理层的协议之后，就与 TCP/IP 紧密地捆绑在一起。虽然 TCP/IP 协议并不是专为以太网而设计的，但实际上它们现在已经是不可分离的了，所以有必要在这里介绍一下 TCP/IP 协议。

网际协议 IP 是 TCP/IP 的心脏，也是网络层中最重要的协议。

IP 层接收由更低层(网络接口层，如以太网设备驱动程序)发来的数据包，并把该数据包发送到更高层——TCP 或 UDP 层；相反，IP 层也把从 TCP 或 UDP 层接收来的数据包传送到更低层。IP 数据包是不可靠的，因为 IP 并没有做任何事情来确认数据包是按顺序发送的或者没有被破坏。IP 数据包中含有发送它的主机的地址(源地址)和接收它的主机的地址(目的地址)。

高层的 TCP 和 UDP 服务在接收数据包时，通常假设包中的源地址是有效的。也可以这样说，IP 地址形成了许多服务的认证基础，这些服务相信数据包是从一个有效的主机发送来的。IP 确认包含一个选项，称为 IP source routing，可以用来指定一条源地址和目的地址之间的直接路径。对于一些 TCP 和 UDP 的服务来说，使用了该选项的 IP 包好像是从路径上的最后一个系统传递过来的，而不是来自它的真实地点。这个选项是为了测试而存在的，说明了它可以被用来欺骗系统来进行平常是被禁止的连接，那么，许多依靠 IP 源地址做确认的服务将产生问题并且会被非法入侵。

如果 IP 数据包中有已经封装好的 TCP 数据包，那么 IP 将把它们向“上”传送到 TCP 层。TCP 将包排序并进行错误检查，同时实现虚电路间的连接。TCP 数据包中包括序号和确认，所以未按照顺序收到的包可以被排序，而损坏的包可以被重传。

TCP 将它的信息送到更高层的应用程序，如 Telnet 的服务程序和客户程序。应用程序轮流将信息送回 TCP 层，TCP 层便将它们向下传送到 IP 层，设备驱动程序和物理介质，最后到接收方。

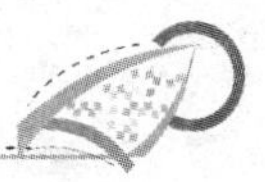

面向连接的服务(如 Telnet、FTP、rlogin、X Windows 和 SMTP)需要高度的可靠性，所以它们使用了 TCP。DNS 在某些情况下使用 TCP(发送和接收域名数据库)，但使用 UDP 传送有关单个主机的信息。

UDP 与 TCP 位于同一层，但对于数据包的顺序错误会重发。因此，UDP 不被应用于那些使用虚电路的面向连接的服务，而是主要用于那些面向查询——应答的服务，如 NFS。相对于 FTP 或 Telnet，这些服务需要交换的信息量较小。使用 UDP 的服务包括 NTP(网络时间协议)和 DNS(DNS 也使用 TCP)。

欺骗 UDP 包比欺骗 TCP 包更容易，因为 UDP 没有建立初始化连接(也可以称为握手，因为在两个系统间没有虚电路)，也就是说，与 UDP 相关的服务面临着更大的危险。

UDP 是一个无连接的、不可靠的协议，相对于基于流传输的 TCP 而言，UDP 是基于消息传输的，整体上具有传输速度快等优点。在智能家居网络中，许多数据采集点并不要求非常可靠的通信，相反，它要求有更高的传输速度，在数据传输时省去连接建立过程的握手开销，如屋外场景摄像、多点传感器的数据采集等。就可靠性而言，也可以通过上层协议来保证 UDP 的可靠性等。在这个意义上也可以使用 UDP 来实现家居系统的数据传输。

以太网在智能家居中的应用原则 TCP 和 UDP 作为目前最常用到的网络通信协议，TCP 是基于连接的协议，通过研究可以看出家用电器的控制信息特点是数据量小，控制信息短，适用于传送少量数据、对可靠性要求不高的应用环境，因此更适合采用简单的、面向数据报的 UDP 协议。

以太网通过 TCP/IP 协议(一种标准开放式的网络，系统兼容性和互操作性好)作为模板在智能家居系统中进行应用，与其他各种网络通信技术相比，具有如下优势。

(1) 开放性：采用公开的标准和协议。

(2) 平台无关性：具有伸缩性，可以选择不同厂家、不同类型的设备和服务。

(3) 提供多种信息服务：提供 E-mail、WWW、FTP 等多种信息服务。

(4) 图形用户界面：统一、友好、规范化的图形界面，操作简单，易学易用。

如果智能家居采用以太网作为各家电之间的通信网络平台，可以避免家庭网络技术游离于计算机网络技术的发展主流之外，从而使家庭网络技术和一般网络技术互相促进，共同发展，并保证技术上的可持续发展，在技术升级方面无须单独的研究投入，这一点是任何现有的总线技术，包括目前在家居网络应用中较为流行的 LonWorks 等所无法比拟的。同时家庭智能技术的向前发展也会要求通信网络有更高的带宽、更好的性能，通信协议有更高的灵活性。这些要求以太网也都能很好地满足。

目前以太网在智能家居中的应用已经非常广泛，许多智能家居系统的固定终端(如门口机、室内机等)和服务器的连接采取的是以太网的组网方式。实践证明，利用以太网通信技术和其他技术相结合的智能家居系统中，有效地实现了快速报警，可享受到社区浏览，交互式影像服务(VOD)，查询服务项目，社会网络费用催交和查询，预订活动场馆，翻阅图书存书，网上办公，社会安装维修维护记录，自动传送水，电、气读数，远端网络观察和控制家中情况等功能。现在智能化家居通信技术的研究仍处于初级阶段，没有统一的标准。不同技术的应用、不同的手段和方法会构造出不同理念的智能化家居，但是智能家居一定会朝着实用化、简单化、模块化的方向发展。以太网的特点决定了它无可比拟的优势，虽然以太网在实时性、可靠性及安全性方面有着缺陷，但随着技术的进步，以太网的这些方面将来会得到较好的解决，智能家居中采用以太网将是一种非常好的方案。

2.2.2 3G网络技术

3G是英文3rd Generation的缩写，指第三代移动通信技术。3G实际上就是一个宽带的无线网络。相对第一代模拟制式手机(1G)和第二代GSM、TDMA等数字手机(2G)，第三代手机一般地讲，是指将无线通信与国际互联网等多媒体通信结合的新一代移动通信系统。它能够处理图像、音乐、视频流等多种媒体形式，提供包括网页浏览、电话会议、电子商务等多种信息服务。为了提供这种服务，无线网络必须能够支持不同的数据传输速度，也就是说在室内2Mbit/s(兆比特/每秒)、室外384Kbit/s(千比特/每秒)和行车144Kbit/s的传输速度。

国际电信联盟ITU在1990年就提出3G的概念，称为IMT-2000标准。到了1998年，ITU接受15个关于IMT-2000的技术标准建议案，其中采用卫星的有6个，9个采用地面基地台建议案(又是一次卫星与地面技术之争)。而地面建议案中，如果是采用多任务接取技术的项目，有8种采用CDMA相关技术，所以CDMA几乎成为IMT-2000标准的主流。一直到了1999年11月，从所有相关建议案中选出了4项技术，分别是WCDMA、CDMA2000、UTRA TDD、EDGE。EDGE是IS-136的升级版本，UTRA TDD后来变成了TD-SCDMA。3G的标准演变就此确定。目前3G存在4种标准：CDMA2000，WCDMA，TD-SCDMA，WiMAX。中国目前三大运营商各使用的标准如下：联通WCDMA，电信CDMA2000，移动TD-SCDMA。

3G与2G的主要区别是在传输声音和数据的速度上的提升，它能够在全球范围内更好地实现无线漫游，并处理图像、音乐、视频流等多种媒体形式，提供包括网页浏览、电话会议、电子商务等多种信息服务，同时也要考虑与已有第二代系统的良好兼容性。为了提供这种服务，无线网络必须能够支持不同的数据传输速度，也就是说在室内、室外和行车的环境中能够分别支持至少2Mbit/s(兆比特/每秒)、384Kbit/s(千比特/每秒)及144Kbit/s的传输速度(此数值根据网络环境会发生变化)。3G拥有涵盖范围广、语音通信与高移动性等优点。3G业务依据不同的层次可以分为不同的种类：按照运营网络传输的内容来划分，可以分为语音业务与数据业务，包括基本通话业务、视像业务、视频业务、图片业务；按照面向用户需求的业务划分，可以分为通信类业务、资讯类业务、娱乐类业务及互联网业务。

1. *3G的发展历程*

现在通信界时常使用到由国际电信联盟所颁定的各种名词，3G指的是第三代，Third Generation的意思。接下来就介绍如何划分这些时代。

1) 第一代(1G)

第一代移动通信主要技术是AMPS。AMPS全名为Advanced Mobile Phone Service，中文名称为类比式移动电话系统，当初中国电信090开头的门号就是属于此类。它的原理相当简单，就像是无线电手机一样透过基地台与他人通话，只要频率相同即可收听内容，也正因为如此，会有如盗拷机等安全上的顾虑。由于各GSM门号系统商的强力促销及手机的日新月异，现在市场上几乎已经不见090的踪影。

2) 第二代(2G)

第二代移动通信主要技术是 PCS。PCS 指的是 Personal Communication Service，美国联邦通信委员会对数位蜂巢式技术的通称，包括 CDMA、GSM 与 TDMA。而 TDMA 是一种使用“时槽分割多路传输”的数位无线通信技术，将无线电频率切割成为一个一个时槽(time slot)，来分配给数个通信端使用，而 GSM 就是架构在 TDMA 之下的通信系统。

3) 第三代(3G)

第三代移动电话主要的技术来源是 CDMA 的延伸，根据 IMT-2000 的规范，第三代移动通信的标准是车行速度 90km/h 时传输速率达 144Kbit/s，步行速度时传输速率达 384Kbit/s，室内或固定时传输速率可达 2Mbit/s。根据这个标准，全球移动电话目前可说是兵分二路，占有率较高的是由诺基亚(Nokia)、易立信(Ericsson)、NTT DoCoMo 等欧日厂商所主导的 W-CDMA，紧追在后的则是由快通(Qualcomm)、朗讯(Lucent)等美国厂商所主导的 CDMA2000。3G 通信的优势就在于大量且迅速的声音、影像及文字资料传输，目前各周边系统商已经加紧脚步在准备迎接 3G 通信时代的来临，3G 走入人们的生活的时代指日可待。

2. 3G 时代将带来的转变

中国的 3G 之路刚刚开始，最先普及的 3G 应用是“无线宽带上网”，6 亿名手机用户随时随地手机上网。而无线互联网的流媒体业务将逐渐成为主导。3G 的核心应用包括以下几方面。

1) 宽带上网

宽带上网是 3G 手机的一项很重要的功能，届时我们能在手机上收发语音邮件、写博客、聊天、搜索、下载图铃等。现在不少人以为这些在手机上的功能应用要等到 3G 时代，但其实目前的无线互联网门户也已经可以提供。尽管目前的 GPRS 网络速度还不能让人非常满意，但 3G 时代来了，手机变成小计算机就再也不是梦想。

2) 手机办公、手机执法和手机商务

随着带宽的增加，手机办公越来越受到青睐。手机办公使得办公人员可以随时随地与单位的信息系统保持联系，完成办公功能。这包括移动办公、移动执法、移动商务等。与传统的 OA 系统相比，手机办公摆脱了传统 OA 局限于局域网的桎梏，由于手机一般都是随身携带的，办公人员可以随时随地访问政府和企业的数据库，进行实时办公和处理业务，极大地提高了办公和执法的效率。

3) 视频通话

3G 时代，传统的语音通话已经是个很弱的功能了，到时候视频通话和语音信箱等新业务才是主流，传统的语音通话资费会降低，而视觉冲击力强、快速直接的视频通话会更加普及和飞速发展。

3G 时代被谈论得最多的是手机的视频通话功能，这也是在国外最为流行的 3G 服务之一。相信不少人都用过 QQ、MSN 或 Skype 的视频聊天功能，与远方的亲人、朋友“面对面”地聊天。今后，依靠 3G 网络的高速数据传输，3G 手机用户也可以“面谈”了。当用户用 3G 手机拨打视频电话时，不再是把手机放在耳边，而是面对手机，再戴上有线耳麦或蓝牙耳麦，用户会在手机屏幕上看到对方影像，用户自己也会被录制下来并传送给对方。虽然这个功能目前没有在国内广泛应用，但随着 3G 技术的发展，视频通话会慢慢地走进人们的生活当中。

4) 手机电视

从运营商层面来说，3G 牌照的发放解决了一个很大的技术障碍，TD 和 CMMB 等标准的建设也推动了整个行业的发展。手机流媒体软件会成为 3G 时代使用最多的手机电视软件，在视频影像的流畅和画面质量上不断提升，突破技术瓶颈，真正大规模地被应用。

5) 无线搜索

对用户来说，这是比较实用型的移动网络服务，也能让人快速接受。随时随地用手机搜索将会变成更多手机用户一种平常的生活习惯。

6) 手机音乐

在无线互联网发展成熟的日本，手机音乐是最为亮丽的一道风景线，通过手机上网下载的音乐是计算机的 50 倍。3G 时代，只要在手机上安装一款手机音乐软件，就能通过手机网络，随时随地让手机变身音乐魔盒，轻松收纳无数首歌曲，下载速度更快。

7) 手机办公

随着带宽的增加，手机办公越来越受到青睐。手机办公使得办公人员可以随时随地与单位的信息系统保持联系，完成办公功能。这包括移动办公、移动执法、移动商务等，极大地提高了办事和执法的效率。

8) 手机购物

不少人都有在淘宝上购物的经历，但手机商城对不少人来说还是个新鲜事。事实上，移动电子商务是 3G 时代手机上网用户的最爱。目前 90%的日本、韩国手机用户都已经习惯在手机上消费，甚至是购买大米、洗衣粉这样的日常生活用品。专家预计，中国未来手机购物会有一个高速增长期，用户只要开通手机上网服务，就可以通过手机查询商品信息，并在线支付购买产品。高速 3G 可以让手机购物变得更实在，高质量的图片与视频会话能使商家与消费者的距离拉近，提高购物体验，让手机购物变为新潮流。

9) 手机网游

与计算机的网游相比，手机网游的体验并不好，但方便携带，随时可以玩，这种利用了零碎时间的网游是目前年轻人的新宠，也是 3G 时代的一个重要资本增长点。3G 时代到来之后，游戏平台会更加稳定和快速，兼容性更高，即“更好玩了”，像是升级的版本一样，让用户在游戏的视觉和效果方面感觉更好。

3. 3G 技术的特点

从目前已确立的 3G 标准分析，其网络特征主要体现在无线接口技术上。蜂窝移动通信系统的无线技术包括小区复用、多址/双工方式、应用频段、调制技术、射频信道参数、信道编码及技术、帧结构、物理信道结构和复用模式等诸多方面。

纵观 3G 无线技术演变，一方面它并非完全抛弃了 2G，而是充分借鉴了 2G 网络运营经验，在技术上兼顾了 2G 的成熟应用技术；另一方面，根据 IMT-2000 确立的目标，未来 3G 系统所采用无线技术应具有高频谱利用率、高业务质量、适应多业务环境，并具有较

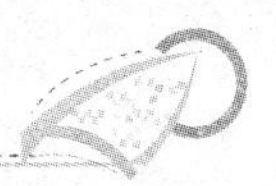

好的网络灵活性和全覆盖能力。3G 在无线技术上的创新主要表现在以下几个方面。

1) 采用高频段频谱资源

为实现全球漫游目标，按 ITU 规划，IMT-2000 将统一采用 2G 频段，可用带宽高达 230MHz，分配给陆地网络 170MHz，卫星网络 60MHz，这网络为 3G 容量发展，实现全球多业务环境提供了广阔的频谱空间，同时可更好地满足宽带业务。

2) 多业务、多速率传送

在宽带信道中，可以灵活应用时间复用、码复用技术，单独控制每种业务的功率和质量，通过选取不同的扩频因子，将具有不同 QoS 要求的各种速率业务映射到宽带信道上，实现多业务、多速率传送。

3) 功率控制

3G 主流技术均在下行信道中采用了快速闭环功率控制技术，用以改善下行传输信道性能，这一方面提高了系统抗多径衰落能力，但另一方面由于多径信道影响导致扩频码分多址用户间的正交性不理想，增加了系统自干扰的偏差，但总体上快速功率控制的应用对改善系统性能是有好处的。

4) 宽带射频信道，支持高速率业务

充分考虑承载多媒体业务的需要，3G 网络射频载波信道根据业务要求，可选用 5/10/20M 等信道带宽，同时进一步提高了码片速率，系统抗多径衰落能力也大大提高。

5) 自适应天线及软件无线电技术

3G 基站采用带有可编程电子相位关系的自适应天线阵列，可以进行发信波束赋形，自适应地调整功率，减小系统自干扰，提高接收灵敏度，增大系统容量，另外软件无线电技术在基站及终端产品中的应用，对提高系统灵活性、降低成本至关重要。

4. 3G 标准介绍

1) CDMA2000

CDMA2000 是从 CDMAOne 数字标准衍生而来的，沿用了 IS-95 的主要技术和基本技术思路。CDMA2000 可以从原有的 CDMAOne 结构直接升级 3G，建设成本低廉，但目前使用的国家和地区只有日本、韩国和北美洲。为了提高产品竞争力，CDMA2000 家族后来又加入了 CDMA2000 1x、CDMA2000 1x EV、CDMA2000 3x 等。CDMA2000 1x 在 IS-95 相同带宽的情况下，速度高于 IS-95，容量提高了一倍。

CDMA2000 1x 就是众所周知的 3G 1x 或者 1xRTT，它是 3G CDMA2000 技术的核心。标志 1x 习惯上指使用一对 1.25MHz 无线电信道的 CDMA2000 无线技术。

CDMA2000 1xRTT (RTT——无线电传输技术)是 CDMA2000 一个基础层，理论上支持最高达 144Kbit/s 数据传输速率。尽管获得 3G 技术的官方资格，但是通常被认为是 2.5G 或者 2.75G 技术，因为它的速率只是其他 3G 技术几分之一。另外它比之前的 CDMA 网络拥有双倍的语音容量。

CDMA2000 1xEV(Evolution，发展)是 CDMA2000 1x 附加了高数据速率(HDR)能力。1xEV 一般分成两个阶段。

CDMA2000 1xEV 第一阶段，CDMA2000 1xEV-DO(Evolution—Data Only，发展——只

是数据)在一个无线信道传送高速数据报文数据的情况下，支持下行(向前链路)数据速率最高达 3.1Mbit/s，上行(反向链路)速率最高达 1.8 Mbit/s。

CDMA2000 1xEV 第二阶段，CDMA2000 1xEV-DV(Evolution—Data and Voice，发展——数据和语音)，支持下行(向前链路)数据速率最高达 3.1 Mbit/s，上行(反向链路)速率最高达 1.8 Mbit/s。1xEV-DV 还能支持 1x 语音用户，1xRTT 数据用户和高速 1xEV-DV 数据用户使用同一无线信道并行操作。

1xEV-DO 已经开始商业化运营，欧洲市场稍微早于美国市场。2004 年夏捷克移动运营商 Eurotel 开始运营 sinceCDMA2000 1xEV-DO 网络，提供的上行速率大约为 1Mbit/s。这项服务每月大约花费 30 欧元，无流量限制。如果使用这项服务，用户需要购买一个大约为 300 欧元的 Gtran GPC-6420 调制解调器。

2) WCDMA

WCDMA 是一种由 3GPP 具体制定的，基于 GSM MAP 核心网，UTRAN(UMTS 陆地无线接入网)为无线接口的第三代移动通信系统。目前 WCDMA 有 Release 99、Release 4、Release 5、Release 6 等版本。WCDMA(宽带码分多址)是一个 ITU(国际电信联盟)标准，它是从码分多址(CDMA)演变来的，在官方上被认为是 IMT-2000 的直接扩展，与现在市场上通常提供的技术相比，它能够为移动和手提无线设备提供更高的数据速率。WCDMA 采用直接序列扩频码分多址(DS-CDMA)、频分双工(FDD)方式，码片速率为 3.84Mcps，载波带宽为 5MHz，基于 Release 99/Release 4 版本，可在 5MHz 的带宽内，提供最高 384Kbit/s 的用户数据传输速率。WCDMA 能够支持移动/手提设备之间的语音、图像、数据及视频通信，速率可达 2Mbit/s(对于局域网而言)或者 384Kbit/s(对于宽带网而言)。输入信号先被数字化，然后在一个较宽的频谱范围内以编码的扩频模式进行传输。窄带 CDMA 使用的是 200kHz 宽度的载频，而 WCDMA 使用的则是一个 5MHz 宽度的载频。

WCDMA 由 ETSI NTT DoCoMo 作为无线界面为他们的 3G 网络 FOMA 开发的。后来 NTT DoCoMo 提交给 ITU 一个详细规范像 IMT-2000 一样作为一个候选的国际 3G 标准。国际电信联盟(ITU)最终接受 W-CDMA 作为 IMT-2000 家族 3G 标准的一部分。后来 WCDMA 被选作 UMTS 的无线界面，作为继承 GSM 的 3G 技术或者方案。尽管名字跟 CDMA 很相近，但是 WCDMA 跟 CDMA 关系不大。在移动电话领域，术语 CDMA 可以代指码分多址扩频复用技术，也可以指美国高通(Qualcomm)开发的包括 IS-95/CDMA1X 和 CDMA2000(IS-2000)的 CDMA 标准族。

WCDMA 已成为当前世界上采用的国家及地区最广泛的且终端种类最丰富的一种 3G 标准。已有 538 个 WCDMA 运营商在 246 个国家和地区开通了 WCDMA 网络，3G 商用市场份额超过 80%，而 WCDMA 向下兼容的 GSM 网络已覆盖 184 个国家，WCDMA 用户数已超过 6 亿名。

3) TD-SCDMA

TD-SCDMA 作为中国提出的第三代移动通信标准(简称 3G)，自 1998 年正式向 ITU(国际电信联盟)提交以来，已经历十多年的时间，完成了标准的专家组评估、ITU 认可并发布、与 3GPP(第三代伙伴项目)体系的融合、新技术特性的引入等一系列的国际标准化工作，从

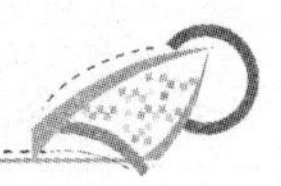

而使 TD-SCDMA 标准成为第一个由中国提出的，以我国知识产权为主的、被国际上广泛接受和认可的无线通信国际标准。这是我国电信史上重要的里程碑。

时分—同步码分多址存取(Time Division-Synchronous Code Division Multiple Access，TD-SCDMA)，是 ITU 批准的 3 个 3G 标准中的一个，相对于另两个主要 3G 标准(CDMA2000 和 WCDMA)，它的起步较晚。

该标准是中国制定的 3G 标准，原标准研究方为西门子。为了独立出 WCDMA，西门子将其核心专利卖给了大唐电信。之后在加入 3G 标准时，信息产业部(现工业信息部)官员以爱立信、诺基亚等电信设备制造厂商在中国的市场为条件，要求他们给予支持。1998 年 6 月 29 日，原中国邮电部电信科学技术研究院(现大唐电信科技产业集团)向 ITU 提出了该标准。该标准将智能天线、同步 CDMA 和软件无线电(SDR)等技术融于其中。另外，由于中国庞大的通信市场，该标准受到各大主要电信设备制造厂商的重视，全球一半以上的设备厂商都宣布可以生产支持 TD-SCDMA 标准的电信设备。

TD-SCDMA 在频谱利用率、频率灵活性、对业务支持具有多样性及成本等方面有独特优势。

TD-SCDMA 由于采用时分双工，上行和下行信道特性基本一致，因此，基站比较容易根据接收信号估计上行和下行信道特性。此外，TD-SCDMA 使用智能天线技术有先天的优势，而智能天线技术的使用又引入了 SDMA 的优点，可以减少用户间干扰，从而提高频谱利用率。

TD-SCDMA 还具有 TDMA 的优点，可以灵活设置上行和下行时隙的比例而调整上行和下行的数据速率的比例，特别适合因特网业务中上行数据少而下行数据多的场合。但是这种上行下行转换点的可变性给同频组网增加了一定的复杂性。

TD-SCDMA 是时分双工，不需要成对的频带。因此，和另外两种频分双工的 3G 标准相比，在频率资源的划分上更加灵活。

一般认为，TD-SCDMA 由于智能天线和同步 CDMA 技术的采用，可以大大简化系统的复杂性，适合采用软件无线电技术，因此，设备造价可望更低。

但是，由于时分双工体制自身的缺点，TD-SCDMA 被认为在终端允许移动速度和小区覆盖半径等方面落后于频分双工体制。

同时，TD-SCDMA 只可以同时在线 500 人，也是一个有待解决的问题。

4) WiMAX

WiMAX 是一项高速无线数据网络标准，主要用在城域网，由 WiMAX 论坛提出并于 2001 年 6 月成形，2007 年正式成为 3G 技术。它可提供最后一公里无线宽带接入，作为电缆和 DSL 之外的选择。它在 IEEE 802.16 标准的多个版本和选项中做出唯一的选择，以保证不同厂商产品的互操作性。在 802.16 物理层的 3 个变体中，WiMAX 选择了 802.16-2004 版的 256 carrier OFDM，能够借由较宽的频带及较远的传输距离，协助电信业者与互联网服务提供商建置无线网络的最后一公里，与主要以短距离区域传输为目的的 IEEE 802.11 通信协定有着相当大的不同。

WiMAX 能提供多种应用服务，包括最后一公里无线宽带接入、热点、移动通信回程线路及作为商业用途在企业间的高速连线。通过 WiMAX 一致性测试的产品都能够对彼此建立无线连接并传送互联网分组数据。在概念上类似 Wi-Fi，但 WiMAX 改善了性能，并允许使用更大传送距离。

WiMAX 是一项新兴技术，能够在比 Wi-Fi 更广阔的地域范围内提供“最后一公里”宽带连接性，由此支持企业客户享受 T1 类服务及居民用户拥有相当于线缆/DSL 的访问能力。凭借其在任意地点的 1～6 公里覆盖范围(取决于多种因素)，WiMAX 可以为高速数据应用提供更出色的移动性。此外，凭借这种覆盖范围和高吞吐率，WiMAX 还能够为电信基础设施、企业园区和 Wi-Fi 热点提供回程。

WiMAX 构建于高级无线技术，抵消效果的干扰提供更多数据以大范围。两个关键高级无线技术是正交频分多址(OFDMA)和多个输入/多个输出(MIMO)智能天线技术。这两种技术有效地放置到更多的数据的可用电波以提高吞吐量和(或)覆盖范围，尤其有利于在 MIMO 高干扰环境中使用，如中心城市。

OFDMA 断裂一个信号转换许多独立之前将其传输碎跨电波以增加光谱效率。通过多元化的信号，即使某些块没使它通过，则信号会重建，仍然可以根据对方是否 MIMO 使用多个天线的两端的无线连接(基站和用户设备)以启用数据到多个独立路径。例如，一个 1x2 配置指设备带有 1Tx(传输)和 2Rx(接收)天线；同样，3x3 指 3Tx 和 3Rx 天线。

1WiMAX 连接需要一个 WiMAX 启用设备和订阅了 WiMAX 宽带服务。WiMAX 的连接性可能需要通过购买额外的软件或硬件来保证。WiMAX 的可用性可能受限制，需要咨询自己的载体支持的详情和网络限制。由于环境因素和其他变量，宽带性能和结果可能不同。

5. 3G 技术存在的缺陷

1996 年，第二代 CDMA 在韩国获得了成功，这震惊了当时对 CDMA 抱有抵制态度的欧洲和日本的无线产业阵营，他们急切地提出所谓宽带 CDMA 的概念，即 WCDMA，以区别于北美的 IS-95 CDMA，企图回避高通公司的 IS-95 专利；而北美的阵营则提出 IS-95 CDMA 的增强型系统，即 CDMA2000。于是第三代移动通信的标准，也称 IMT-2000 或 3G，就在这样的一种历史背景下被加速地制定出来。由于当时未能预见到互联网的崛起及其迅猛发展的趋势，致使 3G 的性能不能令人满意，产生标准制式不统一、主流技术不适应互联网发展需求、市场生命周期不乐观等问题。

现行 WCDMA 和 CDMA2000 的技术局限性有以下几个方面。

首先是 WCDMA 和 CDMA2000 频谱效率很低。这主要是由于这两种 CDMA 系统在多小区网络系统中所使用的扩频地址码在多用户、多途径传播环境中，它们的特性极不理想，会在系统内产生干扰，因此上述系统又称为自干扰系统，这些干扰分别有以下几种。

(1) 小区内干扰——符号间干扰(ISI)和多址干扰(MAI)：这些干扰在单小区内限制了用户数量。

(2) 相邻小区间干扰(ACI)：它不但进一步限制了系统的容量，也限制了基站的覆盖范围。

这些干扰使频谱利用率降低，最终导致系统容量低，无线传输速率只有：144Kbit/s (车载移动)、384Kbit/s(步行)和 2Mbit/s(固定)。随着无线互联网络的崛起，用户要求无线传输速率达到：1～2Mbit/s(车载移动)、3.6Mbit/s(步行)和 15Mbit/s(固定)。WCDMA 和 CDMA2000

的系统容量显然满足不了未来无线互联网络的需求。

其次是 WCDMA 和 CDMA2000 系统不能有效地在同一载波内实现话音和数据同传，导致网络覆盖效率低。全球电信网络正以不可阻挡之势朝着在同一网络系统内实现话音、多媒体、电子邮件和因特网浏览业务的并存方向发展，这将最终导致 WCDMA 和 CDMA2000 严重地制约无线互联网的应用和发展。

最后是 WCDMA 和 CDMA2000 采用频分双工(FDD)无线传输技术，它们很不适合互联网非对称的传输业务模式。而时分双工(pD)无线传输技术不但能满足互联网非对称模式，而且无须成对频段，频谱利用率高。从长远来看，无须采用成对频段将是新一代无线互联网传输技术的主导方向。

6. 3G 技术在智能家居中的运用

在网络方面，在融合的无线网络环境中，3G 将成为公共的无线通信平台。智能家电设备借鉴无线传感器网络的研究和应用成果，通过蓝牙、WLAN、WiMAX、家庭网关等作为家庭局域网的无线宽带接入手段融入 3G 网络，构成智能家居服务泛在化的网络基础。智能家居带宽将实现根本性的突破，高清晰度、高流畅度的资源将会实现。

3G 业务支持 3G 手机与互联网交换信息，其独有的“家居遥视”业务，就是利用互联网与摄像头，让用户随时随地监视家里的状况。通过安置在家中的摄像头，将家居画面转化成视频信号，通过互联网传送到 3G 的信息处理中心；用户只要拨打运营商分配的“家居遥视号码”，就可以接收到信息处理中心转来的图像，达到“遥视”的效果。

利用 3G 技术解决小区业主互联网宽带及语音通信的需求，并加强小区重点区域和公共区域的 WLAN 网络覆盖；搭建起一整套智能家居应用系统，实现烟雾感应、燃气感应、视频监控和联动报警等功能；利用自身优质网络资源搭建基于 3G 技术的智能小区一卡通系统，将门禁、出入口管理、停车场管理等应用延伸到手机等无线终端。此外，物业管理、闭路电视监控、周界防范报警、楼宇对讲、智能电梯和小区广播等多种个性化及智能化应用系统也将随小区的需要进行开发建设。按照“相互促进、互利共赢”的原则，小区开发商将利用基于 3G 技术的小区基础网络建设和应用业务。

2.2.3　网络安全技术

家庭物联网系统旨在为未来家庭打造一个物联网平台，在这个平台上能够实现家庭需要的视频交互、自动化监视和操作等。家庭物联网系统涉及的网络包括 Internet 互联网、家庭无线路由器组成的家庭宽带网络、Zigbee 无线家庭监控网络、3G 手机网络等。将这些网络有机地结合起来，便能实现家庭物联、操控的所有要求。

家庭物联网系统是以智能家居为平台，利用综合布线技术、网络通信技术、安全防范技术、自动控制技术、音视频技术将家居生活有关的设施集成，构建高效的住宅设施与家庭日程事务的管理系统，提升家居安全性、便利性、舒适性、艺术性，并实现环保节能的居住环境。系统的构成包括家庭网络视频终端、Zigbee 无线家庭监控网、3G 手机(或网络计算机)、家庭物联网服务器等。虽然计算机网络给人们带来了巨大的便利，但互联网是一个面向大众的开放系统，对信息的保密和系统的安全考虑得并不完备，存在着安全隐患，网络的安全形势日趋严峻。目前在各家庭的网络中都存储着大量的信息资料，许多方面的工作也越来越依赖网络，一旦网络安全方面出现问题，造成信息的丢失或不能及时流通，或者被篡改、增删、破坏或窃用，都将带来难以弥补的巨大损失。而对于许多家庭来讲，加强网络安全建设的意义甚至关系到家庭的安全、利益和发展。

现在的家庭中，不仅有计算机而且还有其他信息设备组成的网络。当这些信息设备与因特网连接时，它们很容易暴露在多种攻击之下。而用户并不想因此泄漏他们的个人隐私。所以这些家庭网络环境需要一个安全、可靠的解决方案。目前，虽然有很多家庭网络安全产品，如防火墙、虚拟个人网络(Virtual Private Network，VPN)、安全无线局域网(Wireless LAN security)等，但是还缺少一种综合的安全解决方案来保护家庭网络免受有线和无线攻击。家庭网络结构如图 2-15 所示。

智能家庭网络的安全性主要是指家庭的信息不能轻易被外部获取，让外部信息的入侵破坏家庭网络系统。但随着可连接上网的嵌入式家用设备日益增多，家电设备的状态和控制信息在家庭网络上不停地传输，以及可通过开放的和电话网很方便地对其进行远程监控，智能家庭网络的安全日益受到严重的威胁。而且，设备制造商往往刻意宣传其远程监控功能而忽视安全问题，目前大多数基于 Internet 的应用和电话缺乏加密，即使有加密功能，其抗攻击能力也很脆弱。因此如何在智能家庭的网络资源如速度、内存大小有限的环境下实现该网络(CPU)系统的安全，正面临着严峻的挑战。

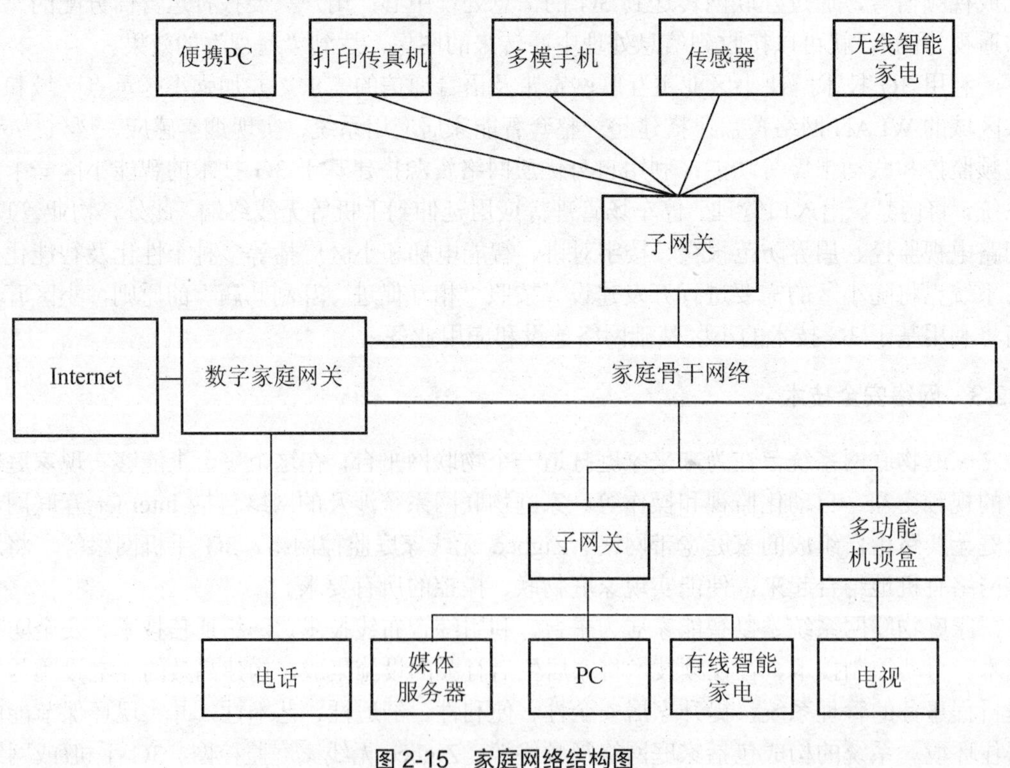

图 2-15　家庭网络结构图

如果攻击者对智能家庭网络的攻击获得成功，其后果将十分严重。具体地说，安全威胁表现在如下几个方面：①信息保密性：通过家庭传感器，攻击者可以截获许多家庭的内

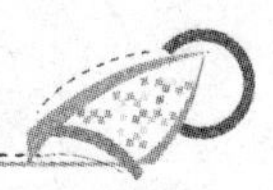

部信息，如家用设备的工作状态报警器是否开启，私人隐秘等；②用户认证：攻击者非法冒充物业公司的工作人员读取数据、发布虚假指令或进行骚扰；③用户授权：攻击者非法使用或盗取主人授权进行有目的的破坏活动；④数据完整性：攻击者通过篡改用户的数据和指令，暗中破坏系统数据的完整性。家庭无线传感器网络遭受的主要威胁见表 2-2。

表 2-2　无线传感器网络遭受的主要威胁

网络层次	遭受的主要攻击
物理层	通信干扰/物理破坏
数据链路层	空闲侦听/碰撞攻击/耗尽攻击/串音问题
网络层	欺骗、篡改/选择转发/泛洪攻击/黑洞攻击/冒名攻击/汇聚节点攻击
传输层	空闲侦听/碰撞攻击/耗尽攻击/串音问题网络层

由于 Internet 的前身是以政府机关、研究所和大学等科研机构为主构成的互联网络，它上面的典型应用如 FTP、Telnet、E-mail 等在安全性方面考虑很少，所以这种建立在 TCP/IP 标准协议上的开放性网络在安全方面存在着先天不足。随着 WWW、Java 等技术的推动，Internet 越来越具有商业价值，越来越多的公司和个人希望能通过 Internet 进行网上电子商务和电子支付，这也对网络的安全性提出了更高的要求，所以只有在技术上先解决了 Internet 的安全性问题，才能实现家中购物、无纸商贸等理想，Internet 本身也才能更加迅速、健康地发展。智能家庭网络的安全性主要是指家庭的信息不能轻易被外部获取，也不能让外部信息的入侵破坏家庭网络系统。

1. OSI 参考模型的概念

ISO 制定了开发系统互联参考模型(Open System Interconnection Reference Model，OSI 模型)作为理解和实现网络安全的基础。国际标准化组织 ISO 是一个全球性的非政府组织，是国际标准化领域中一个十分重要的组织。ISO 成立于 1946 年，当时来自 25 个国家的代表在伦敦召开会议，决定成立一个新的国际组织，以促进国际间的合作和工业标准的统一。于是，ISO 这一新组织于 1947 年 2 月 23 日正式成立，总部设在瑞士的日内瓦。

开放式系统互联参考模型将网络通信过程划分为 7 个相互独立的功能组(层次)，并为每个层次制定一个标准框架。上面 3 层(应用层、表示层、会话层)与应用问题有关，而下面 4 层(传输层、网络层、数据链路层、物理层)则主要处理网络控制和数据传输/接收问题。OSI 参考模型如图 2-16 所示。

计算机网络体系结构模型将计算机网络划分为 7 个层次，自下而上分别称为：物理层、数据链路层、网络层、传输层、会话层、表示层和应用层。用数字排序自下而上分别为第 1 层、第 2 层、……、第 7 层。应用层由 OSI 环境下的应用实体组成，其下面较低的层提供有关应用实体协同操作的服务。

第一层：物理层(Physical Layer)主要定义物理设备标准，如网线的接口类型、光纤的接口类型、各种传输介质的传输速率等。它的主要作用是传输比特流(就是由 1、0 转化为电流强弱来进行传输，到达目的地后再转化为 1、0，也就是人们常说的数模转换与模数转换)。这一层的数据称为比特。

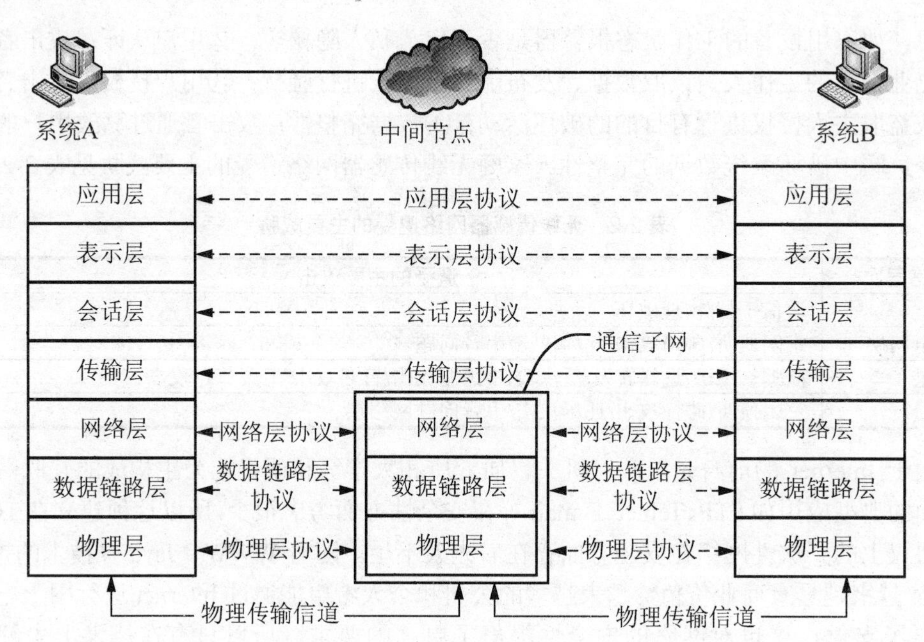

图 2-16　OSI 参考模型

规定通信设备的机械的、电气的、功能的和过程的特性，用以建立、维护和拆除物理链路连接。具体地讲，机械特性规定了网络连接时所需接插件的规格尺寸、引脚数量和排列情况等；电气特性规定了在物理连接上传输 bit 流时线路上信号电平的大小、阻抗匹配、传输速率距离限制等；功能特性是指对各个信号先分配确切的信号含义，即定义了 DTE 和 DCE 之间各个线路的功能；过程特性定义了利用信号线进行 bit 流传输的一组操作规程，是指在物理连接的建立、维护、交换信息时，DTE 和 DCE 双方在各电路上的动作系列。在这一层，数据的单位称为比特(bit)。属于物理层定义的典型规范代表包括：EIA/TIA RS-232、EIA/TIA RS-449、V.35、RJ-45 等。

物理层的主要功能：为数据端设备提供传送数据的通路，数据通路可以是一个物理媒体，也可以是多个物理媒体连接而成。一次完整的数据传输，包括激活物理连接，传送数据，终止物理连接。所谓激活，就是不管有多少物理媒体参与，都要在通信的两个数据终端设备间连接起来，形成一条通路；传输数据，物理层要形成适合数据传输需要的实体，为数据传送服务：一是要保证数据能在其上正确通过，二是要提供足够的带宽[带宽是指每秒钟内能通过的比特(bit)数]，以减少信道上的拥塞。传输数据的方式能满足点到点、一点到多点、串行或并行、半双工或全双工、同步或异步传输的需要。

完成物理层的一些管理工作。物理层的主要设备：中继器、集线器。

第二层：数据链路层(DataLink Layer)主要将从物理层接收的数据进行 MAC 地址(网卡的地址)的封装与解封装。常把这一层的数据称为帧。在这一层工作的设备是交换机，数据通过交换机来传输。

在物理层提供比特流服务的基础上，建立相邻节点之间的数据链路，通过差错控制提供数据帧(Frame)在信道上无差错的传输，并进行各电路上的动作系列。数据链路层在不可

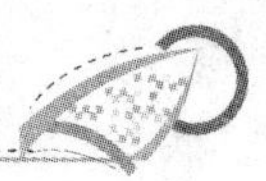

靠的物理介质上提供可靠的传输。该层的作用包括：物理地址寻址、数据的成帧、流量控制、数据的检错、重发等。在这一层，数据的单位称为帧(Frame)。数据链路层协议的代表包括：SDLC、HDLC、PPP、STP、帧中继等。

链路层的主要功能：链路层是为网络层提供数据传送服务的，这种服务要依靠本层具备的功能来实现。链路层应具备如下功能：链路连接的建立、拆除、分离。帧定界和帧同步。链路层的数据传输单元是帧，协议不同，帧的长短和界面也有差别，但无论如何必须对帧进行定界。顺序控制，指对帧的收发顺序的控制。差错检测和恢复，还有链路标识、流量控制等。差错检测多用方阵码校验和循环码校验来检测信道上数据的误码，而帧丢失等用序号检测。各种错误的恢复则常靠反馈重发技术来完成。数据链路层主要设备：二层交换机、网桥。

第三层：网络层(Network Layer)主要将从下层接收到的数据进行IP地址(如192.168.0.1)的封装与解封装。在这一层工作的设备是路由器，常把这一层的数据称为数据包。

在计算机网络中进行通信的两个计算机之间可能会经过很多个数据链路，也可能还要经过很多通信子网。网络层的任务就是选择合适的网间路由和交换节点，确保数据及时传送。网络层将解封装数据链路层收到的帧，提取数据包，包中封装有网络层包头，其中含有逻辑地址信息——源站点和目的站点地址的网络地址。如果谈论一个 IP 地址，即是在处理第三层的问题，这是“数据包”问题，而不是第二层的“帧”。IP 是第三层问题的一部分，此外还有一些路由协议和地址解析协议(ARP)。有关路由的一切事情都在第三层处理。地址解析和路由是第三层的重要目的。网络层还可以实现拥塞控制、网际互联等功能。在这一层，数据的单位称为数据包(packet)。网络层协议的代表包括IP、IPX、OSPF等。

网络层为建立网络连接和为上层提供服务，应具备以下主要功能：路由选择和中继；激活、终止网络连接；在一条数据链路上复用多条网络连接，多采取分时复用技术；差错检测与恢复；排序、流量控制；服务选择；网络管理；网络层标准简介。网络层主要设备：路由器。

第四层：处理信息的传输层(Transport Layer)定义了一些传输数据的协议和端口号(WWW端口80等)，如TCP(传输控制协议，传输效率低，可靠性强，用于传输可靠性要求高，数据量大的数据)，UDP(用户数据报协议，与TCP特性恰恰相反，用于传输可靠性要求不高，数据量小的数据，如QQ聊天)。主要是将从下层接收的数据进行分段和传输，到达目的地址后再进行重组。常常把这一层数据称为段。

第四层的数据单元称为数据段(segment)，这个层负责获取全部信息，因此，它必须跟踪数据单元碎片、乱序到达的数据包和其他在传输过程中可能发生的危险。第四层为上层提供端到端(最终用户到最终用户)的透明的、可靠的数据传输服务。所谓透明的传输是指在通信过程中传输层对上层屏蔽了通信传输系统的具体细节。传输层协议的代表包括TCP、UDP、SPX等。

传输层是两台计算机经过网络进行数据通信时，第一个端到端的层次，具有缓冲作用。当网络层服务质量不能满足要求时，它将服务加以提高，以满足高层的要求；当网络层服务质量较好时，它只用很少的工作。传输层还可进行复用，即在一个网络连接上创建多个逻辑连接。

传输层也称为运输层。传输层只存在于端开放系统中，是介于低3层通信子网系统和高3层之间的一层，却是很重要的一层。因为它是源端到目的端对数据传送进行控制从低到高的最后一层。

有一个既存事实，即世界上各种通信子网在性能上存在着很大差异。例如，电话交换网、分组交换网、公用数据交换网、局域网等通信子网都可互联，但它们提供的吞吐量、传输速率、数据延迟通信费用各不相同。对于会话层来说，却要求有一个性能恒定的界面。传输层就承担了这一功能。它采用分流/合流、复用/介复用技术来调节上述通信子网的差异，使会话层感受不到。

此外传输层还要具备差错恢复、流量控制等功能，以此对会话层屏蔽通信子网在这些方面的细节与差异。传输层面对的数据对象已不是网络地址和主机地址，而是会话层的界面端口。上述功能的最终目的是为会话提供可靠的、无误的数据传输。传输层的服务一般要经历传输连接建立阶段、数据传送阶段、传输连接释放阶段3个阶段才算完成一个完整的服务过程。而在数据传送阶段又分为一般数据传送和加速数据传送两种。传输层服务分成5种类型，基本可以满足对传送质量、传送速度、传送费用的各种不同需要。

第五层：会话层(Session Layer)通过传输层(端口号：传输端口与接收端口)建立数据传输的通路。主要在系统之间发起会话或者接受会话请求(设备之间需要互相认识可以是 IP 也可以是 MAC 或者是主机名)。

这一层也可以称为会晤层或对话层，在会话层及以上的高层次中，数据传送的单位不再另外命名，统称为报文。会话层不参与具体的传输，它提供包括访问验证和会话管理在内的建立和维护应用之间通信的机制，如服务器验证用户登录便是由会话层完成的。

会话层提供的服务可使应用建立和维持会话，并能使会话获得同步。会话层使用校验点可使通信会话在通信失效时从校验点继续恢复通信。这种能力对于传送大的文件极为重要。会话层、表示层、应用层构成开放系统的高3层，面对应用进程提供分布处理，对话管理，信息表示，恢复最后的差错等。会话层同样要担负应用进程服务要求，而运输层不能完成的那部分工作，给运输层功能差距以弥补。主要的功能是对话管理，数据流同步和重新同步。要完成这些功能，需要由大量的服务单元功能组合，已经制定的功能单元已有几十种。现将会话层主要功能介绍如下。

为会话实体间建立连接、为给两个对等会话服务用户建立一个会话连接，应该做如下几项工作：将会话地址映射为运输地址；选择需要的运输服务质量参数(QOS)；对会话参数进行协商；识别各个会话连接；传送有限的透明用户数据。数据传输阶段：这个阶段是在两个会话用户之间实现有组织的、同步的数据传输。用户数据单元为 SSDU，而协议数据单元为 SPDU。会话用户之间的数据传送过程是将 SSDU 转变成 SPDU 进行的。

连接释放是通过“有序释放”、“废弃”、“有限量透明用户数据传送”等功能单元来释放会话连接的。会话层标准为了使会话连接建立阶段能进行功能协商，也为了便于其他国际标准参考和引用，定义了 12 种功能单元。各个系统可根据自身情况和需要，以核心功能服务单元为基础，选配其他功能单元组成合理的会话服务子集。会话层的主要标准有“DIS8236：会话服务定义”和“DIS8237：会话协议规范”。

第六层：表示层(Presentation Layer)主要是进行对接收的数据进行解释、加密与解密、

压缩与解压缩等，也就是把计算机能够识别的东西转换成人能够能识别的东西(如图片、声音等)。

这一层主要解决用户信息的语法表示问题。它将欲交换的数据从适合于某一用户的抽象语法，转换为适合于OSI系统内部使用的传送语法，即提供格式化的表示和转换数据服务。数据的压缩和解压缩，加密和解密等工作都由表示层负责。例如，图像格式的显示，就是由位于表示层的协议来支持的。

第七层：应用层(Application Layer)主要是一些终端的应用，如FTP(各种文件下载)，Web(IE浏览)，QQ之类的。应用层为操作系统或网络应用程序提供访问网络服务的接口。应用层协议的代表包括Telnet、FTP、HTTP、SNMP等。

通过OSI层，信息可以从一台计算机的软件应用程序传输到另一台的应用程序上。例如，计算机A上的应用程序要将信息发送到计算机B的应用程序，则计算机A中的应用程序需要将信息先发送到其应用层(第七层)，然后此层将信息发送到表示层(第六层)，表示层将数据转送到会话层(第五层)，如此继续，直至物理层(第一层)。在物理层，数据被放置在物理网络媒介中并被发送至计算机B。计算机B的物理层接收来自物理媒介的数据，然后将信息向上发送至数据链路层(第二层)，数据链路层再转送给网络层，依次继续直到信息到达计算机B的应用层。最后，计算机B的应用层再将信息传送给应用程序接收端，从而完成通信过程。

OSI的七层运用各种各样的控制信息来和其他计算机系统的对应层进行通信。这些控制信息包含特殊的请求和说明，它们在对应的OSI层间进行交换。每一层数据的头和尾是两个携带控制信息的基本形式。对于从上一层传送下来的数据，附加在前面的控制信息称为头，附加在后面的控制信息称为尾。然而，对来自上一层数据增加协议头和协议尾，对一个OSI层来说并不是必需的。

当数据在各层间传送时，每一层都可以在数据上增加头和尾，而这些数据已经包含了上一层增加的头和尾。协议头包含了有关层与层间的通信信息。头、尾及数据是相关联的概念，它们取决于分析信息单元的协议层。例如，传输层头包含了只有传输层可以看到的信息，传输层下面的其他层只将此头作为数据的一部分传递。对于网络层，一个信息单元由第三层的头和数据组成。对于数据链路层，经网络层向下传递的所有信息即第三层头和数据都被看成数据。换句话说，在给定的某一个OSI层，信息单元的数据部分包含来自所有上层的头和尾及数据，这称之为封装。

例如，如果计算机A要将应用程序中的某数据发送至计算机B，数据首先传送至应用层。计算机A的应用层通过在数据上添加协议头来和计算机B的应用层通信。所形成的信息单元包含协议头、数据、可能还有协议尾，被发送至表示层，表示层再添加为计算机B的表示层所埋解的控制信息的协议头。信息单元的大小随着每一层协议头和协议尾的添加而增加，这些协议头和协议尾包含了计算机B的对应层要使用的控制信息。在物理层，整个信息单元通过网络介质传输。

计算机B中的物理层收到信息单元并将其传送至数据链路层；然后B中的数据链路层读取计算机A的数据链路层添加的协议头中的控制信息；然后去除协议头和协议尾，剩余部分被传送至网络层。每一层执行相同的动作：从对应层读取协议头和协议尾，并去除，再将剩余信息发送至上一层。应用层执行完这些动作后，数据就被传送至计算机 B 中的应用程序，这些数据和计算机 A 的应用程序所发送的完全相同。

一个 OSI 层与另一层之间的通信是利用第二层提供的服务完成的。相邻层提供的服务帮助一个 OSI 层与另一个计算机系统的对应层进行通信。一个 OSI 模型的特定层通常是与另外 3 个 OSI 层联系：与之直接相邻的上一层和下一层，还有目标联网计算机系统的对应层。例如，计算机 A 的数据链路层应与其网络层、物理层及计算机 B 的数据链路层进行通信。OSI 参考模型见表 2-3。

开放系统互联参考模型的特点有以下几点。

(1) 每层的对应实体之间都通过各自的协议进行通信。

(2) 各个计算机系统都有相同的层次结构。

(3) 不同系统的相应层次具有相同的功能。

(4) 同一系统的各层次之间通过接口联系。

(5) 相邻的两层之间，下层为上层提供服务，上层使用下层提供的服务。

表 2-3 OSI 参考模型

具体 7 层	数据格式	功能与连接方式	典型设备
应用层 Application		网络服务与使用者应用程序间的一个接口	网关
表示层 Presentation		数据表示、数据安全、数据压缩	
会话层 Session		建立、管理和终止会话	
传输层 Transport	数据组织成数据段 Segment	用一个寻址机制来标识一个特定的应用程序(端口号)	防火墙
网络层 Network	分割和重新组合数据包 Packet	基于网络层地址(IP 地址)进行不同网络系统间的路径选择	路由器
数据链路层 Data Link	将比特信息封装成数据帧 Frame	在物理层上建立、撤销、标识逻辑链接和链路复用，以及差错校验等功能。通过使用接收系统的硬件地址或物理地址来寻址	网桥、交换机、网卡
物理层 Physical	传输比特(bit)流	建立、维护和取消物理链接	光纤、同轴电缆、双绞线、中继器和集线器

2. 五大类安全服务

五大类安全服务包括认证(鉴别)服务、访问控制服务、数据保密性服务、数据完整性服务和抗否认性服务。

(1) 认证(鉴别)服务：提供对通信中对等实体和数据来源的认证(鉴别)。

(2) 访问控制服务：用于防治未授权用户非法使用系统资源，包括用户身份认证和用户权限确认。

(3) 数据保密性服务：为防止网络各系统之间交换的数据被截获或被非法存取而泄密提供机密保护。同时，对有可能通过观察信息流就能推导出信息的情况进行防范。

(4) 数据完整性服务：用于组织非法实体对交换数据的修改、插入、删除及在数据交

换过程中的数据丢失。

(5) 抗否认性服务：用于防止发送方在发送数据后否认发送和接收方在收到数据后否认收到或伪造数据的行为。

3. 八大类安全机制

八大类安全机制包括加密机制、数据签名机制、访问控制机制、数据完整性机制、认证机制、业务流填充机制、路由控制机制、公正机制。

(1) 加密机制：是确保数据安全性的基本方法，在 OSI 安全体系结构中应根据加密所在的层次及加密对象的不同，而采用不同的加密方法。

(2) 数字签名机制：是确保数据真实性的基本方法，利用数字签名技术可进行用户的身份认证和消息认证，它具有解决收、发双方纠纷的能力。

(3) 访问控制机制：从计算机系统的处理能力方面对信息提供保护。访问控制按照事先确定的规则决定主体对客体的访问是否合法，当以主题试图非法使用一个未经给出的报警并记录日志档案。

(4) 数据完整性机制：破坏数据完整性的主要因素有数据在信道中传输时受信道干扰影响而产生错误，数据在传输和存储过程中被非法入侵者篡改，计算机病毒对程序和数据的传染等。纠错编码和差错控制是对付信道干扰的有效方法。对付非法入侵者主动攻击的有效方法是保温认证，对付计算机病毒有各种病毒检测、杀毒和免疫方法。

(5) 认证机制：在计算机网络中认证主要有用户认证、消息认证、站点认证和进程认证等，可用于认证的方法有已知信息(如口令)、共享密钥、数字签名、生物特征(如指纹)等。

(6) 业务流填充机制：攻击者通过分析网络中路径上的信息流量和流向来判断某些事件的发生，为了对付这种攻击，一些关键站点间在无正常信息传送时，持续传递一些随机数据，使攻击者不知道哪些数据是有用的，那些数据是无用的，从而挫败攻击者的信息流分析。

(7) 路由控制机制：在大型计算机网络中，从源点到目的地往往存在多条路径，其中有些路径是安全的，有些路径是不安全的，路由控制机制可根据信息发送者的申请选择安全路径，以确保数据安全。

(8) 公正机制：在大型计算机网络中，并不是所有的用户都是诚实可信的，同时也可能由于设备故障等技术原因造成信息丢失、延迟等，用户之间很可能引起责任纠纷，为了解决这个问题，就需要有一个各方都信任的第三方提供公证仲裁，数字签名就是这种公正机制的一种技术支持。

4. 分层安全体系结构

今天，网络对于我们任何一个人来说都已不陌生。小到公司的内部网络甚至家庭网络，大到遍及全球的 Internet，再如致力于公众服务的邮电网络和金融网络。据统计，目前我国公共 internet 用户的数量已经超过了 210 万，而这一数字在一年前还不足 100 万。如果再加上通过公司内部网络间接访问 Internet 的人数，这一数字还将进一步提高。而假如将金融系统和邮政系统的用户也视为间接网络用户的话，那么就可以说每一个人都在直接或间接、有意或无意识地在使用着网络。

网络安全是指网络系统的硬件、软件及其系统中的数据受到保护，不因偶然的或者恶意的原因而遭受到破坏、更改、泄露，系统连续可靠正常地运行，网络服务不中断。网络安全从其本质上来讲就是网络上的信息安全。从广义来说，凡是涉及网络上信息的保密性、完整性、可用性、真实性和可控性的相关技术和理论都是网络安全的研究领域。网络安全是一门涉及计算机科学、网络技术、通信技术、密码技术、信息安全技术、应用数学、数论、信息论等多种学科的综合性学科。

网络安全的具体含义会随着“角度”的变化而变化。例如：从用户(个人、企业等)的角度来说，他们希望涉及个人隐私或商业利益的信息在网络上传输时受到机密性、完整性和真实性的保护，避免其他人或对手利用窃听、冒充、篡改、抵赖等手段侵犯用户的利益和隐私。

可以想象，一旦所有这些网络在顷刻之间全部瘫痪，那么我们将在瞬间回到石器时代。即便是其中的一小部分出现问题，我们的损失也不可估量。例如，1989 年三名德国黑客因涉嫌向前苏联出售军事机密而被捕，他们曾在两年多的时间里，侵入了北约及美国的计算机网络，从中窃取了诸多高度机密的信息。1996 年，美国中央情报局主页上的名称被改为了“中央笨蛋局(central stupidity agency)”，而美国司法部(department of justice)则被改为了“非法部(department of injustice)”。所以，如果说网络安全问题在昨天还是一个可以回避的话题的话，那么今天我们则必须认真面对这一问题。

无论是已建立了自己的网络和站点的用户，还是正在考虑筹建网络的用户，都面临着这样一个问题：什么样的网络才是一个安全的网络？或者说，怎样才能建立一个真正安全的网络？依据普通人的经验来看，一般的网络会涉及以下几个方面：首先是网络硬件，即网络的实体；第二则是网络操作系统，即对于网络硬件的操作与控制；第三就是网络中的应用程序。有了这三个部分，一般认为便可构成一个网络整体。而若要实现网络的整体安全，考虑上述三方面的安全问题也就足够了。但事实上，这种分析和归纳是不完整和不全面的。在应用程序的背后，还隐藏着大量的数据作为对前者的支持，而这些数据的安全性问题也应被考虑在内。同时，还有最重要的一点，即无论是网络本身还是操作系统与应用程序，它们最终都是要由人来操作和使用的，所以还有一个重要的安全问题就是用户的安全性。

所以，在经过系统和科学的分析之后，国际著名的网络安全研究公司 Hurwitz Group 得出以下结论：在考虑网络安全问题的过程中，应该主要考虑以下五个方面的问题：网络是否安全？操作系统是否安全？用户是否安全？应用程序是否安全？以及数据是否安全？

目前，这个五层次的网络系统安全体系理论已得到了国际网络安全界的广泛承认和支持，均已将这一安全体系理论应用在其产品之中。下面我们就将逐一对每一层的安全问题做出简单的阐述和分析。

1) 网络层的安全性(Network Integrity)

网络层的安全性问题核心在于网络是否得到控制，即：是不是任何一个 IP 地址来源的用户都能够进入网络，如果将整个网络比作一幢办公大楼的话，对于网络层的安全考虑

就如同为大楼设置守门人一样。守门人会仔细察看每一位来访者，一旦发现危险的来访者，便会将其拒之门外。

通过网络通道对网络系统进行访问的时候，每一个用户都会拥有一个独立的 IP 地址，这一 IP 地址能够大致表明用户的来源所在地和来源系统。目标网站通过对来源 IP 进行分析，便能够初步判断来自这一 IP 的数据是否安全，是否会对本网络系统造成危害，以及来自这一 IP 的用户是否有权使用本网络的数据。一旦发现某些数据来自于不可信任的 IP 地址，系统便会自动将这些数据阻挡在系统之外。并且大多数系统能够自动记录那些曾经造成过危害的 IP 地址，使得它们的数据将无法第二次造成危害。

用于解决网络层安全性问题的产品主要有防火墙产品和 VPN———虚拟专用网。防火墙的主要目的在于判断来源 IP，将危险或未经授权的 IP 数据拒之于系统之外，而只让安全的 IP 数据通过。一般来说，公司的内部网络若要与公众 Internet 相连，则应该在二者之间配置防火墙产品，以防止公司内部数据的外泄。VPN 主要解决的是数据传输的安全问题，如果公司各部在地域上跨度较大，使用专网、专线过于昂贵，则可以考虑使用 VPN。其目的在于保证公司内部的敏感关键数据能够安全地借助公共网络进行频繁地交换。

2) 系统的安全性(System Integrity)

所谓系统的安全是指整个网络操作系统和网络硬件平台是否可靠且值得信任。目前恐怕没有绝对安全的操作系统可以选择，无论是 Microsoft 的 Windows NT 或者其他任何商用 UNIX 操作系统，其开发厂商必然有其 Back-Door。因此，我们可以得出如下结论：没有完全安全的操作系统。不同的用户应从不同的方面对其网络作详尽的分析，选择安全性尽可能高的操作系统。因此不但要选用尽可能可靠的操作系统和硬件平台，并对操作系统进行安全配置。而且，必须加强登录过程的认证(特别是在到达服务器主机之前的认证)，确保用户的合法性；其次应该严格限制登录者的操作权限，将其完成的操作限制在最小的范围内。

在系统安全性问题中，主要考虑的问题有两个：一是病毒对于网络的威胁；二是黑客对于网络的破坏和侵入。

病毒的主要传播途径已由过去的软盘、光盘等存储介质变成了网络，多数病毒不仅能够直接感染网络上的计算机，也能够将自身在网络上进行复制。同时，电子邮件、文件传输(ftp)以及网络页面中的恶意 java 小程序和 activex 控件，甚至文档文件都能够携带对网络和系统有破坏作用的病毒。这些病毒在网络上进行传播和破坏的多种途径和手段，使得网络环境中的防病毒工作变得更加复杂，网络防病毒工具必须能够针对网络中各个可能的病毒入口来进行防护。

对于网络黑客而言，他们的主要目的在于窃取数据和非法修改系统，其手段之一是窃取合法用户的口令，在合法身份的掩护下进行非法操作；其手段之二便是利用网络操作系统的某些合法但不为系统管理员和合法用户所熟知的操作指令。例如在 Unix 系统的缺省安装过程中，会自动安装大多数系统指令。据统计，其中大概有约 300 个指令是大多数合法用户所根本不会使用的，但这些指令往往会被黑客所利用。

要弥补这些漏洞，我们就需要使用专门的系统风险评估工具，来帮助系统管理员找出哪些指令是不应该安装的，哪些指令是应该缩小其用户使用权限的。在完成了这些工作之后，操作系统自身的安全性问题将在一定程度上得到保障。

3) 用户的安全性(User Integrity)

对于用户的安全性问题，所要考虑的问题是：是否只有那些真正被授权的用户才能够使用系统中的资源和数据？

首先要做的是应该对用户进行分组管理，并且这种分组管理应该是针对安全性问题而考虑的分组。也就是说，应该根据不同的安全级别将用户分为若干等级，每一等级的用户只能访问与其等级相对应的系统资源和数据。

其次应该考虑的是强有力的身份认证，其目的是确保用户的密码不会被他人所猜测到。

在大型的应用系统之中，有时会存在多重的登录体系，用户如需进入最高层的应用，往往需要多次输入多个不同的密码，如果管理不严，多重密码的存在也会造成安全问题上的漏洞。所以在某些先进的登录系统中，用户只需要输入一个密码，系统就能够自动识别用户的安全级别，从而使用户进入不同的应用层次。这种单一登录体系要比多重登录体系能够提供更大的系统安全性。

4) 应用程序的安全性(Application Integrity)

在这一层中我们需要回答的问题是：是否只有合法的用户才能够对特定的数据进行合法的操作？这其中涉及两个方面的问题：一是应用程序对数据的合法权限；二是应用程序对用户的合法权限。例如在公司内部，上级部门的应用程序应该能够存取下级部门的数据，而下级部门的应用程序一般不应该允许存取上级部门的数据。同级部门的应用程序的存取权限也应有所限制，例如，同一部门不同业务的应用程序也不应该互相访问对方的数据，一方面可以避免数据的意外损坏，另一方面也是安全方面的考虑。

5) 数据的安全性(Application Confidentiality)

数据的安全性问题所要回答的问题是：机密数据是否还处于机密状态？

在数据的保存过程中，机密的数据即使处于安全的空间，也要对其进行加密处理，以保证万一数据失窃，偷盗者(如网络黑客)也读不懂其中的内容。这是一种比较被动的安全手段，但往往能够收到最好的效果。

上述的五层安全体系并非孤立分散。如果将网络系统比作一幢办公大楼的话，门卫就相当于对网络层的安全性考虑，他负责判断每一位来访者是否能够被允许进入办公大楼，发现具有危险性的来访者则将其拒之门外，而不是让所有人都能够随意出入。操作系统的安全性在这里相当于整个大楼的办公制度，办公流程的每一环节紧密相连，环环相扣，不让外人有可乘之机。如果对整个大楼的安全性有更高的要求的话，还应该在每一楼层中设置警卫，办公人员只能进入相应的楼层，而如果要进入其他楼层，则需要获得相应的权限，这实际是对用户的分组管理，类似于网络系统中对于用户安全问题的考虑。应用程序的安全性在这里相当于部门与部门间的分工，每一部门只做自己的工作，而不会干扰其他部门的工作。数据的安全性则类似于使用保险柜来存放机密文件，即使窃贼进入了办公室，也很难将保险柜打开，取得其中的文件。上述的这些办公制度其实早已被人们所熟悉，而将其运用在网络系统中，便是我们所看到的五层网络安全体系。

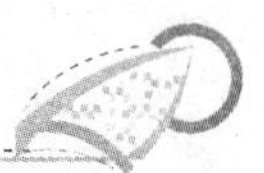

2.3　嵌入式开发技术

在信息科学技术呈爆炸式增长的今天，嵌入式系统早已融入了我们生活的方方面面。美国汽车大王福特公司的高级经理曾宣称，“福特出售的‘计算能力’已超过了 IBM”。这并不是一个哗众取宠或者夸张的说法，在真正感受这句话的震撼力之前，让我们先了解一下嵌入式系统(Embedded Systems)的定义：以应用为中心，以计算机技术为基础，软件硬件可裁剪，适应应用系统对功能、可靠性、成本、体积、功耗严格要求的专用计算机系统。举例来说，大到油田的集散控制系统和工厂流水线，小到家用 VCD 机或手机，甚至组成普通 PC 终端设备的键盘、鼠标、软驱、硬盘、显示卡、显示器、Modem、网卡、声卡等均是由嵌入式处理器控制的，嵌入式系统市场的深度和广度，由此可见一斑。尽管如此，它的市场价值也许仍然超过了人们的想象：今天，嵌入式系统带来的工业年产值已超过了 1 万亿美元。

因此，学习嵌入式还是很有必要的。Linux 技术和 Contiki 技术到目前为止是嵌入式开发中使用比较广泛的两种开发技术，本节主要对这两种技术进行介绍，让读者对这两门技术有一些了解。

2.3.1　Contiki 技术

1. 概述

Contiki 是一个小型的、开源的、极易移植的多任务计算机操作系统。它专门设计以适用于一系列的内存受限的网络系统，包括从 8 位计算机到微型控制器的嵌入系统。它的名字来自托尔·海尔达尔的康提基号。

Contiki 只需几千字节的代码和几百字节的内存就能提供多任务环境和内建 TCP/IP 支持。

作为基础的内核及大部分的核心功能是由 Swedish Institute of Computer Science 的网络内嵌系统小组的 Adam Dunkels 开发的。

Contiki 支持 IPv4/IPv6 通信，提供了 uIPv6 协议栈、IPv4 协议栈(uIP)，支持 TCP/UDP，还提供了线程、定时器、文件系统等功能。Contiki 是采用 C 语言开发的非常小型的嵌入式操作系统，针对小内存微控制器设计。

2. Contiki 总体介绍

Contiki 适用于只有极少量内存的嵌入式系统。在一个较为典型的配置中，Contiki 系统只需 2KB 的 RAM 与 40KB 的 ROM。Contiki 包括了一个事件驱动的内核，因此可以在运行时动态载入上层应用程序。Contiki 中使用轻量级的 protothreads 进程模型，可以在事件驱动内核上提供一种线性的、类似于线程的编程风格。

Contiki 可运行于各种平台上，包括嵌入式微控制器(如 TI MSP430 及 Atmel AVR)及旧的家用计算机。程序代码量只有几千字节，存储器的使用量也只有几十千字节。

3. 特点

Contiki 可以在每个进程内选择是否支持先占式多线程，进程间通信通过事件利用消息来实现。Contiki 中还包括一个可选的 GUI 子系统，可以提供对本地终端、基于 VNC 的网络化虚拟显示或者 Telnet 的图形化支持。

1) 完整的 Contiki 系统的特性

(1) 多任务内核。

(2) 每个应用程序中可选的先占式多线程。

(3) protothreads 模型。

(4) TCP/IP 网络支持，包括 IPv6。

(5) 视窗系统与 GUI。

(6) 基于 VNC 的网络化远程显示。

(7) 网页浏览器。

(8) 个人网络服务器。

(9) 简单的 Telnet 客户端。

(10) 屏幕保护程序。

2) Contiki 的主要特点

(1) 低功率无线电通信。

Contiki 同时提供完整的 IP 网络和低功率无线电通信机制。对于无线传感器网络内部通信，Contiki 使用低功率无线电网络栈 Rime。Rime 实现了许多传感器网络协议，从可靠数据采集、最大努力网络洪泛到多跳批量数据传输、数据传播。

(2) 网络交互。

可以通过多种方式完成与使用 Contiki 的传感器网络的交互，如 Web 浏览器，基于文本的命令行接口，或者存储和显示传感器数据的专用软件等。基于文本的命令行接口是受到 UNIX 命令行 Shell 的启发，并且为传感器网络的交互与感知提供了一些特殊的命令。

(3) 能量效率。

为了延长传感器网络的生命周期，控制和减少传感器节点的功耗很重要。Contiki 提供了一种基于软件的能量分析机制，记录每个传感器节点的能量消耗。

由于基于软件，这种机制不需要额外的硬件就能完成网络级别的能量分析。Contiki 的能量分析机制既可用于评价传感器网络协议，也可用于估算传感器网络的生命周期。

(4) 节点存储：Coffee File System。

Contiki 提供的 Coffee File System(CFS)是基于 Flash 的文件系统，可以在节点上存储数据。

(5) 编程模型。

Contiki 是采用 C 语言开发的，包含一个事件驱动内核。应用程序可以在运行时被动态加载和卸载。在事件驱动内核之上，Contiki 提供一种名为 protothread 的轻量级线程模型来实现线性的、类线程的编程风格。Contiki 中的进程正是使用这种 protothread。此外，Contiki 还支持进程中的多线程、进程间的消息通信。Contiki 提供 3 种内存管理方式：常规的 malloc、内存块分配和托管内存分配器。

4. 移植版本

Contiki 操作系统已被移植到以下系统中。

(1) 计算机：Apple II family、Atari 8-bit、Atari ST、Atari Portfolio、Casio Pocketview、Commodore PET、Commodore VIC-20、Commodore 64、Commodore 128、Oric、PC-6001、Sharp Wizard。

(2) 游戏机平台：PC Engine、Nintendo Entertainment System、Atari Jaguar。

(3) 手持游戏机平台：Game Boy、Game Boy Advance、GP32。

(4) 微型控制器：Atmel AVR、LPC2103、TI MSP430、TI CC2430。

5. Contiki 源代码结构

Contiki 是一个高度可移植的操作系统，它的设计就是为了获得良好的可移植性，因此源代码的组织很有特点。在此为大家简单介绍 Contiki 的源代码组织结构及各部分代码的作用。

Contiki 源文件目录可以在 Contiki Studio 安装目录中的 workspace 目录下找到。打开 Contiki 源文件目录，可以看到主要有 apps、core、cpu、doc、examples、platform、tools 等目录。下面将分别对各个目录进行介绍。

1) core

core 目录下是 Contiki 的核心源代码，包括网络(net)、文件系统(cfs)、外部设备(dev)、链接库(lib)等，并且包含了时钟、I/O、ELF 装载器、网络驱动等的抽象。

2) cpu

cpu 目录下是 Contiki 目前支持的微处理器，如 arm、avr、msp430 等。如果需要支持新的微处理器，可以在这里添加相应的源代码。

3) platform

platform 目录下是 Contiki 支持的硬件平台，如 mx231cc、micaz、sky、win32 等。Contiki 的平台移植主要在这个目录下完成。这一部分的代码与相应的硬件平台相关。

4) apps

apps 目录下是一些应用程序，如 ftp、shell、webserver 等，在项目程序开发过程中可以直接使用。使用这些应用程序的方式为，在项目的 Makefile 中，定义 APPS=[应用程序名称]。在以后的示例中会具体看到如何使用 apps。

5) examples

examples 目录下是针对不同平台的示例程序，smeshlink 的示例程序也在其中。

6) doc

doc 目录是 Contiki 帮助文档目录，对 Contiki 应用程序开发很有参考价值。使用前需要先用 Doxygen 进行编译。

7) tools

tools 目录下是开发过程中常用的一些工具，如 CFS 相关的 makefsdata、网络相关的 tunslip、模拟器 cooja 和 mspsim 等。

为了获得良好的可移植性，除了 cpu 和 platform 中的源代码与硬件平台相关以外，其他目录中的源代码都尽可能与硬件无关。编译时，根据指定的平台来链接对应的代码。

6. 事件和事件驱动

Contiki 内核基于事件驱动。这类系统的核心思想是，程序的每次执行都是一个事件的响应。整个系统(内核+链接库+用户代码)可以多进程并行执行。

不同的进程一般执行一段时间，然后等待事件发生。在等待时，这个进程的状态称为阻塞。当一个事件发生时，内核执行由事件传递来的信息指向的进程。在所等待的事件发生时，内核负责调用相对应的进程。

事件被分为以下 3 种。

(1) 定时器事件(timer events)：进程可以设置一个定时器，在给定的时间之后生成一个事件，进程一直阻塞直到定时器终止，才继续执行。这对周期性操作很有用，或者用于网络协议，如涉及同步。

(2) 外部事件(external events)：外围设备连接至具有中断功能的 MCU 的 IO 引脚，触发中断时可能生成事件。例如，按键、射频芯片或脉冲探测加速器都是可以产生中断的装置，可以生成此类事件。进程可以等到这类事件生成后相应地响应。

(3) 内部事件(internal events)：任何进程都有可以为自身或其他进程指定事件。这对进程间通信很有用。例如，通知某个进程，数据已经准备好可以进行计算。

对事件的操作被称为投递(posted)，当它被执行时，一个中断服务程序将投递一个事件至一个进程。事件具有以下信息。

(1) process：进程被事件寻址，它可以是特定的进程或所有注册进程。

(2) event type：事件类型。用户可以为进程定义一些事件类型用来区分它们，如一个类型为收到数据包，另一个为发送数据包。

(3) data：一些数据可以同事件一起提供给进程。

Contiki 操作系统主要的理念是，事件被投递给进程，进程触发后开始执行直到阻塞，然后等待下一个事件。

嵌入式系统常常被设计成响应周围环境的变化，而这些变化可以看成是一个个事件。事件来了，操作系统处理之；没有事件到来，操作系统就休眠了(降低功耗)，这就是所谓的事件驱动，类似于中断。

7. protothread 机制

传统的操作系统使用栈保存进程上下文，每个进程需要一个栈，这对于内存极度受限的传感器设备将难以忍受。protothread 机制恰解决了这个问题，通过保存进程被阻塞处的行数(进程结构体的一个变量，unsiged short 类型，只需两个字节)，从而实现进程切换，当该进程下一次被调度时，通过 switch(__LINE__)跳转到刚才保存的点，恢复执行。整个 Contiki 只用一个栈，当进程切换时清空，大大节省内存。

protothread(Lightweight，Stackless Threads in C)的最大特点就是轻量级，每个 protothread 不需要自己的堆栈，所有的 protothread 使用同一个堆栈，而保存程序断点用两个字节保存被中断的行数即可。

结合 Contiki 实例可以分析出 protothread 机制存在 4 种状态：PT_WAITING、PT_YIELDED、PT_EXITED、PT_ENDED，并给出 Contiki 事件相关函数与 protothread 状态。

PT 的 4 种状态：#define PT_WAITING 0、#define PT_YIELDED 1、#define PT_EXITED 2、#define PT_ENDED 3。

下面通过例子来讲解每种状态的用途。

1) PT_WAITING

宏 PROCESS_WAIT_UNTIL(c)用到了 PT_WAITING，该宏用于挂起进程直到条件 c 成立，源码如下。

```
#define PROCESS_WAIT_UNTIL(c) PT_WAIT_UNTIL(process_pt, c)
```

宏 PROCESS_WAIT_UNTIL(c)不保证进程会让出执行权，源码注释如下。

```
This macro does not guarantee that the process yields, and should therefore
be used with care. In most cases, PROCESS_WAIT_EVENT(),PROCESS_WAIT_EVENT_UNTIL(),
PROCESS_ YIELD() or PROCESS_YIELD_UNTIL() should be used instead.
```

“宏”PT_WAIT_UNTIL 展开如下：

```
#define PT_WAIT_UNTIL(pt, condition)
  do
  {
     LC_SET((pt)->lc);
     if(!(condition))
    {
      return PT_WAITING;
    }
  } while(0)
```

在“宏”也用到了 PT_WAITING，源代码如下：

```
//Restart the protothread.
#define PT_RESTART(pt)
  do
  {
     PT_INIT(pt);
     return PT_WAITING;
  } while(0)
```

2) PT_YIELDED

(1) PT_YIELD_FLAG=0。表示条件不满足，主动让出执行权。PT_END(pt)、PT_YIELD(pt)、PT_YIELD_UNTIL(pt, cond)将 PT_YIELD_FLAG 设置成 0。

(2) PT_YIELD_FLAG =1。表示条件满足，继续执行后续代码。在 PT_BEGIN(pt)中将 PT_YIELD_FLAG 设置成 1。为了更好理解 PT_YIELD_FLAG，以 PROCESS_WAIT_EVENT 宏作为分析对象，源代码如下。

```
#define PROCESS_WAIT_EVENT()     PROCESS_YIELD()
#define PROCESS_YIELD()          PT_YIELD(process_pt)
#define PT_YIELD(pt)
do
```

```
{
    PT_YIELD_FLAG = 0;
    LC_SET((pt)->lc);
    if(PT_YIELD_FLAG == 0)
{
    return PT_YIELDED;
}
} while(0)
#define LC_SET(s) s = __LINE__; case __LINE__: //保存程序断点,下次再运行该进
程直接跳到case __LINE__
```

PROCESS_WAIT_EVENT 宏用于等待一个事件发生，如果检测到 PT_YIELD_FLAG 为 1，就继续执行 PROCESS_WAIT_EVENT 宏后面的代码。若 PT_YIELD_FLAG 为 0，就直接返回 PT_YIELDED，从博文《Contiki 学习笔记：启动一个进程 process_start》第三部分 call_process 函数可知，并没有退出进程，只是把进程状态设为 PROCESS_STATE_RUNNING。call_process(struct process *p, process_event_t ev, process_data_t data)函数部分代码如下。

```
ret = p->thread(&p->pt, ev, data); //才真正执行 PROCESS_THREAD(name, ev, data)
定义的内容
if (ret == PT_EXITED || ret == PT_ENDED || ev == PROCESS_EVENT_EXIT)
{
  exit_process(p, p); //如果返回值表示退出、结尾或者遇到 PROCESS_EVENT_EXIT,进
程退出
}
else
{
  p->state = PROCESS_STATE_RUNNING; //进程挂起等待事件
}
```

这里有个疑问，什么时候把 PT_YIELD_FLAG 设为 1，才能继续执行 PROCESS_WAIT_EVENT 宏后面的代码。在整个源码中，只找到 PT_BEGIN 宏将其设为 1。从源码分析，该进程没有机会执行 PROCESS_WAIT_EVENT 宏后面的内容，只有其他进程传递一个事件 PROCESS_EVENT_EXIT 让其退出，即 process_post(&hello_world_process，PROCESS_EVENT_EXIT，NULL)。但实际上，只要向该进程传递一个普通事件，即可执行 PROCESS_WAIT_EVENT 宏后面的代码。

3) PT_EXITED

宏 PROCESS_EXIT(让当前进程退出，自己结束自己的生命)用到了 PT_EXITED，源码如下。

```
#define PT_EXIT(pt)
  do
  {
    PT_INIT(pt);
    return PT_EXITED;
  } while(0)
```

执行进程主体 thread 时(call_process 函数)，会返回结果，如果结果是 PT_EXITED 或

者 PT_ENDED，则进程退出(exit_process 函数)。

4) PT_ENDED

这个就不陌生了，在宏 PROCESS_END 展开就有这一句 return PT_ENDED，一层层展开如下。

```
#define PROCESS_END() PT_END(process_pt)
#define PT_END(pt) LC_END((pt)->lc); PT_YIELD_FLAG = 0;
        PT_INIT(pt); return PT_ENDED;
```

谨慎使用局部变量。当进程切换时，因 protothread 没有保存堆栈上下文(只使用两个字节保存被中断的行号)，故局部变量得不到保存。这就要求使用局部变量要特别小心，一个好的解决方法，使用局部静态变量(加 static 修饰符)，如此，该变量在整个生命周期都存在。

这里将介绍如何使用 Contiki 的进程模型方便快速地开发第一个应用程序。正如所有的程序设计学习一样，此处的应用程序被命名为 Helloworld!

(1) 建立项目文件夹。

(2) Contiki 中每一个应用程序都需要一个单独的文件夹，我们为 Helloworld!建立一个名为 helloworld 的文件夹，并在其中创建 hello-world.c 和 Makefile 文件。为了方便，建议将文件夹放在 Contiki 的 examples 目录下。

(3) 编写 Helloworld!源代码。

在 hello-world.c 文件中输入或粘贴如下源代码。

```
#include "contiki.h"
#include <stdio.h>
/* 声明一个名为 hello_world_process 的进程 */
PROCESS(hello_world_process, "Hello world process");
/* 这个进程需要自动启动，即当节点启动时启动本进程 */
AUTOSTART_PROCESSES(&hello_world_process);
/* hello_world_process 进程的主体部分 */
PROCESS_THREAD(hello_world_process, ev, data)
{
    /* 所有的进程开始执行前都必须要有这条语句 */
    PROCESS_BEGIN();
    printf("Hello world :)\n");
    /* 所有的进程结束时都必须要有这条语句 */
    PROCESS_END();
}
```

(4) 编写 Makefile。

在 Makefile 文件中输入或粘贴如下代码。

```
/* 项目名称(主文件名称) */
CONTIKI_PROJECT = hello-world
all: $(CONTIKI_PROJECT)
/* Contiki 源文件根目录，根据实际情况修改 */
CONTIKI = ../..
/* 包含 Contiki 的 Makefile，以实现整个 Contiki 系统的编译 */
include $(CONTIKI)/Makefile.include
```

(5) 编译项目。

在控制台/Shell 中进入 helloworld 项目目录，运行如下命令。

```
make
```

这时编译的目标平台是默认的 native 平台。如果需要指定目标平台，可以使用 TARGET 参数，如：make TARGET=native；编译成功后，项目目录下就会生成 hello-world.[目标平台]的目标文件，如 hello-world.native。如果使用的是 Linux 操作系统，可以运行如下命令查看 Contiki 程序运行结果：./hello-world.native。

运行结果如下所示。(由于 Contiki 还在运行，需要按 Ctrl+C 组合键退出程序。)

```
Starting Contiki
Hello world:)
```

至此，我们完成了第一个 Contiki 应用程序的开发。

总结一下，Contiki 程序开发是以进程的方式实现。创建一个 Contiki 进程包含两个步骤，声明和定义，由两个宏分别完成。PROCESS(process_name, "process description")宏用于声明一个进程；PROCESS_THREAD(process_name, event, data)宏用于定义进程执行主体。

如果进程需要在系统启动时被自动执行，则可以使用 AUTOSTART_PROCESSES (&process_name)宏。该宏可以指定多个进程，如 AUTOSTART_PROCESSES(&process_1, &process_2)，表示 process_1 和 process_2 都会在系统启动时被启动。

进程执行主体代码中，必须以 PROCESS_BEGIN()宏开始，以 PROCESS_END()宏结束。这是由于 Contiki 特殊的进程模型导致的。此外，在进程中不能使用 switch 语句，慎重使用局部变量，同样也是由于 Contiki 进程模型的原因。在以后的文章中会详细地说明。

8. PROCESS 宏

PROCESS 宏完成以下两个功能。

(1) 声明一个函数，该函数是进程的执行体，即进程的 thread 函数指针所指的函数。

(2) 定义一个进程。

源码展开如下。

```
//PROCESS(hello_world_process, "Hello world");
#define PROCESS(name, strname) PROCESS_THREAD(name, ev, data);
struct process name = { NULL, strname, process_thread_##name }
```

对应参数展开如下。

```
#define PROCESS((hello_world_process, "Hello world")
PROCESS_THREAD(hello_world_process, ev, data);
struct process hello_world_process = { NULL, "Hello world", process_thread_
hello_world_process };
```

PROCESS_THREAD 宏用于定义进程的执行主体，宏展开如下。

```
#define PROCESS_THREAD(name, ev, data)
static PT_THREAD(process_thread_##name(struct pt *process_pt, process_
event_t ev, process_data_t data))
```

对应参数展开如下。

```
//PROCESS_THREAD(hello_world_process, ev, data);
static PT_THREAD(process_thread_hello_world_process(struct pt *process_
pt, process_event_t ev, process_data_t data));
```

PT_THREAD 宏：用于声明一个 protothread，即进程的执行主体，宏展开如下。

```
#define PT_THREAD(name_args) char name_args
```

展开之后如下。

```
static PT_THREAD(process_thread_hello_world_process(struct pt *process_
pt, process_event_t ev, process_data_t data));
static char process_thread_hello_world_process(struct pt *process_pt,
process_event_t ev, process_data_t data);
```

这样就很清楚了，声明一个静态的函数 process_thread_hello_world_process，返回值是 char 类型。另外，struct pt *process_pt 可以直接理解成 lc，用于保存当前被中断的地方(保存程序断点)，以便下次恢复执行。

下面为大家讲解如何定义一个进程。

PROCESS 宏展开的第二句，定义一个进程 hello_world_process，源码如下。

```
struct process hello_world_process = { NULL, "Hello world", process_thread_
hello_world_process };
```

结构体 process 定义如下。

```
struct process
{
struct process *next;
const char *name; /*此处略作简化，源代码包含了预编译#if.即可以通过配置，使得进程
名称可有可无*/
PT_THREAD((* thread)(struct pt *, process_event_t, process_data_t));
struct pt pt;
unsigned char state, needspoll;
};
```

可见，进程 hello_world_process 的 lc、state、needspoll 都默认置为 0。

9. AUTOSTART_PROCESSES 宏

AUTOSTART_PROCESSES 宏实际上是定义一个指针数组，存放 Contiki 系统运行时需自动启动的进程，宏展开如下。

```
//AUTOSTART_PROCESSES(&hello_world_process);
#define AUTOSTART_PROCESSES(...) \ struct process * const autostart_
processes[] = {__VA_ARGS__, NULL}
```

这里用到 C99 支持可变参数宏的特性，如#define debug(…) printf(__VA_ARGS__)，缺省号代表一个可以变化的参数表，宏展开时，实际的参数就传递给 printf()了。例如，debug("Y = %d\n", y); 被替换成 printf("Y = %d\n", y); 。那么，AUTOSTART_PROCESSES (&hello_world_process); 实际上被替换成：

```
struct process * const autostart_processes[] = {&hello_world_process, NULL};
```

这样就知道如何让多个进程自启动了，直接在宏 AUTOSTART_PROCESSES()加入需自启动的进程地址，如让 hello_process 和 world_process 这两个进程自启动，如下：

```
AUTOSTART_PROCESSES(&hello_process, &world_process);
```

最后一个进程指针设成 NULL，则是一种编程技巧，设置一个哨兵(提高算法效率的一个手段)，以提高遍历整个数组的效率。

10. PROCESS_THREAD 宏

PROCESS(hello_world_process, "Hello world"); 展开成两句，其中有一句也是 PROCESS_THREAD(hello_world_process, ev, data);。这里要注意到分号，是一个函数声明。而这里的 PROCESS_THREAD(hello_world_process, ev, data)没有分号，而是紧跟着“{}”，是上述声明函数的实现。关于 PROCESS_THREAD 宏的分析，最后展开如下：

```
static char process_thread_hello_world_process(struct pt *process_pt, process_event_t ev, process_data_t data);
```

提示：*在阅读 Contiki 源码，手动展开宏时，要特别注意分号。*

11. PROCESS_BEGIN 宏和 PROCESS_END 宏

原则上，所有代码都得放在 PROCESS_BEGIN 宏和 PROCESS_END 宏之间(如果程序全部使用静态局部变量，这样做总是对的；倘若使用局部变量，情况就比较复杂了，当然，不建议这样做)，看完下面宏展开，就知道为什么了。

1) PROCESS_BEGIN 宏

PROCESS_BEGIN 宏一步步展开如下：

```
#define PROCESS_BEGIN() PT_BEGIN(process_pt)
```

process_pt 是 struct pt*类型，在函数头传递过来的参数，直接理解成 lc，用于保存当前被中断的地方，以便下次恢复执行。继续展开：

```
#define PT_BEGIN(pt) { char PT_YIELD_FLAG = 1; LC_RESUME((pt)->lc) }
#define LC_RESUME(s)
switch(s)
{
case 0: /*把参数替换,结果如下:*/
{
char PT_YIELD_FLAG = 1; /*将 PT_YIELD_FLAG 置 1, 类似于关中断*/
switch(process_pt->lc) /*程序根据 lc 的值进行跳转, lc 用于保存程序断点*/
```

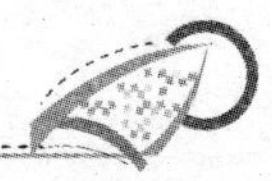

```
        {case 0: /*第一次执行从这里开始，可以放一些初始化的东西*/};
    }
    }
```

PROCESS_BEGIN 宏展开都不是完整的语句，别急，看完下面的 PROCESS_END 就知道 Contiki 这些天才们是怎么设计的。

2) PROCESS_END 宏

PROCESS_END 宏一步步展开如下：

```
    #define PROCESS_END() PT_END(process_pt)
    #define PT_END(pt) LC_END((pt)->lc); PT_YIELD_FLAG = 0; PT_INIT(pt); return
PT_ENDED;
    #define LC_END(s)
    #define PT_INIT(pt) LC_INIT((pt)->lc)
    #define LC_INIT(s) s = 0;
    #define PT_ENDED 3
```

整理一下，实际上为如下代码：

```
    {
    PT_YIELD_FLAG = 0;
    process_pt = 0;
    return 3;
    }
```

好了，现在回过头来看，PROCESS_BEGIN 宏和 PROCESS_END 宏是如此般配。

12. 总结

1) 宏全部展开

根据上述的分析，该实例全部展开的代码如下：

```
    #include "contiki.h"
    #include "debug-usart.h" /* For usart_puts()*/
    #include <stdio.h> /* For printf() */
    static char process_thread_hello_world_process(struct pt *process_pt,
process_event_t ev, process_data_t data);
    struct process hello_world_process = { ((void *)0), "Hello world process",
process_thread_hello_world_process};
    struct process * const autostart_processes[] = {&hello_world_process, ((void *)0)};
    char process_thread_hello_world_process(struct pt *process_pt, process_
event_t ev, process_data_t data)
    {
    {
    char PT_YIELD_FLAG = 1;
    switch((process_pt)->lc)
    {
    case 0:
    usart_puts("Hello, world!\n");
```

```
};
}
PT_YIELD_FLAG = 0;
(process_pt)->lc = 0;
return 3;
}
```

2) 宏总结

对本实例用到的宏总结如上，以后就可以直接把宏作为 API 使用了。

PROCESS(name, strname)声明进程 name 的主体函数 process_thread_##name(进程的 thread 函数指针所指的函数)，并定义一个进程 name AUTOSTART_PROCESSES(...)，定义一个进程指针数组 autostart_processes PROCESS_THREAD(name, ev, data)，进程 name 的定义或声明，取决于宏后面是“;”还是“{}”。

```
PROCESS_BEGIN()
```

进程的主体函数从这里开始。

```
PROCESS_END()
```

进程的主体函数从这里结束。

3) 编程模型

这实例虽说很简单，但却给出了定义一个进程的模型(还以 Hello world 为例)，实际编程过程中，只需要将 usart_puts("Hello, world!\n")；换成自己需要实现的代码。

```
//假设进程名称为 Hello world
#include "contiki.h"
#include <stdio.h> /* For printf() */
PROCESS(hello_world_process, "Hello world");   //PROCESS(name, strname)
AUTOSTART_PROCESSES(&hello_world_process);     //AUTOSTART_PROCESS(...)
/*Define the process code*/
PROCESS_THREAD(hello_world_process, ev, data);//PROCESS_THREAD(name,ev,data)
{
PROCESS_BEGIN();
/***这里填入需要实现的代码***/
PROCESS_END();
}
```

对于 Contiki 的学习这里只是做了简要的介绍，要想真正地学习还要进行大量的实战练习，达到熟能生巧的境界，这样才能真正地学好一门软件，本节只是起到一个抛砖引玉的作用，真正练习还要靠读者自己。

2.3.2 Linux 技术

本节主要是对 Linux 技术的概念、一些基本的操作命令及 Linux 技术在智能家居系统开发中的运用进行介绍，让大家对 Linux 技术有一些了解，为更深入地学习 Linux 技术做铺垫。

1. Linux 概述

Linux 是在 1991 年发展起来的与 UNIX 兼容的操作系统，Linux 的内核是由 Linus Torvalds 在 1991 年开发出来的，并且放到网络上提供给大家下载，可以免费使用，它的源代码可以自由传播且可任人修改、充实、发展，开发者的初衷是要共同创造一个完美、理想并可以免费使用的操作系统。Linux 是一种多用户、多任务的类 UNIX 风格的操作系统，以高效和灵活著称。事实上，Linux 也是一种通用的操作系统，下面将带领大家一睹 Linux 操作系统的风采，读者会发现人们在 Windows 上进行的操作在 Linux 中几乎都可以进行。

Linux 是一个以 Intel 系列 CPU(CYRIX，AMD 的 CPU 也可以)为硬件平台，完全免费的 UNIX 兼容系统，完全适用于个人的 PC。它本身就是一个完整的 32 位的多用户多任务操作系统，因此不需要先安装 DOS 或其他的操作系统(MS Windows、OS2、MINIX 等)就可以进行直接安装。Linux 的起源是在 1991 年 10 月 5 日由一位芬兰的大学生 Linux Torvalds 写的 Linux 核心程序的 0.02 版，但其后的发展却几乎都是由互联网上的 Linux 社团(Linux Community)互通交流而完成的。Linux 不属于任何一家公司或个人，任何人都可以免费取得甚至修改它的源代码(source code)。Linux 上的大部分软件都是由 GNU 倡导发展起来的，所以软件通常都会在附着 GNU Public License(GPL)的情况下被自由传播。GPL 是一种可以使用户免费获得自由软件的许可证，因此 Linux 使用者的使用活动基本不受限制(只要用户不将它用于商业目的)，而不必像使用微软产品那样，需要为购满许可证付出高价还要受到系统安装数量的限制。目前 Linux 中国的发行版本(Linux Distribution)主要有 Red Hat(红帽子)、Slackware、Caldera、Debian、Red Flag(红旗)、Blue Point(蓝点)、Xteam Linux(冲浪)、Happy Linux(幸福 Linux)、Xlinux 等若干种，笔者推荐大家使用的发行版本是 Red Hat(事实标准)和 Xlinux(安装最容易)。

2. Linux 操作系统的组成

Linux 系统一般有 4 个主要部分：内核、Shell、文件系统和应用程序。

(1) Linux 内核：内核是系统的“心脏”，是运行程序和管理磁盘、打印机等硬件设备的核心程序。

(2) Linux Shell：Shell 是系统的用户界面，提供了用户与内核进行交互操作的一种接口。它接受用户输入的命令，并对其进行解释，最后送入内核去执行，实际上就是一个命令解释器。人们也可以使用 Shell 编程语言编写 Shell 程序，这些 Shell 程序与用其他程序设计语言编写的应用程序具有相同的效果。

(3) Linux 文件系统：文件系统是文件存放在磁盘等存储设备上的组织方法。Linux 的文件系统呈树型结构，同时它也能支持目前流行的文件系统，如 EXT2、EXT3、FAT、VFAT、NFS、SMB 等。

(4) Linux 应用程序：同 Windows 操作系统一样，标准的 Linux 也提供了一套满足人们上网、办公等需求的程序集——应用程序，包括文本编辑器、X Window、办公套件、Internet 工具、数据库等。

Linux 内核、Shell 和文件系统一起形成了基本的操作系统结构，可供用户运行程序，管理文件并使用系统。

3. Linux 操作系统的优缺点

1) 优点

(1) 真正开放的操作系统。

Linux 的最大卖点就是它所给予客户的选择性。从硬件到支持再到 Linux 的发行版，有很多选择。可以在一个价值 200 美元的旧 PC 上运行 Linux 系统，也可以将它作为一个LPAR(逻辑分区)运行在价值数百万美元的 p595 IBM p 系列服务器上(用户需要在 RHEL4 或 SLES9 之间做出选择)，甚至能够在 IBM 主机上运行 Linux 系统。使用 Linux 不会与硬件分销商发生冲突，它是一个真正的开放系统。

(2) 漏洞修补和安全补丁。

使用 Linux 后，供应商用最新漏洞修补或安全补丁来修复用户的操作系统(OS)漏洞，用户的等待时间只是几天甚至是几个小时。开源社区将会以非常快的速度来传递无休止的开发周期，这在过去只能以传统渠道发布。

(3) 不断增加的资源。

如今，每一个主要的 ISV 都会推出一个 Linux 软件版本。Linux 的市场份额正在不断地增长，人们也越来越需要它。与此同时，很多管理者都开始进行 Linux 培训，而且越来越丰富的公共信息也会很容易得到进而帮助公司转换到 Linux 操作系统。

2) 缺点

(1) 可扩展性。

随着 2.6 内核的出现，可扩展性已经不再像原来那样重要，但是 Linux 一直都没有像 UNIX 那样的扩展性。一般来说，企业都要求有最大的性能、可靠性和可扩展性，UNIX 一直是最佳的选择。UNIX 系统的高可用性也比 Linux 操作系统更加成熟。

(2) 硬件集成/支持的缺乏。

财富 500 强公司通常都更喜欢来自硬件支持的更舒适的性能及硬件与操作系统之间更加紧密地集成。即使驱动支持是硬件供应商带来的，但这对于 Linux 系统来说，一直是一个挑战。

(3) 洞察力。

Linux 在很多方面都是存在风险的，并没有为企业准备好。尽管对 Linux 的这种看法在过去的几年已经发生了很大的变化，但是，一些大型公司仍有这种顾虑。

4. Linux 的作用

Linux 操作系统可以开发支持几乎任何一种应用程序。目前，Linux 应用程序有以下几种。

1) 文本和文字处理程序

除了一些商业化文字处理软件外，Linux 还提供了功能强大的文字处理软件，如 vi 等。

2) 办公软件

为了方便用户处理工作文档，Linux 中有一些类似微软 Office 办公系列软件的办公套件，如 OpenOffice.Org 等，包括文字处理、电子表格和演示文稿等。

3) X Window

X Window 是 UNIX 的图形化用户界面。可运行在 Linux 等类 UNIX 操作系统上。在 X Window 上运行的大量应用程序使 Linux 成为易于使用的操作系统。

4) 编程语言

Linux 可运行多种编程工具，编写并执行多种编程语言和脚本语言。Linux 的廉价性、灵活性、安全性及稳定性，已开始吸引越来越多的编程人员将自己的编程环境建立在 Linux 操作系统之上。

5) Internet 工具

Linux 提供并支持各种 Internet 软件，如浏览器、邮件管理器、建立 Internet 服务所需的软件及对建立网络连接进行支持的软件等。事实上，许多大型的网络服务商的服务器上运行的操作系统就是 Linux。

6) 数据库

Linux 上不仅可以运行免费的 MySQL 和 Postgre 之类强大的免费数据库，随着 Linux 的不断普及，一些大型的数据库公司如 Oracle、Sybase 和 Informix 都提供了适用于 UNIX、Linux 的关系型数据库产品。

7) 娱乐

Linux 提供了大量的娱乐软件，包括音频播放器、视频播放器、录音机等，甚至还有十几款有趣的游戏。

5. Linux 作为嵌入式系统开发的优势

从现在对嵌入式系统开发的需求来看，准备采取 Linux 作为开发嵌入式系统的工具，依靠 Linux 实现实时系统，并且可以通过 Linux 本身的不断升级，自动扩充升级嵌入式系统。Linux 提供了很多优点，在第一章已经描述，尤其是在这章里前面部分描述的那些嵌入式系统必需的要求，Linux 都可以很轻松地满足。下面针对这些需求阐述我们使用 Linux 的原因。

1) 嵌入式处理器支持

Linux 内核提供对多种处理器的支持，并且正在进一步增加对嵌入式微处理器的支持。Linux 目前的内核支持 Intel x86、Motorola/IBM 、PowerPC、Compaq(DEC)Alpha、IA 64、S/390、SuperH 等处理器体系结构，如果使用这些系列的微处理器作为嵌入式系统的处理器，并不是不可能。

2) 实时支持

Linux 本身不是一个实时系统，Linux 的内核并不提供对事件优先级的调度和抢占支持。但是可以利用 Linux 的特性给 Linux 增加实时调度的能力。这里需要提出的实时系统实现的设想虽然在很早以前就提出过，但是仍然是具有创造性的，尤其在 Linux 时代这样的实时系统更是显得游刃有余。这种实现方案是双内核系统，即利用 Linux 内核，同时增加一个实时内核，两个内核共同工作，获得别的实时系统所不能达到的优势。

其实，双内核的解决方案在很早以前就已经提出。大概在 20 年前，贝尔实验室的开发人员就准备开发一种名为 MERT 的实时操作系统。这种操作系统就准备运行两个内核，一个是实时内核，另外一个是分时通用内核。实时内核用来运行实时任务，通用内核用来运行普通任务。这种设计方法的优势就在于，实时内核可以利用非实时 OS 内核的一些优势来开发。例如，如果在实时内核上运行一个实时任务来对外界环境进行数据采集，那么采集出来的数据可以通过非实时内核上运行的图形界面显示出来。在系统内部的数据处理实时的，显示出来可能就没有必要实时。这样，既可以提高实时系统的可用性，也可以节省计算资源，同时将实时系统的一部分任务划分出来，降低了实时内核需要处理的复杂度，提高了实时的计算效率。

利用 Linux 的内核，可以实现一个建立在这个非实时内核基础上的实时内核，这两个内核共同工作，形成前面所描述的双内核实时系统。这样的实时内核可以满足短小精悍的要求，非实时内核又已经如前面所描述的那样的强大，两者结合起来，可以充分发挥出实时系统在嵌入式系统中的作用，也可以充分让嵌入式系统满足信息电器时代的要求，开发出强大合适的系统。

3) 网络支持

Linux 是网络的代名词。Linux 的产生条件是网络，Linux 的生存条件也是网络，这就是这一网络操作系统的关键特性。

Linux 内核对网络协议栈的设计是从简洁实用的角度出发，实现一整套的网络协议模块。Linux 不仅可以支持一般用户需求的 FTP(File Transfer Protocol)、telnet 和 rlogin 协议，还能提供对网络上其他机器内文件的访问(NFS，网络文件系统)。Linux 还可以支持 SLIP(Serial Line Interface Protocol)和 PLIP(Parallel Line Interface Protocol)协议，使得通过串口和并口线进行连接成为可能。通过 AX.25 协议，Linux 可以提供通过无线电进行连接的方式；通过在 Linux 上开发 Novell 标准的 IPX 协议，Linux 可以访问 Netware 网络。如果在 Apple 机的世界里面，可以通过 AppleTalk 协议访问 Apple 的网络。在 Windows9x/NT 局域网里面，可以通过 Samba 协议进行 Linux 和 Windows 之间的文件共享。通过 Apache 公司开发的免费网络服务器，可以利用 Linux 系统作为强大的网络服务器，提供 Internet 上的电子商务和数据服务。

4) GUI 开发支持

利用 Linux 的有限资源开发出多窗口子系统，是在嵌入式系统市场中形成竞争实体的一个重要条件。特别是实现双内核的基于 Linux 实时系统之后，GUI 的开发更为方便。这里提出两种利用 Linux 进行窗口系统开发的可能方案。

(1) 利用 X Window 的便利。

利用 Linux 本身支持的 X Window 系统。X Window 是一个在大多数 UNIX 工作站上使用的图形用户界面，它是一种与平台无关的客户/服务器模型，可以让用户在一台机器上打开另外一台机器的窗口，而不用考虑客户机的操作系统类型。这种特性使得 UNIX 和 Linux 系统上的用户和应用程序非常自然地通过网络连接在一起。

X Window 的编程层次结构是由 X Protocol、X Lib、X Intrinsic、Motif/GTK/QT 函数接口、应用程序组成的。X Protocol 是 X 用来和 X Server 进行通信的方式，X Lib 提供一些函数集合，通过这些函数提供发送、接收和处理 X 协议请求的功能。X Intrinsic 提供了一个窗口管理功能，利用 X Intrinsic 提供的一个 Widget 集就可以完成一类特定界面的编写。应用程序可以通过 Motif/GTK/QT 提供的函数接口调用 X Intrinsic，也可以利用 Motif/GTK/QT 直接调用 X Lib。而 Motif/GTK/QT 就是用来提供窗口函数库的，通过使用这些窗口函数库，可以很方便地写出 X Window 的应用程序。

使用 X Window 开发 GUI，因为开发环境成熟，开发工具易用，可以缩短开发时间，

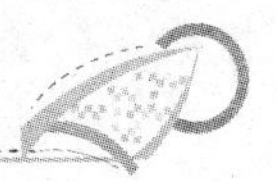

降低开发难度。但是，如果应用在嵌入式系统中，不得不考虑嵌入式系统的一些限定条件：嵌入式系统不能使用体积过大的操作系统内核，就是因为需要将系统固化在ROM中或者Disk On Chip的Flash ROM上。但是，一个X Lib就需要10～20MB的空间，一般的嵌入式环境都不能满足这样的条件。如果在外观要求较高而不太关注整个系统的制作费用的条件下，采用X Window作为GUI的开发工具就不失为一种好办法。

(2) 利用SVGA Lib和pThread函数库。

利用SVGA Lib和pThread函数库可以自行编写一个窗口子系统。不考虑实时的因素，我们可以先在Linux内核上使用SVGA Lib和pThread函数库编写，然后提供必需的应用程序接口。SVGALib用于提供对SVGA卡的显卡驱动，利用pThread实现消息循环和响应。这样的一个GUI系统包括函数库、窗口代码等需要的空间为2～3MB，加上必要的图像文件资源，占用的空间也不会太大。

实现这个窗口系统，关键技术在窗口元素、消息循环和界面设计上。需要实现的窗口元素主要是菜单、状态栏、对话框、消息框、快捷键等；对话框控制类型包括静态文本框、按钮、单选按钮和检查框、组合框等；还需要提供基于对窗口的简单多窗口支持。实现消息循环控制机制可以参考Windows系统的消息循环机制。系统管理消息的产生和分发，应用程序提供消息回调函数以实现消息处理。

从上述内容可以看出嵌入式Linux技术的关键就在以下3个方面。

(1) 对Linux的裁减达到小型化的目的，并移植应用程序。

(2) 对不同嵌入式微处理器的Linux内核代码移植，驱动程序的研究。

(3) 图形接口GUI及微型浏览器的研究。

本节着重于对Linux第一个关键技术进行研究。

6. Linux的一些常用命令

Linux安装好之后，首先就是登录系统，然后才能进行各种操作。要想学好Linux，最主要和最先要学习的就是里面的命令，只有把命令学好了，对操作系统才能非常熟练地进行操作。下面介绍一些最常用的命令及它们的运用举例。

1) Linux的文件系统结构

Linux的文件系统和MS Windows的文件系统有很大的不同，对于微软视窗系统的文件结构在这里不再多说，我们主要了解一下Linux的文件系统结构。Linux只有一个文件树，整个文件系统是以一个树根“/”为起点的，所有的文件和外部设备都以文件的形式挂结在这个文件树上，包括硬盘、软盘、光驱、调制解调器等，这和以驱动器盘符为基础的MS Windows系统是大不相同的。Linux的文件结构体现了这个操作系统的简洁性，我们能够接触到的Linux发行版本的根目录大都是以下结构：/bin、/etc、/lost+found、/sbin、/var、/boot、/root、/home、/mnt、/tmp、/dev、/lib、/proc、/usr。

下面就是对这些目录的一些简要的介绍。

(1) /bin和/sbin。

使用和维护UNIX和Linux系统的大部分基本程序都包含在/bin和/sbin里，这两个目录的名称之所以包含bin，是因为可执行的程序都是二进制文件(binary files)。

/bin 目录通常用来存放用户最常用的基本程序，如 login、Shells、文件操作实用程序、系统实用程序、压缩工具。

/sbin 目录通常存放基本的系统和系统维护程序，如 fsck、fdisk、mkfs、shutdown、lilo、init。

存放在这两个目录中的程序的主要区别是，/sbin 中的程序只能由 root(管理员)来执行。

(2) /etc。

这个目录一般用来存放程序所需的整个文件系统的配置文件，其中的一些重要文件如下：passwd、shadow、fstab、hosts、motd、profile、shells、services、lilo.conf。

(3) /lost+found。

这个目录专门是用来存放那些在系统非正常关机后重新启动系统时，不知道该往哪里恢复的“流浪”文件。

(4) /boot。

这个目录下面存放着和系统启动有关系的各种文件，包括系统的引导程序和系统核心部分。

(5) /root。

这是系统管理员(root)的主目录。

(6) /home。

系统中所有用户的主目录都存放在/home 中，它包含实际用户(人)的主目录和其他用户的主目录。Linux 同 UNIX 的不同之处是，Linux 的 root 用户的主目录通常是在/root 或/home/root，而 UNIX 通常是在/中。

(7) /mnt。

按照约定，像 CD-ROM、软盘、Zip 盘、或者 Jaz 这样的可移动介质都应该安装在/mnt 目录下，/mnt 目录通常包含一些子目录，每个子目录是某种特定设备类型的一个安装点。例如，/cdrom、/floppy、/zip、/win。

如果要使用这些特定设备，需要用 mount 命令从/dev 目录中将外部设备挂接过来。在这里有一个/win 的目录，这是笔者的计算机上面做的一个通向 Windows 文件系统的挂接点，这样读者通过访问这个目录就可以访问到笔者在 Windows 下面的文件了。但如果读者的 Windows 文件系统是 NTFS 格式，那么这个办法就不行了。

(8) /tmp 和/var。

这两个目录用来存放临时文件和经常变动的文件。

(9) /dev。

这是一个非常重要的目录，它存放着各种外部设备的镜像文件，其中有一些内容是要牢牢记住的。例如，第一个软盘驱动器的名字是 fd0；第一个硬盘的名字是 hda，硬盘中的第一个分区是 hda1，第二个分区是 hda2；第一个光盘驱动器的名字是 hdc；此外，还有 modem 和其他外设的名字，在这么多的名字中，只需要记住最常用的几个外设就可以了。

(10) /usr。

按照约定，这个目录用来存放与系统的用户直接相关的程序或文件，这里面有每个系统用户的主目录，就是相对于它们的小型“/”。

(11) /proc。

这个目录下面的内容是当前在系统中运行的进程的虚拟镜像，在这里可以看到由当前运行的进程号组成的一些目录，还有一个记录当前内存内容的 kernel 文件。

这些目录及在它们下面应该存储什么内容，都应该很熟练地记下来，这对于进一步使用系统是很有帮助的。

2) 文件类型

本来想把基本操作命令放在这里介绍一下，但是这些命令中有不少是涉及文件类型的，所以就只好先介绍一下文件类型了。

Linux 的文件类型大致可分为 5 类，并且它支持长文件名，不论是文件名还是目录名，最长可以达到 256 字节。如果你能够用 128 个汉字写一片小作文，那也可以用它来做某个文件的文件名(当然这里面不能有不合规定的命名字符存在)。

(1) 一般性文件。

纯文本文件 mtv-0.0b4.README，设置文件 lilo.conf，记录文件 ftp.log 等都是一般性文件。一般类型的文件在控制台的显示下都没有颜色，系统默认的是白色。

(2) 目录。

读者可以用 cd+目录名进入该目录中，而这个目录在控制台下显示的颜色是蓝色的，非常容易辨认。如果读者用 ls-l 来观看它，会发现它的文件属性(共 10 个字符)的一个字符是 d，这表明它是一个目录，而不是其他的东西。

3) Linux 基本操作命令

首先介绍一个名词“控制台”(console)，它就是我们通常见到的使用字符操作界面的人机接口，如 dos。所谓控制台命令，就是指通过字符界面输入的可以操作系统的命令，如 dos 命令就是控制台命令。现在要了解的是基于 Linux 操作系统的基本控制台命令。

有一点一定要注意，和 dos 命令不同的是，Linux 的命令(也包括文件名等)对大小写是敏感的。也就是说，如果输入的命令大小写不正确，系统是不会做出所期望的响应的。

(1) ls 命令。

这个命令就相当于 dos 下的 dir 命令一样，这也是 Linux 控制台命令中最为重要的几个命令之一。ls 最常用的参数有 3 个：-a、-l、-F。

ls -a：Linux 上的文件以“.”开头的文件被系统视为隐藏文件，仅用 ls 命令是看不到它们的，而用 ls -a 除了显示一般文件名外，连隐藏文件也会显示出来。

ls -l(这个参数是字母 L 的小写，不是数字 1)：这个命令可以使用长格式显示文件内容，如果需要查看更详细的文件资料，就要用到 ls -l 这个指令。例如，在某个目录下键入 ls -l 可能会显示如下信息。

文件属性	文件数	拥有者	所属的 group	文件大小	建档日期	文件名
drwx------	2	Guest	users	1024	Nov 21 21:05	Mail
-rwx--x--x	1	root	root	89080	Nov 7 22:41	tar*
-rwxr-xr-x	1	root	bin	5013	Aug 15 9:32	uname*
lrwxrwxrwx	1	root	root	4	Nov 24 19:30	zcat->gzip
-rwxr-xr-x	1	root	bin	308364	Nov 29 7:43	zsh*
-rwsr-x---	1	root	bin	9853	Aug 15 5:46	su*

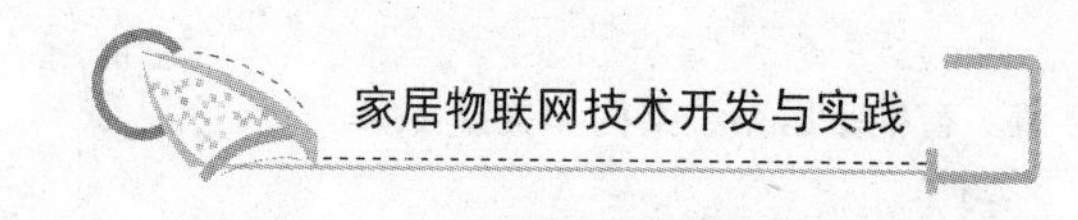

下面为大家解释一下这些显示内容的意义。

第一个栏位，表示文件的属性。

Linux 的文件基本上分为 3 个属性：可读(r)，可写(w)，可执行(x)。但是这里有 10 个格子可以添(具体程序实现时，实际上是 10 个 bit 位)。第一个小格是特殊表示格，表示目录或连结文件等，d 表示目录，如 drwx------；l 表示连结文件，如 lrwxrwxrwx；如果是以一横“-”表示，则表示这是文件。其余的格子就以每 3 格为一个单位。因为 Linux 是多用户多任务系统，所以一个文件可能同时被许多人使用，所以一定要设好每个文件的权限，其文件的权限位置排列顺序是(以-rwxr-xr-x 为例)：rwx(Owner)r-x(Group)r-x(Other)。

这个例子表示的权限是：使用者自己可读，可写，可执行；同一组的用户可读，不可写，可执行；其他用户可读，不可写，可执行。另外，有一些程序属性的执行部分不是 x，而是 s，这表示执行这个程序的使用者，临时可以有和拥有者一样权力的身份来执行该程序。一般出现在系统管理之类的指令或程序，让使用者执行时，拥有 root 身份。

第二个栏位，表示文件个数。

如果是文件的话，那这个数目自然是 1 了；如果是目录的话，那它的数目就是该目录中的文件个数了。

第三个栏位，表示该文件或目录的拥有者。

若使用者目前处于自己的 Home 目录，那这一栏大概都是它的账号名称。

第四个栏位，表示所属的组(group)。

每个使用者都可以拥有一个以上的组，不过大部分的使用者应该都只属于一个组，只有当系统管理员希望给予某使用者特殊权限时，才可能会给他另一个组。

第五栏位，表示文件大小。

文件大小用 byte 来表示，而空目录一般都是 1024byte，用户当然可以用其他参数使文件显示的单位不同，如使用 ls -k 就是用 KB 来显示一个文件的大小单位，不过一般还是以 byte 为主。

第六个栏位，表示创建日期。

以“月，日，时间”的格式表示，如 Aug 15 5:46 表示 8 月 15 日早上 5:46。

第七个栏位，表示文件名。

我们可以用 ls -a 显示隐藏的文件名。

ls -F(注意，是大写的 F)，使用这个参数表示在文件的后面多添加表示文件类型的符号，如*表示可执行，/表示目录，@表示连结文件，这都是因为使用了-F 这个参数。但是现在基本上所有的 Linux 发行版本的 ls 都已经内建了-F 参数，也就是说，不用输入这个参数，也能看到各种分辨符号。

(2) cd 命令。

这个命令是用来进出目录的，它的使用方法和在 dos 下没什么区别，但有两点需要补充。

首先，和 dos 不同的是 Linux 的目录对大小写是敏感的，如果大小写没拼写正确，cd 操作是不能成功的。

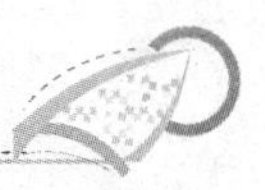

其次，cd 如果直接输入，cd 后面不加任何东西，会回到使用者自己的 Home 目录。假设是 root，那就是回到/root，这个功能同 cd～是一样的。

(3) mkdir、rmdir 命令。

mkdir 命令用来建立新的目录，rmdir 用来删除已建立的目录，这两个指令的功能不再多加介绍，它们同 dos 下的 md、rd 功能和用法基本都是一样的。

(4) cp 命令。

这个命令相当于 dos 下面的 copy 命令，具体用法是：cp-r 源文件(source)目的文件(target)。

参数-r 是指连同元文件中的子目录一同复制。熟悉 dos 的读者用起这个命令来会觉得更方便。

(5) rm 命令。

这个命令是用来删除文件的，和 dos 下面的 rm(删除一个空目录)是有区别的，大家千万要注意。rm 命令常用的参数有 3 个：-i、-r、-f。

例如，现在要删除一个名字为 text 的一个文件：rm -i test。

系统会询问“rm:remove 'test'?y”，按回车键以后，这个文件才会真的被删除。之所以要这样做，是因为 Linux 不像 dos 那样有 undelete 的命令，或者是可以用 pctool 等工具将删除过的文件还原，Linux 中删除了的文件是还原不了的，所以使用这个参数在删除前让用户再确定一遍，是很有必要的。

rm -r 目录名：这个操作可以连同这个目录下面的子目录都删除，功能上和 rmdir 相似。

rm -f 文件名(目录名)：这个操作可以进行强制删除。

(6) mv 命令。

这个命令的功能是移动目录或文件，引申的功能是给目录或文件重命名。它的用法同 dos 下面的 move 基本相同，这里不再多讲。当使用该命令来移动目录时，它会连同该目录下面的子目录也一同移走。另外因为 Linux 下面没有 rename 的命令，所以如果想给一个文件或目录重命名时可以用以下方法：

```
mv 原文件(目录)名 新的文件(目录)名
```

(7) du，df 命令。

du 命令可以显示目前的目录所占的磁盘空间，df 命令可以显示目前磁盘剩余的磁盘空间。

如果 du 命令不加任何参数，那么返回的是整个磁盘的使用情况，如果后面加了目录的话，就是这个目录在磁盘上的使用情况(这个功能是 dos 没有的)。不过笔者一般不喜欢用 du，因为它给出的信息实在是太多了，笔者看不过来，而 df 这个命令笔者是最常用的，因为磁盘上还剩多少空间对笔者来说是很重要的。

(8) cat 命令。

这个命令是 Linux 中非常重要的一个命令，它的功能是显示或连结一般的 ascii 文本文件。cat 是 concatenate 的简写，类似于 dos 下面的 type 命令。它的用法如下。

cat text 显示 text 这个文件。

cat file1 file2 依顺序显示 file1、file2 的内容。

cat file1 file2>file3 把 file1、file2 的内容结合起来，再“重定向(>)”到 file3 文件中。

“>”是一个非常有趣的符号，是往右重定向的意思，就是把左边的结果当成输入，然后输入到 file3 文件中。这里要注意的一点是，file3 是在重定向以前还未存在的文件，如果 file3 是已经存在的文件，那么它本身的内容被覆盖，变成 file1+file2 的内容。

如果>左边没有文件的名称，而右边有文件名，例如：

```
cat>file1
```

结果是会“空出一行空白行”，等待用户输入文字，输入完毕后再按[Ctrl]+[C]或[Ctrl]+[D]，就会结束编辑，并产生 file1 这个文件，而 file1 的内容就是用户刚刚输入的内容。这个过程和 dos 里面的 copy con file1 的结果是一样的。

另外，如果用户使用如下的指令：

```
cat file1>>file2
```

这将变成将 file1 的文件内容“附加”到 file2 的文件后面，而 file2 的内容依然存在，这种重定向符>>比>常用。

(9) more，less 命令。

这是两个显示一般文本文件的指令。

如果一个文本文件太长而超过一个屏幕的画面，用 cat 来看实在是不理想，就可以试试 more 和 less 两个指令。more 指令可以使超过一页的文件临时停留在屏幕，等用户按任何一个键以后，才继续显示。而 less 除了有 more 的功能以外，还可以用方向键往上或往下滚动文件，所以你随意浏览、阅读文章时，less 是个非常好的选择。

(10) clear 命令。

这个命令是用来清除屏幕的，它不需要任何参数，和 dos 下面的 clr 具有相同的功能，如果用户觉得屏幕太杂乱，就可以使用它清除屏幕上的信息。

(11) pwd 命令。

这个命令的作用是显示用户当前的工作路径。

(12) ln 命令。

这是 Linux 中又一个非常重要的命令，请大家一定要熟悉。它的功能是为某一个文件在另外一个位置建立一个不同的链接，这个命令最常用的参数是-s，具体用法是：

```
ln -s 源文件目标文件
```

当我们需要在不同的目录，用到相同的文件时，不需要在每一个需要的目录下都放一个必须相同的文件，只要在某个固定的目录，放上该文件，然后在其他目录下用 ln 命令链接(link)它就可以，不必重复地占用磁盘空间。例如：

```
ln -s /bin/less/usr/local/bin/less
```

-s 是代号(symbolic)的意思。

这里有两点要注意：第一，ln 命令会保持每一处链接文件的同步性，也就是说，不论用户改动了哪一处，其他文件都会发生相同的变化；第二，ln 的链接有软链接和硬链接两种，软链接就是 ln -s ** **，它只会在用户选定的位置上生成一个文件的镜像，不会占用磁盘空间，硬链接 ln ** **，没有参数-s，它会在用户选定的位置上生成一个和源文件大小相同的文件，无论是软链接还是硬链接，文件都保持同步变化。

如果用户用 ls 察看一个目录时，发现有的文件后面有一个@的符号，那就是一个用 ln 命令生成的文件，用 ls -l 命令去查看，就可以看到显示的 link 的路径了。

(13) man 命令。

如果用户的英文足够好，那完全可以不靠任何人就精通 Linux，只要用户会用 man。man 实际上就是查看指令用法的 help，学习任何一种 UNIX 类的操作系统最重要的就是学会使用 man 这个辅助命令。man 是 manual(手册)的缩写，它的说明非常详细，但是因为它都是英文，看起来令人非常头痛。建议大家需要的时候再去看 man，平时记得一些基本用法就可以了。

(14) logout 命令。

这是退出系统的命令，这里就不多说了。要强调的一点是，Linux 是多用户和多进程的操作系统，因此如果用户不用了，退出系统就可以了，关闭系统用户就不用操心了，那是系统管理员的事情。但有一点切记，即便用户是单机使用 Linux，logout 以后也不能直接关机，因为这不是关机的命令。

(15) mount 命令。

这是 Linux 初学者问得最多的问题。由于大家已习惯了微软的访问方法，总想用类似的思路来找到软盘和光盘。但在 Linux 下，却沿袭了 UNIX 将设备当作文件来处理的方法。所以要访问软盘和光盘，就必须先将它们装载到 Linux 系统的/mnt 目录中来。

装载的命令是 mount，格式如下：mount -t 文件系统类型 设备名 装载目录。文件系统类型就是分区格式，Linux 支持的文件系统类型有许多：msdos DOS 分区文件系统类型；vfat 支持长文件名的 DOS 分区文件(可以理解为 Windows 文件)系统类型；iso9660 光盘的文件系统类型；ext2 Linux 的文件系统类型。

设备名，指的是用户要装载的设备的名称。软盘一般为/dev/fd0 fd1；光盘则根据用户的光驱的位置来决定，通常光驱装在第二硬盘的主盘位置就是/dev/hdc；如果访问的是 DOS 的分区，则列出其设备名，如/dev/hda1 是指第一硬盘的第一个分区。装载目录，就是用户指定设备的载入点。

① 装载软盘。

首先用 mkdir/mnt/floppy 在/mnt 目录下建立一个空的 floppy 目录，然后输入 mount -t msdos/dev/fd0/mnt/floppy 将 DOS 文件格式的一张软盘装载进来，以后就可以在/mnt/floppy 目录下找到这张软盘的所有内容。

② 装载 Windows 所在的 C 盘。

mkdir/mnt/c 在/mnt 目录下建立一个空的 c 目录。

mount –t vfat/dev/hda1/mnt/c 将 Windows 的 C 盘按长文件名格式装载到/mnt/c 目录下，以后在该目录下就能读写 C 盘根目录中的内容。

③ 装载光盘。

mkdir/mnt/cdrom 在/mnt 目录下建立一个空的 cdrom 目录。

mount -t iso9660/dev/hdc/mnt/cdrom 将光盘载入到文件系统中来，将在/mnt/cdrom 目录下找到光盘内容。有的 Linux 版本允许用 mount/dev/cdrom 或 mount/mnt/cdrom 命令装载光盘。

要注意的是，用 mount 命令装入的是软盘、光盘，而不是软驱、光驱。有些初学者容易犯一个毛病，以为用了上面的命令后，软驱就成了/mnt/floppy，光驱就成了/mnt/cdrom，其实不然，当用户要换一张光盘或软盘时，一定要先卸载，再对新盘重新装载。

④ 卸载。

卸载的命令格式是：umonut 目录名，如要卸载软盘，可输入命令 umonut/mnt/floppy。要注意的是，在卸载光盘之前，直接按光驱面板上的弹出键是不会起作用的。

4) 基本的系统管理命令

系统管理基本上可以分为两种：一种是 root(系统管理员)对 Linux 的系统管理部分，root 本身的职责就是负责整个 Linux 系统的运行稳定，增加系统安全性，校验使用者的身份，新增使用者或删除恶意的使用者，并明确每个在机器上的使用者权限等；另一种就是每个使用者(包括 root)对自己文件的权限管理。因为 Linux 是多用户多任务系统，每个使用者都有可能将其工作的内容或是一些机密性的文件放在 Linux 工作站上，所以对每个文件或是目录的归属和使用权，都要有非常明确的规定。下面就按管理员和一般用户分类来介绍基本的系统管理命令。

管理员使用的系统管理指令：

(1) adduser 命令。

新增使用者账号的命令，如果用户想新增一个叫做 jack 的用户，那么需在控制台下输入：

```
adduser jack
```

这样就增加了一个名字为 jack 的用户，要注意这里对大小写是敏感的。另外，新增的用户是没有口令的，还应当为用户设置口令或者是吩咐用户在第一次登录系统的时候为自己设置口令。

(2) passwd 命令。

这个命令可以修改特定用户的口令，使用格式是：

```
passwd 用户名
```

这时，系统会提示输入新密码，输入第一遍后，还要输入第二遍进行确认。输入两遍相同的密码之后，系统就接受了新的密码。如果这个命令是一般用户来使用的话，那就只能改变它自己的密码。

(3) find、whereis、locate 命令。

这 3 个命令都是用来查找文件的，使用格式是：

```
find 路径名称 -name 文件名参数(我们这里就不讨论参数了)
whereis 文件名
locate 文件名
```

一般来说，find 命令的功能最为强大，但是对硬件的损耗也是最大的，使用 find 去查找文件时，硬盘灯在不停地闪动，这就意味着硬盘可能会比别人的少用三四年。当使用 whereis 或 locate 去查找文件时，硬盘却是安安静静的，这是因为这两个命令是从系统的数据库中查找文件，而不是去拼命地读硬盘。所以，如果平常只是想找一些小文件的话，使用 whereis 或 locate 就可以了，如果要进行系统管理的工作，那么使用 find 再加上一些参数就可以满足要求了。

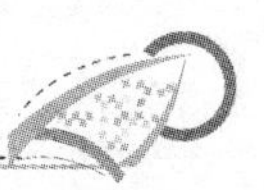

(4) su 命令。

这个命令可以让普通用户变成具有管理员权限的超级用户(superuser)，只要知道管理员的密码就可以。多用户多任务系统强调的重点之一就是系统的安全性，所以应避免直接使用 root 身份登录系统去做一些日常性的操作，因为时间一久 root 密码就有可能泄露而危害到系统安全。因此，平时应避免用 root 身份登录，即使要管理系统，也请尽量使用 su 指令来临时管理系统，然后记住定期更换 root 密码。

假如现在是以一个普通用户的身份登录系统，输入：su。

系统会要求输入管理员的口令，当输入正确的密码后，就可以获得全部的管理员权限，这时就是超级用户(superuser)。但执行完各种管理操作以后，只要输入 logout 就可以退回到原先的普通用户的状态。

(5) shutdown、halt 命令。

这两个命令是用来关闭 Linux 操作系统的。

在前面说过，作为一个普通用户是不能够随便关闭系统的，因为这时可能还有其他用户正在使用系统。因此，关闭系统或者重新启动系统的操作只有管理员才有权执行。另外，Linux 系统在执行的时候会用部分的内存作缓存区，如果内存上的数据还没有写入硬盘，就把电源拔掉，内存就会丢失数据，如果这些数据是和系统本身有关的，那么会对系统造成极大的伤害。一般建议在关机之前执行 3 次同步指令 sync，可以用分号“;”来把指令合并在一起执行，如：# sync;sync;sync。

使用 shutdown 关闭系统的时候有以下几种格式。

```
shutdown （系统内置 2 分钟关机，并传送一些消息给正在使用的 user）
shutdown -h now （下完这个指令，系统立刻关机）
shutdown -r now （下完这个指令，系统立刻重新启动，相当于 reboot）
shutdown -h 20:25 （系统会在今天的 20:25 关机）
shutdown -h +10 （系统会在 10 分钟后关机）
```

如果在关机之前，要传送信息给正在机器上的使用者，可以加“-q”参数，则会输出系统内置的 shutdown 信息给使用者，通知他们离线。

halt 命令就不用多说了，只要输入 halt，系统就会开始进入关闭过程，其效果和 shutdown -h now 是完全一样的。

(6) reboot 命令。

一看这个词，就知道这个命令是用来重新启动系统的。

当输入 reboot 后，就会看到系统正在将一个一个的服务都关闭掉，然后再关闭文件系统和硬件，接着机器开始重新自检，重新引导，再次进入 Linux 系统。

普通用户使用的系统管理指令有以下几种。

(1) chown 命令。

这个命令的作用是改变文件的所有者。

如果有一个文件名为 classment.list 的文件，所有权要给予另一个账号为 golden 的同学，则可用 chown 来实现这个操作，但是当改变了文件的所有者以后，该文件虽然在 Home 目录下，可是已经无任何修改或删除该文件的权限了，这一点千万要注意。通常会用到这个指令的时机，应该是想让 Linux 机器上的某位使用者到 Home 下去用某个文件。

(2) chmod 命令。

这个命令用来改变目录或文件的属性，是 Linux 中一个应当熟悉的命令。

对这个命令，使用的方法很多，鉴于篇幅的原因，下面只列出其中最常用的一种。前面讲过，一个文件用 10 个小格来记录文件的权限。前 3 个小格是拥有者(user)本身的权限，中间 3 个小格是和使用者同一组的成员(group)的权限，最后 3 个小格是表示其他使用者(other)的权限。现在我们用 3 位的二进制数来表示相应的 3 小格的权限，例如：111 rwx 101 r-x 011 -wx 001 -x 100 r-。

这样一来，我们就可以用 3 个十进制的数来表示一个文件属性位上的 10 个格，其中每个十进制数大小等于代表每 3 格的那个 3 位的二进制数。例如，如果一个文件的属性是 rwxr-r--，那么就可以用 744 来代表它的权限属性；如果一个文件的属性是 rwxrwxr--，那它对应的 3 个十进制数就是 774。这样一来就可以用这种简便的方法指定文件的属性了。例如，如果想把一个文件 test.list 的属性设置为 rwxr-x---，那么只要执行：

```
chmod 750 test.list
```

就可以了，对于改变后的权限，用 ls -l 就可以看到。

5) 关于 process 处理的指令

(1) ps。

ps 是用来显示目前的 process 或系统 processes 的状况。

以下列出比较常用的参数。

其选项说明如下。

-a 列出包括其他 users 的 process 状况。

-u 显示 user-oriented 的 process 状况。

-x 显示包括没有 terminal 控制的 process 状况。

-w 使用较宽的显示模式来显示 process 状况。

我们可以经由 ps 取得目前 processes 的状况，如 pid、running state 等。

(2) kill。

kill 指令的用途是送一个 signal 给某一个 process。因为大部分送的都是用来杀掉 process 的 SIGKILL 或 SIGHUP，因此称为 kill。kill 的用法为：

```
kill [ -SIGNAL ] pid ...
kill -l
```

SIGNAL 为一个 singal 的数字，从 0 到 31，其中 9 是 SIGKILL，也就是一般用来杀掉一些无法正常 terminate 的信号。其余信号的用途可参考 sigvec(2)中对 signal 的说明。也可以用 kill -l 来查看可代替 signal 号码的数字。kill 的详细情形请参阅 man kill。

6) 关于字串处理的指令

(1) echo。

echo 是用来让字串在终端机上显示出来。echo -n 则是当显示完之后不会有跳行的动作。

(2) grep/fgrep。

grep 为一过滤器，它可自一个或多个档案中过滤出具有某个字串的行，或是从标准输入中过滤出具有某个字串的行。

fgrep 可将欲过滤的一群字串放在某一个档案中，然后使用 fgrep 将包含属于这一群字串的行过滤出来。

grep 与 fgrep 的用法如下。

```
girep [-nv] match_pattern file1 file2 ...
fgrep [-nv] -f pattern_file file1 file2 ...
-n 把所找到的行在行前加上行号列出
-v 把不包含 match_pattern 的行列出
match_pattern 所要搜寻的字串
-f 以 pattern_file 存放所要搜寻的字串
```

7) 网络上查询状况的指令

(1) man。

man 是手册(manual)的意思。UNIX 提供线上辅助(on-line help)的功能，man 就是用来让使用者在使用时查询指令、系统呼叫、标准程式库函数、各种表格等。man 的用法如下。

```
man [-M path] [[section] title ] …
man [-M path] -k keyword …
```

-M path man 所需要的 manual database 的路径。

我们也可以用设定环境变数 MANPATH 的方式来取代-M 选项。

title 这是所要查询的目的物。

section 为一个数字表示 manual 的分类。通常 1 代表可执行指令；2 代表系统呼叫(system call)；3 代表标准函数；等等。

-k keyword 用来将含有这项 keyword 的 title 列出来。

man 在 UNIX 上是一项非常重要的指令，本节中所述的用法仅仅是一个大家比较常用的用法及简单的说明，真正详细的用法与说明还是要使用 man 来得到。

(2) who。

who 指令是用来查询目前有哪些人在线上。

(3) w。

w 指令是用来查询目前有哪些人在线上，同时显示出那些人目前的工作。

(4) ku。

ku 可以用来搜寻整个网络上的 user，不像 w 和 who 只是针对 local host 的查询，并且 ku 提供让使用者建立搜寻特定使用者名单的功能。用户可以建立一个档案 information-file 以条列的方式存放朋友的资料，再建立一个档案 hosts-file 来指定搜寻的机器名称。ku 的指令格式可由 ku -h 得到。

8) 网络指令

UNIX 提供网络的连接，使得用户可以在各个不同的机器上做一些特殊的事情，如可以在系上的 iris 图形工作站上做图形的处理，在系上的 Sun 上读 News，甚至到学校的计算中心去找别的系的同学 talk。这些工作可以利用 UNIX 的网络指令，在位子上连到各个不同的机器上工作。如此一来，即使在寝室，也能轻易地连至系上或计算机中心来工作，不用像以前的人必须泡在冷冰冰的机房里面。

这些网络的指令如下所述。

(1) rlogin 与 rsh。

rlogin 的意义是 remote login，也就是经由网络到另外一部机器 login。

rlogin 的格式是：

```
rlogin host [-l username]
```

选项-l username 是当用户在远方的机器上的 username 和 local host 不同的时候，必须输入的选项，否则 rlogin 将会假设用户在那边的 username 与 localhost 相同，然后在第一次 login 时必然会发生错误。

rsh 是在远方的机器上执行某些指令，而把结果传回 local host.rsh 的格式如下：

```
rsh host[-l username ] [ command ]
```

如同 rlogin 的参数-l username , rsh 的-l username 也是指定 remote host 的 username。而 command 则是要在 remote host 上执行的指令。如果没有指定 command，则 rsh 会去执行 rlogin，如同直接执行 rlogin。

不过 rsh 在执行的时候并不会像一般的 login 程序一样还会问用户 password，如果用户没有设定 trust table，则 remote host 将不会接受他的 request。

rsh 需要在每个可能会作为 remote host 的机器上设定一个档案，称为.rhosts。这个档案每一行分为两部分，第一部分是允许 login 的 hostname，第二部分则是允许 login 的 username。例如，在 ccsun7.csie.nctu.edu.tw 上用户的 username 为 QiangGe，而 home 下面的.rhost 有以下一行：

```
ccsun6.cc.nctu.edu.tw u8217529
```

则在 ccsun6.cc.nctu.edu.tw 机器上的 user u8217529 就可以用以下方法来执行 rsh 程式：

```
% rsh ccsun7.csie.nctu.edu.tw -l ysjuang cat mbox
```

将 ysjuang 在 ccsun7.csie.nctu.edu.tw 上的 mbox 档案内容显示在 local host ccsun6.cc.nctu.edu.tw 上。

而如果.rhost 有这样的一行，则 ccsun6.cc.nctu.edu.tw 上的 user u8217529 将可以不用输入 password 而直接经由 rsh 或 rlogin login 就到 ccsun7.csie.nctu.edu.tw 上来。

注意：.rhost 是一个设定可以信任的人 login 的表格，因此如果设定不当将会让不法之徒有可以乘机侵入系统的机会。如果阅读 man 5 rhosts，将会发现可以在第一栏中用+来取代任何 hostname，第二栏中用+来取代任何 username。

如一般 user 喜欢偷懒利用“+username”来代替列一长串 hostname，但是这样将会使得即使有一台 PC 上运行 UNIX 的 user 有与用户相同的 username，也可以得到用户的 trust

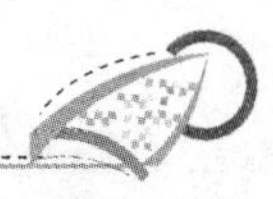

而侵入用户的系统，这样容易造成系统安全上的危险。因此本系统禁止使用这样的方式写.rhost 档，如果发现将予以停机直到找中心的工作人员将其改正为止。同理，如果用户的第二个栏位为+，如“hostname+”，则用户是允许在某一部机器上的“所有”user 可以不用经由输入 password 来进入用户的账号，是一种更危险的行为，所以请自行小心。

(2) telnet。

telnet 是一个提供 user 经由网络连到 remote host 的命令。

telnet 的格式如下：

```
telnet[hostname | ip-address ] [ poirt ]
```

hostname 为一个像 ccsun1 或是 ccsun1.cc.nctu.edu.tw 的 nameaddress，ip-address 则为一个由 4 个小于 255 的数字组成的 ip address，如 ccsun1 的 ip-address 为 140.113.17.173 ccsun1.cc.nctu.edu.tw 的 ip-address 为 140.113.4.11。用户可以利用 telnet ccsun1 或 telnet 140.113.17.173 来连到 ccsun1。

port 为一些特殊的程式所提供给外界的沟通点，如一般的 MUD，其 server 便提供一些 port 让 user 由这些 port 进入 MUD 程式。详情请参阅 telnet(1)的说明。

(3) ftp。

ftp 的意义是 File Transfer Program，是一个经常用在网络档案传输的命令。ftp 的格式如下：

```
ftp [ hostname | ip-address ]
```

其中，hostname | ip-address 的意义跟 telnet 中的相同。

在进入 ftp 之后，如果与 remote host 连接上了，它将会询问 username 与密码，如果输入对了就可以开始进行档案传输。

在 ftp 中有许多的命令，详细的使用方式请参考 ftp(1)，这里仅列出较常用的：cd、lcd、mkdir、put、mput、get、mget、binary、ascii、prompt、help 与 quit 的使用方式。

ascii：将传输模式设为 ascii 模式。通常用于传送文字档。

binary：将传输模式设为 binary 模式，通常用于传送执行档、压缩档与影像档等。

cd remote-directory：将改变 remote host 上的工作目录。

lcd [directory]：更改 local host 的工作目录。

ls [remote-directory] [local-file]：列出 remote host 上的档案。

get remote-file [local-file]：取得远方的档案。

mget remote-files：可使用通用字元一次取得多个档案。

put local-file [remote-file]：将 local host 的档案送到 remote host。

mput local-files：可使用通用字元　次将多个档案放到 rcmotc host 上。

help [command]：线上辅助指令。

mkdir directory-name：在 remote host 创建一个目录。

prompt：更改交谈模式，若为 on 则在 mput 与 mget 时每做一个档案传输时均会询问。

quit/bye：离开 ftp。

利用 ftp，我们便可以在不同的机器上将所需要的资料做转移，某些特别的机器更存放

大量的资料以供各地的使用者获取，不过 anonymous 在询问 password 时是要求使用 anonymous 的使用者输入其 email address。

9) 关于通信用的指令

(1) write。

这个指令是提供使用者传送信息给另一个使用者，使用方式：

write username [tty]。

(2) talk、ytalk、cytalk、ctalk。

UNIX 专用的交谈程式，会将银幕分隔为用户的区域和交谈对象的区域，同时也可以和不同机器的使用者交谈。使用方式：

```
talk username[@host] [tty]
mesg
```

选择是否接受他人的messege，若为 messege no，则他人的 messege 将无法传送给你，同时他也无法干扰你的工作。使用方法：

```
mesg [-n|-y]
```

(3) mail、elm。

在网络上的 email 程式，可由此命令将信件传送给他人。使用方式：

```
mail [username]
mail -f mailboxfile
```

如有信件，则直接键入 mail 便可以读取。

elm 提供较 mail 更为方便的界面，并且可做线上的 alias。用户可以进入 elm 使用上下左右键来选读取的信件，并可按 h 取得线上的 help 文件。

使用方式：

```
elm [usernmae]
elm -f mailboxfile
```

10) 编译器(Compiler)

Compiler 的用处在于将用户所撰写的程序翻译成可执行档案。常用的编程语言是 C、pascal、FORTRAN 等。可以先写好一个 C 或 Pascal 或 FORTRAN 的原始程式档，再用这些 compiler 将其翻成可执行档。用户可以用这个方法来制造自己的特殊指令。

(1) cc、gcc (C Compiler)。

```
/usr/bin/cc
/usr/local/bin/gcc
```

语法：
```
cc [ -o execfile ] source
gcc [ -o execfile ] source
```

execfile 是用户所希望的执行档的名称，如果没有加上-o 选项编译出来的可执行档以 a.out 作为档名。source 为一个以.c 作为结尾的 C 程式档。请参阅 cc(1)的说明。

(2) pc (Pascal Compiler)。

```
/usr/local/bin/pc
```

语法：`pc [ -o execfile ] source`

execfile 是用户所希望的执行档的名称，如果没有加上-o 选项编译出来的可执行档以 a.out 作为档名。source 为一个以.p 作为结尾的 Pascal 程式档。请参阅/net/home5/lang/man 中 pc(1)的说明。

(3) f77 (Fortran Compiler)。

```
/net/home5/lang/f77
```

语法：`f77 [ -o execfile ] source`

execfile 是用户所希望的执行档的名称，如果没有加上-o 选项编译出来的可执行档以 a.out 作为档名。source 为一个以.p 作为结尾的 Fortran 程式档。

11) 有关列印的指令

以下为印表所会用到的指令，在本系的印表机有 lp1、lp2(点矩阵印表机)、lw、sp、ps、compaq (激光印表机)，供使用者使用。

(1) lpr。

lpr 为用来将一个档案印至列表机的指令。用法：

```
lpr -P[ printer ] file1 file2 file3 ...
```

或

```
lpr -P[ printer ] < file1
```

例子：

```
lpr -Plp1 hello.c hello.lst hello.map
lpr -Plp1 < hello.c
```

前者以参数输入所要印出的档案内容，后者列印的标准输入档案(standard input)的内容，因已将 hello.c 转向到标准输入，故会印出 hello.c 的档案内容。

lpq 是用来观察 printer queue 上的 Jobs 用法：

```
lpq -P[priinter]
```

(2) lprm。

lprm 是用来取消列印要求的指令。通常我们有时会印错，或是将非文字档资料误送至 printer，此时就必须利用 lprm 取消列印 request，以免造成资源的浪费。

用法：

```
lprm -P[ printer ] [ Jobs id | username ]
```

lprm 用来清除 printer queue 中的 Jobs，如果用户使用 Job Id 作为参数，则它将此 Job 自 printer queue 清除，如果用户用 username 作为参数，则它将此 queue 中所有 Owner 为此 username 的 Jobs 清除。

到此，一些常用命令的内容就基本结束了，这些命令在 Linux 的操作系统中是必不可少的。这里列出的仅仅是最常用的控制台命令，要进一步地熟悉 Linux 操作系统，了解类 UNIX 操作系统的管理思想，还有很多内容要学习，有兴趣的同学可以参看其他相关参考书籍。

7. 嵌入式 Linux 开发

一个典型的嵌入式 Linux 开发环境如图 2-17 所示。它包括主机、工作站或者 PC，支持 GDB 的调试工具、BDI2000、目标板和网络，除了硬件环境外，还需要软件开发环境，有两种软件开发环境，一种是基于 Linux 的开发环境，另一种是基于 Windows 的开发环境。

基于 Linux 的开发环境包括主机上的 Linux 操作系统，如 RedHat Linux 等嵌入式 Linux 交叉开发工具软件，以及 HardHat Linux；支持 GDB 的调试工具的固件，如 BDIGDB Firmware for Linux。

基于 Windows 的开发环境包括主机上的 Windows 操作系统，如 Windows9x 等。基于 Windows 的嵌入式 Linux 交叉开发工具软件，如 Insight Gnupro Xtools 等，支持 GDB 的调试工具的固件，如 BDIGDB Firmware for Windows 等。

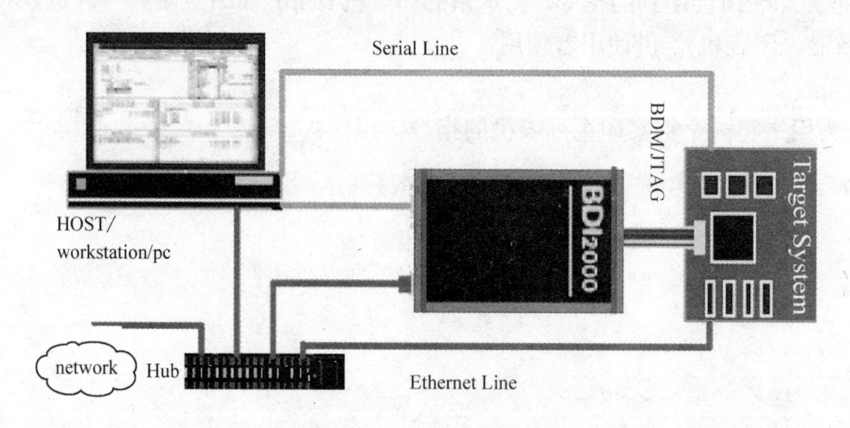

图 2-17　嵌入式 Linux 开发环境

图 2-18 是嵌入式 Linux 开发流程图，一般的开发过程是：设计目标板，建立嵌入式 Linux 开发环境，编写、调试 Boot Loader，编写、调试 Linux 内核，编写、调试应用程序，编写、调试 BSP Boot Loader 用于初始化目标板，检测目标板和引导 Linux 内核，BDM /JTAG 用于目标板开发，它可以检测目标板硬件，初始化目标板，调试 Boot Loader 和 BSP。有些 BDM /JTAG 如 BDI2000 可以调试 Linux 内核源码。

在嵌入式 Linux 开发过程中，选择好的嵌入式 Linux 开发平台和 BDM/JTAG 调试工具可以极大地提高嵌入式 Linux 的开发效率，嵌入式系统的特点是系统资源小，因此具体目标板的设备驱动程序 Device Driver 需要定制，BDM/JTAG 调试工具是开发 Linux 内核的很好的手段，BDM/JTAG 调试工具利用 CPU 的 BDM/JTAG 接口，对运行程序监控，不占用系统的其他资源。

为了缩短应用产品开发周期，可以选择同应用产品相近的嵌入式 Linux 软件开发平台和带嵌入式 Linux 软件的 OEM 板，它可以帮助用户在应用项目立项前，评估项目的可行性，在应用项目立项后，使软件开发和硬件开发同步进行，它能极大地缩短应用产品开发周期。

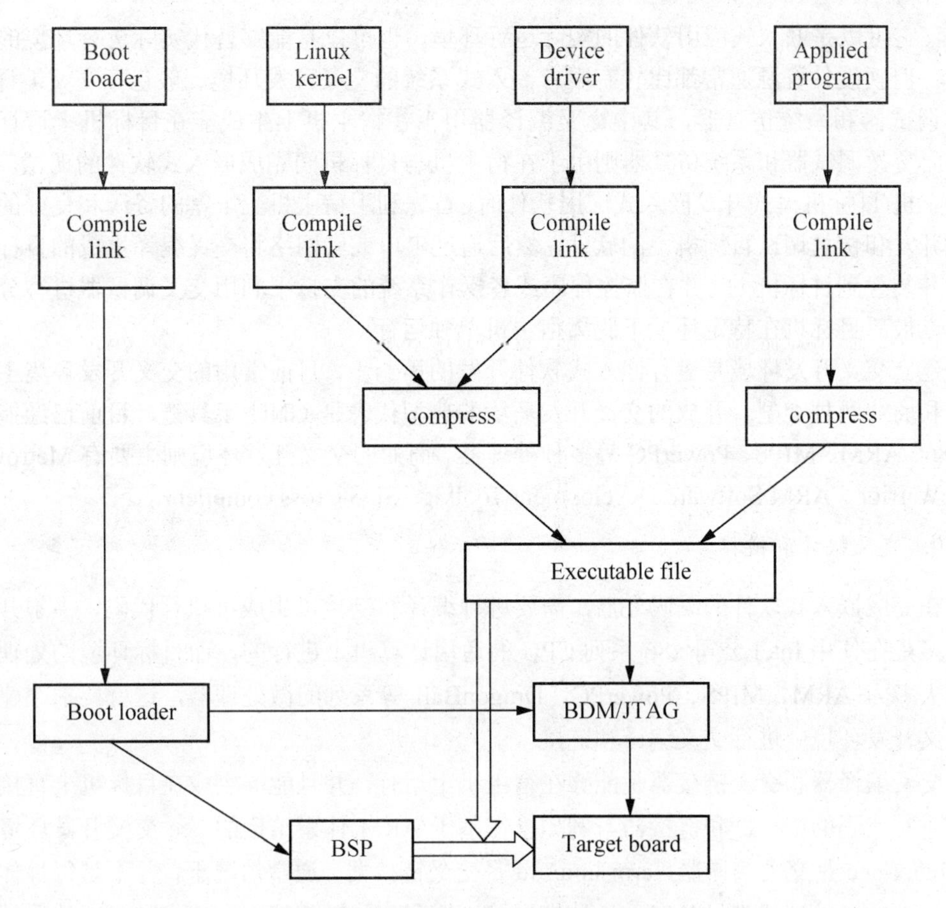

图 2-18　嵌入式 Linux 开发流程

8. 交叉开发环境

嵌入式 Linux 开发环境如图 2-19 所示。

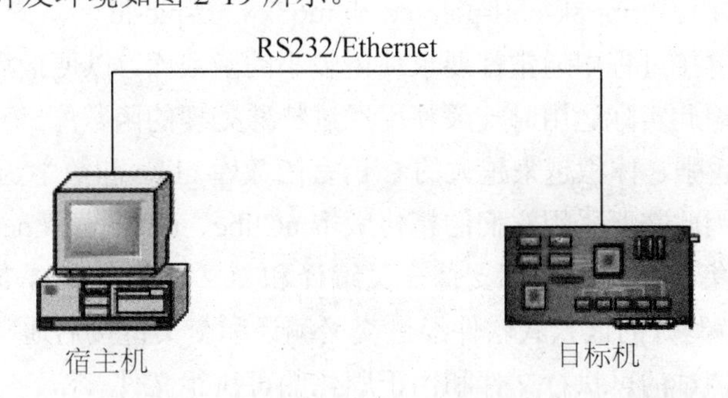

图 2-19　嵌入式 Linux 开发环境

宿主机(Host)是一台通用计算机(如 PC 或者工作站)，它通过串口或者以太网接口与目标机通信。宿主机的软硬件资源比较丰富，不但包括功能强大的操作系统(如 Windows 和 Linux)，而且还有各种各样优秀的开发工具，能够大大提高嵌入式应用软件的开发速度和效率。

目标机(Target)一般在嵌入式应用软件开发期间使用，用来区别与嵌入式系统通信的宿主机，它可以是嵌入式应用软件的实际运行环境，也可以是能够替代实际运行环境的仿真系统，但软硬件资源通常都比较有限。嵌入式系统的交叉开发环境一般包括交叉编译器、交叉调试器和系统仿真器，其中交叉编译器用于在宿主机上生成能在目标机上运行的代码，而交叉调试器和系统仿真器则用于在宿主机与目标机间完成嵌入式软件的调试。在采用宿主机/目标机模式开发嵌入式应用软件时，首先利用宿主机上丰富的资源和良好的开发环境开发和仿真调试目标机上的软件，然后通过串口或者网络将交叉编译生成的目标代码传输并装载到目标机上，并在监控程序或者操作系统的支持下利用交叉调试器进行分析和调试，最后目标机在特定环境下脱离宿主机单独运行。

建立交叉开发环境是进行嵌入式软件开发的第一步，目前常用的交叉开发环境主要有开放和商业两种类型。开放的交叉开发环境的典型代表是 GNU 工具链，目前已经能够支持 x86、ARM、MIPS、PowerPC 等多种处理器。商业的交叉开发环境则主要有 Metrowerks CodeWarrior、ARM Software Development Toolkit、SDS Cross compiler 等。

9. 交叉编译和链接

在完成嵌入式软件的编码之后，需要进行编译和链接以生成可执行代码，由于开发过程大多是在使用 Intel 公司 x86 系列 CPU 的通用计算机上进行的，而目标环境的处理器芯片却大多为 ARM、MIPS、PowerPC、DragonBall 等系列的微处理器，这就要求在建立好的交叉开发环境中进行交叉编译和链接。

交叉编译器和交叉链接器是能够在宿主机上运行，并且能够生成在目标机上直接运行的二进制代码的编译器和链接器。例如，在基于 ARM 体系结构的 gcc 交叉开发环境中，arm-linux-gcc 是交叉编译器，arm-linux-ld 是交叉链接器。通常情况下，并不是每种体系结构的嵌入式微处理器都只对应于一种交叉编译器和交叉链接器，如对于 M68K 体系结构的 gcc 交叉开发环境而言，就对应于多种不同的编译器和链接器。如果使用的是 COFF 格式的可执行文件，那么在编译 Linux 内核时需要使用 m68k-coff-gcc 和 m68k-coff-ld，而在编译应用程序时则需要使用 m68k-coff-pic-gcc 和 m68k-coff-pic-ld。

嵌入式系统在链接过程中通常都要求使用较小的函数库，以便最后产生的可执行代码能够尽可能得小，因此实际运用时一般使用经过特殊处理的函数库。对于嵌入式 Linux 系统来讲，功能越来越强、体积越来越大的 C 语言函数库 glibc 和数学函数库 libm 已经很难满足实际的需要，因此需要采用它们的精化版本 uClibc、uClibm 和 newlib 等。

目前嵌入式的集成开发环境都支持交叉编译和交叉链接，如 WindRiver Tornado 和 GNU 工具链等，编写好的嵌入式软件经过交叉编译和交叉链接后通常会生成两种类型的可执行文件：用于调试的可执行文件和用于固化的可执行文件。

10. Linux 在智能家居中的运用

在本书的软件设计中，系统采用嵌入式 Linux2.6 操作系统。Linux 操作系统具有硬件和文档支持丰富、源码开放、内核稳定及网络功能丰富等特点，成为嵌入式操作系统的理想选择。

基于 Linux 的智能家居系统的基本软件平台开发过程主要包括：引导程序的移植、Linux 内核的修改、配置和移植、文件系统的选择及图形界面 GUI 的移植、驱动程序的设计等。在完成嵌入式软件基本平台的搭建后，需要进行 Boa 的移植，以支持 Web 访问。最后，还需要根据目标应用的不同，编写应用程序实现特定的功能。

下面将按照这样的一个顺序依次进行介绍，其中，嵌入式 Boa 服务器的移植工作目前已经很成熟，在这里不做详细介绍。在本系统中，引导程序使用 U.Boot，Linux 内核采用 Linux2.6.14 版本，根文件系统采用 Yaffs，嵌入式图形界面 GUI 采用 QT/Embeded。智能家居系统的软件架构如图 2-20 所示。

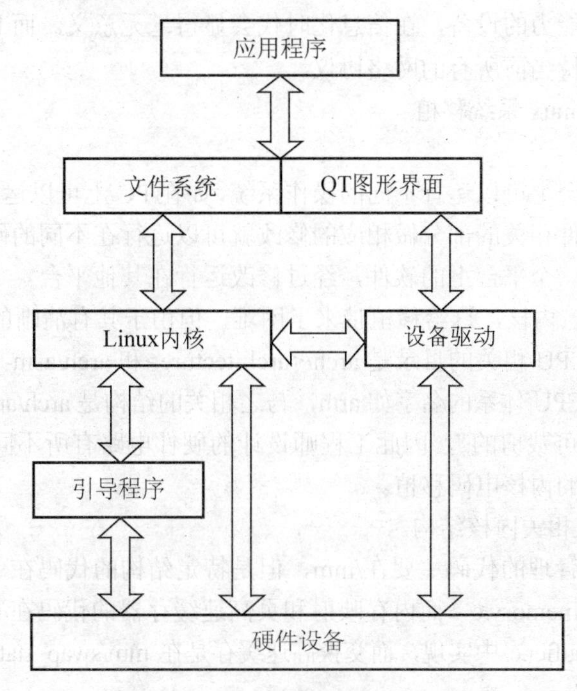

图 2-20　智能家居系统软件系统架构

嵌入式 Linux(Embedded Linux)是指对 Linux 经过小型化裁剪后，能够固化在容量只有几十万字节或几十亿字节的存储器芯片或单片机中，应用于特定嵌入式场合的专用 Linux 操作系统。

1) 嵌入式 Linux 的特点

(1) 性能稳定，功能强大，占用资源较少。Linux 是按照 POSIX 标准编写的，许多源代码借鉴了 UNIX。

(2) 模块的动态加载，独特的内核结构和工作方式使 Linux 非常适合工作在嵌入式系统中。

(3) 良好的平台可移植性，Linux-2.4.0 已经支持除 i386、i586、i686 和 arm 之外的 alpha、m68k、mips、mips64、ppc、sparc、sparc64、ia64 的十多种体系结构。

(4) 系统可剪裁性，可以灵活地添加和删减各种驱动程序，具体的 PDE(Portable Digital

Equippment)跟实际应用联系十分密切，采用的器件多种多样，良好的平台可移植性和系统可剪裁性对灵活的系统设计有着极其重要的意义，也为开发调试提供了方便。

(5) 整个系统是免费的，只要遵守 GPL 规则，任何人都可以使用、修改甚至销售 Linux，全世界有无数个人和组织在不断地完善 Linux，有众多的计算机厂商提供 Linux 相关的产品和服务。开放源代码意味着对新设计、制造的硬件产品的快速支持。嵌入式系统的应用领域通常要求系统高度个性化、高度细分。因此，对新产品的快速支持是一个适合推广的嵌入式操作系统必须具备的能力。

(6) 对多种网络协议的完美支持。在即将到来的后 PC 时代，联网将成为数字产品必备的能力，没有联网能力的设备，在信息化时代会显得毫无意义。而 Linux 天生具备优良的网络连接能力，支持当前所有的网络协议。

2) 基于嵌入式 Linux 系统移植

(1) 移植概念。

在同一个硬件平台上可以运行不同的操作系统，如在 PC 上可以运行 Windows、Linux。同样把操作系统和硬件相关的部分做相应的修改就可以运行在不同的硬件平台上，这就叫做移植，即把运行在一个平台上的软件，经过修改运行在其他平台。

Linux 本身是个宏内核，这给移植带来了困难，但由于其有清晰的结构，所以移植也相对容易。Linux 和 CPU 相关的目录是 arch/<architecture>和 arch/asm-<architecture>/目录，<architecture>是具体 CPU 体系的名字如 arm，与之相关的结构是 arch/arm 和 arch/asm-arm。嵌入式系统是“硬件可裁剪的”，因此工程师设计的硬件电路有所不同，从而要根据具体的硬件电路进行相应的内核电码移植。

(2) Linux 与移植相关内核结构。

内存管理：内存管理的代码主要在/mm，但是特定结构的代码在 arch/*/mm。缺页中断处理的代码在/mm/memory.c，而内存映射和页高速缓存器的代码在/mm/filemap.c。缓冲器高速缓存是在/mm/buffer.c 中实现，而交换高速缓存是在 mm/swap_state.c 和 mm/swapfile.c 中实现。

进程间通信：所有的 SystemVIPC 对象权限都包含在 ipc_perm 数据结构中，这可以在 include/linux/ipc.h 中找到。SystemV 消息在 ipc/msg.c 中实现。共享内存在 ipc/shm.c 中实现。信号量在 ipc/sem.c 中，管道在/ipc/pipe.c 中实现。

(3) 嵌入式 Linux 操作系统移植。

① Linux 移植流程。

Linux 现在已经广泛应用于嵌入式平台，因此对 Linux 移植过程的研究已经较多，比较成熟。所以这里不对其中涉及的理论做过多描述，仅仅对其移植过程中的关键部分进行描述。移植的过程分为 Bootloader 移植、Linux 内核及设备驱动移植、文件系统制作。本系统采用 2.6.14 版内核。

② Bootloader 移植。

选用 vivi 作为本系统的 Bootloader，vivi 是韩国 mizi 公司开发的 Bootloader，适用于 ARM9 处理器，支持 S3C2410A 处理器，源代码可以在其公司网站上下载。和所有的

Bootloader 一样，vivi 有两种工作模式，即启动加载模式和下载模式。启动加载模式可以在一段时间后(这个时间可更改)自行启动内核，这是 vivi 的默认模式。在下载模式下，vivi 为用户提供一个命令行接口，通过接口可以使用提供的一些命令。

为了使移植工作更加快捷，系统采用 vivi-20030929 版本。它不仅提供对 ARM920T 内核的支持，而且直接提供了对于 S3C2410A 的板级支持，这使移植工作量相对减少，移植步骤如下。

a．与硬件相关的修改。

具体与处理器平台相关的文件都存放在 vivi/arch 目录下，本系统使用 S3C2410A 处理器，对应的目录为 S3C2410。其中，文件 head.s 是 vivi 启动配置代码，加电复位运行的代码就是从这里开始的。由于该文件中对处理器的配置均通过调用外部定义常数或宏来实现，所以针对不同的平台，只要是 S3C2410A 处理器，几乎不用修改，只要修改外部定义的初始值即可。这部分初始值都在文件 vivi/include/platform/smdk2410.h 中定义，包括处理器时钟、存储器初始化、通用 I/O 口初始化及 vivi 初始配置等。

b．对 NAND Flash 启动的修改。

本设计中启动程序及 Linux 内核及根文件系统，包括图形用户界面等都存放在 64MB 的 NAND Flash 中。这样，作为启动程序的 vivi 还需要根据实际情况来修改存放这些代码的分区。分区指定的偏移地址就是代码应该存放并执行的地址。

移植 vivi 的最后一步是实现 Flash 驱动，需要根据系统中具体的 Flash 芯片的型号及配置，修改驱动程序，使 Flash 设备能够在嵌入式系统中正常工作。修改 Flash 驱动的关键一步是对文件 Flash.c 的修改。Flash.c 是读、写和删除设备的源代码文件。由于不同开发板中 Flash 存储器的种类各不相同，所以修改时需参考相应的芯片手册。

当做好上述的移植工作后，就能对 vivi 进行编译了。在编译 vivi 之前，需要根据开发板进行适当的配置。保存并退出后，执行 make 命令开始编译，把编译好的 vivi 烧到 NAND Flash 中。进入 vivi 后，在串口终端输入命令：

```
bon part 0 192k 1216k
```

把整个 Flash 分为 4 个区，其中 0-192k 存放 vivi 及参数，192k-1216k 存放 Linux 内核，1216k 到最后是存放文件系统。

③ Linux 内核移植。

a．根目录。

根目录只要修改 Makefile 文件。这个 Makefile 文件的任务有两个：产生 vmlinux 内核文件和生成模块。根据 Linux 的内核结构，此 Makefile 将递归调用其子目录的 Makefile。

内核根据 Makefile 来编译源程序，并用其来组织内核的各模块，记录各模块间的相互关系。仔细阅读各子目录中的 Makefile 可以看出各个文件之间的依赖关系。现摘录部分内容如下：

```
AS   = $(CROSS_COMPILE)as
LD   = $(CROSS_COMPILE)ld
CC   = $(CROSS_COMPILE)gcc
CPP  = $(CC) -E
```

```
AR    = $(CROSS_COMPILE)ar
NM    = $(CROSS_COMPILE)nm
STRIP= $(CROSS_COMPILE)strip
OBJCOPY= $(CROSS_COMPILE)objcopy
OBJDUMP= $(CROSS_COMPILE)objdump
MAKEFILES= $(TOPDIR)/.config
GENKSYMS= /sbin/genksyms
DEPMOD= /sbin/depmod
MODFLAGS= -DMODULE
```

b．修改 Makefile。

在内核根目录下找到 ARCH 和 CROSS_OMPILE，修改以下内容：

```
ARCH=arm
CROSS_COMPILE=arm-linux-
```

将分区信息加入内核：

修改/arch/arm/mach-S3C2410A/devs.c 文件。

添加头文件：

```
#include <linux/mtd/partitions.h>
#include <linux/mtd/nand.h>
#include <asm/arch/nand.h>
```

添加分区结构：

```
static struct mtd_partition partition info[]={
    {
     name:"vivi",
     size:000020000,
     offset:0x00000000,
    },
    {
     name: "param",
     size: 0x00010000,
     offset: 0x00020000,
  },
  {
     name: "kernel",
     size: 0x00100000,
     offset: 0x00030000,
  },
  {
    name: "root",
     size: 0X03eC0000,
     offset: 0x00130000,
  }
 };
```

其中，

name：分区名字，任意；

size：分区大小；

offset：分区的起始地址，相对于 0×0 的偏移。

加入 Nand Flash 分区：

```
struct S3C2410A_nand_set nandset={
 nr_partitions: 4,
 partitions: partition info,
};
```

其中，

nr_partitions：指明 partition_info 中定义的分区数目；

partitions：分区信息表。

建立 Nand Flash 芯片支持：

在/arch/arm/mach-S3 C2410A/devs.c 文件中增加：

```
struct S3C2410A_platform_nand superlpplatform={
   tacls:0,
   twrph0:30,
   twrph 1:0,
   sets:&nandset,
   nr_sets:1,
  };
```

其中，

tacls，twrph0，twrphl：根据 S3C2410A 数据手册查到，这 3 个值最后会被设置到 NFCONF 中；

sets：支持的分区集；

nr_set：分区集的个数。

修改 s3c_device_nand 结构体变量，添加对 dev 成员的赋值：

```
struct platforms_devices3c_device_nand={
name="S3C2410A-monitor"
id=-1,
num_resources=ARRAYee SIZE(s3c_nand_resource),
resource=s3c_nand_resource,
    dev={
            platform_data=&superlpplatform
        },
};
```

其中，

name：设备名称；

id：有效设备编号，如果只有唯一的一个设备为-1，有多个设备从 0 开始计数；

num_resource：有几个寄存器区；

resource：寄存器区数组首地址；

dev：支持的 Nand Flash 设备。

指定启动时的设备初始化：

修改 arch/arm/mach-S3 C241 OA/mach-smdk2410.c 文件：

```
static struct platform_device *smdk2410_devices[]_nitdata={
      &s3c device nand,        /*添加此行信息*/
};
```

禁止 Flash ECC 校验：

内核通过 vivi 把数据写入 NAND Flash，而 vivi 的 ECC 校验算法和内核的不同，内核的校验码是由 NAND Flash 控制器产生的，所以在此必须禁用 NAND Flash ECC。因此修改/drivers/mtd/nand/S3C2410A.c 文件。

找到 S3C2410A nand_init_chip 函数，修改如下语句：

```
    chip->eccmode=NAND_ECC_NONE;
```

支持 yaffs2 文件系统：

为了使内核支持 yaffs 及 yaffs2 文件系统，需要给内核打补丁，从网上下载 yaffs2.tar.gz，解压并进入解压目录，执行命令：

```
    sh patch-ker.sh c /usr/src/linux-2.6.14
```

其中，/usr/src/linux-2.6.14 为内核的解压目录。

配置内核及编译：

主要是在 make menuconfig 中设置和 CPU 及设备驱动相关的配置信息，可以参考 smdk2410 开发平台上的有关配置，除了自定义的文件系统及命令行参数外，基本上有关 S3C2410A 处理器开发平台上的配置均相同。其中，下列配置项必须选中：

```
    Device drivers--->
      Multimedia devices--->
<*>Video For Linux//Video For Linux 是为了支持音视频设备编程内核提供标准接口
      Memory Technology Devices (MTD)--->
<*>Memory Technology Devices (MTD) support
        [*] MTD partitioning support//支持 MTD 分区,这样我们在前面设置的分区才有意义
          [*]Command line partition table parsing//支持从命令行设置 flash 分区信息，灵活
    File systems--->
<>Second extended fs support//去除对 ext2 的支持
          Miscellaneous filesystems--->
            [*]YAFFS2 file system support 512 byte/page devices
           [*]Lets Yaffs do its own ECC
          Network File Systems--->
<*>NFS file system support
```

保存后退出，产生.config 文件，由于本系统中的 CS8900 网卡和 OV511 的摄像头驱动 Linux 内核中默认包含，不另行编写。执行 make、make zImage 操作，然后在 Linux 源码的目录下可获得能够正确运行的内核映像 zImage。

(4) YAFFS2 文件系统制作。

YAFFS2(Yet Another Flash File System2)是专门针对 NAND 设备的一种文件系统。

YAFFS2 类似于 JFFS/JFFS 2 文件系统，与 YAFFS2 不同的是，JFFS 1/2 文件系统最初是针对 NOR Flash 的应用场合设计的。而 YAFFS2 针对 NAND Flash 的特点采用增强的碎片回收和均衡磨损技术，大大提高了读写速度，延长了存储设备的使用寿命，可以更好地支持大容量的 NAND Flash 芯片。而且在断电可靠性上，YAFFS2 的优势更加明显。

建立目录树：

```
mkdir -p/home/rootfs/my_rootfs
cd/home/rootfs/my_rootfs
mkdir bin dev etc home lib mnt proc sbin sys tmp root usr
mkdir mnt/etc
mkdir usr/bin usr/lib usr/sbin
```

制作 yaffs2 文件系统：

```
mkyaffsimage my_rootfs my_rootfs.yaffs
```

完成以上步骤以后，即将刚才生成的目录树制作成了 YAFFS2 文件系统。

2.4　移动终端开发技术

2.4.1　Android、iOS 智能家居应用软件开发技术

1. Android、iOS 简介

Android 一词的本义指“机器人”，同时也是 Google 于 2007 年 11 月 5 日宣布的基于 Linux 平台的开源手机操作系统的名称，该平台由操作系统、中间件、用户界面和应用软件组成，号称是首个为移动终端打造的真正开放和完整的移动软件。Android 并不属于 Linux 的分支，在 2009 年 12 月，Linux 已经将 Android 从其代码树中正式删除。它打破了所有的限制和框架，从底层操作系统的核心到高层的应用，包括了移动电话工作所需的全部软件。

Google 为了推广 Android 平台技术，与十几家手机相关企业建立了开放手机联盟，这个联盟由包括中国移动、摩托罗拉、高通、宏达、Skype、SiRF 和 T-Mobile 在内的 30 多家技术和无线应用的领军企业组成。2011 年年初的数据显示，正式上市仅两年的操作系统 Android 已经超越称霸 10 年的塞班系统，使之跃居全球最受欢迎的智能手机平台。现在，Android 系统不但应用于智能手机，也在平板式计算机市场急速扩张，在智能 MP4 方面也有较大发展。

Android 操作系统自顶向下分成 4 个层次，即应用层、应用框架层、组件库层、虚拟机和 Linux 内核层，如图 2-21 所示。

(1) 应用层：Android 操作系统同一系列核心应用程序包一起发布，其核心应用程序包括 E-mail 客户端、SMS(短信)序、日历、Google 地图、网页浏览器、联系簿等，目前所有的应用程序都是使用 Java 语言编写的。

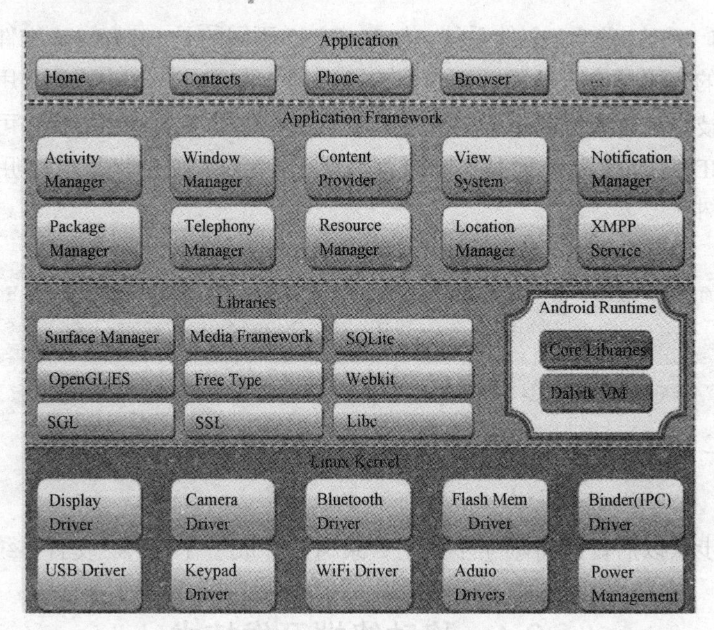

图 2-21 Android 框架图

(2) 应用框架层：开发者通过使用核心应用程序来调用 Android 框架提供的 API，这个应用程序结构被设计成方便复用的组件。任何应用程序都可以公布它的功能，其他应用程序可以使用这些功能(涉及系统安全问题的功能将会被框架禁止)。该应用程序重用机制使用户可以方便地替换程序组件。隐藏在每个应用程序后面的是一系列的服务和系统。

(3) 组件库层：Android 包含了一套 C/C++函数库，主要包括 libc、MediaFramework、WebKit、SGL、OpenGLES、FreeType、SQLite 等，它们被应用于 Android 系统的各种组件中，这些功能通过 Android 应用框架展现给开发人员。

(4) 虚拟机：Android 包括了一个核心库，该核心库提供了 Java 编程语言核心库的大多数功能。每一个 Android 应用程序都在它自己的进程中运行，拥有一个独立的 Dalvik 虚拟机实例。Dalvik 被设计成可以同时高效地运行多个虚拟系统。Dalvik 虚拟机执行后缀为 dex 的可执行文件，该格式文件针对小内存使用做了优化。同时虚拟机是基于寄存器的，所有的类都经由 Java 编译器编译，然后通过 SD 中的“dx”工具转化成“. dex”格式。Dalvik 虚拟机依赖于 Linux 内核的一些功能，如线程机制和底层内存管理机制。

(5) Linux 内核层：Android 底层是一个基于 Linux2.6.23 内核开发的独立操作系统。主要是添加了一个名为 Goldfish 的虚拟 CPU 及 Android 运行所需的特定驱动代码。该层用来提供系统的底层服务，包括安全机制、内存管理、进程管理、网络堆栈及一系列的驱动模块。作为一个虚拟的中间层，该层位于硬件与其他软件层之间。

苹果 iOS 是由苹果公司开发的手持设备操作系统。苹果公司最早于 2007 年 1 月 9 日的 Macworld 大会上公布这个系统，最初是设计给 iPhone 使用的，后来陆续套用到 iPod touch、iPad 及 Apple TV 等苹果产品上。iOS 与苹果的 Mac OS X 操作系统一样，它也是以 Darwin 为基础的，因此同样属于类 UNIX 的商业操作系统。原本这个系统名为 iPhone OS，直到 2010 年 6 月 7 日 WWDC 大会上宣布改名为 iOS。根据 Canalys 的数据显示，截至 2011 年 11 月，iOS 已经占据了全球智能手机系统市场份额的 30%，在美国的市场占有率为 43%。

iOS 的系统架构分为 4 个层次：核心操作系统层(Core OS layer)、核心服务层(Core Services layer)、媒体层(Media layer)和可触摸层(Cocoa Touch layer)。Mac OS X 和 iOS 系统架构层次的对比如图 2-22 所示。

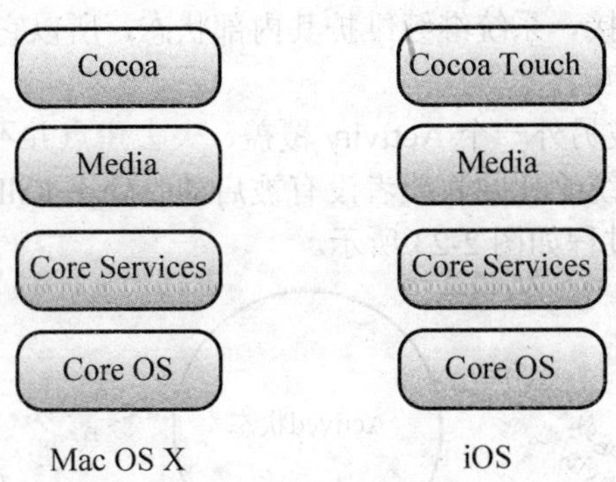

图 2-22　Mac OS X 与 iOS 基础架构对比

从上图可以发现 Mac OS X 与 iOS 的系统架构层次只有最上面一层不同，由 Cocoa 框架换成了 Cocoa Touch，因此开发 iOS 应用程序与开发 Mac OS X 程序是相似的。核心操作系统层，包括内存管理、文件系统、电源管理及一些其他操作系统任务。可以直接和硬件设备进行交互。

(1) 核心操作系统层：包括以下这些组件：BSD、Mach 3.0、OS X Kernel、File System、Power Mgmt、Sockets、Security、Certificates、Keychain、Bonjour。

(2) 核心服务层：可以通过核心服务层来访问 iOS 的一些服务。核心服务层包括以下这些组件：Address、Collections、Networking、Book、Core Location、SQLite、File Access、Net Services、Preferences、Threading、URL、Utilities。

(3) 媒体层：通过媒体层可以在应用程序中使用各种媒体文件，进行音频与视频的录制，图形的绘制，以及制作基础的动画效果。媒体层包括以下这些组件：Audio Mixing、OpenGL、Core Audio、Video Playback、Audio Recording、JPG，PNG，TIFF、Core Animation、OpenGL、ES。

(4) 触摸层(Cocoa Touch 层)：这一层为应用程序开发提供了各种有用的框架，并且大部分与用户界面有关，本质上负责用户在 iOS 设备上的触摸交互操作。触摸层包括以下这些组件：Camera、Core Motion、Multi-Touch Events、Localization、View Hierarchy、Alerts、Multi-Touch Controls、Image Picker、Web Views。

在 Cocoa Touch 层中的很多技术都是基于 Objective-C 语言的。Objective-C 语言为 iOS 提供了集合、文件管理、网络操作等支持。UIKit 框架，为应用程序提供了各种可视化组件，如窗口(Window)、视图(View)和按钮组件(UIButton)。Cocoa Touch 层中的其他框架，对我们在应用程序中的开发来说也是非常有用的，如访问用户通信录功能框架、获取照片信息功能的框架、负责加速感应器和三维陀螺仪等硬件支持的框架。

2. Android 开发的关键技术

(1) Activity：Activity 是可以与用户进行交互的 Android 应用组件。Activity 的整个生命周期分成以下 4 种状态。

Active/Runing。一个新 Activity 启动入栈后，它在屏幕最前端，处于栈的最顶端，此时它处于可见并可和用户交互的激活状态。

Paused。当 Activity 被另一个透明或者 Dialog 样式的 Activity 覆盖时的状态，此时它依然与窗口管理器保持连接，系统继续维护其内部状态，所以它仍然可见，但它已经失去了焦点，故不可与用户交互。

Stoped。当 Activity 被另外一个 Activity 覆盖、失去焦点并不可见时处于 Stoped 状态。

Killed Activity。被系统杀死回收或者没有被启动时处于 Killed 状态。

Activity 的状态转换过程如图 2-23 所示。

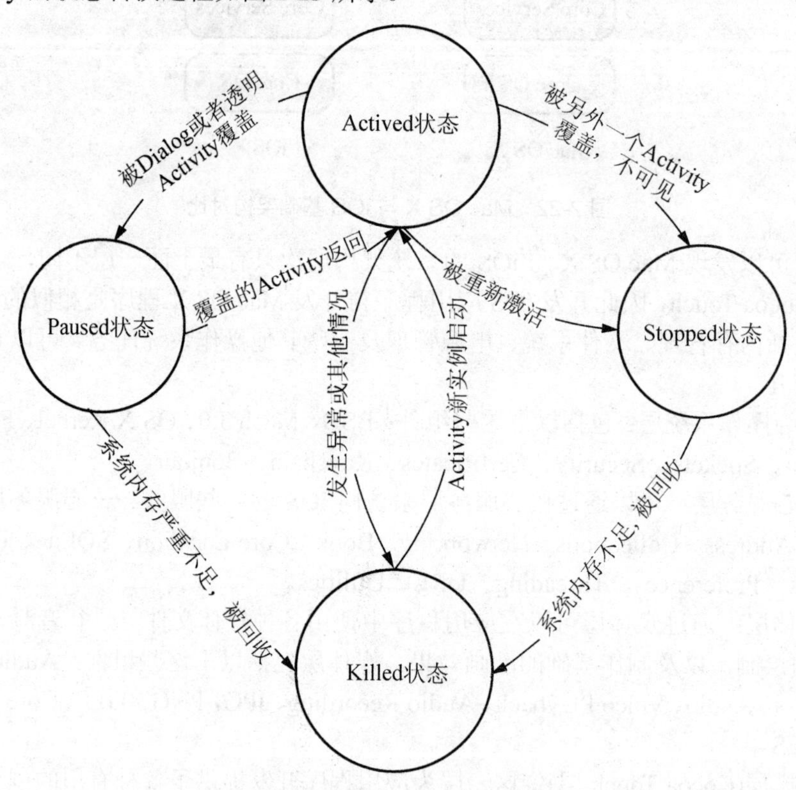

图 2-23　Activity 的状态转换

protected void onCreate(Bundle savedInstanceState)：一个 Activity 的实例被启动时调用的第一个方法。一般情况下，都覆盖该方法作为应用程序的一个入口点，在这里做一些初始化数据、设置用户界面等工作。

protected void onStart( )：该方法在 onCreate( )方法之后被调用，或者在 Activity 从 Stop 状态转换为 Active 状态时被调用。

protected void onResume( )：在 Activity 从 Pause 状态转换到 Active 状态时被调用。

protected void onPause( )：在 Activity 从 Active 状态转换到 Pause 状态时被调用。

protected void onStop( )：在 Activity 从 Active 状态转换到 Stop 状态时被调用，在这里保存 Activity 的状态信息。

protected void onDestroy( )：在 Active 被结束时调用，它是被结束时调用的最后一个方法，在这里一般做些释放资源、清理内存等工作。

Android 是通过 Activity 栈的方式来管理 Activity 的，Activity 的实例的状态决定它在栈中的位置。处于前台的 Activity 总是在栈的顶端，当前台的 Activity 因为异常或其他原因被销毁时，处于栈第二层的 Activity 将被激活，上浮到栈顶。当新的 Activity 启动入栈时，原 Activity 会被压入到栈的第二层。Activity 在栈中的位置变化反映了它在不同状态间的转换，如图 2-24 所示。

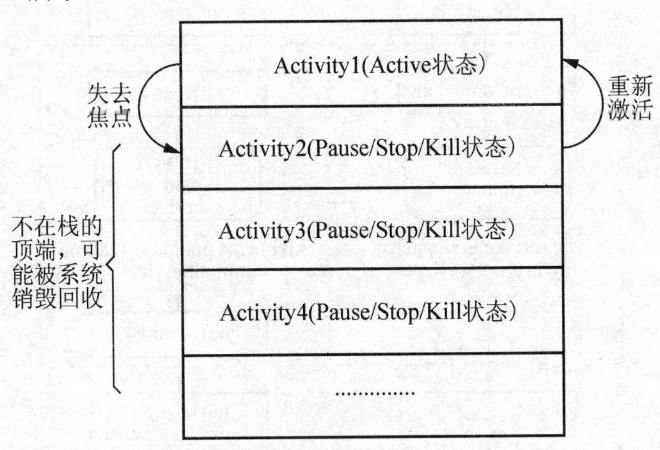

图 2-24　Activity 状态在栈中的位置

(2) Service 服务：Service 没有用户界面，但它会在后台一直运行。Service 可能在用户处理其他事情的时候播放背景音乐，或者从网络上获取数据，或者执行一些运算，并把运算结构提供给 Activity 并展示给用户。

Service 与 Activity 一样都存在与当前进程的主线程中，因此，一些阻塞 UI 的操作，如耗时操作不能放在 Service 里进行，如另外开启一个线程来处理诸如网络请求的耗时操作。如果在 Service 里进行一些耗 CPU 和耗时操作，可能会引发 ANR 警告，这时应用会弹出是强制关闭还是等待的对话框。所以，对 Service 的理解就是和 Activity 平级的，只不过是看不见的，在后台运行的一个组件，两种启动 Service 的方式及他们的生命周期(如图 2-25 所示)，bind Service 的不同之处在于当绑定的组件销毁后，对应的 Service 也就被 kill 了。Service 的生命周期相比与 Activity 的简单了许多，只要好好理解两种启动 Service 方式的异同就可以。

(3) ContentProvider 组件：应用程序可以通过 ContentProvider 访问其他应用程序的一些私有数据，这是 Android 提供的一种标准的共享数据的机制。共享的数据可以是存储在文件系统中、SQLite 数据库中或其他的一些媒体中。ContentProvider 扩展自 ContentProvider 类，通过实现此类的一组标准的接口可以使其他应用程序存取由它控制的数据。然而应用程序并不会直接调用 ContentProvider 中的方法，而是通过类 ContentResolver。ContentResolver 能够与任何一个 ContentProvider 通信，它与 ContentProvider 合作管理进程间的通信。

(4) Intent 组件：Intent 是一个保存着消息内容的 Intent 对象。对于 Activity 和服务来说，它指明了请求的操作名称及作为操作对象的数据的 URI 和其他一些信息。例如，它可以承载对一个 Activity 的请求，让它为用户显示一张图片，或者让用户编辑一些文本。而对于广播接收器而言，Intent 对象指明了声明的行为。

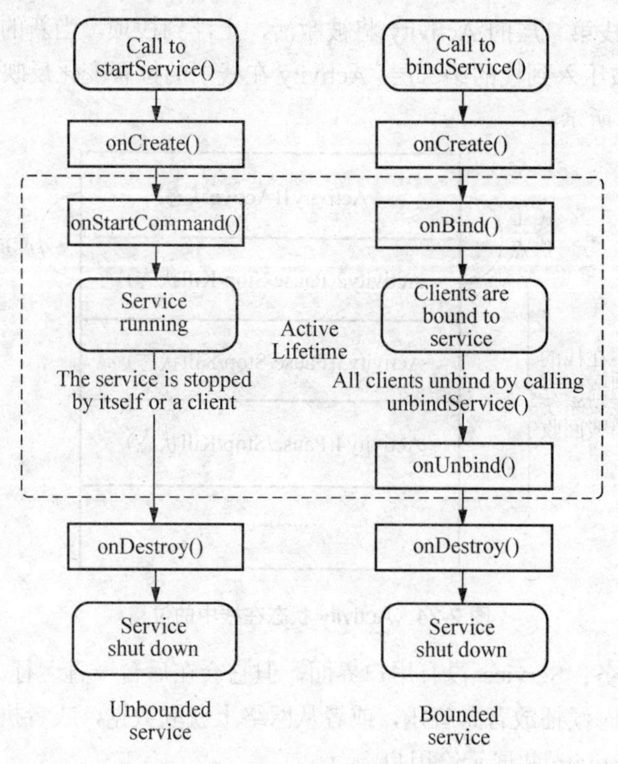

图 2-25 Service 的两种生命周期

① 通过传递一个 Intent 对象至 Context.startActivity( )或 Activity.startActivityForResult( )以载入(或指定新工作给)一个 Activity。相应的 Activity 可以通过调用 getIntent( )方法来查看激活它的 Intent。Android 通过调用 Activity 的 onNewIntent( )方法来传递给它继发的 Intent。一个 Activity 经常启动了下一个。如果它期望它所启动的那个 Activity 返回一个结果，它会以调用 startActivityForResult( )来取代 startActivity( )。例如，如果它启动了另外一个 Activity 以使用户挑选一张照片，它也许想知道哪张照片被选中了。结果将会被封装在一个 Intent 对象中，并传递给发出调用的 Activity 的 onActivityResult( )方法。

② 通过传递一个 Intent 对象至 Context.startService( )将启动一个服务(或给予正在运行的服务以一个新的指令)。Android 调用服务的 onStart( )方法并将 Intent 对象传递给它。与此类似，一个 Intent 可以被调用组件传递给 Context.bindService( )以获取一个正在运行的目标服务的连接。这个服务会经由 onBind( )方法的调用获取这个 Intent 对象(如果服务尚未启动，bindService( )会先启动它)。例如，一个 Activity 可以连接至前述的音乐回放服务，并提供给用户一个可操作的用户界面以对回放进行控制。这个 Activity 可以调用 bindService( )来建立连接，然后调用服务中定义的对象来影响回放。

③ 应用程序可以凭借将 Intent 对象传递给 Context.sendBroadcast( )、Context. send

OrderedBroadcast( )及 Context.sendStickyBroadcast( )和其他类似方法来产生一个广播。Android 会调用所有对此广播有兴趣的广播接收器的 onReceive( )方法，将 Intent 传递给它们。

(5) SQLite 数据库：SQLite 是一款非常流行的嵌入式数据库，它支持 SQL 查询，并且只用很少的内存。Android 在运行时集成了 SQLite，所以每个 Android 应用程序都可以使用 SQLite 数据库。对熟悉 SQL 的开发人员来时，使用 SQLite 相当简单。由于 JDBC 不适合手机这种内存受限设备，所以 Android 开发人员需要学习新的 API 来使用 SQLite。

SQLite 由以下几个部分组成：SQL 编译器、内核、后端及附件。SQLite 通过利用虚拟机和虚拟数据库引擎(VDBE)使调试、修改和扩展 SQLite 的内核变得更加方便。所有 SQL 语句都被编译成易读的、可以在 SQLite 虚拟机中执行的程序集。SQLite 的整体结构如图 2-26 所示。

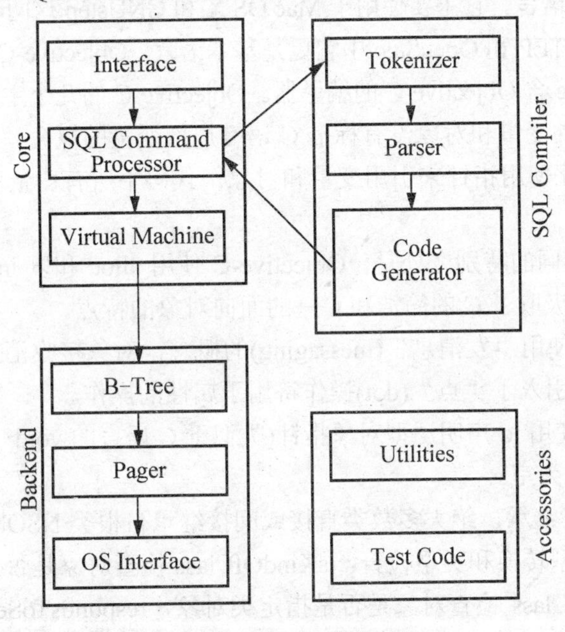

图 2-26　SQLite 整体结构

值得一提的是，袖珍型的 SQLite 竟然可以支持高达 2TB 大小的数据库，每个数据库都是以单个文件的形式存在，这些数据都是以 B-Tree 的数据结构形式存储在磁盘上。在事务处理方面，SQLite 通过数据库级上的独占性和共享锁来实现独立事务处理。这意味着多个进程可以在同一时间从同一数据库读取数据，但只有一个可以写入数据。在某个进程或线程向数据库执行写操作之前，必须获得独占锁。在获得独占锁之后，其他的读或写操作将不会再发生。SQLite 采用动态数据类型，当某个值插入到数据库时，SQLite 将会检查它的类型，如果该类型与关联的列不匹配，SQLite 则会尝试将该值转换成该列的类型，如果不能转换，则该值将作为本身的类型存储，SQLite 称之为“弱类型”。但有一个特例，如果是 INTEGER PRIMARY KEY，则其他类型不会被转换，会报一个“datatype missmatch”的错误。

概括来讲，SQLite 支持 NULL、INTEGER、REAL、TEXT 和 BLOB 数据类型，分别代表空值、整型值、浮点值、字符串文本、二进制对象。

(6) Broadcast 和 BroadcastReceiver：在 Android 中，Broadcast 是一种广泛运用的在应

用程序之间传输信息的机制。而 BroadcastReceiver 是对发送出来的 Broadcast 进行过滤接收并响应的一类组件。一个 BroadcastReceiver 对象只有在被调用 onReceive(Context, Intent) 时才有效，当从该函数返回后，该对象就无效了，结束生命周期。BroadcastReceiver 不执行任何任务，仅仅是接收并响应广播通知的一类组件。大部分广播通知是由系统产生的，如改变时区，电池电量低，用户选择了一幅图片或者用户改变了语言首选项。应用程序同样也可以发送广播通知，如通知其他应用程序某些数据已经被下载到设备上可以使用了。

3．iPhone 开发的关键技术

(1) Objective-C：Objective-C 通常写作 ObjC 和较少用的 Objective C 或 Obj-C，是扩充 C 的面向对象编程语言。它主要使用于 Mac OS X 和 GNUstep 这两个使用 OpenStep 标准的系统，而在 NeXTSTEP 和 OpenStep 中它更是基本语言。Objective-C 可以在 gcc 运作的系统写和编译，因为 gcc 含 Objective-C 的编译器。Objective-C 的几个主要特点和技术如下。

① Objective-C 的变量和对象没有标准 C 语言局部变量的概念，所有变量和对象都存放在堆(heap)中，因此使用指针来引用变量和对象，代码中所有变量和对象相当于 C/C++ 的指针。

② 与 C、C++不同的特别之处是，Objective-C 使用 alloc 和以 init 开头的方法定义对象的创建和初始化，汲取了 C 的简洁和 C++的面向对象的特点。

③ Objective-C 使用“发消息”(messaging)的概念，对象接收消息调用方法，增强了代码的容错性，后期引入了“点”(dot)操作符用于属性的操作。

④ Objective-C 使用 id 声明泛型对象指针(类似于 C 语言的 void*)，SEL 声明方法类型的变量，nil 表示对象为空。

⑤ 函数不支持多继承，绝大多数类直接或间接继承自根类 NSObject。Objective-C 支持动态类型绑定、类型转换和类型检查，isKindOfClass 检查对象是否是指定类对象或其子类对象，isMemberOfClass 检查对象是否是指定类对象，respondsToSelector 检查指定方法是否可用。

(2) 数据持久化存储：在所有的移动开发平台数据持久化都是很重要的部分。在 j2me 中是 rms 或保存在应用程序的目录中，在 Symbian 中可以保存在相应的磁盘目录中和数据库中。Symbian 中因为权限认证的原因，在 3rd 上大多数只能访问应用程序的 private 目录或其他系统共享目录。在 iPhone 中，苹果公司博采众长，提供了多种数据持久化的方法。iPhone 提供的数据持久化的方法，从数据保存的方式上讲可以分为三大部分：属性列表、对象归档、嵌入式数据库(SQLite3)、其他方法。

① 属性列表 NSUserDefaults：NSUserDefaults 类的使用和 NSKeyedArchiver 有很多类似之处，但是查看 NSUserDefaults 的定义可以看出，NSUserDefaults 直接继承自 NSObject 而 NSKeyedArchiver 继承自 NSCoder。这意味着 NSKeyedArchiver 实际上是个归档持久化的类，也就可以使用 NSCoder 类的 encodeObject: (id)objv forKey:(NSString *)key 方法来对数据进行持久化存储。

② 对象归档 NSKeyedArchiver 和 NSKeyedUnarchiver：iPhone 和 Symbian 3rd 一样，

会为每一个应用程序生成一个私有目录，这个目录位于/Users/sundfsun2009/Library/Application Support/iPhone Simulator/User/Applications 下，并随即生成一个数字字母串作为目录名，在每一次应用程序启动时，这个字母数字串都是不同于上一次的，上一次的应用程序目录信息被转换成名为.DS_Store 隐藏文件。通常使用 Documents 目录进行数据持久化的保存，而这个 Documents 目录可以通过 NSSearchPathForDirectoriesInDomains (NSDocumentDirectory,NSUserdomainMask,YES)得到。

③ 嵌入式数据库(SQLite3)：嵌入式数据库持久化数据就是把数据保存在 iPhone 的嵌入式数据库系统 SQLitc3 中，本质上来说，数据库持久化操作是基于文件持久化基础之上的。要使用嵌入式数据库 SQLite3，首先需要加载其动态库 libsqlite3.dylib，这个文件位于目录/Xcode3.1.4/Platforms/iPhoneOS.platform/Developer/SDKs/iPhoneOS3.1.sdk/usr/lib 下。在 Framework 文件夹上右击，选择“Adding->Existing Files...”，定位到上述目录并加载到文件夹。

(3) XML：通常解析 XML 有两种方式：DOM 和 SAX。DOM 解析 XML 时，读入整个 XML 文档并构建一个驻留内存的树结构(称“节点树”)，之后就通过遍历树结构可以检索任意 XML 节点，读取它的属性和值。而起通常情况下，可以借助 XPath，直接查询 XML 节点；SAX 解析 XML，是基于事件通知的模式，一边读取 XML 文档一边处理，不必等整个文档加载完之后才采取操作，当在读取解析过程中遇到需要处理的对象，会发出通知对其进行处理。在 iphone 开发中，XML 的解析有很多选择，仅 iOS SDK 就提供了 NSXMLParser 和 libxml2 两个类库，还有如 TBXML、TouchXML、KissXML、TinyXML 和 GDataXML 等第三方类库。

① NSXMLParser：这是一个 SAX 方式解析 XML 的类库，默认包含在 iOS SDK 中，使用也比较简单。

② Libxml2：是一套默认包含在 iOS SDK 中的开源类库，它是基于 C 语言的 API，所以使用起来相对不太方便，但它同时支持 DOM 和 SAX 解析，尤其是它的 SAX 解析方式很特别，可以边读边解析，非常适用于从网上下载很大的 XML 文件，可极大提高解析效率。

③ TBXML：是一套轻量级的 DOM 方式的 XML 解析类库，有很好的性能和低内存占用，不过它不对 XML 格式进行校验，不支持 XPath，并且只支持解析，不支持对 XML 进行修改。

④ TouchXML：这也是一套 DOM 方式的 XML 解析类库，支持 XPath，不支持 XML 的修改。

⑤ KissXML：这是一套基于 TouchXML 的 XML 解析类库，只不过实现了支持 XML 的修改。

⑥ TinyXML：这是一套小巧的基于 C 语言的 DOM 方式进行 XML 解析的类库，支持对 XML 的读取和修改，不直接支持 XPath，需要借助 TinyXPath 才可以支持 XPath。

⑦ GDataXML：它是 Google 开发的 DOM 方式 XML 解析类库，支持读取和修改 XML 文档，支持 XPath 方式查询。

(4) Cocoa Frameworks：Cocoa Framework 简称 Cocoa，Cocoa 是苹果公司为 Mac OS X 所创建的原生面向对象的编程环境，是 Mac OS X 上五大 API 之一(其他 4 个是 Carbon、

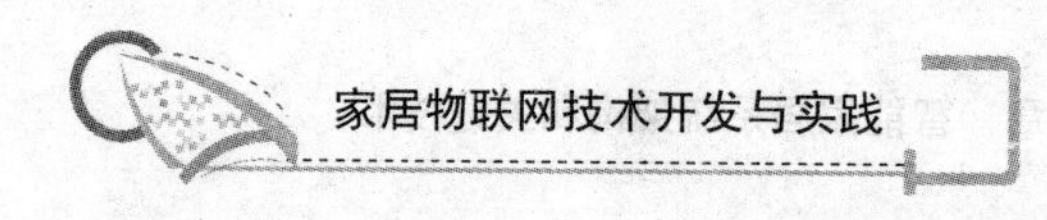

POSIX、X11 和 Java)，是 Mac OS X 上的快速应用程序开发(Rapid Application Development，RAD)框架，一个高度面向对象的(Object Oriented)开发框架。Cocoa 是 Mac OS X 上原生支持的应用程序开发框架，苹果公司强烈推荐所有 Mac 开发人员使用。Cocoa Frameworks 包含以下两个子框架。

① Foundation 框架：全称 Foundation Framework，是 Cocoa 的一个子开发框架。Foundation 里包含了 Cocoa 中一些最基本的类，它们在一个 Mac 应用程序中通常负责对象管理、内存管理、容器等相关数据结构的操作。Foundation.h 是 Foundation 的头文件，一旦引入了这个头文件，我们就可以在自己的程序里使用任何在 Foundation 里声明的类。Foundation 框架的类继承如图 2-27 所示。

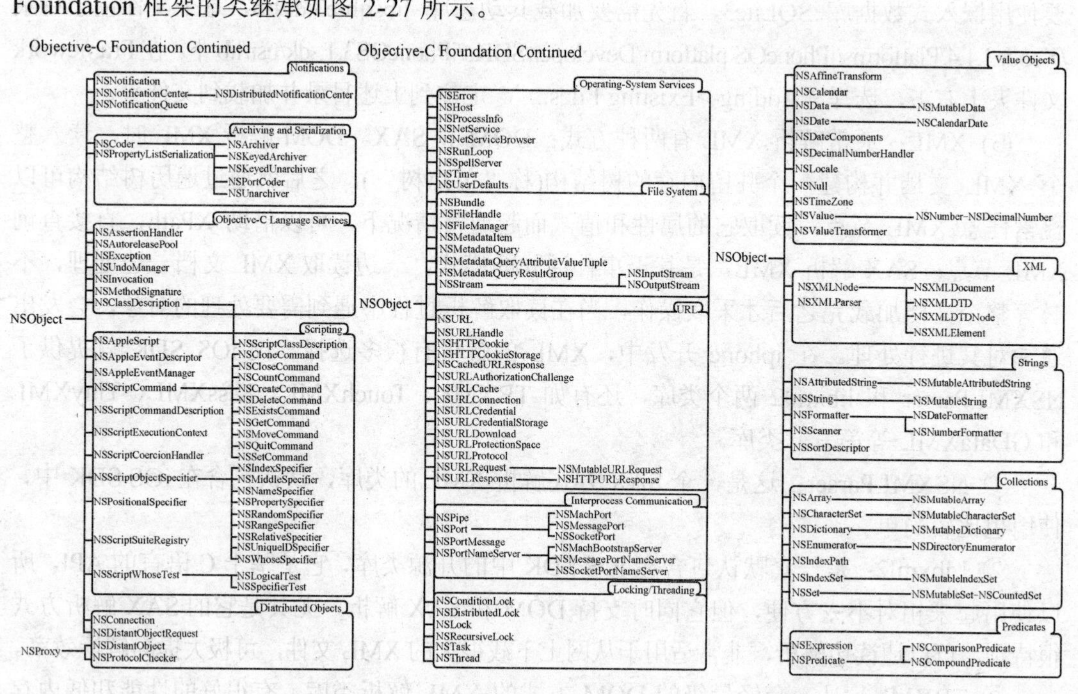

图 2-27　Foundation 框架的类继承

② UIKit 框架：为程序提供可视化的底层构架，包括窗口、视图、控件类和管理这些对象的控制器。这一层中的其他框架允许访问用户的联系人和图片信息，以及设备上的加速器和其他硬件特征。UIKit 框架的类继承如图 2-28 所示。

(5) iPhone SDK：苹果公司提供的 iPhone 开发工具包，包括了界面开发工具、集成开发工具、框架工具、编译器、分析工具、开发样本和一个模拟器。

① Xcode 是苹果公司开发的一种集成开发工具(IDE)，只运行在 Mac OS X 平台下，可以新建、管理 iPhone 项目和源文件，构建可执行程序，在模拟器或是设备上运行和调试代码。在 Xcode 中的所有活动，从文件的创建和编辑，到应用程序的连编和调试，都是围绕着工程来进行的。Xcode 工程对创建软件产品需要用到的文件和资源进行组织，并使用户可以对其进行访问。无论用户创建什么样的产品，Xcode 都会为用户管理 3 种类型的信息。

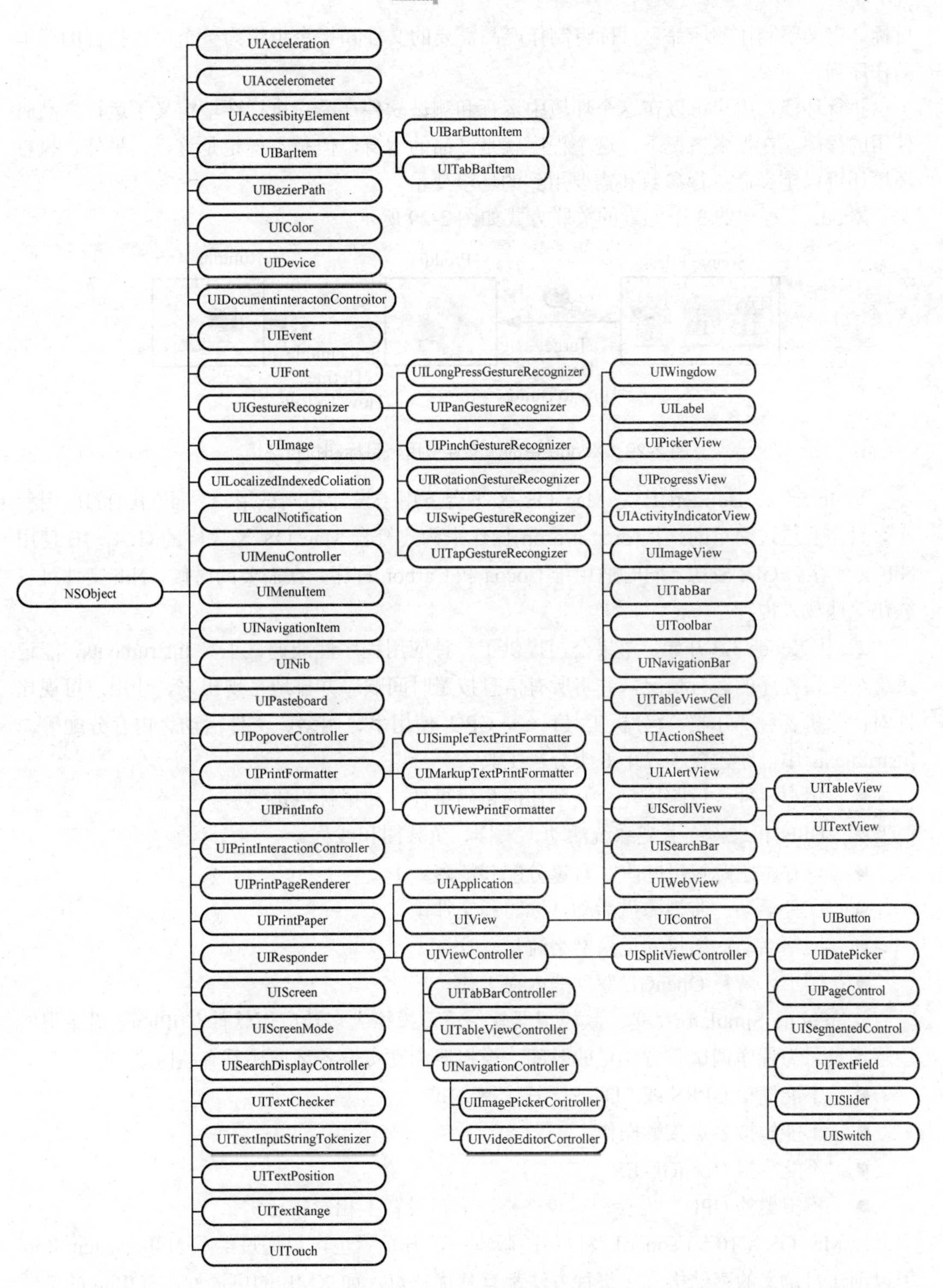

图 2-28　UIKit 框架的类继承

源文件的引用，包含源代码、图像、本地化的字符串文件、数据模型及更多的信息。

目标，定义要制作的产品。目标将制作产品需要的文件和指令组织为一个可以执行的连编动作序列。

执行环境，用户可以在这个环境中运行和测试软件产品。执行环境定义了运行产品时使用的程序。在很多情况下，这个程序就是产品的本身，但是不一定是这样。另外，执行环境还可以定义命令行参数和需要用到的环境变量。

Xcode 工程中的 3 个元素的关联方式如图 2-29 所示。

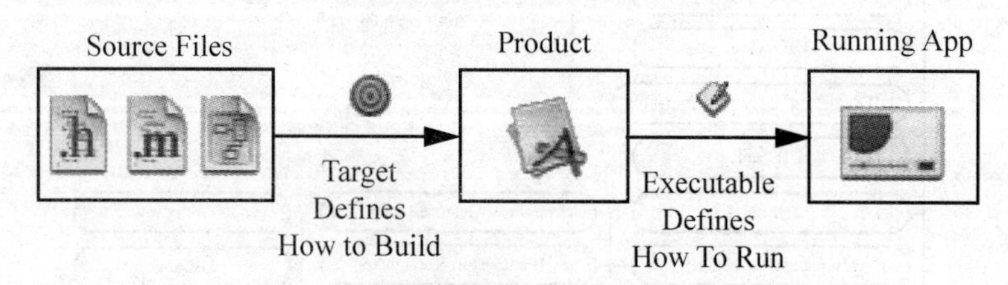

图 2-29　Xcode 中的源文件引用、目标和执行环境

② Interface Builder(IB)是 Mac OS X 平台下用于设计和测试用户界面(GUI)的应用程序。只需要通过简单的拖拽(drag-n-drop)操作来构建符合 Mac OS X 风格的 GUI。IB 使用 Nib 文件存储 GUI 资源，同时适用于 Cocoa 和 Carbon 程序，在需要的时候，Nib 文件可以被快速地载入内存。

③ 从 Xcode 3.0 开始，苹果公司提供了一种应用程序性能调试工具 Instruments，能记录整个应用程序的运行情况，并将所有信息按照时间顺序并排地呈现出来，让用户可视化地对比分析各种“乐器”(分析工具)——CPU 使用率、网络、文件活动、内存分配等。Instruments 中已经包含了以下 6 类分析工具。

- 用户事件：追踪用户交互动作的精确事件，如鼠标点击等。
- CPU 和进程：监视系统活动、采样、负载图和线程。
- 内存：跟踪垃圾回收、对象分配和泄露。
- 文件活动：监视磁盘活动，读写和文件锁。
- 网络活动：衡量并记录网络流量。
- 图形：解释 OpenGL 驱动的内在工作。

④ iPhone Simulator：是一款模拟器软件，可模拟大多数应用软件在 iPhone 设备上的运行场景，为程序调试节省大量的时间。模拟器和真实设备环境还是有些区别。

- 不能模拟 GPRS 或 EDGE 无线上网方式。
- 不能模拟多点接触操作。
- 不能模拟 OpenGL-ES。
- 模拟器的 CPU、内存相对较充裕，真正设备上相对较恶劣。

在 Mac OS X 10.5 Leopard 及以后的版本中，开发者也可以通过继承 NSPersistentStore 类以创建自定义的存储格式。每种方法都有其优缺点，如 XML 的可读性、SQLite 的节约空间等。Core Data 可以将数据存储为 XML、二进制文件或 SQLite 文件。网络传输技术：主要是 TCP 和 UDP，此外还涉及分组重建技术和时延抖动平滑技术、动态路由平衡传输

技术、网关互联技术(包括媒体互通和控制信令互通)、网络管理技术(SNMP)及安全认证和计费技术等。

2.4.2　智能家居 Windows 客户端软件开发技术

随着物联网技术和智能家用电器设备的飞速发展，越来越多的家庭对于家居生活已经不再满足于简单的豪华装饰，而转向追求更加便捷的智能家居。要求建立能实现对家庭中的综合安防、舒适控制、电器控制、健康监测、能耗管控等子系统进行实时的监控，可通过家庭网关将家庭实现状态信息传到广域网(Intcrnct、3G 网络等)中的智能家居云端服务器。为了便于用户获取家庭中的实时信息和对家中设备进行控制，开发一套符合安全性、健壮性的智能家居客户端软件具有十分重要的实际应用意义。

.NET 框架是 Microsoft 公司的跨语言软件开发平台，顺应了当今软件工业分布式计算、面向组件、企业级应用、软件服务化、以 Web 为中心等趋势。.NET 框架包含一个通用语言运行时(CLR)，CLR 支持独立的代码运行和管理环境，在确保代码安全执行的同时，还在操作系统之上提供一个抽象的层。使得在.NET 框架下的各元素均可在多种操作系统和设备上运行。这些特性使得.NET 框架非常强大、安全可靠、易于运行平台转换。在.NET 框架下可以进行 Windows 窗体应用程序、ASP.NET 页面、Web 服务程序等开发。

通过在用户客户端计算机上运行该智能家居客户端软件，可提供全方位的信息交换功能，实现家庭感知信息的实时畅通，优化人们的生活方式。

1. .NET 框架

.NET 是 Microsoft XML Web services 平台。XML Web services 允许应用程序通过 Internet 进行通信和共享数据，而不管所采用的是哪种操作系统、设备或编程语言。Microsoft .NET 平台提供创建 XML Web services 并将这些服务集成在一起的服务。对个人用户的好处是无缝的、吸引人的体验。.NET LOGO 如图 2-30 所示。

图 2-30　.NET LOGO

1) 基本概要

.NET 就是微软的用来实现 XML、Web Services、SOA(Service-Oriented Architecture，面向服务的体系结构)和敏捷性的技术。对技术人员，想真正了解什么是 .NET，必须先了解.NET 技术出现的原因和它想解决的问题，必须先了解为什么它们需要 XML、Web Services 和 SOA。技术人员一般将微软看成一个平台厂商，微软搭建技术平台，而技术人员在这个技术平台之上创建应用系统。从这个角度，.NET 也可以如下来定义：.NET 是微软的新一代技术平台，为敏捷商务构建互联互通的应用系统，这些系统是基于标准的，联通的，适应变化的，稳定的和高性能的。从技术的角度，一个.NET 应用是一个运行于.NET Framework 之上的应用程序。(更精确地说，一个 .NET 应用是一个使用 .NET Framework 类库来编写，并运行于公共语言运行时 Common Language Runtime 之上的应用程序。)如果一个应用程序跟 .NET Framework 无关，它就不能称为 .NET 程序。例如，仅仅使用了 XML 并不就是 .NET 应用，仅仅使用 SOAP SDK 调用一个 Web Service 也不是 .NET 应用。Visual Studio.NET 框架图如图 2-31 所示。

图 2-31　Visual Studio .NET 框架图

2) 应用组件

(1) 客户端应用。

组成.NET 软件技术的组件之一，“智能”客户端应用软件和操作系统，包括 PC、PA、手机或其他移动设备，通过互联网、借助 Web Services 技术，用户能够在任何时间、任何地点都可以得到需要的信息和服务。例如，可以在手机上阅读新闻、订购机票、浏览在线相册等。现在我们假设一种场景，如公司内使用的 CRM 系统，应用了.NET 的解决方案后所有的业务人员便可以通过手机或 PDA 直接访问客户信息了。

(2) Web Services。

Web Services 是智能终端软件的基础，微软为用户创建智能终端提供了一整套丰富的解决方案，包括：.NET Framework——智能终端实现跨平台(设备无关性)的执行环境；Visual Studio .NET——建立并集成 Web Services 和应用程序的快速开发工具；Microsoft Windows Server 2003——新一代的企业服务器，用于提供建立和发布各种解决方案；Microsoft Office Professional Edition 2003——内建的工具集也能帮助开发智能终端。

Web Services 是.NET 的核心技术。那什么是 Web Services 呢？正如 Web 是新一代的用户与应用交互的途径，XML 是新一代的程序之间通信的途径一样，Web Services 是新一代的计算机与计算机之间一种通用的数据传输格式，可让不同运算系统更容易进行数据交换。Web Services 有以下几点特性：Web Services 允许应用之间共享数据；Web Services 分散了代码单元；基于 XML 这种 Internet 数据交换的通用语言，实现了跨平台、跨操作系统、跨语言。那微软的 ASP 和 Web Services 究竟有什么不同呢？ASP 仍然是一个集中式计算模型的产物，只不过是披着一层互联网的外衣。但 Web Services 却是一个迥然不同的精灵，

它秉承“软件就是服务”的真言，同时顺应分布式计算模式的潮流。而它的存在形式又与以往软件不同。这种组件模式小巧、单一，对于开发人员来讲，开发成本较低。

在这里指出，Web Services 不是微软发明的，同样也不属于微软专有。Web Services 是一个开放的标准，和 HTTP、XML、SOAP 一样。它们是一个工业标准而非微软标准，WS-I 是为了促进 Web Services 互通性的联盟组织，最初是由 IBM 和微软所发起，其他成员包括 BEA System、惠普计算机(HP)、甲骨文(Oracle)、英特尔(Intel)和 SUN 计算机(Sun Microsystem)。如今网络上存在的大多数 Web Services 其实没有使用.NET 构架，Web Services 具有互操作属性，用户同样可以使用 Windows 开发客户端来调用运行于 Linux 上面的 Web Services 的方法。

(3) 接口规范。

先前提到的接口规范问题，在.NET 中，Web Services 接口通常使用 Web Services Description Language(WSDL)描述。WSDL 使用 XML 来定义这种接口操作标准及输入输出参数，看起来很像 COM 和 CORBA 的接口定义语言(Interface Definition Languages，IDLS)。接口定义后就必须使用一些协议调用接口，如 SOAP 协议，SOAP 源于一种叫做 XML RPC(Remote Procedure Calling，远程进程调用)的协议，而 Java 则根据 XML-RPC 发展了自己的 JAX-RPC 协议用来调用 Web Services。发布和访问 Web Services 的接口就用到 UDDI 了，这里我们只需要知道 WSDL 使用 XML 定义 Web Services 接口，通过 SOAP 访问 Web Services，在 Internet 上寻找 Web Services 使用 UDDI 就行了。Microsoft 提供了最佳的服务器构架——Microsoft Windows Server System——便于发布、配置、管理、编排 Web Services。为了满足分布式计算的需要，微软构造了一系列的服务器系统，这些内建安全技术的系统全部支持 XML，这样加速了系统、应用程序及同样使用 Web Services 的伙伴应用之间的集成。

Microsoft Windows Server System 包括：Microsoft Application Center 2008——配置和管理 Web 应用程序；Microsoft BizTalk Server 2008——建立基于 XML 的跨应用和组织的商业逻辑；Microsoft Commerce Server 2008——能够迅速建立大规模电子商务的解决方案；Microsoft Content Management Server 2008——管理动态电子商务网站的目录；Microsoft Exchange Server 2008——用于进行随时随地的通信协作；Microsoft Host Integration Server 2008——用于和主机系统之间传输数据；Microsoft Internet Security and Acceleration Server 2008 (ISA Server)——Internet 连接；Microsoft Mobile Information Server 2008——用于支持手持设备；Microsoft Operations Manager 2008——描述企业级解决方案的操作管理；Microsoft Project Server 2008——提供项目管理的最佳方案；Microsoft SharePoint Portal Server 2008——查询、共享、发布商业信息；Microsoft SQL Server 2008——企业级数据库；Microsoft Visual Studio .NET 和 Microsoft .NET Framework 对于建立、发布并运行 Web Services 是一个完美的解决方案。

Microsoft .Net 框架 SDK 快速入门教程：www.aspxweb.com/quickstart/微软官方的教程。

(4) CLR 与 CIL。

.NET 的初级组成是 CIL 和 CLR。CIL 是一套运作环境说明，包括一般系统、基础类库和与机器无关的中间代码，全称为通用中间语言(CIL)。CLR 则是确认操作密码符合 CIL 的平台。在 CIL 执行前，CLR 必须将指令及时编译转换成原始机械码。所有 CIL 都可经由.NET 自我表述。CLR 检查元资料以确保正确的方法被调用。元资料通常是由语言编译器生成的，但开发人员也可以通过使用客户属性创建他们自己的元资料。如果一种语言实现生成了 CIL，它也可以通过使用 CLR 被调用，这样它就可以与任何其他.NET 语言生成的资料相交互。CLR 也被设计为作业系统无关性。当一个汇编体被载入时，CLR 执行各种各样的测试。其中的两个测试是确认与核查。在确认的时候，CLR 检查汇编体是否包含有效的元资料和 CIL，并且检查内部表的正确性。核查则不那么精确。核查机制检查代码是否会执行一些“不安全”的操作。核查所使用的演算法非常保守，导致有时一些“安全”的代码也通不过核查。不安全的代码只有在汇编体拥有“跳过核查”许可的情况下才会被执行，通常这意味着代码是安装在本机上的。通过.NET，用户可以用 SOAP 和不同的 Web Services 进行交互。.NET Framework 环境如图 2-32 所示。

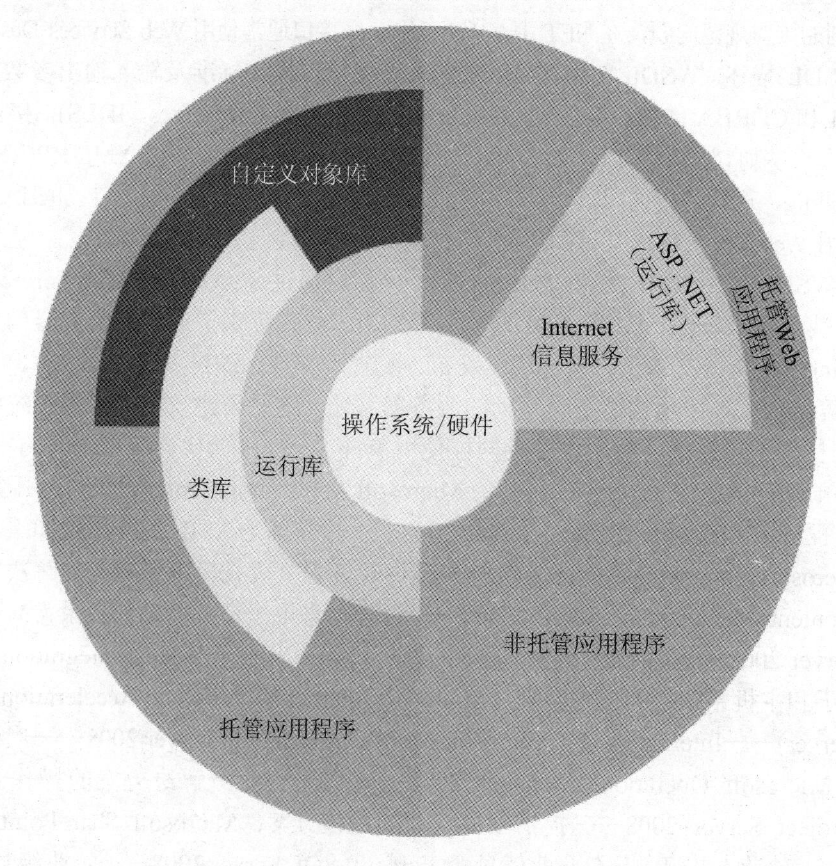

图 2-32　.NET Framework 环境

(5) ASP.NET。

ASP.NET4.0 是一种动态网站高级编程语言，是微软公司的最新版本，是一种建立在公共语言运行库上的编程框架，可用于服务器上开发强大的 web 应用程序。ASP.NET4.0 不但执行效率大大提高，对代码的控制也做得很好，并且支持 web controls 功能和多种语言，以提高安全性、管理性和扩展性。ASP.NET 技术从 1.0 升级到 1.1 的变化不大，但是升级到 2.0，却发生了相当大的变化，在开发过程中，微软公司深入市场，针对大量开发

人员和软件使用者，进行了卓有成效的研究，并为其指定了开发代号，ASP.NET4.0 设计目标的核心，可以用一个词来形容——简化。因为其设计目的是将应用程序代码数量减少 70%以上，改变过去那种需要编写很多重复行代码的状况，尽可能做到写很少的代码就可以完成任务。对于软件工程师来说，ASP.NET4.0 是 web 开发史上的一个重要的里程碑，其 LOGO 如图 2-33 所示。

图 2-33　ASP.NET LOGO

ASP.NET4.0 的新特性有以下几点。

生产效率，使用新增的 ASP.NET4.0 服务器控件和包含新增功能的现有控件，可以轻松地创建 ASP.NET4.0 网页和应用程序。

灵活性和可扩展性，很多 ASP.NET4.0 功能都可以扩展，这样可以轻松地将自定义功能集成到应用程序中。

性能，使用预编译、可配置缓存和 sql 缓存失效等功能。

安全性，现在向 web 应用程序添加身份验证和授权非常简单。

完整性，新增功能和现用功能协同工作，可以创建解决实时 web 开发挑战的端对端方案。

(6) .NET 的历史脚步。

随着.NET 4.0 在 2009 年的发布，我们对于 C# 4.0 的关注也将与日俱增。总体而言，C# 4.0 的重头戏主要着眼在以下几个方面：动态编程、并行计算、后期绑定、协变与逆变。

2. C# 4.0 语言特性

1) 动态编程

众所周知，C#是静态强类型语言。而在很多情况下，提供“动态”行为，是常常发生的事情，如通过反射在运行时访问.NET 类型、调用动态语言对象、访问 COM 对象等，都无法以静态类型来获取。因此，C# 4.0 引入的又一个全新的关键字 dynamic，也同时引入了改善静态类型与动态对象的交互能力，这就是动态查找(Dynamic Lookup)，如：

```
public static void Main()
{
dynamic d = GetDynamicObject();
d.MyMethod(22); // 方法调用
d.A = d.B; // 属性赋值
d[“one”] = d[“two”]; // 索引器赋值
int i = d + 100; // 运算符调用
string s = d(1,2); // 委托调用
}
```

就像一个 object 可以代表任何类型，dynamic 使得类型决断在运行时进行，方法调用、属性访问、委托调用都可动态分派。同时，动态特性还体现在构建一个动态对象，在 C# 4.0 实现 IDynamicObject 接口的类型，可以完全定义动态操作的意义，通过将 C#编译器作为

运行时组件来完成由静态编译器延迟的操作，如：

```
dynamic d = new Foo();
string s;
d.MyMethod(s,3,null);
```

在具体执行过程中，C#的运行时绑定器基于运行时信息，通过反射获取 d 的实际类型 Foo，然后在 Foo 类型上就 MyMethod 方法进行方法查找和重载解析，并执行调用，这正是动态调用的背后秘密：DLR。在.NET 4.0 中将引入重要的底层组件 DLR(Dynamic Language Runtime，动态语言运行时)，除了实现动态查找的基础支持，DLR 也同时作为基础设施为类似于 IronRuby、IronPython 这样的动态语言提供统一的互操作机制。总而言之，动态编程将为 C#在以下领域产生巨大的变革。

(1) Office 编程与其他 COM 交互。

(2) 动态语言支持，在 C#中消费 IronRuby 动态语言类型将并非难事，体验动态语言特性指日可待。

(3) 增强反射支持。

以调用 IronRython 为例，我们只需引入 IronPython.dll、IronPython.Modules.dll 和 Microsoft. Scripting.dll，即可通过创建 ScriptRuntime 在 C#中的 HostingIronPython 环境，进而来操作动态语言的类型信息。

```
ScriptRuntime py = Python.CreateRuntime();
dynamic mypy = py.UseFile("myfile.py");
Console.WriteLine(mypy.MyMethod("Hello"));
```

2) 并行计算

并行计算的出现，是计算机科学发展的必然结果，随着计算机硬件的迅猛发展，在多核处理器上工作已经是既存事实，而传统的编程模式必须兼容新的硬件环境才能使计算机性能达到合理的应用效果。用 Anders 大师的话说：未来 5 到 10 年，并行计算将成为主流编程语言不可忽视的方向，而 4.0 为 C#打响了实现并发的第一枪。

未来的.NET Framework 4.0 中将集成 TPL(Task Parallel Library)和 PLINQ(Parallel LINQ)，这也意味着未来我们可以应用 C# 4.0 实现并行化应用，在统一的工作调度程序下进行硬件的并行协调，这将大大提高应用程序的性能同时降低现存并发模型的复杂性。

那么，我们应该对应用 C#武器来开发并行环境一睹为快，在 System.Threading.Parallel 静态类提供了 3 个重要的方法 For、Foreach、Invoke 可以让我们小试牛刀。

```
//应用 TPL，执行并行循环任务
Parallel.For(0,10,i =>
{
DoSomething(i);
};
```

在线程争用执行情况下，相同的操作在双核平台下运行，以 StopWatch 进行精确时间测试，并行环境下的执行时间为 2001ms，而非并行环境下的执行时间为 4500ms，并行运算的魅力果然名不虚传。我们再接再厉应用 PLINQ 执行对于并行运算的查询、排序等，当前 PLINQ 支持两种方式：ParallelEnumerable 类和 ParallelQuery 类，如：

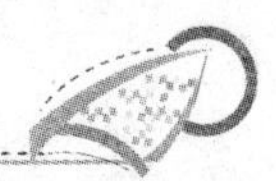

```
int[] data = new int[] { 0,1,2,3,4,5,6,7,8,9 };
int[] selected = (from x in data.AsParallel()
select x + 1).ToArray();
```

更详细的对比示例留待读者在实践中对此进行讨论，并行计算为托管代码在多核环境下的性能优化提供了统一的解决方案，而未来我们会做得更好。

备注：实际上，我们可以选择下载安装 Microsoft Parallel Extensions to the .NET Framework 3.5 June 2008 CTP 包，就可以在.NET 3.5 环境下体验并行计算的无穷魅力。

3) 协变和逆变

协变和逆变，是为解决问题而生的。而要理清解决什么样的问题，需要首先从理清几个简单的概念开始。首先进行一个操作：

```
Derived d = new Derived();
Base b = d;
```

Derived 类型继承自 Based 类型，由 Derived 引用可以安全地转换为 Based 引用，而这种转换能力可以无缝地实现在 Derived 数组和 Base 数组，如：

```
Derived[] ds = new Derived[5];
Base[] bs = ds;
```

而这种原始转换(由子类转换为父类)方向相同的可变性，被称为协变(covariant)；其反向操作则被称为逆变(contravariant)。当同样的情形应用于泛型时，如：

```
List<Derived> ds = new List<Derived>();
List<Base> bs = ds;
```

类似的操作却是行不通的。所以，这就成为 C# 4.0 中完善的问题——泛型的协变与逆变：

```
List<Base> bs = new List<Base>(); List<Derived> ds = new List<Derived>();
bs = ds; //List<T>; 支持对 T 协变
ds = bs; //List<T>; 支持对 T 逆变
```

而在 C# 4.0 中，伴随着协变与逆变特性的加入，C#引入两个 in 和 out 关键字来解决问题。

```
public interface ICovariant<out T> {
T MyAction();
}
public interface IContravariant<in T>
{
void MyAction(T arg);
}
```

其中，out 表示仅能作为返回值的类型参数，而 in 表示仅能作为参数的类型参数，不过一个接口可以既有 out 又有 in，因此既可以支持协变、支持逆变，也可以同时支持，如：

```
public interface IBoth<out U,in V>
{
}
```

4) 命名参数和可选参数

命名参数和可选参数是两个比较简单的特性，对于熟悉其他编程语言的开发者来说可选参数并不陌生，为参数提供默认值时就是可选参数：

```
public void MyMethod(int x,int y = 10,int z = 100) {
}
```

因此，可以通过调用 MyMethod(1)、MyMethod(1,2)方式来调用 MyMethod 方法。而命名参数解决的是传递实参时，避免因为省去默认参数造成的重载问题，如省去第二个参数 y 调用时，即可通过声明参数名称的方式来传递：

```
MyMethod(20,z: 200);
```

相当于调用 MyMethod(20,10,200)，非常类似于 Attribute 的调用方式。虽然只是小技巧，但也同时改善了方法重载的灵活性和适配性，体现了 C#语言日趋完美的发展轨迹。

当然，除此之外，.NET 4.0 还增加了很多值得期待的平台特性，也将为 C#编程带来前所未有的新体验。

5) 语言改进和 LINQ

VS 2008 中的新 VB 和 C#编译器对这些语言做了显著的改进。两者都添加了函数式编程概念的支持，允许用户编写更干净、更简洁、更具有表达性的代码。这些特性还促成了我们称之为 LINQ(语言级集成查询)的新编程模型，使得查询和操作数据成为.NET 中的一个编程概念。

下面是笔者撰写的一些讨论这些新语言特性的文章(用 C#作为示例)：《自动属性，对象初始化器，和集合初始化器》、《扩展方法》、《Lambda 表达式》、《查询句法》、《匿名类型》、《LINQ to SQL 中的数据访问改进》。

LINQ to SQL 是.NET 3.5 中内置的 OR/M (对象关系映射器)。它允许用户使用.NET 对象模型对关系数据库进行建模。然后可以使用 LINQ 对数据库进行查询，以及更新、插入、删除数据。LINQ to SQL 完整支持事务、视图和存储过程。它还提供了一个把业务逻辑和验证规则结合进数据模型的简易方式。下面是一些笔者讨论如何使用 LINQ to SQL 的文章。

Part 1: Introduction to LINQ to SQL.

Part 2: Defining our Data Model Classes.

Part 3: Querying our Database.

Part 4: Updating our Database.

Part 5: Binding UI using the A :LinqDataSource Control。

6) 加密处理

信息安全是计算机应用的首要问题之一，但目前关于.NET 加密功能的范例却少之又少。有鉴于此，这里探讨在.NET 平台下加密/解密文件的一般过程，并提供一个加密/解密文件的工具。

Web 服务以不容置疑的态势迅速发展，促使许多单位开始考虑.NET 之类的开发平台。但是，出于对安全问题的担心，一些单位总是对采用新技术心存顾虑。好在有许多成熟的安全和网络技术，如虚拟私有网络(VPN)和防火墙等，能够极大地提高 Web 服务应用的安

全和性能，让开发者拥有选择安全技术的自由，而不是非得使用尚在发展之中的 XML 安全技术不可。

攻击和泄密是计算机面临的两大安全威胁。攻击可能来自病毒。例如，它会删除文件、降低机器运行速度或引发其他安全问题。相比之下，泄密往往要隐蔽得多，它侵害的是用户的隐私：未经授权访问硬盘文件，截取通过 Internet 发送的邮件等。泄密还可能伴随着攻击，如修改机密文件等。

针对泄密的最佳防范措施就是加密。有效的加密不仅杜绝了泄密，而且还防范了由泄密引发的攻击。加密技术有时还用于通信过程中的身份验证——如果某个用户知道密码，那么他应该就是那个拥有这一身份的人。

然而必须说明的是，没有一种防范泄密的安全技术是绝对坚固的，因为密码有可能被未经授权的人获得。

首先，要想使用.NET 的安全功能，就必须用 Imports 语句引入加密用的包。试验本书涉及的任何代码之前，请在代码窗口的顶部加入下列 Imports 语句：

```
Imports System.IO
Imports System.Text
Imports System.Security.Cryptography
```

其次，美国政府过去限制某些加密技术出口。虽然这些限制不再有效，.NET 框架在 Windows 的出口版本中禁用了“高级”加密技术。如果 Windows 不带高级加密能力，可以从微软网站下载更新包：对于 Windows 2000，安装 Service Pack 2 包含的 High Encryption Pack；对于 NT，安装 Service Pack 6a。对于 Windows ME、95、98 的用户，IE 5.5 也包含了 High Encryption Pack。

.NET 加密技术要求密钥有确定的长度。例如，DES(Data Encryption Standard)函数要求密钥的长度是 64 位，Rijndael 则要求 128、192 或 256 位长度的密钥。密钥越长，加密强度越高。对于 DES 之外的加密算法，查询 LegalKeySizes 属性即可得到它允许的密钥长度，包括 MinSize(支持的最小密钥长度)、MaxSize(最大密钥长度)、SkipSize(增量)。SkipSize 表示密钥最大长度和最小长度之间可用长度的间隔。例如，Rijndael 算法的 SkipSize 值是 64 位。

利用下面的代码可以得到密钥的长度信息：

```
//创建 DES 加密对象
Dim des As New DESCryptoServiceProvider()
Dim fd() As KeySizes
fd = des.LegalKeySizes()//tells us the size(s),in bits
MsgBox("加密类型=" & des.ToString() & Chr(13) & "minsize = " & fd(0).MinSize
& Chr(13) & _ "maxsize = " & fd(0).MaxSize & Chr(13) & "skipsize = " & fd(0).SkipSize)
```

运行上面的代码，得到的结果是 64、64、0。如果把加密对象的声明改成 TripleDESCrypto ServiceProvider( )，得到的结果是 128、192、64。

7) .NET 的未来发展

从高级语言的发展历史来看，编程世界从来就没有停止过脚步，变革时时发生、创新处处存在。以技术人员的角度来观摩未来，带着C# 4.0的脚步来看展望，除了在函数式编程、并行计算和动态特性上大展拳脚，Meta Programming的概念已然浮出水面，将编译器变成一个Service，用户可以自由控制在编译器和运行期的逻辑，所以，我们坚信4.0之后的天地随着语言的变迁会变得更加开阔。

2.4.3 基于Web的远程监控技术

1. 远程控制的原理和网络发展模式

远程控制的原理是：用户连接到网络上，通过远程访问的客户端程序发送客户身份验证信息和与远程主机连接的要求，远程主机的服务器端程序验证客户身份。如果验证通过，向用户发送验证通过和已经建立连接的信息。此时，用户便可以通过客户端程序监控或向远程主机发送要执行的指令，而服务器端则执行这些指令，并把键盘、鼠标和屏幕刷新数据传送给客户端程序，客户端程序通过相关运算把主机的屏幕等信息显示给用户，使得用户就像亲自在远程主机上工作一样。如果没有通过身份验证，就是没有与用户建立连接，用户也就不能远程控制远程主机了。

当操作者使用主控端计算机控制被控端计算机时，就如同坐在被控端计算机的屏幕前一样，可以启动被控端计算机的应用程序，可以使用被控端计算机的文件资料，可以利用被控端计算机的外部打印设备(打印机)和通信设备(调制解调器或者专线等)来进行打印和访问互联网。应用在工厂或者企业上的话，还可以利用与被控端相连接的工控设备，直接对生产现场进行控制，就像利用遥控器遥控电视的音量、变换频道或者开关电视机一样方便。不过，有一个概念需要明确，即主控端计算机只是将键盘和鼠标的指令传送给远程计算机，同时将被控端计算机的返回信息如屏幕画面、系统信息、设备状态等通过通信线路回传过来。也就是说，我们控制被控端计算机进行操作似乎是在眼前的计算机上进行的，而实质是在远程的计算机中实现的，不论打开文件，还是上网浏览、下载，操纵工控设备等，所有的资料和Cookies等都是存储在远程的被控端计算机中的。远程控制的这一基本原理过程如图2-34所示。

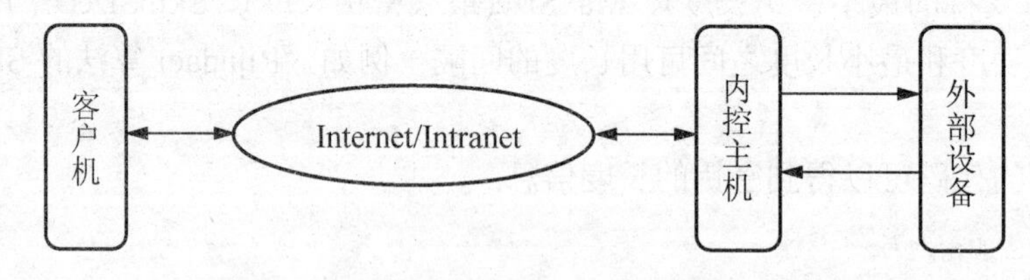

图2-34 远程控制的基本原理

2. 网络远程控制模式的发展

纵观整个远程控制技术的发展过程，共产生了3种模式：主机集中模式、客户—服务器模式、浏览器—服务器模式。

主机集中模式：大型主机通常是一台功能强大的计算机，众多远程终端用户共享大型主机CPU资源和数据库存储功能，这是一种典型的肥服务器/瘦客户机模式，提高了主机的集中控制，安全可靠。但是主机负担过重，设备昂贵，系统可靠性差，伸缩性较小。

客户—服务器模式机制运作的基本过程：服务器监听相应端口的输入，客户服务器接收并处理请求，并将结果返回给客户机。客户通过 Internet 或 Intranet 直接与数据库服务器对话，服务器将对话结果返回给客户机。它把集中管理模式转化为一种服务器和客户机负荷均衡的分布式计算模式，解决了执行效率及容量不足的问题，但客户—服务器模式有许多缺点，如客户机与服务器的职责不明，系统移植困难，客户端开发、维护麻烦，应用系统的开发设计比较复杂，容易导致服务器和网络过载而影响系统的性能等。

1) 传统的客户—服务器模式的体系结构

传统的客户—服务器结构是伴随着网络数据库技术的应用发展起来的，模式的体系结构最初出现在20世纪80年代，一般两层结构即“胖客户端”结构是最典型、也是最普遍的一种形式，这种形式的客户—服务器结构分为两层：第一层是在客户机系统上结合了用户界面与业务逻辑(客户端程序里)；第二层是通过网络结合了数据库服务器，系统任务分别由客户机和服务器来完成。在客户—服务器两层结构中，客户端保持着应用程序，直接访问数据库；服务器端存放着所有数据；每个客户与数据库保持一个信任连接。客户端通过应用程序向数据服务器发出请求，数据服务器据此请求对数据库进行操作，并向客户端返回应答结果。服务器具有数据采集、控制和与客户机通信的功能；客户端则包括与服务器通信和用户界面模块。

客户—服务器结构将一个复杂的网络应用和生动、直观的用户界面相分离，将大量的数据运算交给了后台去完成，提高了用户交互反应的速度；应用开发简单，开发工具多而成熟，对网络数据库的应用起到了较大的推动作用，如图2-35所示。

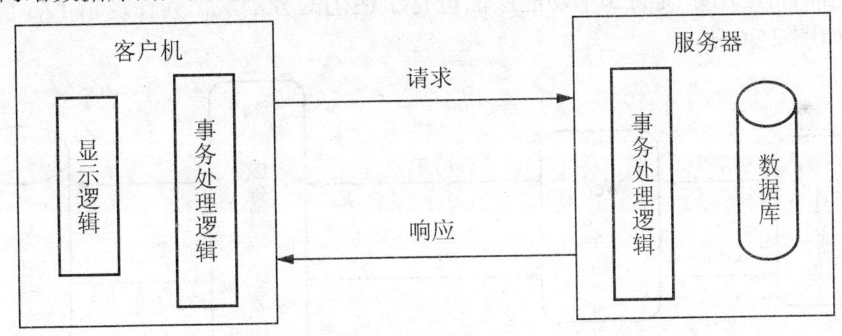

图2-35 客户—服务器模式的系统结构图

但随着信息技术的发展，客户—服务器结构暴露出一些问题。由于在客户—服务器结构中，客户端同时承担了表达逻辑和业务逻辑两部分功能，二者之间界限不明显。无论在功能划分上还是具体程序实现上，两个层面往往交织在一起。因而客户端需要安装大量的软件，机器需要较高的配置，客户端维护频繁，系统的鲁棒性下降，用户也需要进行专门的培训才能操作。因此，运行成本一直呈上升的趋势，从某种程度上限制了网络的应用范围。这种“瘦服务器—肥客户机”的模式，随着信息管理的复杂化、网络系统集成的高度化发展，其逐渐显示了局限性，具体表现在如下几个方面。

(1) 系统硬件资源的浪费。随着软件复杂度增加和客户端规模的扩大，为了保证客户机都能运行全部的软件功能，不得不对所有的客户机都进行硬件升级。

(2) 缺乏灵活性、部署困难。客户机服务器需要对每个应用独立地开发应用程序，消耗大量的资源，并且在向广域网扩充(如 Internet)的过程中，由于信息量的迅速增大，专用的客户端已无法满足多功能的需求。另外，客户端的操作系统是不同的，与此对应的客户端程序也是不同的。但是，为每一种操作系统设计一个客户端程序是不现实的。而要求客户放弃已有的操作系统来购买新的操作系统会使客户付出很大的代价。

(3) 客户端和服务器的直接连接，使得服务器将消耗部分系统资源用于处理与客户端的连接工作。每当同时存在大量客户端数据请求时，服务器有限的系统资源将被用于频繁应付与客户端之间的连接，从而无法及时响应数据请求。客户端数据请求堆积的直接后果将导致系统整体运行的失败。

(4) 更突出的弱点在于管理、维修费用高，难度大。

2) 浏览器—服务器模式的体系结构

由于客户—服务器结构的这些不足，可以在传统的客户—服务器结构的中间加上一层，把原来客户机所负责的功能交给中间层来实现，这个中间层即为 Web 服务器层。这样，客户端就不负责原来的数据存取，只需在客户端安装浏览器。把原来的服务器作为数据库服务器，在数据库服务器上安装数据库管理系统和创建数据库。Web 服务器的作用就是对数据库进行访问，并通过 Internet 或 Intranet 传递给浏览器。这样，Web 服务器既是浏览器的服务器，又是数据库服务器的浏览器。在这种模式下，客户机就变为一个简单的浏览器，形成了“肥服务器—瘦客户机”的模式，这就是浏览器—服务器模式。

基于浏览器—服务器模式的结构将 Web 与数据库相结合，形成的基于数据库的 Web 计算模式，并将该模型应用到 Internet 或 Intranet 中，最终形成了三层客户—服务器应用结构，三层结构将应用系统的 3 个功能层面进行了明确的分割，使其在逻辑上各自独立。其体系结构如图 2-36 所示。

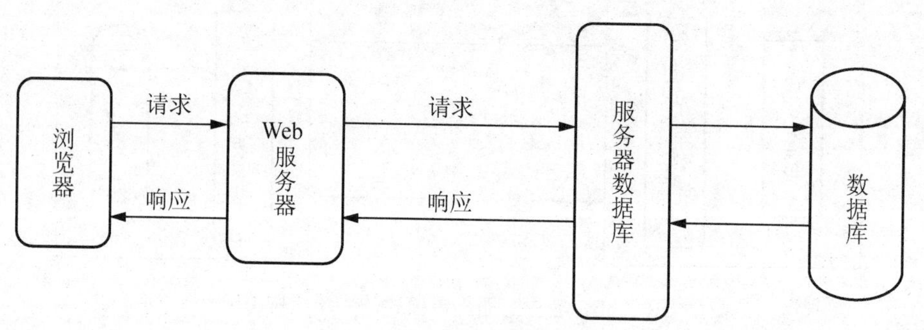

图 2-36　B/S 三层体系结构图

表示层、功能层、数据层被分割成 3 个相对独立的单元。表示层包含系统的形式逻辑，即将过去多种应用存在的多种界面的状况，彻底统一为一种界面格式。任务是由 Web 浏览器向网络上的某个 Web 服务器提出服务请求，Web 服务器在对用户身份进行验证后，把所需内容传送给客户端并显示在 Web 浏览器上。而在功能层中包含系统的事务处理逻辑，任务是接受用户请求，与数据库进行连接，向数据库服务器提出数据处理申请，等数据库将数据处理结果提交给 Web 服务器，再由 Web 服务器传送到客户端。数据存储和数据处理逻辑放置于数据库服务器端，任务是接受 Web 服务器对数据操纵的请求，实现对数据库的查询、修改、更新等功能，把运行结果提交给 Web 服务器。这样的三层体系结构大大减轻

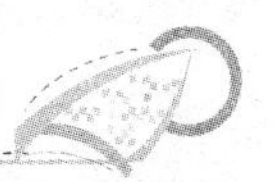

了客户机的压力，不用把负荷均衡地分配给Web服务器。由于客户机把事务处理逻辑部分分给了功能服务器，不再负责处理复杂计算和数据访问等关键事务，只负责显示部分，所以维护人员不再为程序的维护工作奔波于每个客户机之间，而把主要精力放在功能服务器上程序的更新工作。这种三层结构层与层之间相互独立，任何一层的改变不影响其他层的功能。

相对客户—服务器结构而言，采用浏览器—服务器结构实现远程控制系统设计是一次深刻的变革，它具有如下突出优点。

(1) 客户端不再负责数据库的存取和复杂数据计算等任务，只需要其进行显示，充分发挥了服务器的强大作用，这样就大大降低了对客户端的要求，降低了投资和使用成本。

(2) 易于维护、易于升级。维护人员不再为程序的维护工作奔波，而把主要精力放在功能服务器上。由于用户端无须专用的软件，当企业对网络应用进行升级时，只需更新服务器端的软件，减轻了系统维护与升级的成本与工作量。

(3) 用户操作使用简便。浏览器—服务器结构的客户端只是一个提供友好界面的浏览器，通过鼠标即可实现远程控制，用户无须培训便可直接使用，利于推广。

(4) 易于实现跨平台的应用，解决了不同系统下不兼容的情况。

目前，浏览器—服务器正日益与面向对象(Object-Oriented，OO)技术、分布式计算紧密结合，通过封装的可重用构件提供系统更好的灵活性和高效的开发速度。

3. 基于web的相关编程技术

对一个浏览器—服务器结构的远程控制系统而言，能提供动态的Web页面，在Internet上进行数据实时显示是最基本的要求。但普通的Web页面都是静态的，是将预先做好的页面放在服务器上供用户访问。这种方式对于用户进行远程控制尤其是工业控制系统来说是根本不适用的，远程控制系统的Web服务器必须能根据数据库中的数据实时地生成Web页面，这就需要使用动态网页技术，动态网页就是由服务器根据客户提交的参数与后台数据库交互，通过数据库动态产生处理结果，并以Web形式返回客户的页面。

最先能够实现动态网页的是公共网关接口(Common Gateway Interface，CGI)技术，而目前市场上比较流行的动态网页技术有Microsoft的ASP(Active Server Page)技术、Tcx的PHP(Hypertext Preprocessor)技术和Sun的JSP(Java Server Page)技术，它们又各有利弊。下面对它们作加介绍和比较。

1) CGI技术

CGI是一个用于定义Web服务器与其外部程序之间通信方式的标准或接口规范，它已被绝大多数Web服务器所支持。CGI用来处理来自网络浏览器上输入的信息，并在服务器上产生相应的作用或将相应的信息反馈到浏览器上。

其工作原理为：客户机通过Web浏览器输入查询信息，浏览器通过HTTP协议向Web服务器发出带有查询信息的请求，Web服务器调用CGI程序，并使用客户机传递的数据作为CGI的运行参数，CGI程序将其转化为HTML后返回给Web服务器，Web服务器将结果返回到客户机Web浏览器并关闭连接。

从CGI的原理可知，程序从数据库服务器中获取数据，转化为HTML页面，然后由

Web 服务器发送给浏览器。也可以从浏览器获取数据，并存入特定的数据库中。通过 CGI 访问数据库的过程如图 2-37 所示。

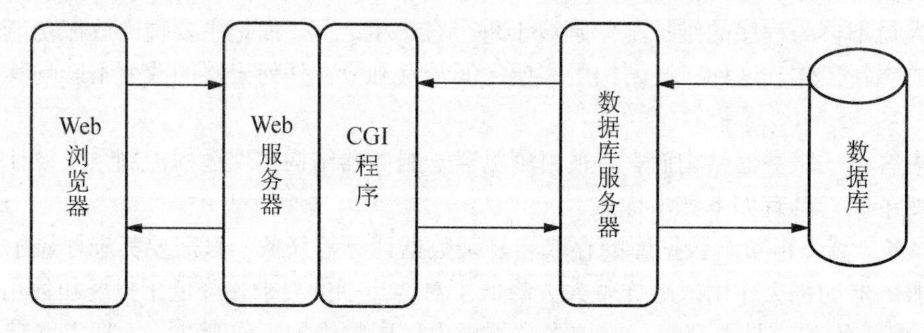

图 2-37 CGI 的访问过程

CGI 技术是一个通用的标准，几乎所有的 Web 服务器都支持该标准，同时 CGI 的客户端可操作性也很高，IE 或 Netscape 浏览器均可以轻松地实现操作，利用 CGI 实现与数据库的连接最大的优点在于其通用性，可以使用 Perl、C、C++、FORTRAN 和数据库语言等任何能够形成可执行程序的语言编写，几乎可以在任何操作系统上实现，创建 CGI 脚本使用的最广泛的语言是 Perl，它以其实用、易学并免费而广受欢迎。

但是，CGI 在服务器端的配置相当复杂，需要大量额外的复杂编程，不易开发；并且 CGI 还需要编译，更改成本高，这也意味着编程人员在进行 CGI 编程时每做一点改动都要重新编译、重新生成可执行文件，严重增加了编程人员的负担。另外，CGI 程序很耗费服务器资源，它作为独立的外部程序加大了 Web 服务器的负荷，如脚本每运行一次都要产生一个实例，如果一个站点有成千上万个用户在访问，且大多数访问都启动 CGI 程序，在内存中就会产生大量进程。这样，将浪费大量内存空间和处理时间，直接导致服务器运行缓慢。同时 CGI 还存在扩展受限、可移植性差、功能有限，不易调试和检错，且不具备事务处理的功能等问题。目前的动态网站已经很少再使用 CGI 技术了。

2) ASP 技术

ASP 是一套微软开发的服务器端脚本环境，内含于 Microsoft IIS (Internet Information Server，Internet 信息服务)中，是较早推出的不需编译就可直接插入网页的 Web 语言。ASP 通过使用服务器端的脚本和组件创建独立于浏览器的动态 Web 页面，在站点的 Web 服务器上解释脚本，可产生并执行动态、交互式、高效率的站点服务器应用程序。通过 ASP 可以结合 HTML 网页、ASP 指令和 ActiveX 控件建立动态、交互的 Web 服务器应用程序，胜任基于微软 Web 服务器的各种动态数据发布。为了方便应用程序的开发，ASP 提供了 Request、Response、Server、Session、Application 和 object Context 等 6 个功能强大的内置对象，它们在每个 ASP 脚本名称空间中都可以被自动访问，如图 2-38 所示。

ASP 最大的优点是服务器仅将执行的结果返回客户，这样就减轻了客户端的负担，大大提高了交互的速度。当用户申请一个 ASP 主页时，Web 服务器响应该请求，调用 ASP 引擎，解释被申请文件。当遇到任何与 ActiveX Scripting 兼容的脚本时，ASP 引擎会调用相应的脚本引擎进行处理。若脚本指令中含有访问数据库的请求，就通过 ODBC 与后台数据库相连，由数据库访问组件执行访库操作。ASP 脚本是在 Web 服务器端解释执行的。

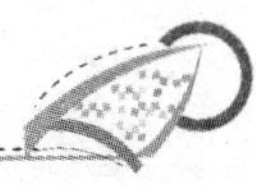

它依据访问的结果集自动生成符合 HTML 语言的页面，去响应用户的请求。所有相关的发布工作由 Web 服务。当遇到访问数据库的脚本命令时，ASP 通过 ActiveX 组件 ADO 与数据库对话，并将执行结果动态生成一个 HTML 页面返回 Web 服务器，以响应浏览器的请求。

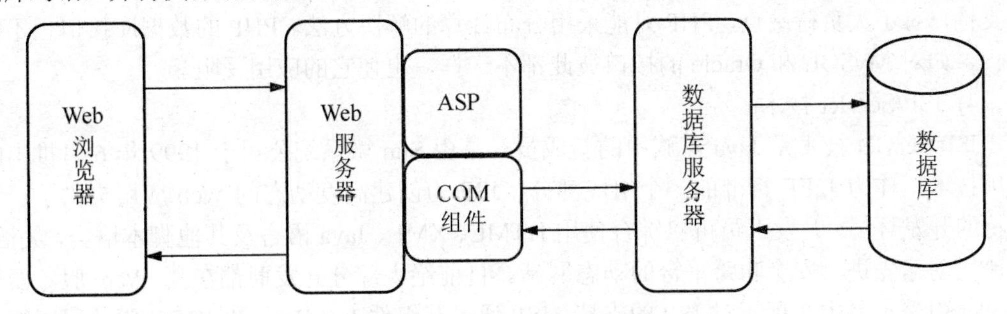

图 2-38　ASP 的访问过程

ASP 中包含了许多 ActiveX 服务器的构件来扩展脚本的能力。其中的数据库访问构件能使脚本方便地访问数据库服务器上的数据。但 ASP 一个明显的不足之处在于它不具备跨平台性，只能在微软的服务器产品上运行；ASP 技术仅依靠微软本身的推动，其发展建立在独占的、封闭的开发过程基础之上。此外，ASP 的安全性也让人担心，ASP 应用程序在 Windows 系统被认为可能会崩溃。这些原因也使 ASP 技术应用前景受到怀疑。

3) PHP 技术

PHP 是英文 Hypertext Preprocessor(超级文本预处理语言)的缩写，由 Rasrnus Lerdorf 于 1994 年提出的。它是嵌入 HTML 文件的一种脚本语言，其语法大部分是从 C、Java、Perl 语言中借来的，耦合形成了 PHP 自己的特性，它可以比 CGI 更快速地生成动态网页。

其工作原理是：客户机通过 Web 浏览器输入查询信息，浏览器通过 HTTP 协议向 Web 服务器发出带有查询信息的请求，Web 服务器首先检查该请求是否存在需要在服务器端处理的脚本，即是否存在 PHP 的标记(如“〈?php... ?〉”)，如果有，则执行该标记内的 PHP 代码，并对文件等对象进行操作，然后 PHP 服务将操作结果转化为 HTML 格式后返回给 Web 服务器，最后 PHP 服务器将执行结果返回到客户机浏览器上，如图 2-39 所示。

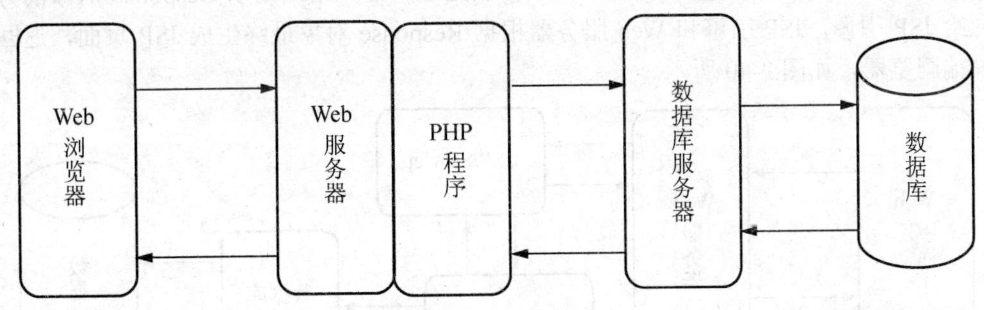

图 2-39　PHP 的访问过程

PHP 在对数据库和网络通信协议的支持上做得比较成功，这也是 PHP 得到广泛应用的原因所在。但是，PHP 无法做到表示层与业务层的分离，因此 PHP 的技术体系不符合

分布式应用体系。同时，PHP是根据其文件里面定义的程序来访问数据库、读写文件或执行外部命令，并将执行的结果组织成字符串返回给Web服务器，然后以HTML格式的文件发送给浏览器的，这就将程序内核暴露在客户端，留下了安全隐患。PHP还缺乏多层结构支持，对于大负荷站点，PHP只能采用分布计算的解决方法。PHP的数据库接口也不能统一，如对MySQL和Oracle的接口彼此都不一样，也使它的应用受阻。

4) JSP/Servlet技术

JSP/Servlet技术是Java家族中的新成员，是由Sun微系统公司于1999年6月推出的一项技术，作为J2EE标准的一个组成部分。JSP为创建高度动态的Web应用提供了一个独特的开发环境，开发人员可以综合使用HTML、XML、Java语言及其他脚本语言，灵活、快速地创建先进、安全和跨平台的动态网站。目前绝大部分开发商都在其Web服务器和Servlet引擎产品中实现了对JSP的支持：JSP通过其组件JavaBean和JDBC驱动程序能工作在任何符合ODBC技术规范和符合JDBC技术规范的数据库上。JSP/Servlet主要用于Web服务器端应用的开发，是Java技术在Web服务器上的扩展，因此具备了Java的最大特点——平台独立性。

一个JSP程序包括HTML、Java代码和JavaBean组件。JSP程序其实就是在HTML代码中嵌入Java代码段，这些Java代码段可以完成各种各样的功能。编写好JSP程序后，不需要编译，只需把它存放到服务器的特定目录下面即可，当服务器接到对JSP程序的请求时，它首先把JSP程序发送到一个语法分析器中，这个语法分析器将会把这个JSP程序翻译为一个Java程序文件，然后调用Javac.exe程序将这个Java程序文件编译为Servlet类，即一个标准的Java类文件。这时，服务器的JSP引擎将这个类载入内存运行它，把结果送往客户端，客户端的浏览器上出现的就是这个程序的运行结果。当第二次请求这个JSP程序时，由于它已经被编译为字节码形式的类文件，所以JSP引擎就直接运行，而不需要再次编译它，除非JSP程序被改动或者服务器关闭后又重新启动了。

其具体的工作过程是：首先，用户在浏览器发出的请求信息被存储在Request对象中并发送给Web服务器和JSP引擎(通常捆绑在Web服务器)，JSP引擎根据JSP文件的指示处理Request对象，或者根据实际需要将Request对象转发给由JSP文件所指定的其他服务器端组件(如Servlet组件、JavaBean组件等)处理。处理结果则以Response对象的方式返回给JSP引擎，JSP引擎和Web服务器根据Response对象最终生成JSP页面，返回给客户端浏览器，如图2-40所示。

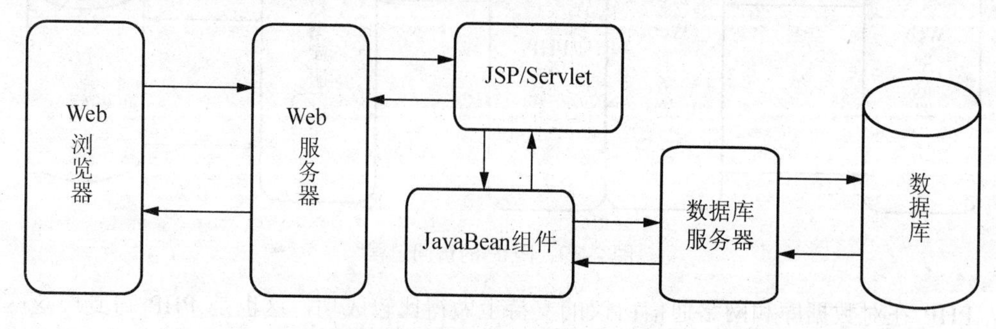

图2-40 JSP/Servlet的访问过程

JSP/Servlet 通过建立在 WWW 上提供请求和响应服务的运行框架来扩展服务器的功能。当客户端发送请求给服务器，服务器就用 JSP/Servlet 引擎将请求的信息传递给一个 JSP/Servlet，JSP/Servlet 通过访问数据库，形成响应结果信息，经由服务器返回给客户端，从而实现浏览器—Web—数据库的三级交互式处理过程。

Web 页面开发人员通过它可以使用最新的 XML 技术来设计和格式化最终页面。生成内容的逻辑被封装在标识(Tag)和 Java Bean 组件中，并且捆绑在小脚本中，所有的脚本在服务器端运行，将内容的生成与显示分离，对客户浏览器的要求最低；JSP 技术利用可重用的、跨平台的部件来执行应用程序所要求的更为复杂的处理，得到了众多平台及服务器的支持，另外，JSP 技术还可以调用内嵌在网页上的 JavaApplet 小程序，在 Web 服务器上建立与企业本地监控计算机的套接 Socket 连接，现场监控计算机不但与实时数据库服务器通信，而且还通过 Socket 与 Web 服务器通信，并接收来自 Java 应用服务器发出的控制命令。当用户访问系统时，它们通过浏览器向 Web 服务器发出 HTTP 请求，实时数据将通过 Socket 连接直接显示在 JSP 页面返回给用户，JSP 技术的这种机制在一定程度上增强了系统的交互性。

JSP 和 ASP 技术在形式或性质上非常相似，都是为基于 Web 应用、实现动态交互网页制作提供的技术环境支持，都能够为程序开发人员提供实现应用程序的编制与自带组件设计网页从逻辑上分离的技术，但 JSP 模型是在 ASP 以后定义的，它借用了 ASP 的许多优点，如 Session、Application 等对象。JSP/Servlet 主要运行于开发服务端的脚本程序和动态生成网站的内容，与前面所介绍的 Web 编程语言相比，有着十分突出的优越性。

4. 使用 JSP/Servlet 技术的必要性

JSP 被认为是动态网页及动态访问数据库技术的一次革命。它完全解决了目前 ASP、PHP 的通病——脚本级执行，每个 JSP 文件总是先被编译成 Servlet，然后再由 Servlet 引擎运行。与前述方案相比较，它有如下优点。

1) 高效、安全

JSP/Servlet 能够运行于与服务器相同的进程空间。对比 CGI，每个客户请求都要启动一个新的进程，而在 JSP/Servlet 中，JSP/Servlet 支持多线程任务，所有的客户请求能够被服务器进程空间中独立的线程所处理；对比 ASP 以源码形式存放并以解释方式运行，每次 ASP 网页调用都需要对源代码进行解释，运行效率低。另外，IIS 的漏洞曾使许多网站的源程序大曝光。而 JSP 在执行前先被编译成字节码(Byte Code)，字节码由 Java 虚拟机(Java Visual Machine)解释执行，比源码解释的效率高。同时，JSP 源程序不大可能被下载，特别是 JavaBean 程序完全可以放到不对外的目录中，因而安全得多。

2) 可移植性好

因为 JSP/Servlet 完全用 Java 编写，所以与 Java 程序一样，它们有相同的跨平台支持。JSP/Servlet 可以不加修改地运行于 UNIX、Windows 或其他支持 Java 的操作系统上。当今几乎所有的主流服务器都直接或通过插件支持 JSP/Servlet。因此，为一种服务器写的

JSP/Servlet 无须任何实质上的改动即可移植到别的服务器上。JSP 的组件方式更方便 ASP 通过 COM 扩展的复杂功能，ASP 通过 JavaBean 同样可以实现，而 COM 的开发远比 JavaBean 的开发来得复杂和烦琐。另外，JavaBean 是完全面向对象编程，可针对不同的业务处理功能方便地建立一整套可重复利用的对象库，如用户权限控制、E-mail 自动恢复等。

3) JSP 标签可扩充性

尽管 ASP 和 JSP 都是用标签(Tag)与脚本(Script)技术来制作 Web 动态网页，但 JSP 技术允许开发者扩展 JSP 标签，这样 JSP 开发者能定制标签库(Taglib)、充分利用与 XML 兼容的标签技术这一强大功能，大大减少对脚本语言的依赖。同时由于定制标签技术，网页制作者降低了制作网页和向多个网页扩充关键功能的复杂程度。JSP 页面可以把 Servlet、HTTP、HTML、XML、Applet、JavaBean 组件和企业版的 JavaBean 组件等组合起来，实现一个多种应用程序混合的结构和模式。它在传统的网页中加入 Java 程序段和 JSP 标签，其标签用来标识生成网页上的动态内容，且生成动态内容的逻辑被封装在标签和 JavaBean 组件中，使得 HTML 代码主要负责描述信息的显示样式而程序代码则用来描述处理逻辑，从而完成重定向网页、发送 E-mail 和操作数据库等复杂功能。

4) 功能强大

JSP/Servlet 可以访问丰富的 Java API，Java API 提供对事务、数据库、网络、分布计算等方面的广泛支持，从而使 Servlet 能进行复杂的后台处理。甚于浏览器—服务器模式的远程控制系统要把当前受控对象的运行情况、系统的历史记录和统计报表等需要发布的内容以网页方式对外开放，要求反映的实时状态信息和受控对象本身的状态相一致。在受控对象对外发布的内容当中有些内容是不需要经常变更的，也就是说，这部分的信息相对于实时信息来说，是处于“静态”的，譬如系统历史位图数据，历史产量数据等。在这些“静态”内容的发布实现上，应当采用典型的浏览器—服务器访问方式，即由浏览器根据用户所选择的服务内容向服务器提出请求，而 Web 服务器响应请求，调出静态 HTML 页面传送给 Web 浏览器。但大多数情况下，被控对象需要发布的内容是状态时时变化的信息，Web 页面的内容需要随着用户请求的不同而不同，这样，传统消息发布所采用的静态页面就不能适应受控对象信息的发布。JSP 是一项将静态 HTML 和动态 HTML 巧妙结合起来的动态网页技术，具有发布各种实时动态页面的功能。若 Web 浏览器需要的是动态 HTML 文档，JSP 技术可以调用相应的应用程序，从数据库中得到数据并生成动态 HTML 页面，再将动态 HTML 页面传送给 Web 浏览器，从而满足用户对动态页面内容的需求。在 JSP 技术运用中，Web 页面开发人员可以使用 HTML 或者 XML 标签来设计和格式化最终页面，使用 JSP 标签或者小脚本来生成页面上的动态内容。生成内容的逻辑被封装在标签和 JavaBean 组件中，并且捆绑在小脚本中，所有的脚本在服务器端运行，JSP 引擎解释 JSP 标签和小脚本，生成所请求的内容，并且将结果以 HTML 页面的形式发送回浏览器。使用 JSP 可以将 Web 页面内容的生成和表现完全分离开来，这有助于保护代码，提高服务器的安全性，而且又保证了任何基于 HTML 的 Web 浏览器的完全可用性。

综上所述，JSP/Servlet提供了Java应用程序的所有优势——可移植、稳健、易开发，而基于浏览器—服务器模式的远程控制系统信息发布是离不开JSP等动态网页技术的，使用JSP动态网页技术也完全可以实现基于浏览器—服务器模式的远程控制系统对动态发布内容的要求。

5. Java及其相关技术

Java语言给Web的交互性带来了革命性的转变，Java语言重要的特点在于跨平台的移动代码特性，它具有丰富的网络支持和强大的图形处理能力，使得其在浏览器方面很有用武之地。

Java的一个显著优点是运行时环境提供了平台独立性，即在Windows、Linux或其他操作系统上可以使用完全一样的代码，这一点对于在各种不同平台上运行从Internet上下载的程序来说是非常有必要的。Java是完全面向对象的，Java中除了几个基本类型外，其他类型都是对象，Java能够比使用C++更容易开发没有bug的代码，因为在Java中内存是自动回收的，不必担心会出现内存崩溃现象，但这项特性同时也使内存回收的效率不高。Java设计了真正的数组并且限制了指针算法。不必担心为处理指针操作时出现的偏移错误而写一块内存区域。Java中取消了多重继承，替代方案时采用了接口(Interface)，接口能够实现多重继承的大部分功能，并且它消除了使用多重继承带来的复杂性和麻烦。

Java的关键特点如下。

1) 简单

Java的语法实际是C++语法的一个“纯净”版。根本不需要使用头文件、指针算法、结构体、联合、操作符重载、基虚拟类等。Java的一个目标就是能够使软件可以在很小的机器上运行。基础解释器和类支持的大小都不超过40KB，增加基本的标准库和线程支持大约需要175KB。

2) 分布式

Java带有一套功能强大的用于处理TCP/IP协议族的例程库。Java应用程序能够通过URL来穿过网络访问远程对象，这就同访问本地文件系统一样容易。Java的网络处理能力不但强大而且易于使用。Java能够把复杂的网络编程工作变得仅仅同打开一个套接字一样容易。Servlet的机制使得服务器端的Java编程变得非常高效率，现在许多流行的Web服务器都支持Servlet，远程方法调用机制能够进行分布式对象间的通信。

3) 健壮性

Java被设计为可以在许多方面并行可靠的编程。它采取许多机制来完成早期错误检查，后期动态(实时)检查，并且它会防止很多可能产生的错误。Java采取了一个安全的指针模型，它能减少内存重写和数据崩溃的可能性。

4) 安全

Java被设计为用于网络和分布式环境，这同时也带来了安全问题，Java可以构建防病毒攻击的系统。

5) 中立体系结构

Java 编译器生成体系结构中立的目标文件格式，可以在很多种处理器上执行；Java 编译器通过产生同特定计算机结构无关的字节码指令来实现此特性。这些字节码指令可以在任何机器上解释执行，并能在运行时很容易地转化为本机代码。

6) 多线程

多线程可以带来更好的交互响应和实时行为。在底层主流平台上的线程实现互不相同，而 Java 完全屏蔽了这些不同。在各个机器上，调用线程的代码完全一样；而 Java 把多线程的实现交给底下的操作系统或线程库来完成。

6. 数据库技术

1) 网络数据库介绍

WWW 建立以来，Web 就与数据库有着极其紧密的关系。可以说，整个 Internet 就是一个大的数据库。随着计算机网络技术的发展，WWW 已成为 Internet 上最受欢迎、最为流行的，采用超文本、超媒体范式进行信息的存储与传递的工具，但由于在 Web 服务器中，信息以文本或图像文件的形式进行存储，所以 WWW 查询速度很慢、检索机制很弱，尤其是基于内容和基于结构的检索，它不像 Oracle 等专用数据库系统，能对大批量数据进行有序的、有规则的组织与管理，只要给出查询条件便能得到查询结果。将 Web 技术与数据库技术有机结合，利用 Internet 和 WWW 的超文本、超链接功能查询数据库，使 Internet 同时具有超文本功能和数据库功能，这符合信息系统发展的最新趋势。基于 Web 的网络数据库系统由一个 Web 浏览器(作为用户界面)、一个数据库服务器(用作信息存储)和一个连接两者的 Web 服务器组成。Web 和数据库这两种技术，各自有其优点。Web 具有用户界面的定义非常简单，关于定义数据库的说明型语言非常完美，允许巨大传输量的传输协议非常健壮等优点。而数据库的优点是它具有清晰定义的数据模型，存储和获取数据的健壮方法，发展用户界面和应用程序逻辑的软件工具强大的授权和安全机制，以及控制事务和维持数据完整性的有效途径等。基于 Web 的数据库系统结构如图 2-41 所示。

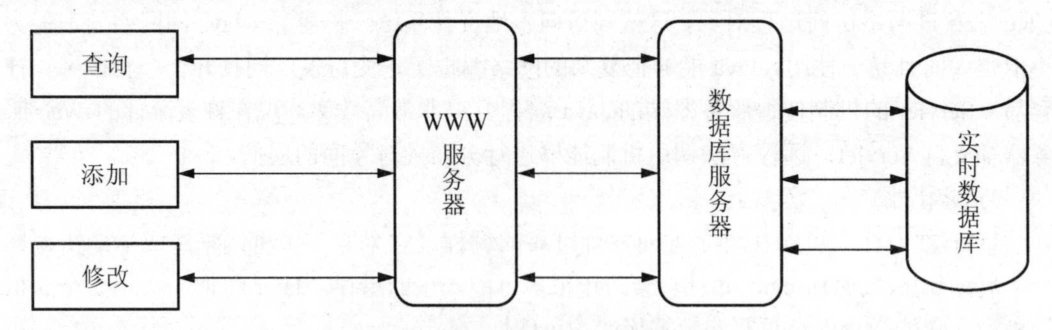

图 2-41　基于 Web 的数据库系统结构

用户只需要通过安装在客户端的浏览器发送信息到 WWW 服务器，服务器接收传递的参数后调用数据库服务器中的相应数据库，获得的信息以文本、图像、表、图形或者多媒

体对象的形式在 Web 页上显示。同样，用户也可以对网络数据库进行添加、修改和删除操作。

2) 通过 Web 访问数据库

Web 服务器的功能是为控制层提供服务，主要的设计任务就是动态的网页编制、实时数据库的访问。一方面，将采用表单形式发送的控制命令存入实时数据库，等待设备监控系统读取；另一方面，根据客户的请求，从实时数据库读出设备状态数据发布给用户。

将 JSP 与 JDBC 结合起来的方法是比较理想的 Web 数据库访问方法，在浏览器—服务器模式的远程控制系统中，采用了 JDBC 技术。JDBC 是一种 Java 实现的数据库接口技术，是 ODBC 的 Java 实现，是用于与 SQL 数据库源进行交互的关系数据库对象和方法的集合，JDBC API 是 Java1.1 企业版 API 的一部分，所以它也是所有 Java 虚拟机实现的一部分。

JDBC 在 Internet 中的作用与 ODBC 在 Windows 系列中的作用类似。它为 Java 程序提供了一个统一无缝地操作各种数据库的接口，程序员编程时，可以不关心它所要操作的数据库是哪个厂家的产品，从而提高了软件的通用性。此外，在 Internet 上确实无法预料用户想访问什么类型的数据库，只要系统安装了正确的驱动器组，JDBC 应用程序就可以访问其相关的数据库。Sun 公司指定了一种标准的数据库访问 API，JDBC 使得 Java 程序能与数据库进行交互作用。JDBC 没有对基层技术提出任何限制性条款，JDBC 与 ODBC 的区别只在于 JDBC 没有规定一系列的函数，而是指定了一系列的 Java 对象与 Java 接口，各数据库公司只需提供包含这些对象与接口、符合 JDBC 规范的 JDBC 驱动程序，程序员即可使用 Java 来访问该类数据库。

JDBC 包含两部分 API：JDBC API 面向程序开发人员，JDBC Driver API 面向底层。鉴于 ODBC 的广泛应用，Sun 还提供了一个特殊的驱动程序：JDBC-ODBC 桥，允许 JDBC 通过现在的 ODBC 驱动程序来访问数据库。JDBC 是支持基本 SQL 数据序功能的一系列抽象的接口，最重要的接口包括：Java. sql. Driver Manager(处理驱动的调入并且对产生新的数据序连接提供支持)、Java. sql. Connection(代表对特定数据序的连接)、Java. sql. Statement (代表一个特定的容器，对一个特定的数据序执行 SQL 语句)、Java. sql. Resultset(控制对一个特定语句的行数据的存取)。这些接口在不同的数据序功能模块的层次上提供了一个统一的用户界面，使得独立于数据序的 Java 应用程序开发成为可能，同时提供了多样化的数据序连接方式。为了处理来自一个数据库中的数据，Java 程序采用了以下一般性步骤。

(1) 安装合适的驱动程序(动态链接库，有关系统类库，必须安装在运行 Java Application 的本地上)。

(2) 编写程序，首先加载所需的 JDBC 驱动程序。

(3) 创建连接对象(Connection 对象)完成与远程数据库的连接。连接数据库时需提供数据库主机的 IP 地址，连接端口，连接使用的数据库用户名、口令等信息。

(4) 创建 Statement 对象。包装欲执行的 SQL 语句，如 SQL 语句的字符串较长，则需要使用 Prepared Statement 类的对象。

(5) 执行 SQL 语句，将返回结果放入新建的 Resultset 类的对象。

(6) 处理 Resultset 类对象中的数据。

这个访问的过程如图 2-42 所示。

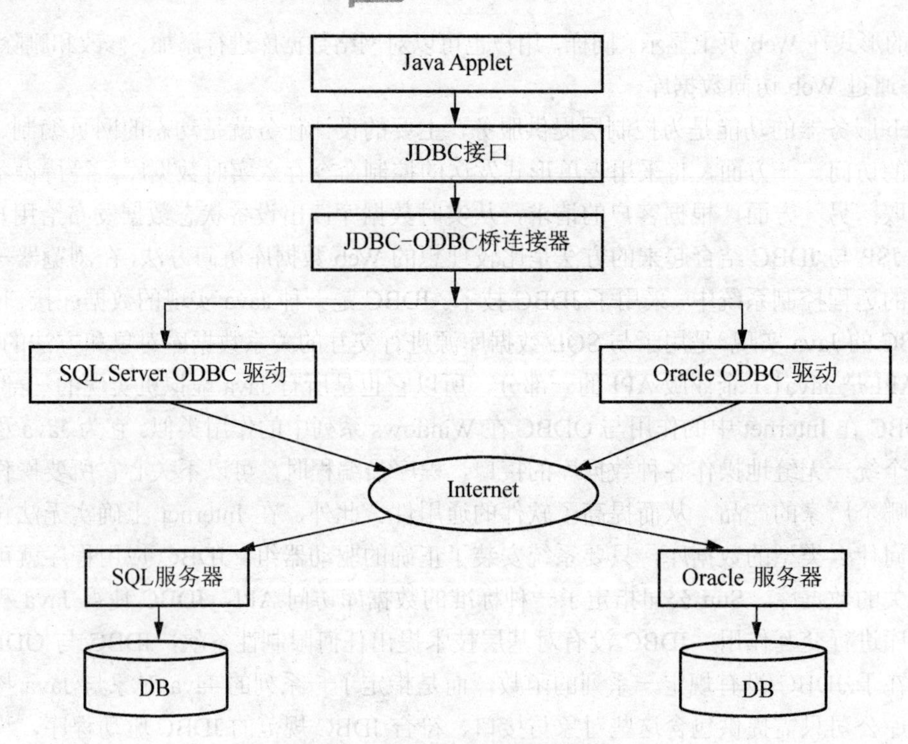

图 2-42　JDBC 访问数据库的过程

第3章

智能家居综合设备及云服务平台

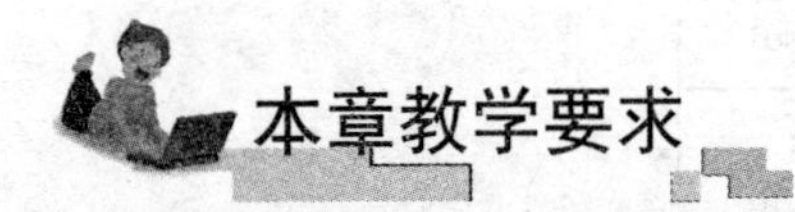

本章教学要求

- 了解智能家居综合设备的作用
- 掌握家居综合设备的类型与功能
- 掌握家居综合设备的选型及性能
- 了解家居系统网络的搭建
- 掌握对家居综合设备的性能测试

本章导读

在整个智能家居系统中，包含有大量的传感器(如温湿度、烟雾、一氧化碳、二氧化碳、人体红外、甲烷、空气质量、太阳辐射等)和家用电器(如空调、风扇、窗帘、窗磁门窗、大功率电器等)等控制设备，要采集如此多传感器的数据，并控制家电设备的工作就需要有一个起统筹作用的设备。其在智能家居系统中地位可以比作一支军队最高统帅，传感器及各种电器如同他的军队。云服务平台使人们可以通过网络使用手机和访问网页实现对家居的操作控制。

3.1 室 内 机

3.1.1 室内机的技术背景

传统室内机的接口采用的是线缆插座，通过75-5N视频线、信号线等多根线材连接，它通过模拟的方式传输数据，受传输距离的限制，需解码器、短路保护器、联网转换器、视频放大器等层间设备，使系统布线工程量相当大。另外，各个独立网络陷入了不能与其他网络兼容的境地，安装复杂且成本高，报警手段比较单一。家庭无线物联网室内机的研发需要结合家庭无线物联网新特点，融合个性需求，将与家居生活有关的各个子系统包括安防、灯光控制、窗帘控制、煤气阀控制、信息家电、场景联动等有机地结合在一起，通过网络化综合智能控制和管理，可视对讲系统这一套现代化的小区住宅服务措施，提供访客与住户之间双向可视对讲，达到图像、语音双重识别从而增加安全可靠性，同时布线简单，仅以两根线(一根电源线，一根网线)即可连入小区对讲网络并正常使用。

3.1.2 室内机的硬件设计

室内机的硬件包括了核心板和功能底板两部分，整体的硬件结构组成框图如图 3-1 所示。

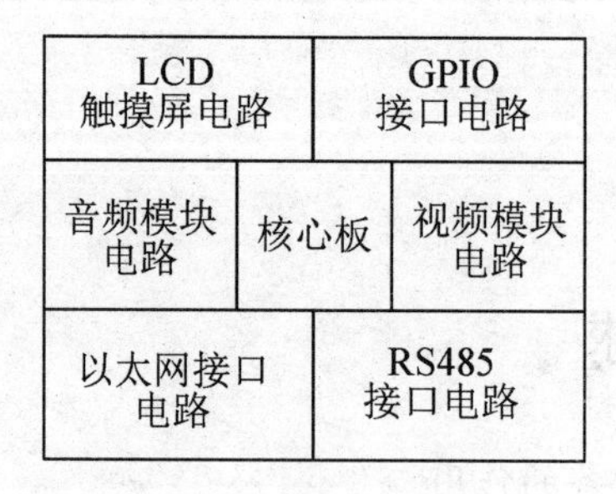

图 3-1 硬件结构框图

在图 3-1 中，室内分机的硬件大体上被分成了两部分：核心板和外围电路。其中核心板主要是 CPU 的最小系统电路，包括了 SDRAM、Flash 存储电路、时钟电路、JTAG 调试电路、Ethernet MAC 电路等。外围电路主要有音频模块电路和视频模块电路，它主要是用于室内分机和门口机以及两个室内分机的可视对讲；LCD 触摸屏电路，它主要是用于显示门口机摄像头采集到的视频信息、系统状态信息以及通过触摸屏进行人机交互的操作；以太网接口电路：它主要用于传输音视频信息以及一些简单的控制信息，将整个智能家居网络连接起来形成一个系统；RS485 接口电路主要是用于对室内的智能家电如智能窗帘、智能开关的控制，而 UART 接口电路主要是为了在调试阶段通过 UART 对室内分机进行调试；GPIO 接口电路，它主要是用于采集智能传感器的信息，然后送给 CPU 进行处理。

1. 核心板电路

核心板电路是整个系统的控制中心，它对所有的外围电路和拓展电路进行控制并与之进行数据交换，同时对相关数据信息进行处理。核心板主要有两大部分组成，①微处理器，②常用的外围接口电路，包括了存储器接口电路、时钟电路、JTAG 调试电路等。外围拓展电路实现将在下一小节具体描述。核心板电路的结构组成如图 3-2 所示。

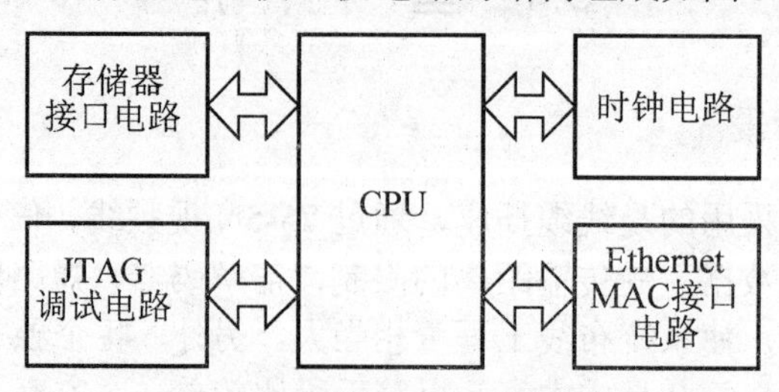

图 3-2 核心板电路结构框图

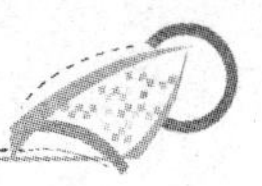

对于一个 CPU 来说，最小系统主要包括了时钟电路、JTAG 调试电路和存储电路。根据实际需要增加了一个 Ethernet MAC 接口电路，主要是实现与门口机和管理中心的通信连接。系统采用模块化设计，下面对每个模块的电路原理进行详细的说明。

1) 微处理器

室内机是采用以 GM8120 为核心的嵌入式操作系统，GM8120 是台湾升迈推出的一款针对在 Internet 上传送音/视频数据的 Soc 芯片，核心是 MPEG4/JPEG 视频编解码硬件引擎和功能强大的 FA526 RISC 32bit CPU(ARM922)。

该微处理器 CPU 内部含有丰富的片内资源，具体包括 8K 的 i-cache 和 d-cache、通用 I/O 接口、调试接口 JTAG、通用异步收发器 UART、串行的 I2C 和 I2S 接口，在设计中，只需要连接少量的外围硬件就可以实现微处理器丰富的功能。这不仅降低了后期的开发难度，同时，也减少了硬件体积，方便集成度比较高，便携式产品的开发，这也是选择这款处理器的考虑因素之一。该芯片的大体结构框架如图 3-3 所示。

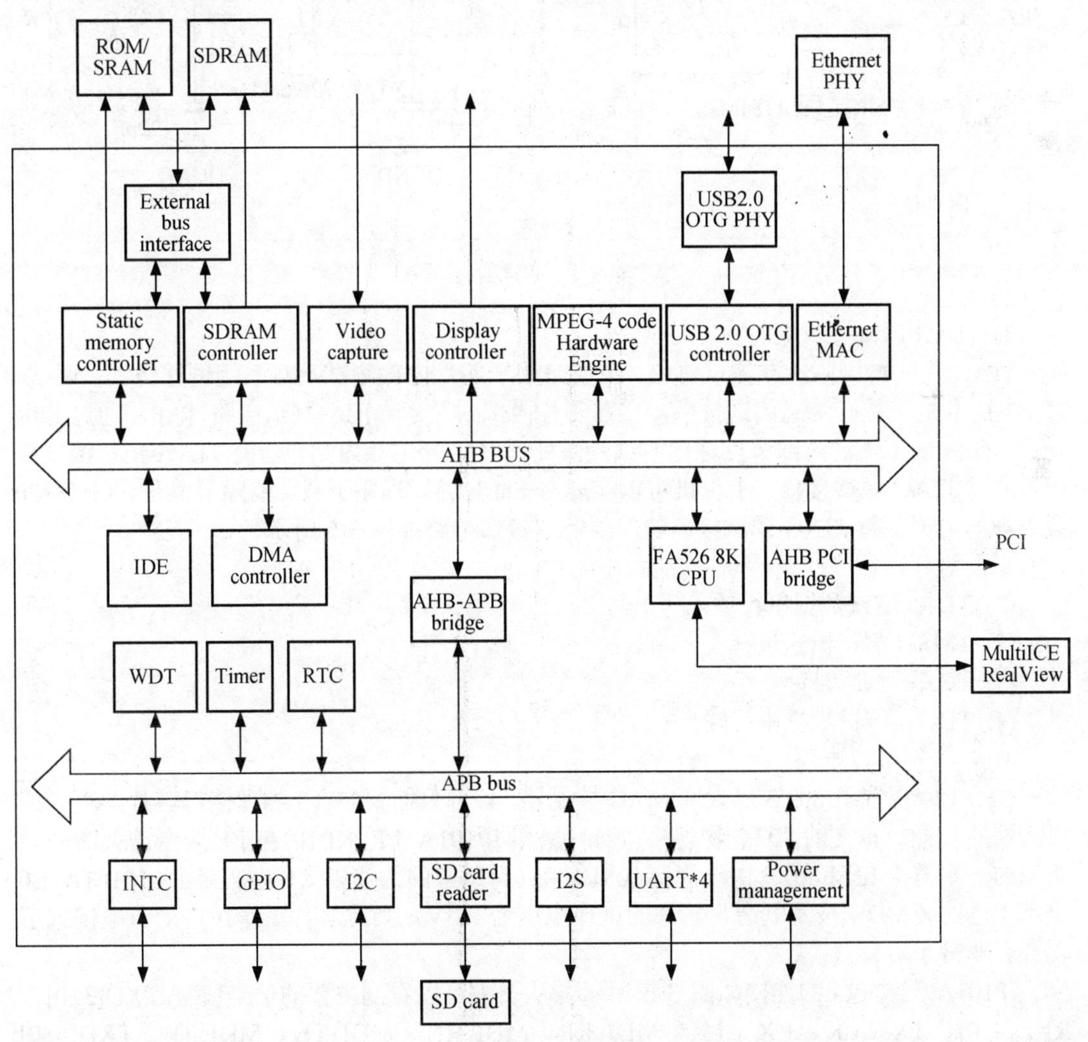

图 3-3　GM8120FS 的体系结构框图

2) 晶振电路

时钟电路在本设计中采用 22.1184MHz 的无源晶振为系统工作提供时钟，再通过软件对相应的寄存器进行配置，使系统的主时钟达到 240MHz。从图 3.4 可以看出，外围两个值为 22PF 的电容作为晶振的负载电容，负载电容对整个频率起微调的作用，其中负载电容越小，震荡电路的频率就越高。而负载电容的取值一般遵循负载电容值等于震荡回路中的电容值+杂散电容值这个规律。无源晶振不是很稳定，阻抗会随外部条件变化，这样频率会不稳定(阻抗变化，频率就会变化)，并上一个 1M 电阻，可以使阻抗的变化小一点，所以晶振两端并上一个 1M 的电阻可以保持稳定抗干扰。另一个 32.768kHz 的晶振为片内 RTC 电路提供工作时钟。时钟电路原理如图 3-4 所示。

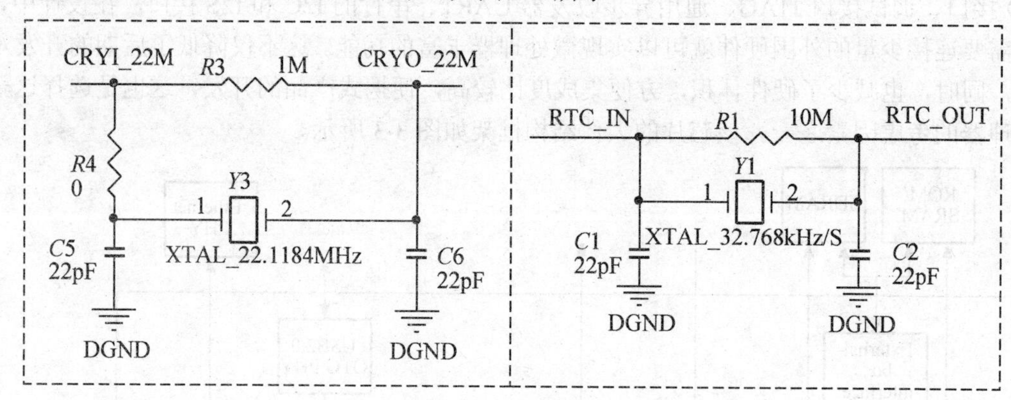

图 3-4 时钟电路

3) JTAG 调试接口电路

JTAG 是一种国际标准测试协议，主要是用于芯片内部测试及对系统进行仿真、调试。JTAG 技术是一种嵌入式调试技术，它在芯片内部封装了专门的测试电路 TAP，通过专用的 JTAG 测试工具对内部节点进行测试。微处理器 GM8120 内部包含有 JTAG-ICE 调试接口，通过 JTAG 调试接口，上位机可以实现对 Flash 进行程序下载、清除等操作。GM8120 微处理器内嵌支持 JTAG 调试接口的部件，其接口电路如图 3-5 所示。

下面对其四信号线进行简单说明。

(1) TDI：测试数据串行输入

(2) TMS：测试模式选择

(3) TCK：测试时钟

(4) TDO：测试数据串行输出

4) 以太网接口电路

GM8120 内置了 802.3 以太网 MAC 控制器，外部只需要 802.3 物理接口芯片即可完成以太网的功能。本文的 802.3 物理接口芯片采用 IP101A_LF。IP101A_LF 是台湾九旸公司生产的一款符合IEEE802.3 协议规范 10M/100M 自适应的快速以太网收发芯片。IP101A_LF 采用先进的 CMOS 技术制造，芯片的工作电压为 3.3V，当此芯片工作在自动节电模式下功耗会非常小。

IP101A 与 CPU 的连接如图 3-6 所示。从图中可以看到主要的信号线有 TXD[3..0]、RXD[3..0]、TX_CLK、RX_CLK、MDI_RP、MDI_RN、MDI_TN、MDI_TP。TXD[3..0] 负责数据的发送，当 TX_EN 为高电平时，则数据通过 TXD[3..0]向 CPU 的 MAC 控制器发

送数据并且与 TX_CLK 时钟同步。RXD[3..0]接收从 MAC 发送来的数据接收通道并且与 RX_CLK 时钟同步。MDC 引脚为管理数据的时钟接口，主要是向 MDIO 提供一个参考时钟。MDIO 引脚管理数据输入输出接口，主要是在 PHY 和 MAC 之间传送一些管理信息。MDI_RP、MDI_RN 为接收管脚，主要是接收从外面传送到 PHY 的数据。MDI_TP、MDI_TN 为发送管脚，主要将 PHY 的数据发送到外面的网络上。MDI_TP、MDI_TN、MDI_RP、MDI_RN 通过接插件的形式与底板上面的网络隔离器连接。

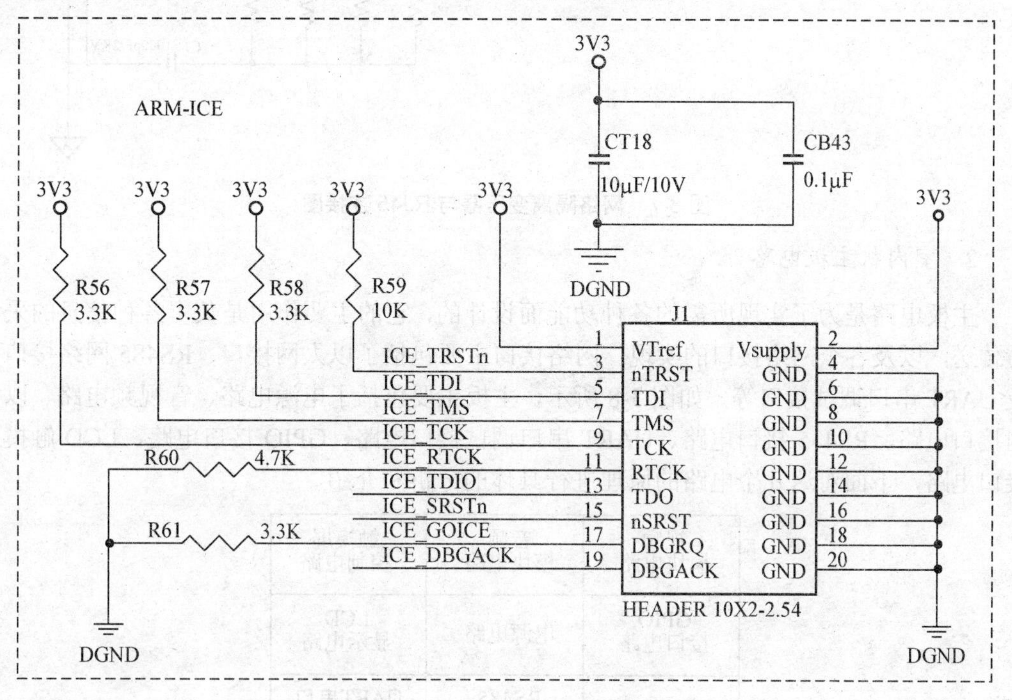

图 3-5　JTAG 调试接口电路

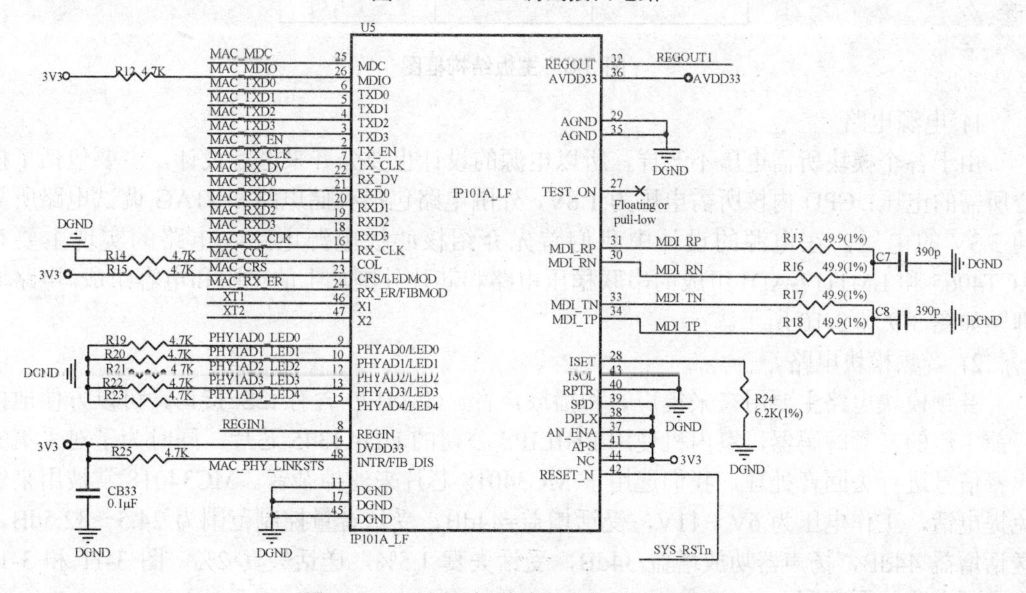

图 3-6　IP101A 与微处理器的连接电路图

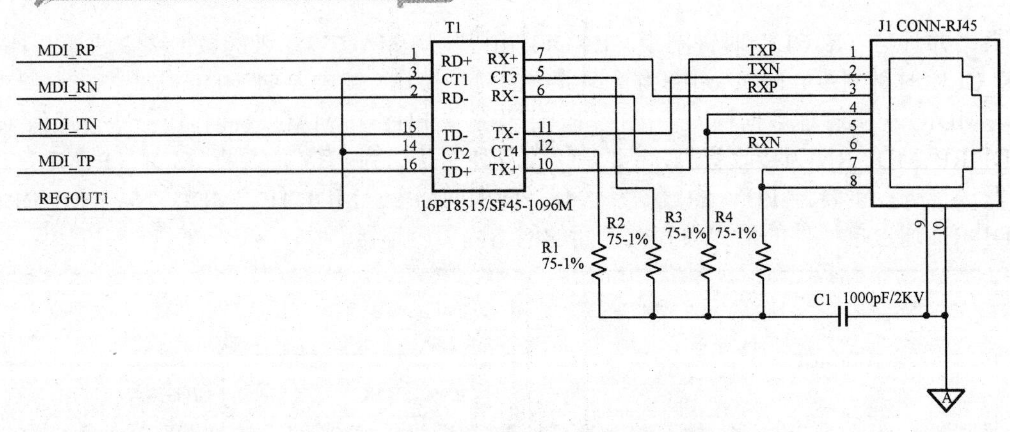

图 3-7　网络隔离变压器与 RJ45 连接图

2. 室内机主板电路

主板电路是为了实现所需的各种功能而设计的，它的主要作用是负责各种信息的采集与传送，以及各个网络接口的实现。网络接口主要包括了以太网接口、RS485 网络接口以及 UART 串口调试接口等。如图 3-8 所示，主板主要包括了电源电路、音视频电路、以太网接口电路、RS485 接口电路、UART 串口调试接口电路、GPIO 接口电路、LCD 触摸屏接口电路，下面对这几个电路的原理进行具体的分析和介绍。

视频模块电路	音频模块电路	触摸屏控制电路
GPIO 接口电路	电源电路	LCD 显示电路
以太网接口	RS485 接口电路	UART串口调试接口电路

图 3-8　主板结构框图

1) 电源电路

由于各个模块所需电压不一样，所以电源的设计也要分开来进行设计，主要包括了核心所需的电压：CPU 内核所需电压为 1.8V，外围电路包括存储电路和 JTAG 调试电路所需的 3.3V 的电压。在电源的设计中我们首先介绍核心板电源电路。电路的实现主要有 ACT4065 和 LM1117-ADJ 组成的串联稳压电路和芯片外围加上的电阻和电容组成。电路原理图如图 3-9 和 3-10 所示。

2) 音频模块电路

音频模块电路主要用来采集声音和播放声音。GM8120 含有 I2S 接口，可以方便地接目前主流的音频解码器，室内机使用 PHILIPS 公司的 UDA1345 芯片。同时为了对采集的声音信号进行去回音处理，我们选用了 MC34018 芯片来滤掉杂音。MC34018 常被用来做免提电话，工作电压为 6V～11V，受话增益=44dB，受话音量控制范围为 24.5～32.5dB，送话增益 44dB，扬声器功放增益 34dB，受话失真 1.5%，送话失真 2%。图 3-11 和 3-12 为音频电路的原理图。

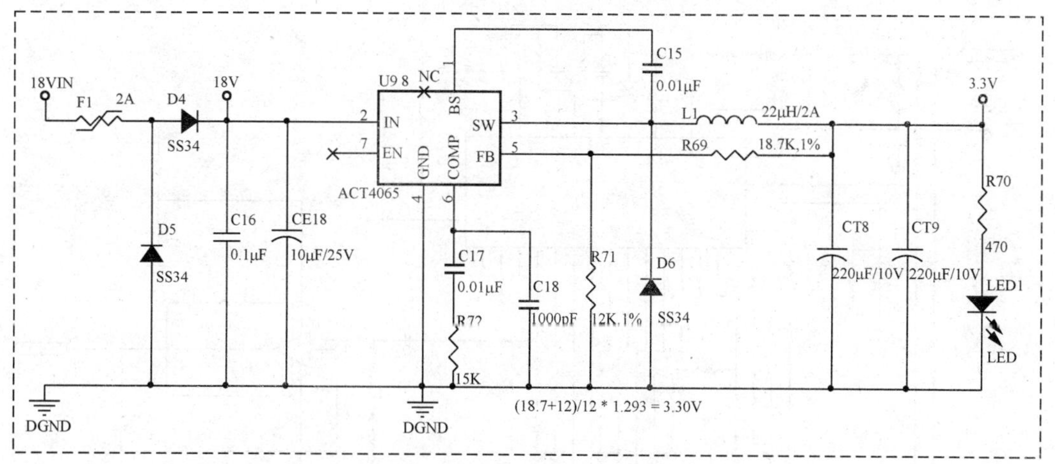

图 3-9　3.3V 稳压电路

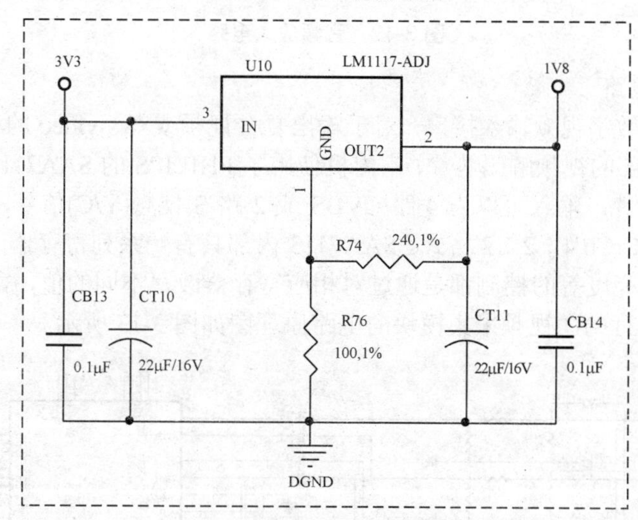

图 3-10　1.8V 稳压电路

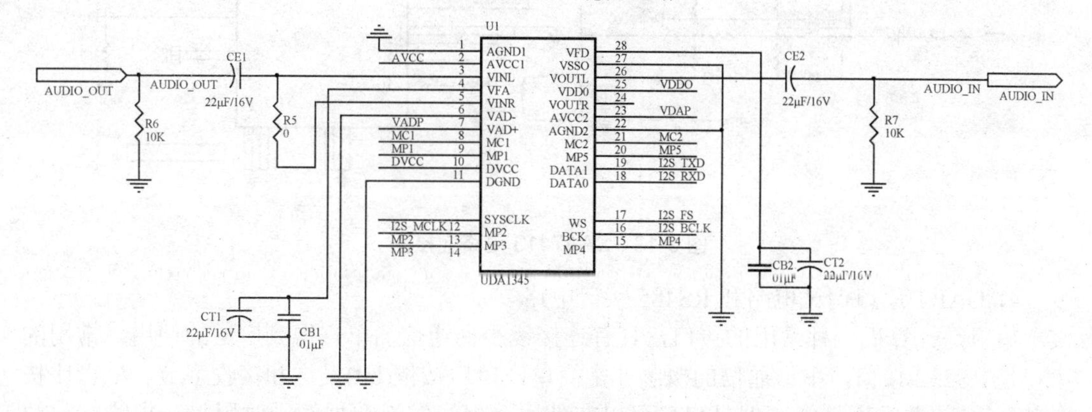

图 3-11　音频编解码电路

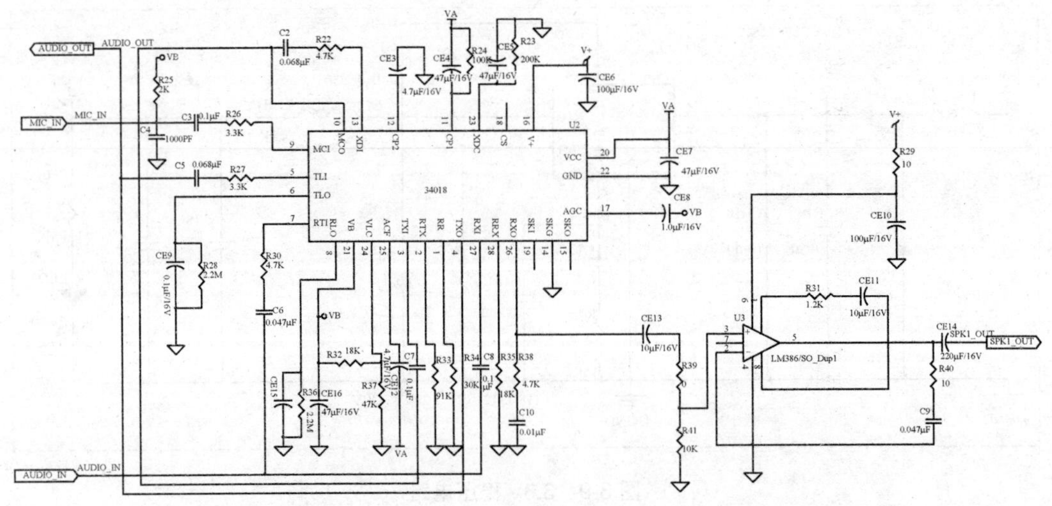

图 3-12　音频放大电路

3) 视频模块电路

GM8120 留有数字视频输入接口，对于输出复合视频或者 s-video 的 CCD/CMOS 照相模块，需要一个外部的视频解码芯片，室内机使用了 PHILIPS 的 SAA7113 芯片。SAA7113 是一种视频解码芯片，输入可以为 4 路 CVBS 或 2 路 S 视频(Y/C)信号，输出 8 位“VPO”总线，为标准的 YCrCb 4∶2∶2 格式。SAA7113 内部具有一系列寄存器，可以配置为不同的参数，对色度、亮度等的控制都是通过对相应寄存器改写不同的值，寄存器的配置是通过 I2C 总线协议进行的。视频采集模块的电路原理图如图 3-13 所示。

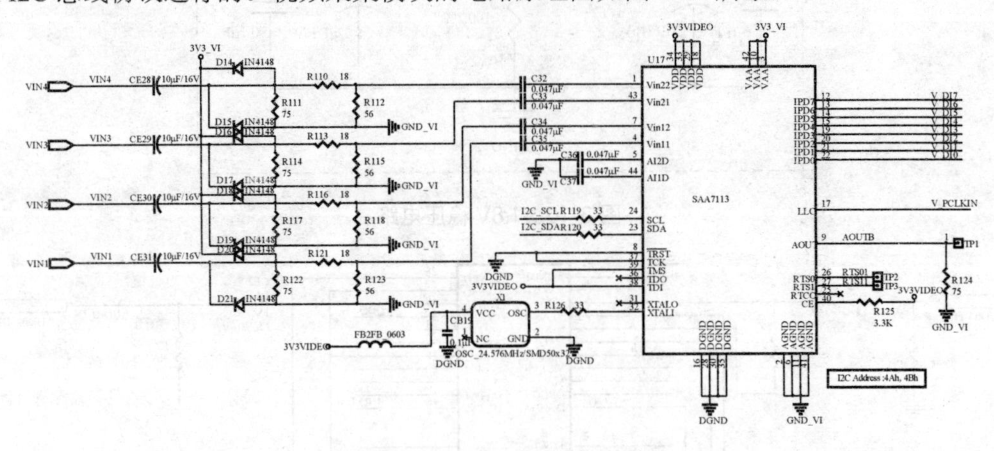

图 3-13　SAA7113 电路连接图

4) UART 串口调试电路和 RS485 接口电路

串口是计算机一种常用的接口，具有连接线少，通信简单，得到广泛的使用。常用的串口是 RS232 接口，串口通信的概念非常简单，串口按位(bit)发送和接收字节。尽管比按字节(byte)的并行通信慢，但是串口可以在使用一根线发送数据的同时用另一根线接收数据。串口通信使用 3 根线完成：地线、发送和接收。由于串口通信是异步的，端口能够在一根线上发送数据同时在另一根线上接收数据。

GM8120 内部有 4 个独立的 UART 控制器，每个控制器都可工作在 Interrupt(中断)模式或 DMA(直接内存访问)模式，也就是说 UART 控制器可以在 CPU 与 UART 控制器传送资料的时候产生中断或 DMA 请求。每个串口都有可编程的波特率，具有一或两位停止位，5-8 位数据位可编程，可进行奇偶校验。为了让 PC 机与 GM8120 的串口进行通讯，选用了 MAX3232 电压转换芯片，它采用收、发和地三线连接，无握手信号，通过 GM8120 内部的串口控制器进行控制。串口与 MAX3232 的电路连接原理图如图 3-14 所示。

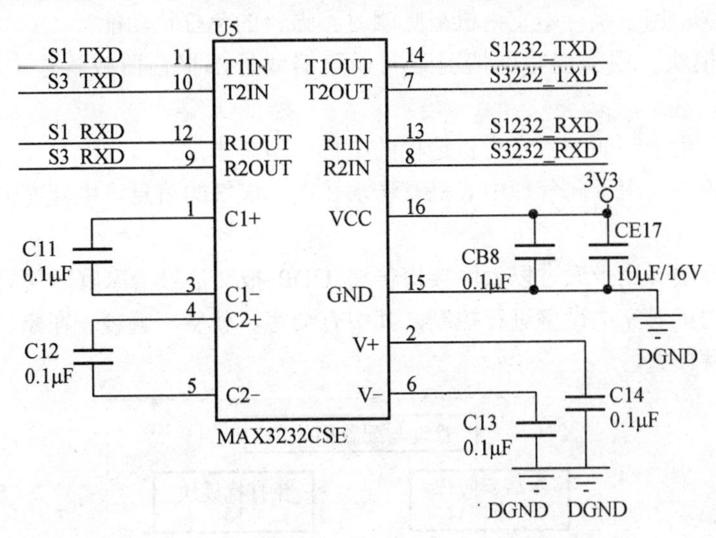

图 3-14　串口与 MAX3232 的电路连接原理图

5) LCD 触摸屏接口电路

LCD 显示屏采用了群创的 AT070TN83。AT070TN83 为一款 7 寸宽屏液晶屏，分辨率为 800×480，输入信号为 TTL 信号。AT070TN83 一共 40 个引脚，其中主要的信号线有 RGB 三基色信号线、3 号引脚亮度控制信号线、9 号引脚数据使能信号线、电源信号和地线。它不需要其他的外围电路可以直接与 CPU 的 PCI 接口直接连接。电路连接图如图 3-15 所示。

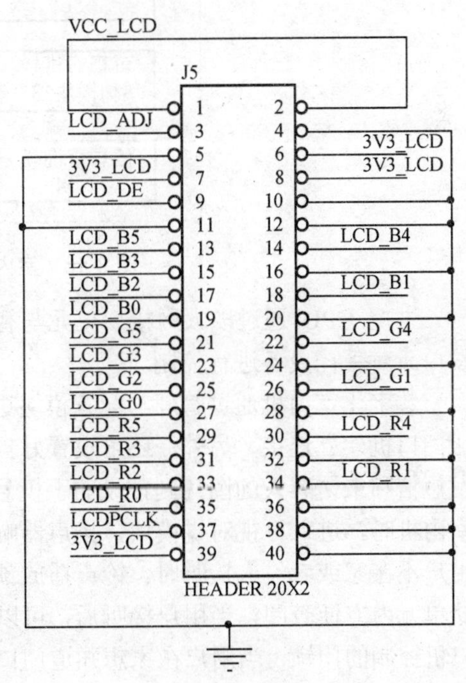

图 3-15　LCD 接口电路

3.1.3　室内机的软件设计

1. 室内机核心处理器软件功能设计

主控 CPU 包括：

管理与配置模块，用于配置用户设置信息及配置通信地址并通过以太网接口单元与网络设备建立信号连接；

家居安防控制模块，用于对防区内的安防设备进行布撤防，并将布防成功后的触发报警信息传递给扬声器及外部报警器或管理中心机；

对讲可视控制模块，用于与门口机进行可视对讲或与同小区中一个网络内的其他用户室内机进行通话、控制门口机开锁或通过门口机进行监视和留影或与管理中心机进行对讲；

信息查询模块，用于删除和查阅由管理中心机发布的相关信息；

免打扰模块，用于执行本室内机被呼叫时不振铃的免打扰功能；

紧急呼叫模块，用于在特殊情况下向扬声器或外部报警器或管理中心机发出警报信息；

呼梯模块，用于呼叫与本室内机连接的电梯停留至本层；

小区报修模块，用于向管理中心机发送水、电、煤气的信息，由管理中心机确认后进行处理。

家电控制模块，用于通过以太网接口传递 UDP 报文信号给家庭网关集中转发给家电设备，通过室内机对家电设备进行控制，其中有会客、就餐、就寝、在家、夜起、外出、休闲、其他等种模式。

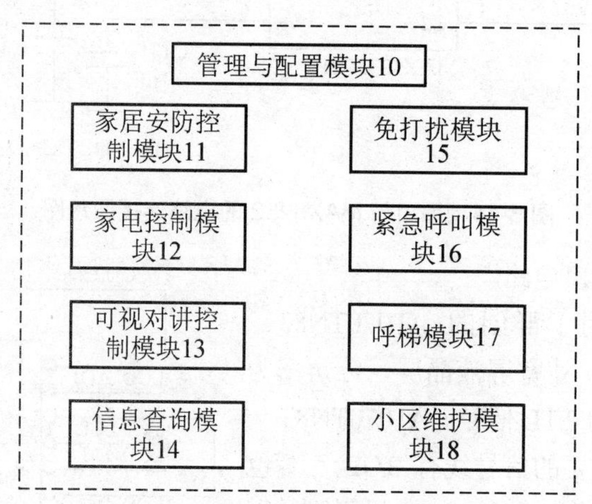

图 3-16　室内机核心处理器软件功能

主控 CPU 通过以太网接口单元与智能家居网络转换器相连接，并可通过无线通信收发单元对受控设备进行控制。

数字化室内机通过管理与配置模块进行设置，输入网络地址及栋单元与房号，与数字化门口机建立连接，另外，还可设置好自己的手机号码，当有客来访而用户不在家时，会发短信和来访客人的图片到预设的手机号码上，当来访客人在数字化门口机上呼叫数字化室内机时，进入可视对讲模块，扬声器响起铃声，同时显示单元上自动显示访客影像，如用户不在家或者没人接听时，铃声播放预设的时间后自动停止并留影，留影信息保存到存储单元内方便查阅，当用户接听后，可以与访客进行通话或直接按开锁键，打开数字化门口机控制的门锁，当用户在家想知道门口单元的情况时，可以按监视键打开数字化门口机的摄像头，对门口单元进行监视，另外，还可在该模块下直接输入同一小区，在同一个网

络中得用户的栋单元号及房号，呼叫对方并进行通话；用户可根据实际情况通过家居安防模块对室内的安防设备进行布撤防控制，安防设备包括门磁、窗磁、报警器、烟感器、煤气探测器等，布防成功后的触发信息会传递给扬声器及外部报警器或物业管理，若为误触发，则点击屏幕的任何位置或按任何键停止警报；家电控制模块可根据实际情况对与数字化室内机无线通讯连接的家电设备进行控制，家电设备包括灯光、电视、窗帘、空调等，一般不是直接控制，而是通过智能开关或智能空调变换控制器等间接进行控制。

2. 室内机软件开发关键步骤

安装 Arm-linux-gcc

安装 VMware Workstation 5.0，创建一新的 linux 虚拟机，建议容量为 10G。启动 Redhat linux 9.0，安装虚拟机工具(VMware 的虚拟机－>安装虚拟机工具)，可加快虚拟机运行的效率；

设置虚拟机的共享文件夹(用于与 linux 共享文件，需先关闭 linux)；

安装 tftp 服务器(用于目标板下载文件)，samba 服务器(用于与 windows 共享文件)；

复制 arm-linux_20081209.tar.gz、ffmpeg-0.4.8.tar.gz 到/usr/src 目录下；

安装 toolchain (GCC-2.95.3, Binutils-2.11.2, and GLIBC-2.2.3) 到/usr/local directory；

在/etc/profile 文件中添加 PATH=$PATH:/usr/local/arm/2.95.3/bin ；

注销系统并重新登录；

arm-linux-gcc –version；显示 2.95.3：说明 arm-linux-gcc 安装成功。

1) 安装工具

安装 GCC，在“系统设置”－》“添加/删除应用程序”，选中“开发工具”选中“KDE 软件开发”，安装 xconfig support 目录下的：tcl-8.3.5-88.i386.rpm、tcllib-1.3-88.i386.rpm、tk-8.3.5-88.i386.rpm，安装 tftp 服务器，xconfig support 目录下的：tftp-0.32-4.i386.rpm、tftp-server-0.32-4.i386.rpm，并设置 tftp 目录，#service xinetd restart 启动。

安装 SMB 服务器，用于与 windows 共享文件，在“系统设置”－》“添加/删除应用程序”，选中“Windows 文件服务器”、“系统工具”，“服务器配置工具”－》“Samba 服务器配置工具”，注销系统并重新登录。

2) 编译内核

室内机 ramdisk(sound70_ramdisk.gz)

mkdir /mnt/loopfs

cd /usr/src/arm-linux/images

gunzip sound70_ramdisk.gz

mount –o loop sound70_ramdisk /mnt/loopfs

根据需要修改 ramdisk 的内容

umount /mnt/loopfs

gzip –v9 sound70_ramdisk

3) 编译室内机并生成镜像

cd /usr/src/arm-linux/arm-linux-2.4.19

```
# cp sound70.config  .config
# make xconfig
# ./mksound70.sh
```

程序烧录

安装 Multi-ICE_server 和 ADS1.2，用 Multi-ICE 连接核心板，运行 Multi-ICE_server，检测到芯片，运行 auto_burn 目录下的 burn_boot.bat 烧录 burnin(rom8120.bin)和 armboot.bin，打开 linux 确认开启了 tftp 服务，并编译了系统映像(msound70pImage、mdoorpImage 在 tftpboot 目录下)，将开发板连接网络，接调试串口(COMM1)到计算机，打开超级终端(波特率 38400)，为开发板上电，按 PC 的“ESC”进入 armboot，# tftp 0x2000000 msound70pImage; # erase 0x80240000 0x80bfffff; # cp.b 0x2000000 0x80240000 0x800000；即可烧录 linux 映像。

4) 各部分程序在 16M Flash 中存储地址如下：

0x80000000 － 0x800fffff　burnin(rom8120.bin)

0x80200000 － 0x8023ffff　armboot

0x80240000 － 0x80bfffff　linux 映像(msound70pImage、mdoorpImage)

0x80c00000 － 0x80ffffff　4M mtd(Flash 盘)

室内机软件设计

室内机软件系统采用模块化的设计方法组织任务算法编程，将软件系统分为系统设置模块、以太网通信模块、多媒体处理模块、探测信息模块、串口通信模块及触摸屏处理模块等如图 3-17 所示。

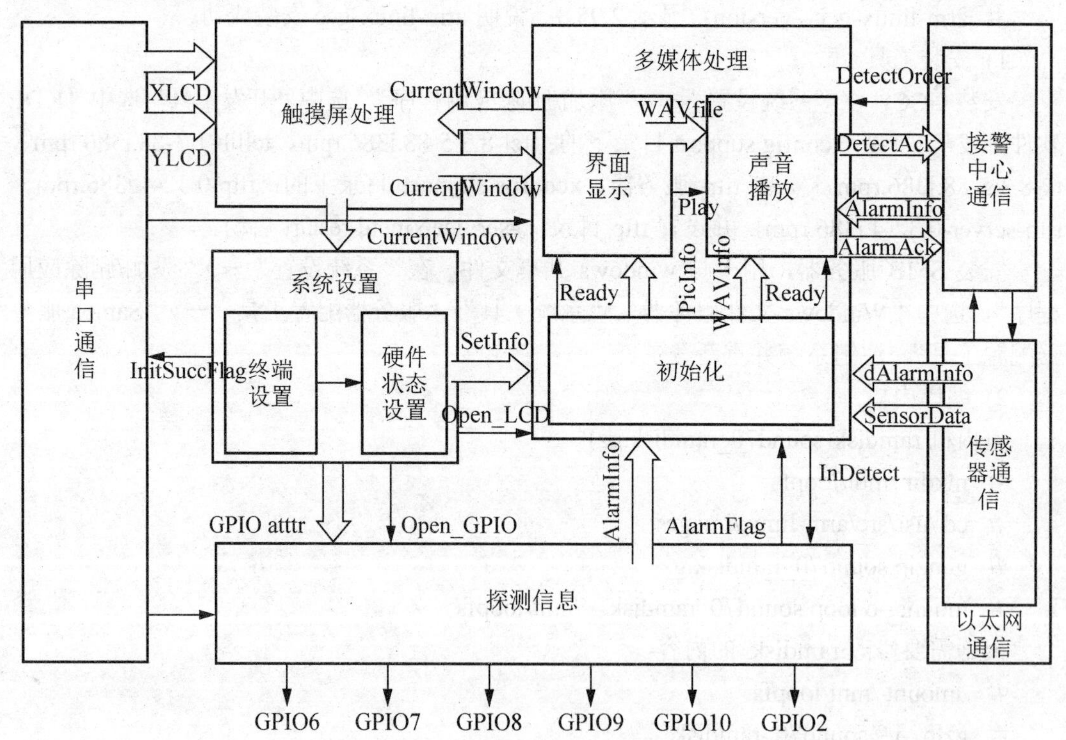

图 3-17　软件系统架构图

(1) 系统初始化模块：对所用 GPIO 口(GPIO6～GPIO11)进行配置及各变量的初始化。

(2) 信息获取模块：获取各探测器的数据，将收到的数据传送给信息处理模块。

(3) 信息处理模块：对收到的数据进行加工处理，判断是否有异常情况的发生，在有警情的情况下，一方面将报警信息发送给图形界面显示模块，实现图像报警；另一方面将报警信息发送给语音播放模块进行声音报警。除此之外，还将报警信息发送给远程报警联动子系统，进行远程报警。

(4) 图形用户界面模块：实现防入侵报警子系统的各个界面及系统用户与智能报警控制器之间的互动功能。

(5) 语音报警模块：当有入侵警情出现时，进行语音报警提示，引起系统用户的注意。

其中，该室内机在 GM8120 Linux SDK 已经集成了 GM8120 芯片中外围设备所有器件驱动，系统采用图形用户界面(WIMP Window.Icom.Menu.Poingion Device)实现人与监控设备之间的交互。采用 Framebuffer(帧缓冲)技术和 libjpeg 函数库实现监控设备 LCD 液晶屏上的图形界面。通过 UART 完成 GM8120 核心板与触摸屏控制器的通信，以实现人与监控设备的交互。系统在室内机上实现的操作界面包括对家电设备一起组成相应的情景模式。利用 Framebuffer 技术实现图形用户界面之前，首先要绘制好图片以.jpg 的文件格式进行存储，并将其放到/usr/pic 目录下，计算出 LCD 液晶屏缓冲区的大小，完成屏幕缓冲区向用户控件的映射工作。然后通过调用 Libjpeg 函数库中的 API 进行 JPEG 解压缩，将解压后的数据存储到屏幕缓冲区的映射空间，就可以直接在 LCD 液晶屏上实现图形界面。通过调用家居控制操作函数 OperateSigWiringWindow(short wintype, int currwindow)函数，进入控制菜单，通过 UDPSendwirelessData2( )函数按照协议要求打包数据并发送到家庭网关，给出相应的控制命令。室内机软件模块及界面流程如图 3-18：

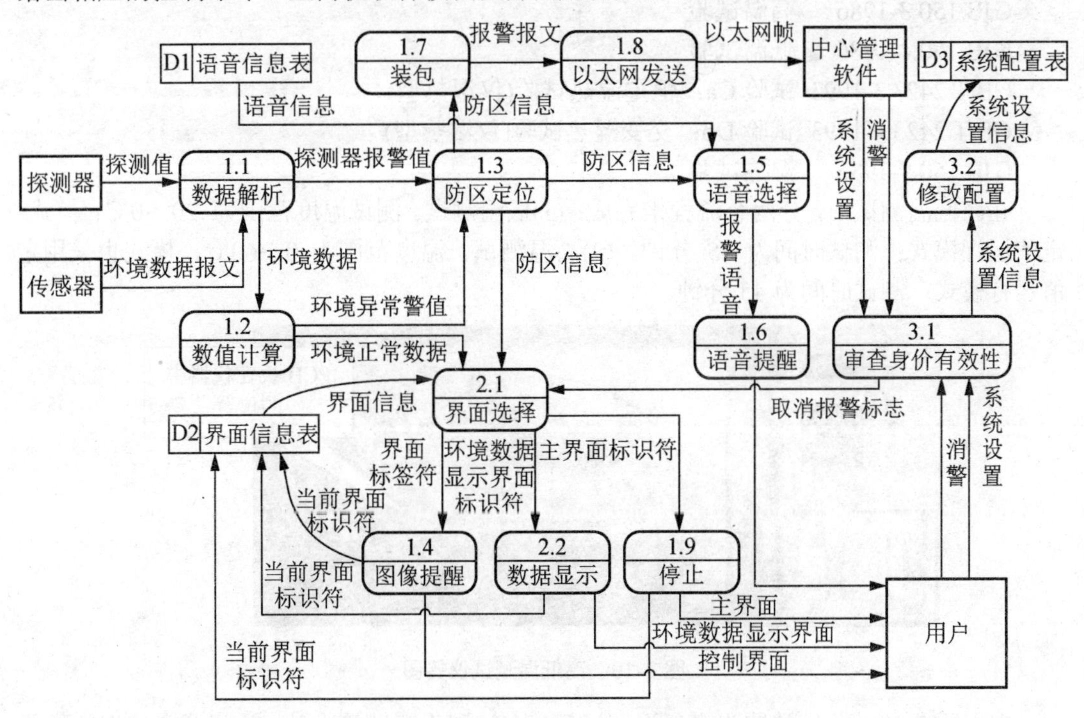

图 3-18 室内机软件模块及界面流程图

相较于现有技术而言，数字化室内机集可视对讲、家居控制、安防控制于一体，这样安装使用方便、节约了用户的成本，并可起到监视和留影的功能，通过 TCP/IP 联网的方式实现相关的功能，采用数字信号的方式进行传输，使智能家居安防系统处理音视频和控制信号的能力得到提高，而且，智能家居安防系统可具有在线升级功能，系统版本通过网络更新，使得系统的维护更加方便，更加重要的是，当用户不在家时可快捷方便地利用手机终端通过智能家居网络转换器传递信号。

当用户不在家时可快捷方便地利用手机终端通过智能家居网络转换器给数字化室内机传递信号，数字化室内执行控制命令对用户室内的家电设备实行远方控制。

3.1.4 室内机的测试

1. 硬件测试

本文的测试主要包括高温测试和低温测试。高低温测试是以重庆邮电大学自动学院提供的高低温湿热试验箱为平台。

测试仪器采用的是由重庆汉巴试验设备有限公司(HANBA)生产的高低温湿热试验箱，型号为 HUT703P，该仪器是参照 GB10592-89 高低温变化试验箱相应技术条件制造。可以对整机(或部件)、电器、仪器、材料等物件做温湿度测试试验、高低温例行试验、耐寒试验，以便考核试验品的适应性或对试验品的行为作出评价。

产品满足试验标准及方法：

GB/T 2423.1-2001 试验 A：低温试验方法
GB/T 2423.2-2001 试验 B：高温试验方法
GJB 150.3-1986 高温试验
GJB 150.4-1986 低温试验
GB/T 2423.3-1993 试验 Ca：恒定湿热试验(仅湿热型)
GB/T 2423.4-1993 试验 Db：交变湿热试验(仅湿热型)
GJB 150.9-1986 湿热试验

在高低温测试中，分两个流程来完成：(1)低温测试。测试温度范围为−20～0℃；模式：定值运行模式；测试时间为 45 分钟。(2)高温测试。温度范围为 0～60℃，模式也采用定值运行模式；测试时间为 45 分钟。

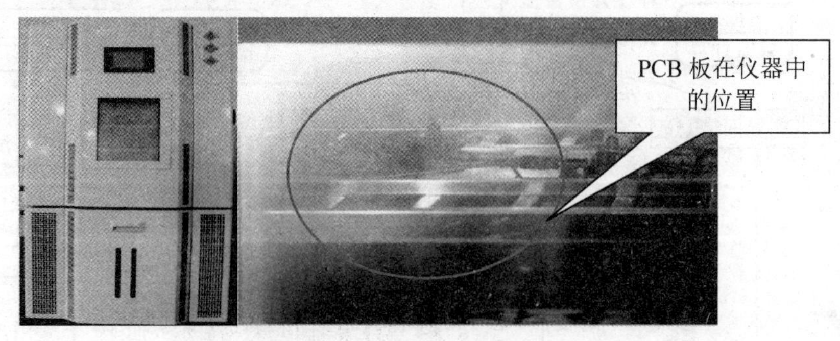

图 3-19 高低温测试仪器图

在上图 3-19 中，左边图为高低温测试箱，右边图为测试箱内部，通讯圆卡的摆放位置

在图中有所标识。测试方法：在测试之前，首先对圆卡进行上电运行，保证测试之前圆卡工作正常；然后断电进行高低温测试，在达到所限定的极值后，在持续的低温与高温工作下对圆卡进行上电，如果设备运行正常，说明测试通过。

测试操作过程分以下几步来完成：

① 首先对圆卡进行上电测试，确保圆卡工作是正常的。然后在测试箱中合理摆放，仪器上电。

② 对测试模式，温度目标值，测试时间等参数进行设定，对相关参数设定完后，点击运行。

③ 在测试过程中，随时关注温度值的变化和趋势图的变化

④ 当运行时间达到设定值以后，对圆卡进行上电运行。

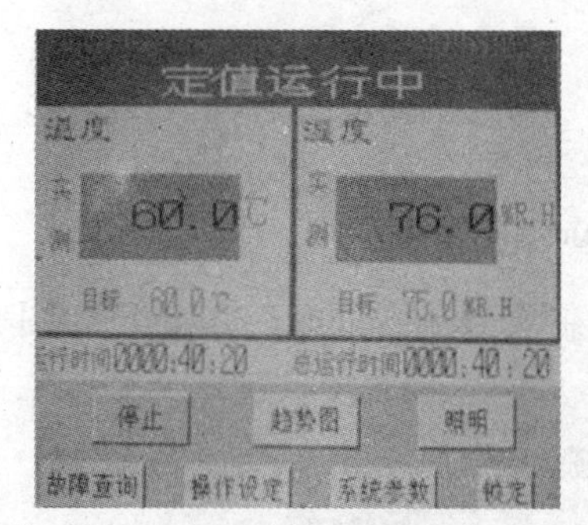

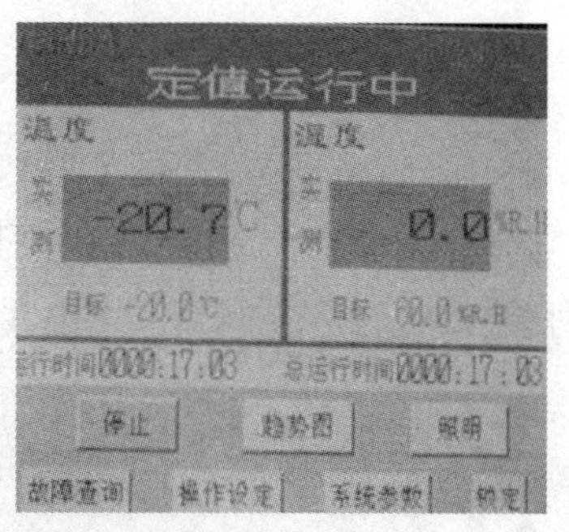

图 3-20　高低温测试界面图

图 3-20 是高低温测试过程中的两个操作界面截图，左图为低温测试，低温测试温度目标值为-20℃，图中，运行时间显示 17：03 显示的是从室温达到目标值所耗费的时间，这个时间可以根据斜率(一分钟之内温度的变化值)参数值大小来进行调整，当温度值达到目标值以后让设备保持在这个温度持续运行，直到时间达到设定时间 45 分钟；在右图中，显示的是高温测试操作界面，目标值取值 60℃。

在测试中，还可以通过趋势图来实时观察仪器内部温度的变化曲线，曲线图如下图 3-21 所示。从图中可以看出，红色线标识温度值，在上图中，温度的可视范围为 0～100℃，100℃是设定的仪器最大容许温度值，就是在目标值参数设定中，不能超过仪器设定的最大温度值，也相当于一个保护值。

图 3-21　高温测试曲线图

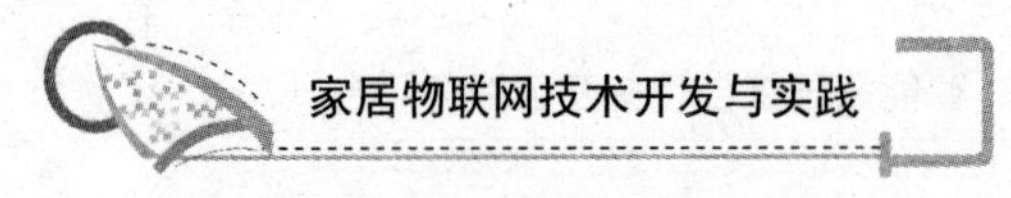

2. 软件测试

在测试中，针对智能家居控制系统，我们首先测试室内分机的 Bootloader 和内核引导测试，最后组网进行综合测试。将室内分机的调试串口和 PC 机的串口连接起来，在 PC 机上打开 SecureCRT 串口调试工具，对 SecureCRT 进行如图 3-22 所示的设置。

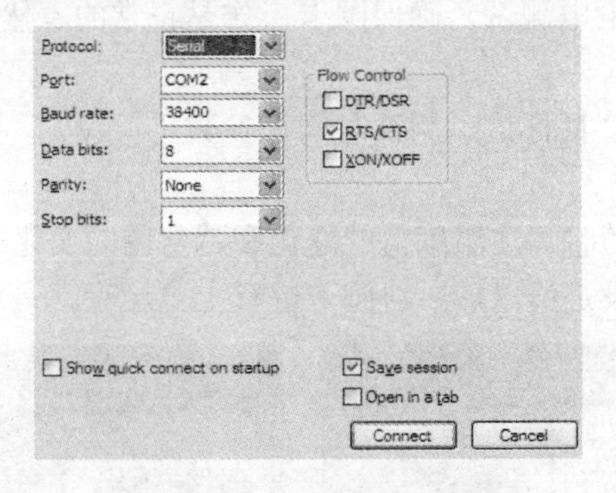

图 3-22 SecureCRT 的设置

室内分机外接 12V 的直流电源，上电我们会看到 SecureCRT 出现如图 3-23 所示的打印信息。

```
CPE>101246Will set the following freq...
CPU freq = 221184000, AHB freq = 110592000, MPEG4 freq = 110592000

**********************************************
Please input Space to run Linux
Please input ESC to run ArmBoot
Please input . to run burn-in
Otherwise, system will run Linux after 1 sec
**********************************************
Jump 0x80200000
Faraday ARMboot Version 0.21 for FIC8120(Apr  9 2008-22:21:24)
ARMboot code: 00200000 -> 0021a588
DRAM Configuration:
Bank #0: at address 0x0 (64 MB)
Check for MX29LV008B flash(8bit x4)   DDI1=0x180089, DDI2=0x0 (no)
Check for MX29LV640BB flash(16bit x1)   DDI1=0x89, DDI2=0x18 (no)
Check for MX29LV640BT flash(16bit x1)   DDI1=0x89, DDI2=0x18 (no)
Check for Samsung K8P6415UQB flash(16bit x1) DDI1=0x89, DDI2=0x18 (no)
Check for S29GL064AR3 flash(16bit x1)   DDI1=0x89, DDI2=0x18 (no)
Check for SST39VF080 flash(8bit x4)   DDI1=0x180089, DDI2=0x0 (no)
Check for SST39VF016 flash(8bit x4)   DDI1=0x180089, DDI2=0x0 (no)
Check for SST36VF1601 flash(16bit x1) DDI1=0x89, DDI2=0x18 (no)
Check for SST36VF3201 flash(16bit x1) DDI1=0x89, DDI2=0x18 (no)
Check for SST36VF640B flash(16bit x1) DDI1=0x89, DDI2=0x18 (no)
Check for Intel flash(16bit x2)       DDI1=0x180089, DDI2=0x0 (no)
Check for Intel flash(16bit x1)       DDI1=0x89, DDI2=0x18 (yes)
Flash: (16 MB)
```

图 3-23 硬件初始化信息

这些信息主要是硬件初始化的一些信息。初始化必要的寄存器和外设，并把固态存储如 SDRAM、Flash 的大小，页数等信息打印出来。

内核的引导：从固态存储介质(Flash)中读取内核映像及文件系统映像到 SDRAM 中，解压 Image 文件并运行程序。内核引导如图 3-24 所示。

```
Please input Space to run Linux
Please input ESC to run ArmBoot
Please input . to run burn-in
Otherwise, system will run Linux after 1 sec
**********************************************
Jump 0x80240000
Uncompressing Linux.......................................
one, booting the kernel.
Linux version 2.4.19-rmk4 (root@xu3) (gcc version 2.95.3 20C
04:21 CST 2009
CPU: Faraday FA526id(wb) revision 1
ICache:8KB enabled, DCache:8KB enabled
Machine: Faraday CPE
```

图 3-24 内核引导图

从图 3-24 可以看出，内核已经启动，内核的存放地址是从 0x80240000 开始的。内核的版本为 2.4.19，gcc 版本为 2.95.3 等系统相关的信息。

此外 U-Boot 还提供了一些扩展功能主要是为了提供调试手段的多样化和便利化做一些工作，如文件写入存储介质：提供将 SDRAM 中文件写入存储介质(Flash)的功能，这些功能主要是通过 U-Boot 提供的命令来实现的。U-Boot 的命令如图 3-25 所示。

```
tftpboot- boot image via network using TFTP protocol
               and env variables ipaddr and serverip
rarpboot- boot image via network using RARP/TFTP protocol
bootd    - boot default, i.e., run 'bootcmd'
loads    - load S-Record file over serial line
loadb    - load binary file over serial line (kermit mode)
autoscr  - run script from memory
md         memory display
mm       - memory modify (auto-incrementing)
nm       - memory modify (constant address)
mw       - memory write (fill)
cp       - memory copy
cmp      - memory compare
crc32    - checksum calculation
base     - print or set address offset
printenv- print environment variables
setenv   - set environment variables
saveenv  - save environment variables to persistent storage
protect  - enable or disable FLASH write protection
erase    - erase FLASH memory
```

图 3-25　U-Boot 的命令

从图 3-25 可以看出 U-Boot 提供了 tftp 远程下载的命令，还提供了存储器的复制和擦除命令 cp 和 erase。通过以上的测试，说明 U-Boot 已经移植成功了，Linux Kernel 已经可以成功启动了。

3．验证系统

在完成了上述的测试后，把已经制作好的设备组建成一个小型的网络。网络主要包含了 PC 机、门口机、室内分机、门磁窗磁和窗帘控制器等设备，以及用于组网用的交换机。在系统的验证过程中，主要验证系统的可视对讲功能、安防报警和窗帘控制的功能。在进行系统验证的时候我们搭建如图 3-26 所示的网络拓扑图。

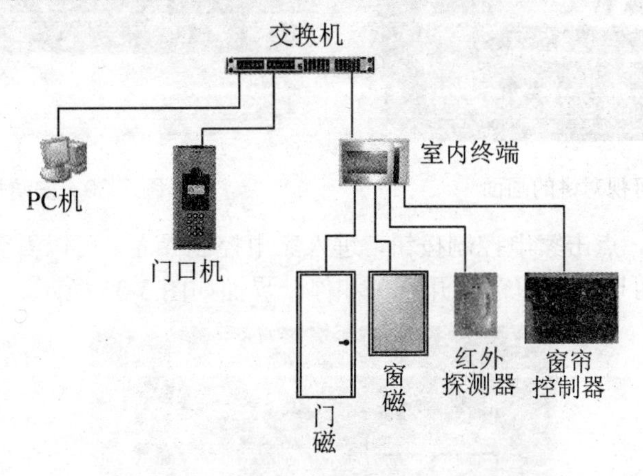

图 3-26　智能家居系统拓扑结构图

从图 3-26 所示可以看出拓扑结构采用了星型的拓扑结构，所有的数据都是通过交换机来转发给其他的网络设备。首先验证系统的可视对讲功能。在验证前我们要对系统的网络地址进行配置，使设备都在一个网络段上面。系统上电后室内分机出现如图 3-27 所示的开机界面。

点击“系统设计”按钮，进入设置界面如图 3-28 所示。

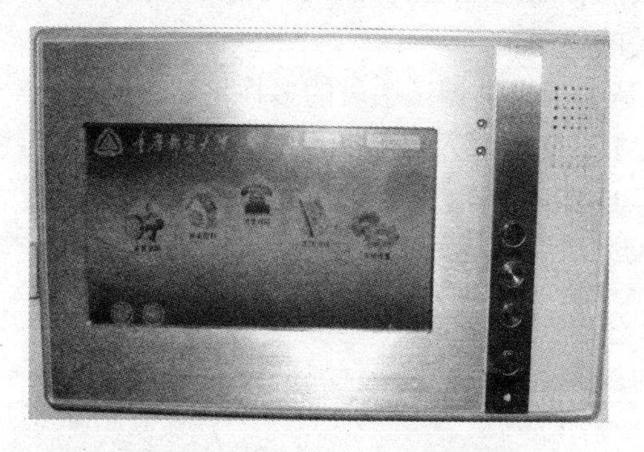

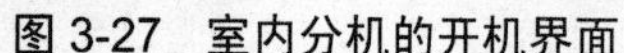

图 3-27 室内分机的开机界面

图 3-28 系统设置界面

设置 IP 地址和房号，将 IP 地址设置为 172.22.136.61，房间号设置为 0103。通过门口机呼叫 0103 号房间，可以看到室内分机出现很清晰的画面，如图 3-29 所示。

通过测试，验证了可视对讲功能的实现，并且画面流畅语音清晰。

在进行安防报警功能验证的时候，首先要对系统进行布防，等系统布防成功后，人为地开门开窗，站在红外探测器前面，室内分机就会发出有人入侵的警报声，并且出现报警界面，如图 3-30 所示。

图 3-29 可视对讲的画面

图 3-30 安防报警界面

如图 3-27 所示，点击家电控制按钮，进入家电控制界面，可以看到有窗帘控制，通过点击相应的按钮，可以控制窗帘的开、关和停，界面如图 3-31 所示。

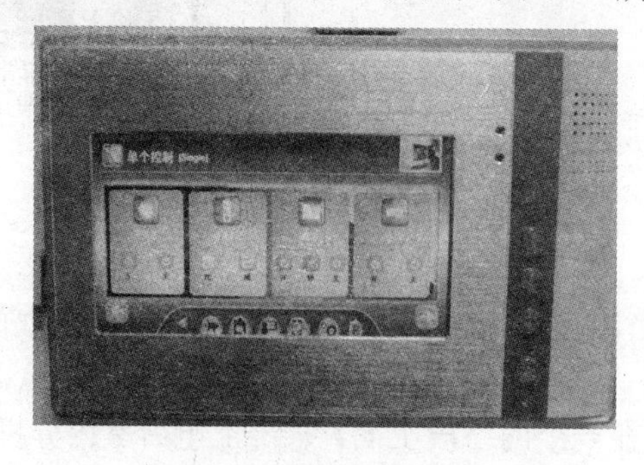

图 3-31 家电控制界

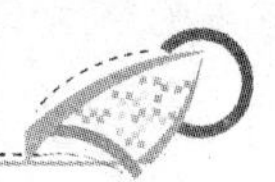

3.2　家庭物联网网关

3.2.1　网关的技术背景

家庭物联网网关作为智能家居与外界的通信接口，建立在网络层之上的协议转换器，具有效率高、响应实时、可靠性高、功耗低，抗干扰能力强等特点，同时应具有很好的通用性，所有家庭设备信息都将在家庭物联网网关进行处理、存储和转发，因此家庭物联网网关的研发，是构建智能家居中至关重要的一步。智能家居中网络形式并不单一，人们可据需求采用不同的无线组网技术构建自己的家庭无线传感器网络，如基于 IPv6 的 6LoWPAN 技术，常用的家庭无线组网技术 Zigbee 等，把家庭设备通过无线传感器网络连接起来，同时，家庭内部还存在着其他网络，如常用的 Wi-Fi 网络、蓝牙网络、GPRS 网络等等，如何把这些异构网络连接起来，实现家庭设备与手机或 PC 机等终端的互联互通，实现人与物的交互，因此物联网网关首当其冲要解决家庭网络异构问题。

3.2.2　网关的硬件设计

在整个智能家庭网络体系中，家庭物联网网关是整套系统的核心部分，它是连接上层终端设备以及下层节点设备的桥梁，既要与上层终端设备如手机、平板、室内终端机等进行数据通信，又要对下层节点设备进行控制和管理。

家庭物联网网硬件设计采用模块化设计方式，其硬件框如图 3-32 所示。核心处理器可根据实际需求进行选型，此处以韩国三星公司 S3C6410 为例，WSN 协调器的选择由家庭无线传感器网络组网形式决定，如果家庭无线传感器网络由 Zigbee 构建，则 WSN 协调器 CPU 可选择 CC2430，S3C6410 与 WSN 协调器之间通过串口通信，以实现对无线传感器设备的数据采集和管理等；蓝牙模块可选择 GC-02 模块或其他，以实现家庭物联网网关和蓝牙终端设备间的无线短距离通信；Wi-Fi 模块可选择市场上成熟的基于 Marvell 8686 等芯片的 SDIO 接口的模块或其他，与 S3C6410 直接通过 SDIO 口进行通信，Wi-Fi 终端设备在室内可不通过访问服务器，而直接访问家庭物联网网关以实现对家居设备的管理和控制；GPRS 模块可选择华为 EM310 模块或其他，与 S3C6410 直接通过串口进行通信，当发生险情时，家庭物联网网关立刻将险情信息通过 GPRS 网络以短信或电话的方式告知业主；Ethernet 以太网采用标准的 RJ-45 接口，家庭物联网网关通过以太网接口接入互联网，将数据送给小区服务器，以实现移动终端的远程访问。

在图 3-32 中，家庭物联网网关的硬件大体上被分成了两部分：核心处理模块和主板功能模块。其中核心处理模块主要是 CPU 的最小系统电路，包括了 SDRAM、Flash 存储电路、时钟电路等。主板功能模块包括电源电路、以太网接口电路、CC2430 电路、蓝牙电路、串口调试电路以及 RS485 接口电路等。电源电路主要提供核心处理模块和主板上各个功能模块所需的工作电压，使整个家庭物联网网关能够正常稳定的工作；以太网接口电路主要用于网络连接和通信；CC2430 电路和蓝牙电路主要用于构建智能家庭无线网络；串口调试电路为调试家庭物联网网关的软件程序提供了一个稳定的调试接口；RS485 接口电路主要用于家庭内部有线设备与家庭物联网网关的通信。

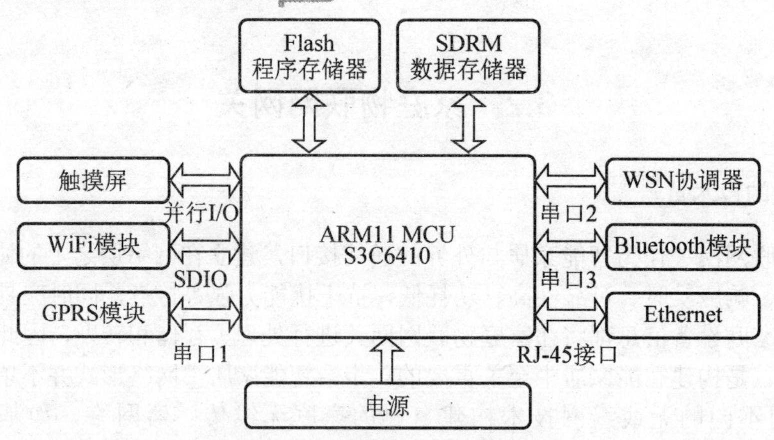

图 3-32　家庭物联网网关硬件框图

1) 核心处理芯片

在此课题中，核心处理芯片所采用的是韩国三星电子公司生产的 S3C6410 系列的 CPU 芯片，具体型号为 S3C6410。此 CPU 芯片具有强大的应用处理功能，采用 ARM1176JZF-S 的内核，包含独立的 16KB 的 Cache 指令数据和 TCM 指令数据。当芯片工作时，主频最高可达到 800MHz，一般正常工作时主频为 533MHz 和 677MHz。此 CPU 芯片内部 64/32bit 的总线结构是 AX1、AHB 和 APB 总线。

2) JTAG 调试接口电路

JTAG 是一种国际标准测试协议，主要是用于芯片内部测试及对系统进行仿真、调试。JTAG 技术是一种嵌入式调试技术，它在芯片内部封装了专门的测试电路 TAP，通过专用的 JTAG 测试工具对内部节点进行测试，微处理器 S3C6410 内部包含有 JTAG-ICE 调试接口，通过 JTAG 调试接口，上位机可以实现对 Flash 进行程序下载、清除等操作。S3C6410 微处理器内嵌支持 JTAG 调试接口的部件，其接口电路如图 3-33 所示。

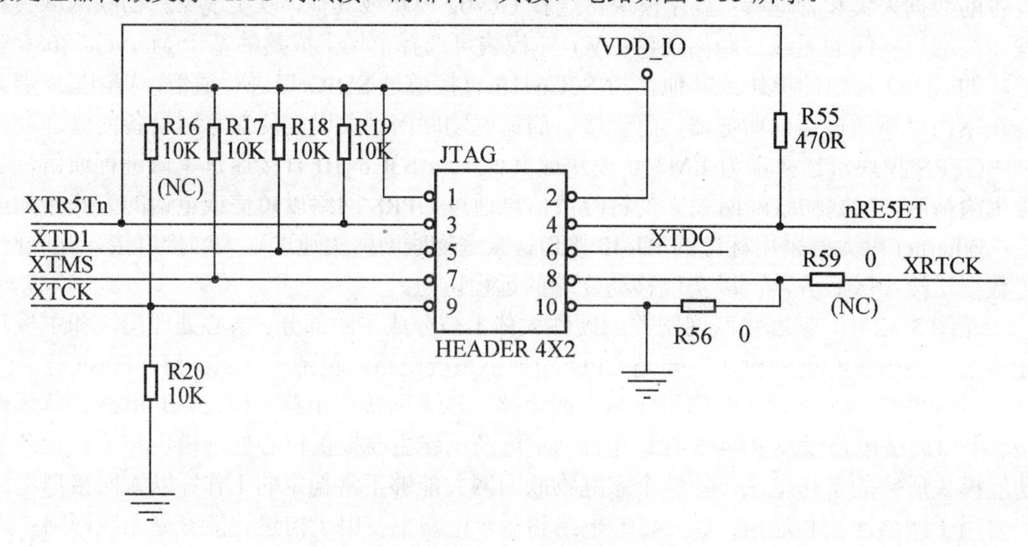

图 3-33　JTAG 调试接口电路

3) CC2430 模块电路

CC2430 专门针对 IEEE802.15.4 和 zigbeeTM 应用，因其便宜的价格，可以用很低的费用进行无线节点组网，从而降低设计的成本。同时 CC2430 结合了领先的 CC2420 RF 收发器，业界标准的增强 8051MCU，特别适合要求低功耗的系统，通过不同的操作模式之间的短转换时间进一步保证了低功耗。

由于 CC2430 是无线 SOC 设计，其内部已集成了大量必要的电路，因此采用较少的外围电路即实现信号的收发功能，图 3-34 为 CC2430 的电路原理图。Y2 为 32MHz 晶振，用 1 个 32 MHz 的石英谐振器和 2 个电容(C3 和 C4)构成一个 32 MHz 的晶振电路；Y1 为 32.768kHz 晶振，用 1 个 32.768 kHz 的石英谐振器和 2 个电容(C1 和 C2)构成一个 32.768 kHz 的晶振电路。C5 为 5.6pF，电路中的非平衡变压器由电容 C5 和电感 L1、L2、L3 以及一个 PCB 微波传输线组成，整个结构满足 RF 输入/输出匹配电阻(50 Ω)的要求。另外，在电压脚和地脚都添加了滤波电容来提供芯片工作的稳定性。

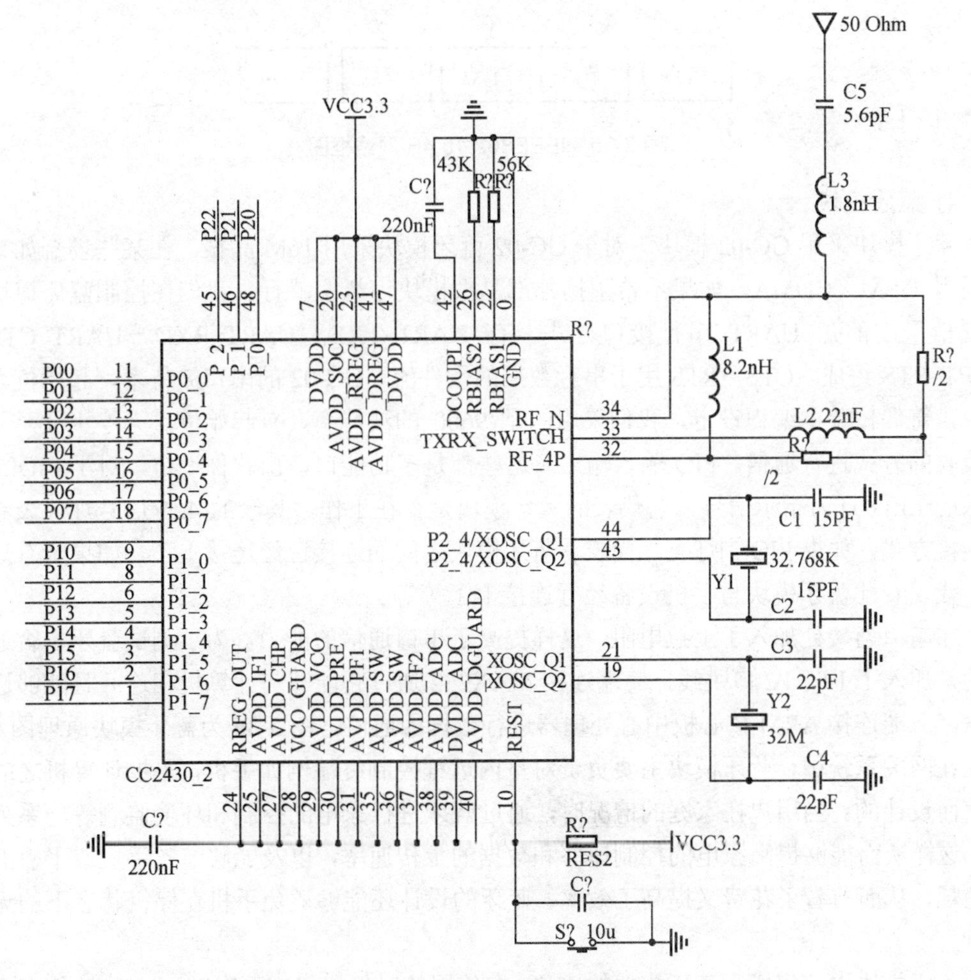

图 3-34　CC2430 外围电路原理图

对于 CC2430 模块采用 32Mhz 晶振作为系统工作频率，CC2430 模块在网关系统中主要用于协调器来进行工作，其片内烧写 IEEE802.15.4E 的通信协议，可以实现对下层子节点设备的组网，采用串行通路的方式与核心板接口相接，作为协调器主要负责采集接收网络发送的网络数据，并对其协议进行解析，提取出应用层协议，然后以串口的方式发送至网关进行数据处理。其 CC2430 网络组网以及下层设备的框图如下图 3-35 所示。

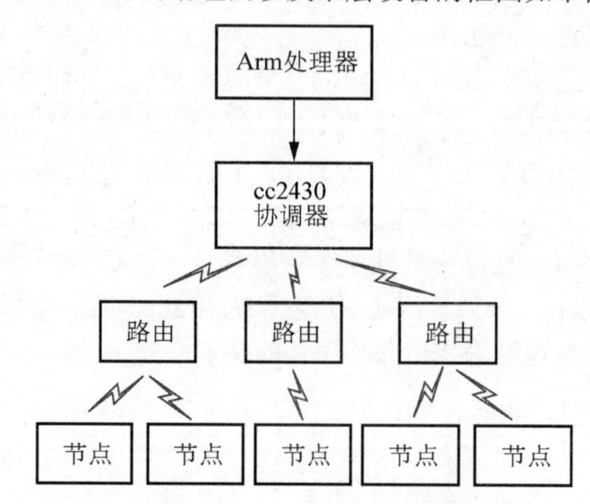

图 3-35 IEEE802.15.4E 网络框图

4) 蓝牙模块

蓝牙模块采用 GC-02 模块。对于 GC-02 蓝牙模块采用 16M 晶振，在某些场合如果需要采用 GSM，CDMA，如果不希望接外部晶振模块可悬空就行。我们在控制蓝牙模块之间通信采用的是 UART 串行接口方式，有 UART_TXD，UART_RXD，UART_CTS，UART_RTS 组成，CTS，RTS 用于串行数据的硬件流，GC-02 的串口波特率，起始位，停止位，奇偶校验由编程设定，我们采用的是 9600 的波特率，有起始位，无停止位，无奇偶校验的方式进行通信。PIO 输入输出口这些都是多功能口，由软件设定，对于 PIO[5]口接入的 LED 灯为指示信号，它代表的蓝牙模块是否在工作，其余的 4 位信号灯代表着它的连接方式，如果 PIO[2]灯亮，代表着蓝牙模块之间的连接已经连接上了，如果所有灯全亮，代表着此蓝牙模块与手机设备经行连接上了等等。

在串口连接处加入了上拉电阻，这样提高了串口通信的能力，为了测试蓝牙是否通信成功，加入了 P1，P2 口跳线，一端连接 MAX232 通过它能够与计算机相连并且能够进行调试，一端连接 ARM 核心板中心处理器进行数据的通信。图 3-36 为蓝牙模块原理图。

在网关系统中，蓝牙模块主要负责对室内远程控制终端例如手机，平板计算机之间的通信而设计的。当用户在家庭的情况时，通过蓝牙进行家电的控制和环境监测等一系列活动，这样从而能够提高家电的控制速率和数据的上传速率，以及能够节省手机或平板的流量消耗，从而节省了花费又提高了效率。蓝牙的设计还能够避免手机在停机状态下的无法控制。

蓝牙模块内部集成了蓝牙相关的协议，在使用的时候仅仅需要对其 mac 地址的查找以及匹配，并搜寻其相应的协议，然后进行连接匹配，实现透明的串口通信。

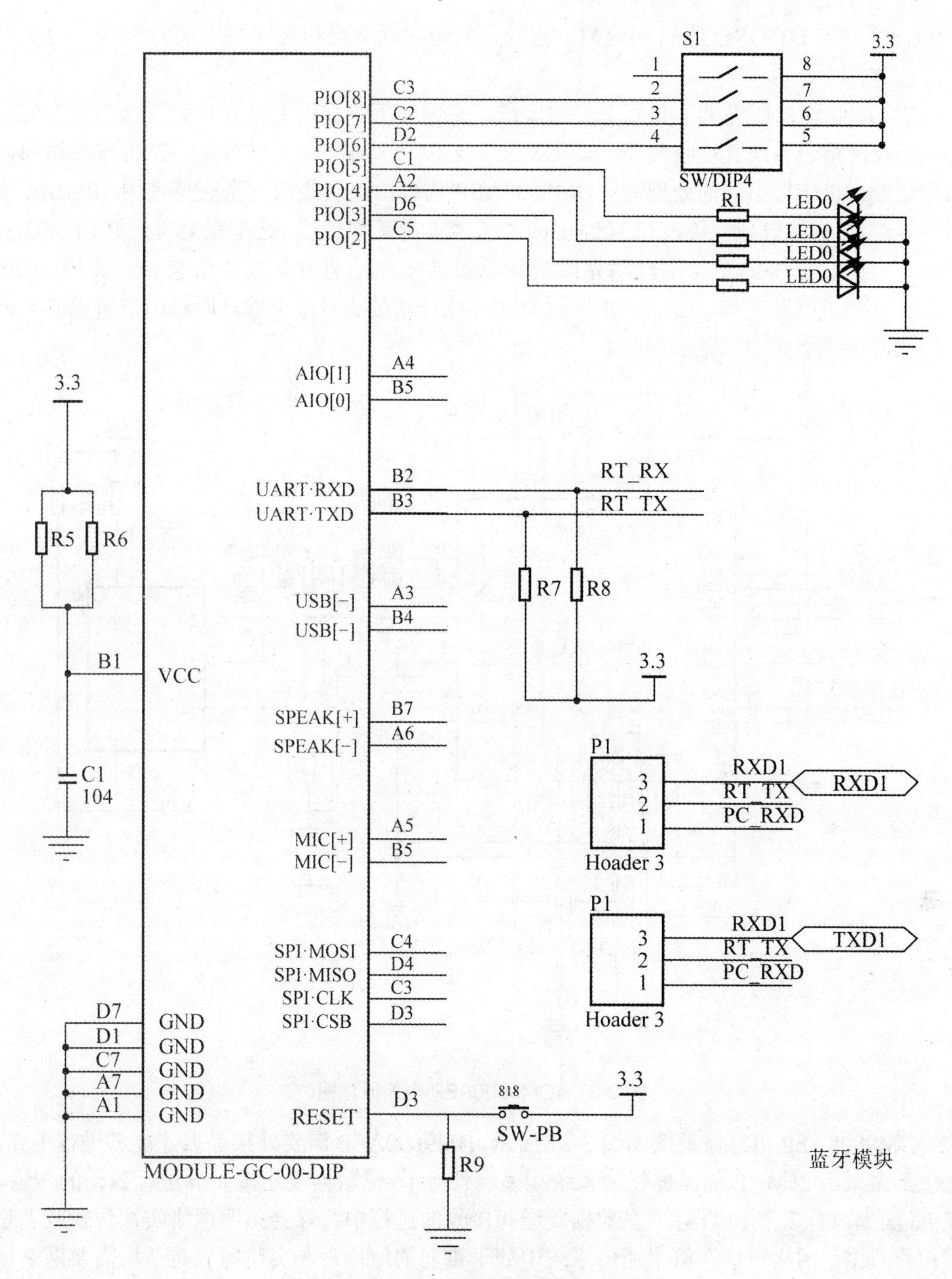

图 3-36　蓝牙模块原理图

5) 以太网接口电路

以太网控制电路采用 DM9000AEP 芯片作为系统的网络通信芯片，该芯片是一款完全集成符合成本效益单芯片快速以太网 MAC 控制器和一般处理接口，一个 10/100M 自适应的 PHY 和 4K DWORD 值的 SRAM。它的目的是在低功耗和高性能进程的 3.3V 与 5V 的支持宽容。

DM9000AEP 还提供了介质无关的接口，来连接所有提供支持介质无关接口功能的家用电话线网络设备或其他收发器。该 DM9000AEP 支持 8 位， 16 位和 32 位接口访问内部存储器，以支持不同的处理器。DM9000AEP 物理协议层接口完全支持使用 10MBps 下 3 类、4 类、5 类非屏蔽双绞线和 100MBps 下 5 类非屏蔽双绞线。这是完全符合 IEEE 802.3u 规格。它的自动协调功能将自动完成配置以最大限度地适合其线路带宽。还支持 IEEE 802.3x 全双工流量控制。这个工作里面 DM9000AEP 是非常简单的，所以用户可以容易的移植任何系统下的端口驱动程序。

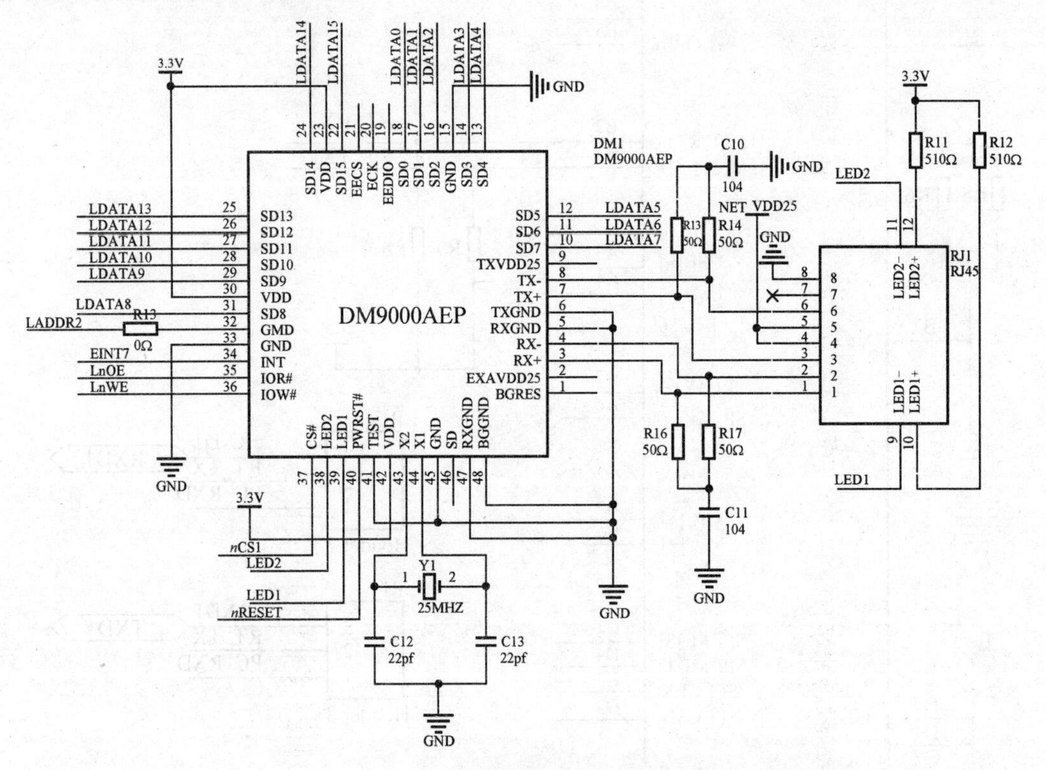

图 3-37　DM9000AEP 电路原理图

DM9000AEP 电路原理图如图 3-37 所示。DM9000AEP 需要外接晶振才能够进行工作，这里晶振采用 25MHZ 的晶振作为系统频率，外接 16 位数据线连接 arm 进行数据的传输，在 RJ45 上，有 2 个 LED 灯，在数据发送和接收的过程中，灯会指明网络实在传输或者是在接收数据，网络通信在整个通信系统中处于重要的地位，在实现与人对话均需要网络接口，在网络接口接入我们整个的小区服务器。

6) 串口调试电路和 RS485 接口电路

串口通信在嵌入式系统中必不可少的一部分，串口通信是协议转换的必要通路，也是上位机对下层设备控制连接通路。RS485 总线传输形式在要求通信距离为几十米到上千米时，发挥了它巨大的优势，它采用平衡发送和差分接收，因此具有抑制共模干扰的能力。

加上总线收发器具有高灵敏度，能检测低至 200mV 的电压，故传输信号能在千米外得到恢复，RS485 采用半双工的工作方式，任何时候只能有一点处于发送状态，因此，发送电路须由使能信号加以控制，并且 RS485 在用于多点互联时非常方便，可以省略许多信号线。应用 RS-485 可以联网构成分布式系统，其允许最多并联 32 台驱动器和 32 台接收器。

在多协议家庭物联网网关的设计中中，串口直接接到 S3C6410 主芯片上，接口电路原理图如图 3-38 所示。对于 RS485 接口则需要进过 MAX485 芯片进行协议转换才能够实现远程通信。其电路原理图如图 3-39 所示。

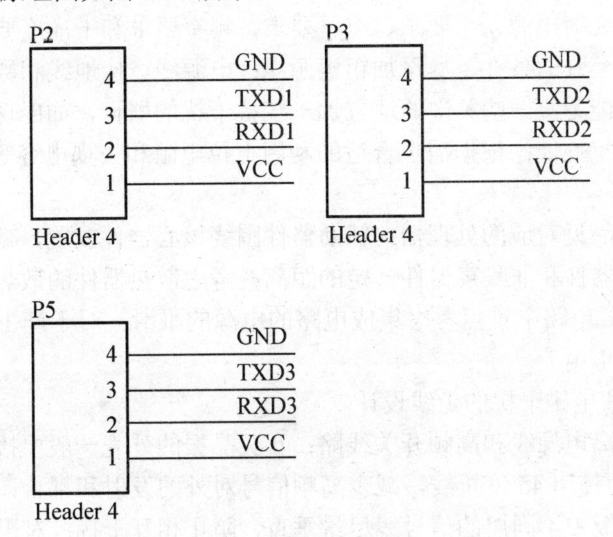

图 3-38　串口接口电路原理图

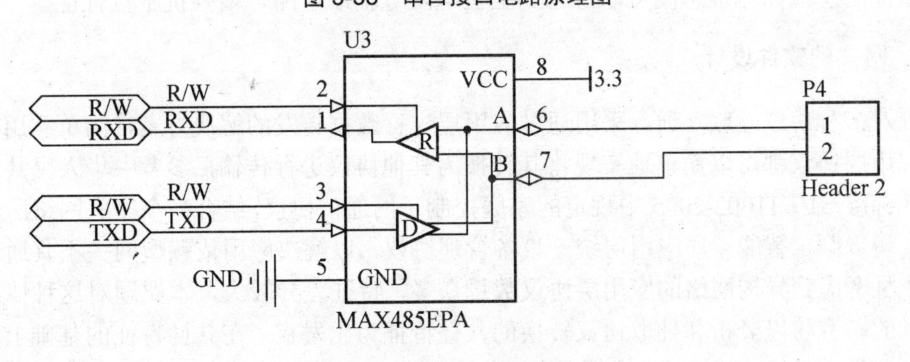

图 3-39　RS485 接口原理图

7) PCB 板抗干扰设计

PCB 设计基本要素包括工作层面、器件封装、信号导线、焊盘以及过孔，其中工作层面包括信号层、电源层、接地层、机械层、防护层以及其他工作层面。按照导电层数分类的话，PCB 板可以分为单层板、两层板和多层板三类，本设计中无线射频模块和网关底板都是用的两层板设计。通常情况下，对于低速时钟电路的 PCB 板，在全面掌握通用 PCB 设计原则前提下可以保证一次性设计成功。而对于高频的数字电路，尤其 RF 射频电路，需要考虑电磁兼容方面的 3 个问题：保证信号的可靠传输、抑制电磁干扰、确保信号的完整性，一般需要 2 版甚至多版才能保证电路品质。

虽然电路板设计时需要面对复杂的电磁兼容问题，但如果遵循一定的设计原则，是可以降低一些干扰发生的，通常的PCB设计原则体现在以下几个方面：

(1) 接地设计。

地线尽量加宽(或加大覆地铜的面积)；低频一般采用单点接地，高频采用多点接地；数字地和模拟地尽量分开，通过电感元件连接；保证高功率区域有整块的地层；接地布线时尽量减少环路的面积，降低感应噪声。

(2) 电源设计。

根据电路各单元对电源功率要求、电压要求、频率要求和干净度要求来选择合适的电源和转换芯片；在允许的条件下尽量加粗电源线；电源线、接地线和数据传输方向尽量保持一致，增强抗噪能力；一些关键的地方加一些抗干扰的器件，如磁珠、滤波器、磁环和屏蔽罩，提高抗干扰性能；根据需求合适的利用上拉电阻和去耦电容等辅助电路。

(3) 布局设计。

震荡电路尽量靠近对应的处理器；辅助器件围绕核心器件放置，减少和缩短期间之间的连线；保证噪声器件和非噪声器件一定的距离；考虑散热器件的散热问题；缩短高频器件之间的连线；RF电路中重点考虑集成电路的电源的平滑；对于产生放电的器件要采用放电电路来吸收放电电流。

(4) 降低噪声和电磁干扰的走线设计。

时钟信号线远离电源线和高频开关线路；石英晶振的外壳一般要接地；布线时尽量不使用90度折线，而使用45度折线，减少高频信号对外的发射和耦合；任何信号线要避免走环路；多层电路板中不同层的信号线尽量垂直，防止相互干扰；对于信号线过长或数据总线、控制总线和地址总线可以考虑加上拉电阻等辅助电路，增强抗干扰性能。

3.2.3 网关的软件设计

针对多种协议互联互通，采用通过应用层进行数据转发的解决方案，简单实用，任何一种应用层协议都可以简单地实现将其转换为其他协议进行传输，参考中华人民共和国电子行业标准SJ/T 11002-2005中规定的家庭控制子网通信协议，结合当今家庭网络所使用的设备，初步制定智能家居应用层统一设备管理协议，以解决应用依赖型网关不具通用性的缺点，且考虑到异构网络的应用层协议数量众多，特征差异较大，本课题对这种情况下协议翻译的研究将以分析和抽取协议转换的共性特征为出发点。在共性特征的基础上，构建以服务为核心的转换接口集。各种应用协议在进行相互转换时，必须支持通用接口集，以保证基本互联互通功能的实现。针对具体的应用协议，在通用接口集之上还可进一步设立增强的专用转换接口集。专用接口集根据特定的协议进行定制化和优化，以充分体现应用协议自身的特征。图3-40是一个典型的转换案例。应用协议A、B、C三者之间能够利用通用转换集实现基本的互联互通，而A和B之间还可利用特定的专用转换集提供增强的协议转换支持能力。这种“通用基本集+专用增强集”的服务接口模式，既能保证各协议之间的互联互通，又能根据系统需求维持各种协议的个性特征。同时，在家庭无线物联网网关中引入安全机制，全方位保护家庭数据安全，家庭无线物联网网关数据流向图如图3-41所示。

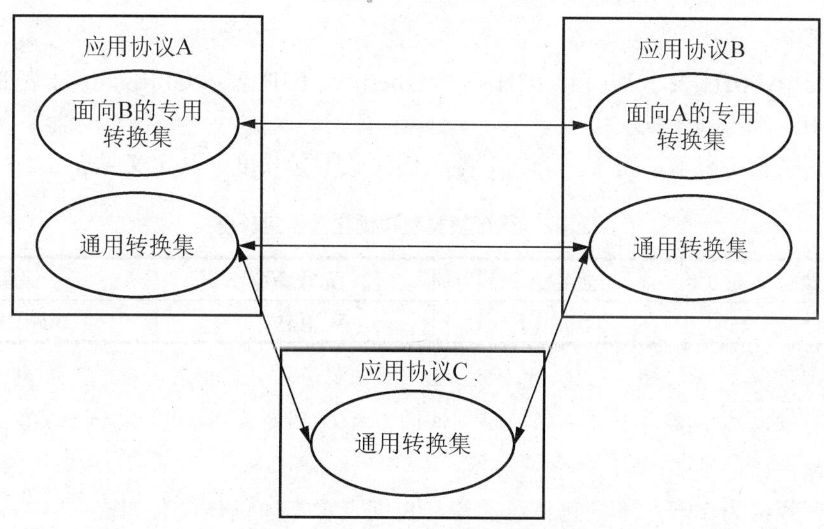

图 3-40　通用转换集与专用转换集示例

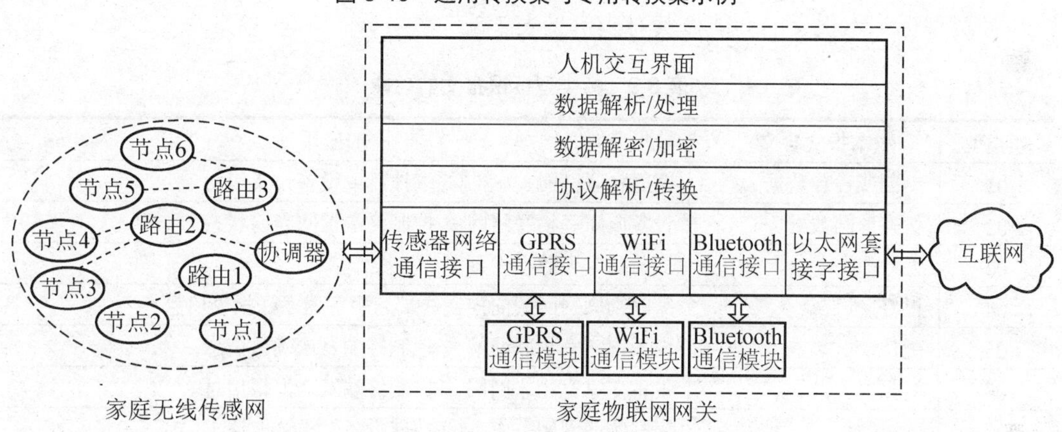

图 3-41　家庭物联网网关数据流向

应用层统一设备管理协议：为了实现家庭物联网网关中应用层协议的转换，参考的中华人民共和国电子行业标准 SJ/T 11002-2005 中规定的家庭控制子网通信协议，结合当今家庭网络所使用的设备，初步制定了智能家居应用层统一设备管理协议。

统一设备管理协议 UCDP 属应用层协议，其作用是进行整个网络中设备的添加、删除、状态查询、参数配置等系统管理，并根据设备描述文件进行控制。UDCP 采用客户/服务器结构，客户为家庭网络中的终端控制设备，服务端为被控制设备。在家庭控制网络通信协议中编码序列遵循高位优先格式。例如，下层收到上层发下来的十进制数 3(011)，发送的比特序列是 0、1、1。初步制定的智能家居应用层统一设备管理协议报文格式见表 3-1。

表 3-1　智能家居应用层统一设备管理协议报文格式

协议类型	帧控制字	帧类型	报文域
1Byte	1 Byte	1Byte	0～100Byte

其中：

协议类型：01H 表示 Wi-Fi、02H 表示 Ethernet、03H 表示 GPRS、04H 表 Bluetooth、05H 表示 4E。

帧控制字长 1 字节，用于区分帧类型和优化数据包长度，其定义见表 3-2。

表 3-2　区分帧类型和优化数据包长度

转发数据	加密	无线命令	保留
Bit7	Bit6	Bit5	Bit4～Bit0

其中：

转发数据域为 1 表示本帧为转发帧，此时，包体的前 6 个字节为被转发设备地址，否则表示不存在该地址；

加密有效位为 1 表示本帧包体已加密，否则表示本帧包体没有加密；

无线命令位为 1 表示本帧为无线传输的指令，为 0 表示为有线传输的指令。

帧类型标识本报文的功能，其对应值见表 3-3。

表 3-3　帧类型标识报文的功能

帧类型	本报文含义	一般应用
01	控制或设置数据	家庭物联网网关/控制终端控制或设置设备
02	状态返回数据	设备向家庭物联网网关/控制终端返回当前状态
03	无效命令	当前指令无效，设备不产生操作
04	报警	家庭物联网网关向控制终端、服务器发送报警信息
05	确认	设备向家庭物联网网关/控制终端发送确认信息
06	汇报	设备向家庭物联网网关/控制终端发送汇报信息
07	读取数据	家庭物联网网关/控制终端向设备发出读取请求
08	低功耗模式控制	向自身的无线物理层发送功率模式控制指令
09	停止报警	家庭物联网网关/控制终端要求设备停止报警

报文域根据帧类型的不同，具有不同的结构和取值，报文域定义见表 3-4。

表 3-4　报文域根据帧类型的不同的不同结构和取值

源设备类型	源设备号	目的设备类型	目的设备号	数据
1Byte	2Byte	1Byte	2Byte	0～97Byte

设备类型为家庭网络中的设备，定义见表 3-5。

表 3-5　设备类型取值

设备类型	取　值	设备类型	取　值
网关设备	A1H	三表设备	F2H
移动终端设备	B1H	医疗传感器设备	F3H

续表

设备类型	取　值	设备类型	取　值
室内终端机	C1H	家电设备	F4H
环境监测传感器	F1H	其他待扩展	

设备号为家庭网络设备编号，接入家庭网络中的每个设备都有唯一的编号，定义见表 3-6。

表 3-6　设备号取值范围

设　备	设备号取值范围	设　备	设备号取值范围
温湿度传感器	0x0010～0x001F	窗帘控制器	0x0080～0x009F
CO 传感器	0x0020～0x002F	灯光控制器	0x00A0～0x00BF
烟雾传感器	0x0030～0x003F	风扇控制器	0x00C0～0x00CF
甲烷传感器	0x0040～0x004F	红外终端控制器	0x00D0～0x00DF
医疗传感器	0x0050～0x005F	家庭物联网网关	0x00FF
三表采集器	0x0060～0x006F	室内终端设备	0x0005～0x000F
能耗计	0x0070～0x007F	移动终端	0x0000

其中：

当为控制或设置帧类型时，报文域数据为具体的控制信息，如 A0 表示全开、A1 表示半开、A3 表示关等。

当为状态返回帧类型时，报文域数据为设备返回信息，设备定时向家庭物联网网关报告自身状态，如 01 表示正常工作状态、02 表示低功耗模式、其他表示非正常状态。

当为报警帧类型时，家庭物联网网关向室内终端机、小区服务器发送报警信息，且通过 GPRS 拨打绑定手机电话，如 10 表示火灾隐情、11 表示煤气泄漏、12 表示非法人员入侵。

当为确认帧类型时，报文域为设备向家庭物联网网关或控制终端发送的确认信息，报文数据域内容为 0DH。

当为汇报帧类型时，报文域数据为温湿度值、烟雾值等。

当为读取数据帧类型时，为家庭物联网网关或控制终端设备向设备发出读取请求，用 0EH 表示，设备收此报文后，返回自身读取到的传感器数据。

当为停止报警帧类型时，为家庭物联网网关或控制终端设备要求设备停止报警功能，用 0FH 表示。

3.2.4　网关的测试

在完成了家庭智能网关的软硬件设计，以及硬件焊接和程序下载后，需要对家庭智能网关的功能和智能家庭网络系统的功能进行验证性测试，同时进行组网测试。对于出现的问题，需要进行分析和处理，以保证系统实现良好稳定的运行。

1. 智能家庭网络系统的组网

为了保证多协议家庭物联网网关应用到智能家庭网络系统，在实际智能家居生活中能够具有稳定和可靠的工作性能，本项目在实验室利用 60 平方米的面积真实搭建了一个包括客厅、厨房、老人房、卧室以及书房的家居生活环境，搭建智能家庭网络验证测试系统。根据家居的真实情况，在室内分别布置了多种智能终端设备、多种家用电器、多种环境监测传感器、家居安防系统和服务器，具体分布情况如图 3-42 所示。

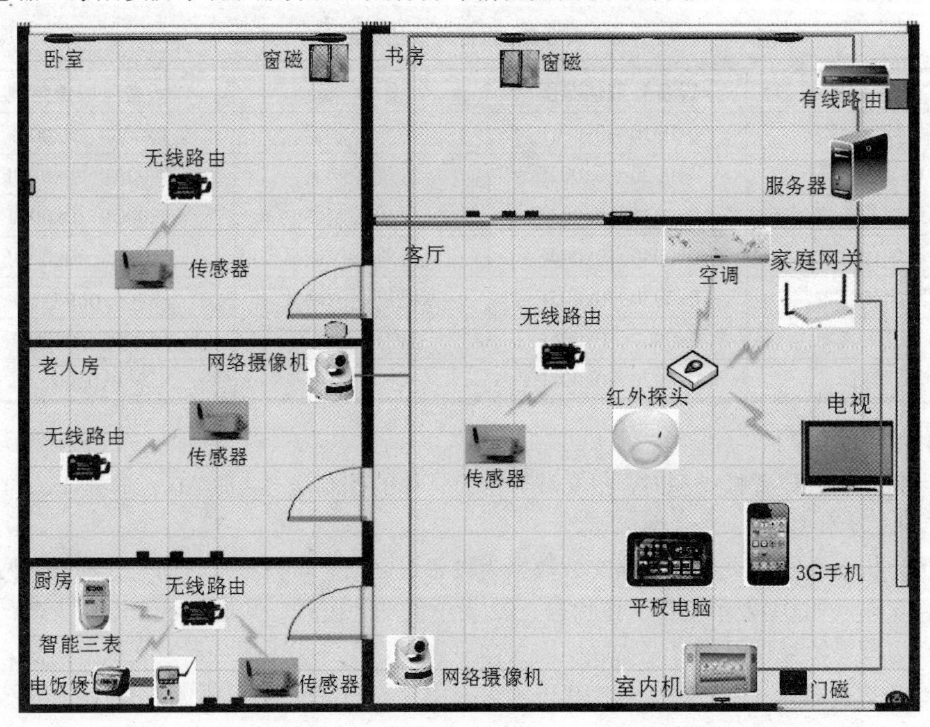

图 3-42　智能家庭网络验证测试系统

2. 网关网络性能测试

多协议家庭物联网网关是基于实验室智能家庭网络平台组成的一套完整的智能家居体验与测试系统，集成了日常生活中需要的电视、空调、灯光、电饭煲等各种家电设备、家居安防和监控设备包括门磁、窗磁、红外、网络摄像机等以及实验室自制研发的基于 IEEE802.15.4E 协议的无线传感器设备例如温湿度、烟雾、甲烷等传感器。在这个完整的智能家庭网络系统中，数据的接收与发送都要经过多协议家庭物联网网关。因此，需要对多协议家庭物联网网关数据传输的稳定性、上行数据接收和下行数据发送等网络性能进行验证测试。

1) 各个节点子设备上线测试

在各个节点子设备上线的测试中，借助实验室开发的智能家庭网络设备监控软件，可以直接观测到各个节点子设备的上下线情况。如图 3-43 所显示的是设备未上线的状态，实线的连接表示的室内机、网络摄像机是通过 TCP/IP 网络传输的数据和通过 RS485 总线控制的窗帘控制器，而其他未连接的各个节点子设备表示设备尚未接入智能家庭网络，处

于闲置状态；图 3-44 所显示的是设备上线的状态，通过虚线的连接可以看出，分布在室内各个位置的节点子设备通过处于最近位置的无线路由节点，最终与多协议家庭智能网关进行通信，完成数据的传输。如果节点子设备断电，则该设备和无线路由之间的连线则会断开。另外，卧室、厨房、客厅的设备重新上线的时间约为 15 秒，当 3 个以及多个子设备同时上线时，会有 1～2 秒的延迟。

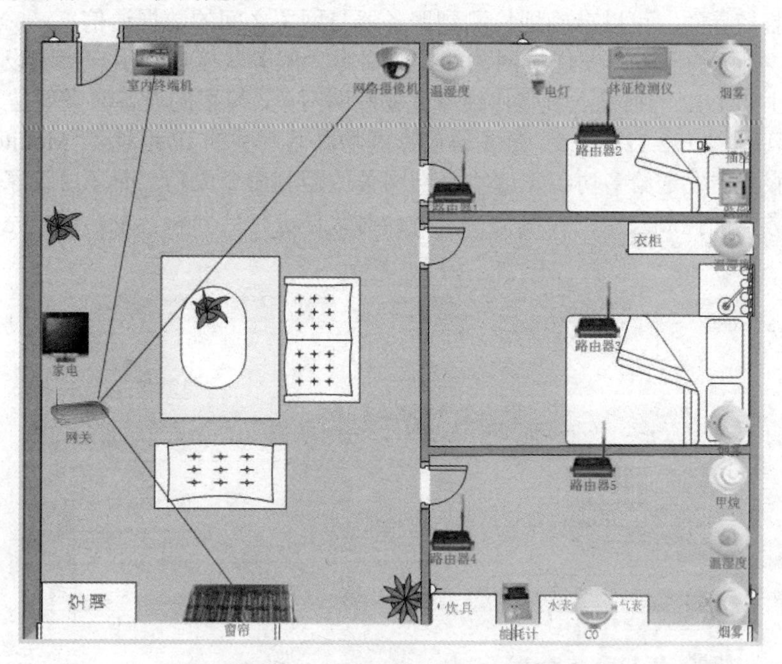

图 3-43　设备未上线状态示意图

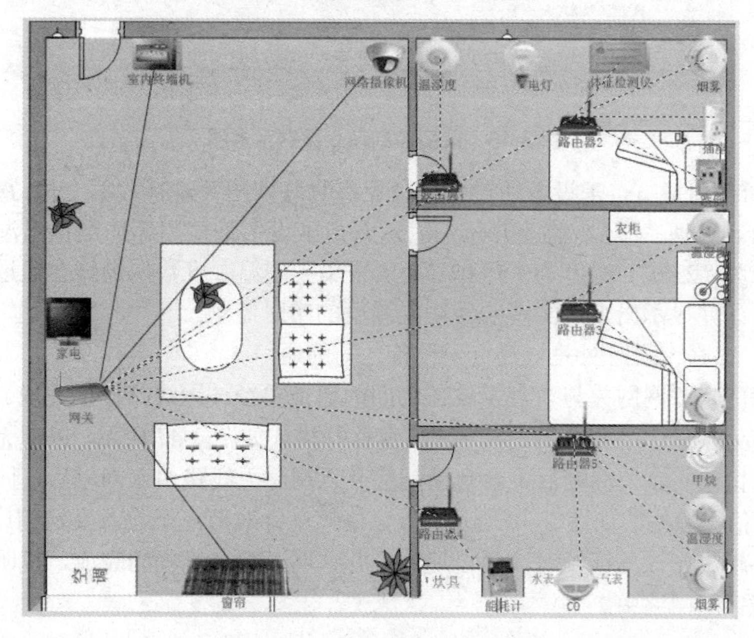

图 3-44　设备上线状态示意图

2) 网关与服务器之间的通信

服务器是智能家庭网络的数据处理中心，各个节点子设备的数据经过多协议家庭物联网网关的处理、转发和上传，最终要通过服务器进行数据处理，完成各种控制命令。为了保证数据传输的稳定性和可靠性，多协议家庭物联网网关与服务器之间是通过 TCP/IP 网络进行数据传输。通过用户 3G 智能手机、平板计算机或者笔记本计算机发送控制命令，通过服务器监控界面，可以准确地检测到服务器与网关之间的数据通信。

图 3-45 所示的服务器发送给网关的控制命令。服务器接收到用户终端设备的控制命令，然后通过 TCP/IP 网络发送到多协议家庭物联网网关，风扇的设备而类型是“63”，状态“1”表示开风扇，“172.22.140.6”是多协议家庭物联网网关的 IP 地址，“Monitor 数据发送完毕”表示服务器发送给多协议家庭物联网网关的控制命令成功。而多协议家庭物联网网关接收到服务器的控制发送的控制命令，将会对数据进行处理和转发，最终完成对风扇的控制。

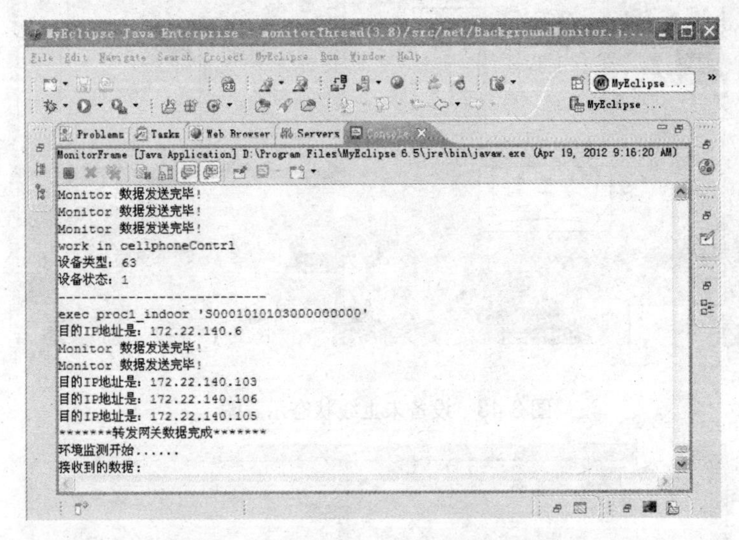

图 3-45　风扇控制命令数据示意图

图 3-46 所示的是节点子设备通过多协议家庭物联网网关进行数据上传，最终发送到服务器进行分析和处理。“环境监测开始”表示节点子设备是检测环境数据温湿度传感器，上传的温度值为“23.0”，湿度为“58.0%”。所采集到的温湿度数据最终会通过服务器上传到用户终端设备并显示出来，实现的环境温湿度的实时监测。

3) 多协议家庭物联网网关与节点子设备之间的通信

多协议家庭物联网网关与节点子设备之间的通信要经过无线路由来完成。多协议家庭物联网网关首先发送广播的协调器信标帧，信标帧格式如图 3-47 所示，以便无线路由同步入网，无线路由接收到信标帧后，会自动响应并入网。无线路由入网以后，同样会发送协调器信标帧，信标帧格式如图 3-48 所示，该信标帧是针对节点子设备发送的广播，当附近的节点子设备接收到该信标帧时，会自动响应并入网，整个流程的完成，说明节点子设备已经接入智能家庭网络中。

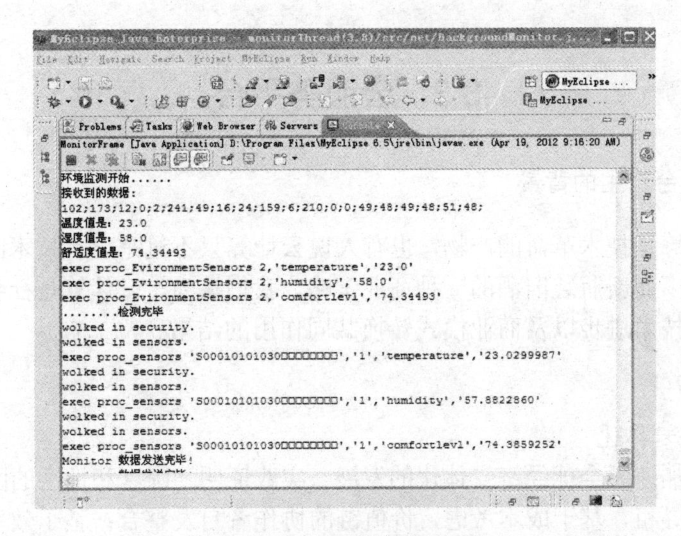

图 3-46　温湿度数据示意图

P.nbr.	Time (ms)	Length	Frame control field	Sequence number	Source PAN	Source Address	Superframe specification	GTS fields	Pending addresses
	+123		Type Sec Pnd Ack.req Intra.PAN				BO SO F.CAP BLE Coord Assoc	Len Permit | Directions | List (addr/slot/length)	Short: 0x0000
5	=1081	56	BCN 0 0 0 0	0xC4	0x3131	0x3100	08 05 08 0 0 0	1 1 | 0b00010001 | 0x0000/7/10	Ext:

图 3-47　多协议家庭物联网网关协调器信标

P.nbr.	Time (ms)	Length	Frame control field	Sequence number	Source PAN	Source Address	Superframe specification	GTS fields	Pending addresses
	+528		Type Sec Pnd Ack.req Intra.PAN				BO SO F.CAP BLE Coord Assoc	Len Permit | Directions | List (addr/slot/length)	Short: 0x3201
8	=4646	56	BCN 0 0 0 0	0xF2	0x3131	0x3101	08 05 08 0 0 0	1 1 | 0b00010001 | 0x0000/7/10	Ext:

图 3-48　无线路由信标帧

节点子设备分布在家居内部各个位置，发挥着不同的功能。以温湿度传感器为例，温湿度传感器实时采集室内的温湿度状况，根据程序的设定，每隔一定的时间，会向附近的无线路由发送数据，数据格式如图 3-49 所示。无线路由收到数据后，会向多协议家庭物联网网关发送数据，数据格式如图 3-50 所示。多协议家庭物联网网关会把收到的数据进行分析和处理，上传到服务器，最终显示到用户的智能终端设备上，实现用户对家居环境的实时监控。

P.nbr.	Time (ms)	Length	Frame control field	Sequence number	Dest. PAN	Dest. Address	Source PAN	Source Address	MAC payload
	+2758		Type Sec Pnd Ack.req Intra.PAN						00 00 00 31 10 31 31 31 00 00 00 00 11 00 00 01
19	=19200	44	DATA 0 0 0 0	0x1A	0x3131	0x3101	0x3131	0x3110	0E 66 AD 0C 00 02 F1 31 10 18 BC 06 AA 00 00

图 3-49　温湿度传感器数据

P.nbr.	Time (ms)	Length	Frame control field	Sequence number	Dest. PAN	Dest. Address	Source PAN	Source Address	MAC payload
	+149		Type Sec Pnd Ack.req Intra.PAN						00 00 00 31 10 31 31 31 00 00 00 00 11 00 00 01
21	=20156	44	DATA 0 0 1 0	0x2B	0x3131	0x3100	0x3131	0x3101	0E 66 AD 0C 00 02 F1 31 10 18 BC 06 AA 00 00

图 3-50　无线路由数据

如果用户需要控制室内的节点子设备，例如开灯关灯，网关会将接收到的控制命令进行处理，发送到相应的无线路由，再由无线路由发送到相应的灯光控制器，数据格式如图 3-51 所示。灯光控制器接收到数据后，会发送确认帧，表示已收到控制命令，并完成开灯动作。

P.nbr.	Time (ms)	Length	Frame control field	Sequence number	Dest. PAN	Dest. Address	Source PAN	Source Address	[illegible]	LQI	FCS
	+270		Type Sec Pnd Ack.req Intra.PAN								
34	=35638	22	CMD 0 0 1 0	0x13	0x3131	0x31A0	0x3131	0x3100		152	OK

图 3-51　开灯控制命令数据

3.3 云服务平台

3.3.1 云服务平台产生的背景

有人说云计算是技术革命的产物，也有人说云计算只不过是已有技术的最新包装，是设备厂商或软件厂商新瓶装旧酒的一种商业策略。我们认为，云计算是社会、经济的发展和需求的推动、技术进步以及商业模式转换共同作用的结果。

1. 经济方面

1) 全球经济一体化

后危机时代加速了全球经济一体化的发展。实践证明，国家和地区的区位优势和比较优势自发地全球寻租，基于成本考虑，价值链的协作者自发整合；基于效率考虑，协同效应需要弹性的业务流程支持。对成本和效率的需求催化云计算的加速发展。

2) 日益复杂的世界和不可确定性的黑天鹅现象

在复杂的世界面前，不确定因素在以更快、更广的形式涌现，计划跟不上变化，任何一台精于预测的机器也无法准确预测到黑天鹅现象的发生(不可预知的未来，一旦发生，影响力极大，事前无法预测，事后有诸多理由解释)。实时的信息获取和全面的信息分析有助于管理复杂性，而按需即用的计算资源、随需应变的业务流程将黑天鹅的负面影响降到最小。实时的、覆盖全网的、随需应变的云计算的作用显而易见。

3) 需求是云计算发展的动力

IT 设施要成为社会基础设施，现在面临高成本的瓶颈，这些成本至少包括：人力成本、资金成本、时间成本、使用成本、环境成本。云计算带来的益处是显而易见的：用户不需要专门的 IT 团队，也不需要购买、维护、安放有形的 IT 产品，可以低成本、高效率、随时按需使用 IT 服务；云计算服务提供商可以极大提高资源(硬件、软件、空间、人力、能源等)的利用率和业务响应速度，有效聚合产业链。

2. 社会层面

1) 数字一代的崛起

未来的世界在网上，世界的未来在云中。根据埃森哲的调查，中国网民数在 2009 年达到 3.84 亿，超过美国和日本的总和，预计这一数字到 2015 年将增加到 6.5 亿以上。到 2015 年，预计互联网的渗透率将从目前的 29%增加到接近 50%，在中国广大的农村人口中渗透率接近 40%以上。

2) 消费行为的改变

社交网络将现实生活中的人际关系以实名制的方式复制到虚拟世界中，未来网络的发展将是实名制、基于信任和社交化。在线上线下两个世界里，半人马型消费者(美国沃顿商学院营销系主任约瑞姆·杰瑞·温德等，《聚合营销——与半人马并驾齐驱》)互相影响，进而影响着为之服务的商业社会和政府行为(如 Dell 基于 Twitter 的营销，广东警方使用微博与民众交流，香港官员使用 facebook 与民众直接对话)。

3 亿中国宽带用户中，92%(年龄大于 13 岁)的用户参与到社会化媒体中。而美国仅仅 76%；中国拥有超大规模的社会化媒体的内容贡献者，他们使用博客、微博、社区、视频和图片分享等形式；43% 的中国宽带用户(约 1.05 亿)会使用论坛和 BBS；在中国，25 到 29 岁的年轻上班族是社交媒体的最活跃用户。和其他的年龄段的互联网用户相比，他们更依赖于在线交流的方式；37%的博主(约两千九百万)每天都会更新博客；以一个星期为例，四千一百万的中国人是重度的社会化媒体使用者(有 6 个以上的线上活动)会和 84 个人建立联系。云计算是对数字一代消费者提供服务的回答。

3. 政治层面

1) 社会转型

出口型向内需型社会转型，如何满足人民大众日益增长并不断个性化的需要是一项严峻的挑战。

2) 产业升级

制造型向服务型、创新型的转变。

3) 政策支持

十二五规划对物联网、三网融合、移动互联网以及云计算战略的大力支持。

4. 技术方面

1) 技术成熟

技术是云计算发展的基础。首先是云计算自身核心技术的发展，如：硬件技术，虚拟化技术(计算虚拟化、网络虚拟化、存储虚拟化、桌面虚拟化、应用虚拟化)，海量存储技术，分布式并行计算，多租户架构，自动管理与部署；其次是云计算赖以存在的移动互联网技术的发展，如：高速、大容量的网络，无处不在的接入，灵活多样的终端，集约化的数据中心，WEB 技术。

可以将云计算理解为 8 个字“按需即用、随需应变”，使之实现的各项技术已基本成熟(分布式计算、网格计算、移动计算等)。

2) 企业 IT 的成熟和计算能力过剩

社会需求的膨胀、商业规模的扩大导致企业 IT 按峰值设计，但需求的波动性却事实上使大量计算资源被闲置。企业内部的资源平衡带来私有云需求，外部的资源协作促进公有云的发展。

商业模式是云计算的内在要求，是用户需求的外在体现，并且云计算技术为这种特定商业模式提供了现实可能性。从商业模式的角度看，云计算的主要特征是以网络为中心、以服务为产品形态、按需使用与付费，这些特征分别对应于传统的用户自建基础设施、购买有形产品或介质(含 licence)、一次性买断模式是一个颠覆性的革命。

从纯粹的技术角度看，云计算是很多技术自然发展、精心优化与组合的结果，是这些技术的集大成者；另一方面，如果同时考虑到商业模式，那么可以断言，云计算将给整个社会信息化带来革命性的改变。所以，我们绝不能离开技术谈云计算，否则有"忽悠"之嫌；也不能离开商业模式谈云计算，否则云计算就是无源之水，无本之木。

3.3.2 云服务平台提供的服务内容

云计算按照服务的内容不同可以分为三个层次：IaaS、PaaS、SaaS。下面分别对这3个层次进行说明。

IaaS(Infrastructure as a Service，基础架构即服务)是指将基础架构(Infrastructure)以服务的形式通过网络交付给用户使用。这些基础架构的服务主要指硬件资源(包括物理的硬件资源和虚拟化资源)，如虚拟服务器等，用户可以通过网络访问这些硬件资源，并在其上安装和部署自己所需要的软件。Amazon 的 EC2(Elastic Cloud Computing，弹性计算云)就是一种典型的 IaaS 服务。

PaaS(Platform as a Service，平台即服务)是指把应用软件的开发、测试、部署和运行环境(或平台)以服务的形式通过网络交付给用户使用。这些平台主要包括应用软件的运行平台(如应用服务器)以及软件运行所需要的辅助环境(如数据库)等。Google 的 App Engine 和微软的 Azure 都是典型的 PaaS 服务。

SaaS(Software as a Service，软件即服务)是指把应用软件以服务的形式通过网络交付给用户使用。这些应用软件可以使各种各样的企业所需要的软件，包括企业管理软件(如CRM、ERP、财务管理)、电子商务应用(如企业建站、推广)、特定产业的专用软件(如渲染软件、设计软件)等。

3.3.3 云服务平台的服务优势

从整个信息产业的角度上看，云计算作为 IT 商业模式的一次重大变革，它最大的贡献在于优化 IT 资源的配置，实现了供应方和使用方的双赢，从而可以为社会带来极大的效益。一方面，对云服务的提供方来说，可以充分利用自身的闲置资源，并通过服务的形式交付给用户。另一方面，使用云服务的用户无须投入大量的成本购买、部署、维护、升级硬件或软件资源，而可以通过使用服务的方式来获取，更加灵活，可扩展性更高，也更经济。降低成本。通过使用云计算的服务，用户无须再购买 IT 资源(如硬件资源、开发平台、应用软件)，只需按照自身的需要去使用云计算提供的服务，这大大降低了前期成本。同时，企业无须关心这些 IT 资源的运维，从而削减了运维人成本和 IT 资源更新换代的成本。快速部署——云计算可以大大缩短应用的部署周期。专注创新——云计算的出现让企业无需再去关注与自身无关的 IT 基础设施的部署、运维等，只需要专注于自身业务的创新。

3.3.4 云服务平台的特点

1. 系统特点

1) 极其廉价

(1) 信息系统发展的现状。

各行业系统统一建设、集中部署是大趋势；数据量急剧攀升，数据存储和查询的压力越来越大

(2) 信息系统突出的问题。

传统的服务器和数据库性能遇到瓶颈，磁盘 IO 能力和服务器处理能力有限；处理能

力提升代价高昂。

(3) 云服务平台的优势。

用最廉价的服务器组合替代价格昂贵的高性能服务器；处理能力的扩展通过扩展服务节点实现，具有高可扩展性；充分利用硬件潜能，延长硬件复役周期；按需扩展，不必一次投资。

低成本是云服务的追求目标。

2) 数据高可靠性

(1) 信息系统突出的问题。

数据是企业的财富，数据安全是信息系统建设最重要工作；异地容灾等手段投入大，成本高。

(2) 云服务平台的优势。

具备冗余备份机制；冗余备份的数量可定义；冗余节点全部参与查询运算；多节点故障不影响系统运行。

数据高可靠性是云服务的内建机制。

3) 无限存储

(1) 信息系统突出的问题。

存储技术虽然高速发展，仍然无法满足海量数据的存储需求。

(2) 云服务平台的优势。

存储能力通过扩展存储节点实现；历史数据可永久不删除；数据量的攀升不影响读写效率。

无限存储是云服务的基本特征。

4) 分布式并行计算

云服务的优势：对外统一提供云接口；具备任务资源调度策略，任务分解为细颗粒度任务；处理节点同时接受任务，并行计算。

分布式并行运算是云服务性能提升的基本机制。

5) 维护简单

云服务的优势：物理节点即插即用；物理节点替换方便；主机检修维护不影响系统运行；运行工况可实时监控；自动升级部署。

维护简单提升云服务价值。

2. 功能特点

1) 云实时库

实时库记录最新采集信息，对当前 GPS 位置、遥测信息的访问通过实时库访问实现；提供 Sql 访问和流方式两种访问机制；具有网格化管理机制，并行计算功能。

2) 云历史库

历史库可按照测点存盘周期记录历史采集信息；对于采样间隔比较小的应用场合，可启用有损压缩连续存储模式，实现全时隙连续记录；具有网格化管理机制，并行计算功能。

3) 数据挖掘规则库

内嵌数据挖掘规则库，支撑全维度数据抽取转换装载，可以根据应用需求扩展规则库。

4) 程序版本管理

系统程序和配置文件具备版本管理机制，实现发布版本的回退功能。

3. 云服务平台的支撑能力

支撑电力、电信、石油、自来水、煤气等各行业设备管理、网络管理、图形管理、运行管理多维度一体化管理；支撑海量设备运行数据(如设备实时采集)高效存储和检索，具有无限扩展能力；支撑基础数据历史时态模型，实现对历史图形、设备属性、网络拓扑的历史追溯；支撑基础数据未来时态模型，实现对规划设计的支撑。

3.3.5 国内外云服务现状和发展方向

当前，国内外云计算正呈现出一派蓬勃发展的景象。美国调研公司 Forrester Research 发布研究报告显示，2011 年全球云计算市场规模将达到 407 亿美元，而 2020 年将增至 2410 亿美元。可见，目前全球云计算的发展速度已经加快。国内一些厂商明确了自己在云计算上的发展计划，推出了云计算的产品和解决方案，而越来越多的企业、政府部门和教育行业都在探求如何通过云计算来为自己节省开支、提高收益。云计算的发展是市场驱动、技术发展和政策引导等多方面共同作用结果，下面从这 3 个层面分别解析国内外云计算的现状与趋势。

1. 技术层面

云计算的技术不仅包括了虚拟化技术、分布式技术，还包括实现虚拟化资源和分布式集群规模化管理以形成弹性、可扩展资源池，并将应用基于互联网交付给用户的技术。在技术上讲，国外云计算技术发展较早，在技术方面有多年的积累，云计算方面的专业人才比较多，也涌现出了一批如 google、amazon、微软等云计算巨头。相对来说，我国的云计算起步稍晚，技术人才和专业云计算供应商相对欠缺。

2. 市场层面

市场需求是驱动云计算发展最根本动力，云计算的发展也将反过来促进云计算市场的发展成熟。美国调研公司 Forrester Research 发布研究报告显示，2011 年全球云计算市场规模将达到 407 亿美元，而 2020 年将增至 2410 亿美元，可见云计算有着很广阔的市场。国内市场：2011～2015 年为中国云计算市场成长阶段，这一阶段的特点是应用案例逐渐丰富，用户对云计算已经比较了解和认可，云计算商业应用概念开始形成等，此外，用户已经开始比较主动地考虑云计算与自身 IT 应用的关系。同时，云计算的发展速度会在这五年间得到迅猛的提升。国内一些厂商明确了自己在云计算上的发展计划，推出了云计算的产品和解决方案，而越来越多的企业、政府部门和教育行业都在探求如何通过云计算来为自己节省开支、提高收益。预计在 2011 年，云计算将在多个行业，如政府、金融、电信、物流等当中得到更加广泛的采用。计世资讯认为，2009 年中国云计算市场规模达到 403.5 亿

元，较2008年同比增长28.0%。2009年国内云计算市场受各细分应用的快速增长，保持着稳定的较高增速。2009年，SaaS占云计算市场规模的达87.8%，为354.2亿；PaaS、IaaS分别占到云计算整体市场的11.8%和0.4%，分别为47.6亿和1.7亿。

3. 服务层面

调查显示，2014年“基础设施即服务”(Infrastructure as a service)市场规模将达到59亿美元，随后该服务日益商品化，服务价格和利润率将下滑。越来越多的企业开始采用软件即服务(SaaS)，2011年该市场规模将达到212亿美元，2016年将达到928亿美元，意味着SaaS市场接近饱和。业务流程即服务(BusinessProcess as a service)产业开始发展，但营收不是很明显。从国内云计算服务情况来看，云应用和云服务的种类还在不断丰富，相对于PaaS和IaaS，SaaS是目前用户主要使用的云计算应用，还涌现了一批SaaS服务提供商，如商派、八百客、用友、水晶石等。

调研发现，未来考虑部署云计算的用户中，租用邮箱、在线杀毒、网络会议、在线Office(协同办公)是用户考虑最多的应用，可见用户对于云计算的期望值还不高，在SaaS细分应用中工具型SaaS产品在种类、使用比例上都远高于管理型SaaS产品。在线CRM和在线进销存管理(含ERP/SCM)是使用最多的两种管理型SaaS应用。值得注意的是，用户使用云计算产品和服务比较单一，一般只有1～2种应用。

3.3.6　云服务与信息化发展密切相关

云计算是信息化发展的契机，它降低了企业信息化的门槛，更多的中小企业将会投身其中，整个社会的信息化程度将会大大提升。当然，既然说这是一个契机，就意味着需要及时抓住机遇，才能真正实现利用云计算来推动信息化的发展。那么，我们应该从哪些方面抓住机遇，实现发展？下面主要从政府、园区、中小企业等角度出发，说明应该如何抓住云计算契机推动信息化发展。

1. 云服务与政府

政府作为推动信息化的重要力量，在推动云计算的发展时，应该起到引导和示范的作用，主要可以总结为如下3个方面。

第一，政府需要积极采用云计算推动电子政务的发展，不仅可以方便高效地进行办公，还能减少政府开支。

第二，利用云计算提升政府的公众服务水平。

第三，借助云计算推动当地经济增长。对于地方政府来说，云计算是谋求经济发展方式转变的突破口之一，通过结合本地经济发展规律，考虑与当地产业集群的对接，有望成为地方经济发展的新增长点。一方面，政府可以通过集约化、公共服务平台的模式为当地的中小企业提供公共云服务，带动企业信息化的发展，推动特定产业的发展；另一方面，云服务能力是带动开发区云计算产业链招商引资的非常重要的条件。

2. 云服务与园区

园区的发展，对于当地中小企业的信息化起着至关重要的作用。政府和园区共建云计算平台，提供云服务，可以推动当地企业的信息化，减少创新企业的前期投入、减少门槛，让企业摆脱基础架构的束缚，更多的专注于自身业务的创新，最终促进当地 GDP 增长。例如，政府和园区在建设云服务平台时，可以将电子商务服务作为一个基础的应用服务，大力帮助当地企业拓展市场，获得市场机会。同时，由于电子商务服务相对成熟，企业接受程度高，而且平台运作难度低，对于政府和园区的压力也相对较小，容易在短期内获得回报。此外，在某些产业集群或行业企业相对集中的园区，要根据当地企业自身的产业特点或行业特点，大力发展公共云服务平台，通过产业协助促进整个产业内企业的发展。例如，IBM 和多媒体开发公司(MDeC)“构建动画云”，动画云托管在 MDeC，为马来西亚信息图形与动画产业提供服务。许多美国的电视节目和电影都把图形渲染的工作外包给亚洲或马来西亚 MSC 动画和创意内容中心，或 MAC3，MAC3 的目标就是帮助马来西亚的相关业务占领该领域的市场份额。MAC3 云渲染应用于 2010 年 4 月建设完成。预计 MAC3 中心将显著增加本地公司的渲染能力，同时还可以降低成本。

3. 云服务与企业

在云计算出现之前，一个企业如果需要上一套应用系统，首先需要采购硬件(包括服务器、存储等)来搭建一个硬件平台，然后购买相应的软件，并将其部署在所搭建的硬件平台上，并且需要专业的 IT 人员进行运维管理。然而，目前许多中小企业都面临着资金不足、专业 IT 人才短缺等问题，这使得它们没有足够的 IT 预算来满足应用的需求，这就阻碍了中小企业信息化的进程。云计算的出现大大降低了信息化的门槛，企业可以根据自身的 IT 环境和业务需求选择所需要的云应用服务。它们无须自己搭建和运维基础架构，而是像用水用电一样按需使用基于云计算的应用服务，如电子商务云服务、企业管理云服务、特定产业云服务等。

3.3.7 云服务平台的搭建和运维

随着云技术逐渐成为数据中心的一个主要议题，越来越多的企业发现，云计算是一种能够更好利用其基础设施，帮助其业务更加灵活和变通，同时又能够降低成本的方法。本章主要介绍如何构建基于云计算的基础架构以及云平台运维的相关内容。

1. 云平台的搭建

如何才能搭建一个弹性的、可扩展的云计算平台，并基于此平台为企业提供云服务？具体需要考虑哪些因素？本节将从标准化、整合计划等方面说明在搭建云计算基础架构时需要从哪些方面进行考虑。

1) 标准化基础设施

标准化是走向云计算的第一步。由于云的优势来自于资源共享，缺少标准化可能成为一个障碍，因为如果限制了分享有不同要求的用户之间有限的平台资源的能力，为复杂的整合付出成本，这样则会最大限度地减少和损坏云计算的原则标准化，可以使得整合更有效且基础设施层之间实现硬联系，还可以将每个系统能根据需要进行升级。

2) 服务器整合计划

整合是数据中心的一个自然演变。它对开发一项完整有效的 IT 云基础设施，包括系统整合和虚拟化，至关重要。

标准化可以对硬件的添加作出明智的、具有预测性的决定，因为用户可以灵活处理不同的虚拟实例(例如，数据库和网络服务器)，这样的处理方式能使他们最好地利用你的系统和投资平台。

2. 云平台的运维

1) 运行管理

管理传统 IT 基础设施与云基础设施的主要差别在于组件静态控制(如网络设备管理)与服务动态控制(提供 IaaS 平台的批量控制)。

云设施的成功管理取决于以下 3 个关键因素。

服务水平。服务水平主要包括制定服务水平协议与动态云基础设施管理水平。例如，基于商业需求或工作量的自动扩展。

服务有效性。操作可达性与有效性是云设施管理的主要衡量因素。例如，自助服务是 IaaS 的必要因素，计量与计费是服务有效性的有效测定。目标是无须程序命令或设备调整即可连接硬件设施与虚拟设备。

服务安全性。高效服务、监控与计费都是重要因素。按需调整服务使自主服务成为可能，包括安全策略、执行与 API 管理，其中 API 用于抽象虚拟基础设施上层架构服务间的调解与转型。例如，公有云架构 PaaS 的应用程序通过安全的信息通道在公司私有云架构上的应用。对于采用服务性架构的公司而言，有些服务管理原则已经成型。这将是应用程序架构到基础设施的延伸。

2) 云服务管治

多数云服务都通过一个灵活可扩展设施进行标准化提供。通过动态与可扩展设施的发展，管理模型也是维持标准的一种方法。一个管理框架的关键因素包括但不限于以下几个方面。

透明度。通过 SLA 提供服务的透明度(如 PaaS 为标准化环境的管理提供了一个好的途径)。通常通过模板来实现。

这既适用于公司内部私有云信息流，也适用于各公司之间非私有云信息流。

服务水平安全审查。对云服务的管治不应在个人水平，而是在更广泛的服务水平进行，并影响策略的执行。

记录与衡量。记录与衡量服务包括提供的服务质量与数量。

3.3.8 远景展望

总的来说，云计算将会导致整个信息产业的产业链和生态链的变革。一方面将会导致传统的企业 IT 服务(如规划、咨询、集成等)的衰落，产生一些新型的 IT 服务的需求。同时，云计算将对信息产业产生革命性的冲击和影响。整个产业链、生态链会发生巨大的变化，更多的用户(特别是中小企业、中小开发者以及个人)将会从中获利，整个社会的信息化程度将会得到极大的提升，也会带来极大的绿色、环保、节能等社会效益和企业效益。

第4章
家居安防

- 了解智能家居安防体系
- 掌握家居安防的典型设备
- 掌握家居安防典型设备的选型及性能
- 了解家居安防系统的搭建
- 掌握对家居安防的各种测试

在人类初期，人们对居住的要求只是一个能避风躲雨的场所，渐渐地，人们对自己居住环境有了隐秘性，加上了门窗，阻隔了外界干扰。现代社会，人们对自身居住环境的人身财产安全有了一个更高的要求，住房小区的保安系统是最近广泛应用的安防系统。对于未来智能家居安防的要求，人们需要一个更加人性化、更加友好的用户系统。在本章中，介绍了智能家居系统下的典型的传感器设备及报警装置，搭建了简易的家居安防系统。通过本章的学习，希望同学们对未来智能家居安防系统有一个深入的认知和了解。

4.1 家居安防体系概述

自古以来，家居安防就是一个关系到每一个家庭人身和财产安全的话题，家居安防，顾名思义是指家庭居所的安全防范。传统观念里，家庭的安全就是锁具和防盗门之类，一般百姓都认为，只要门户做得足够坚固，家居就会安全。但是随着科技的不断发展，犯罪手段也在不断多元化，仅仅一把锁、一道门已经挡不住犯罪分子的闯入。在这个社会关系日益复杂、治安问题日益严峻的今天，面对着不法分子层出不穷的作案手段，单靠传统的

机械师安防已经远远不足以保护家居安全，同时传统的机械式(防盗网、防盗窗)家居防卫在实际使用中暴露出一些隐患。国务院下达的《关于住宅小区禁止安装防盗网的建议》中指出，防盗网带来的问题：(1)影响楼房美观，市容整洁；(2)影响火灾救援通道；(3)给犯罪分子提供便利的翻越条件；(4)时间久了会有高空坠物的危险；(5)压抑人性自由。随着人们生活质量的不断提高，百姓自身家居的内部设施也已经越发显得复杂，用到火、电等的家装越来越多，同时发生危险的机会也在不断增大，像火灾、煤气泄漏等方面的安全防范也越来越受到重视。面对着种种现状，必须改变人们传统的安防理念，采用高科技的手段来保障人们的居家财产安全。随着人们生活水平的提高和科技水平的不断进步，人们对于家居的要求不仅仅只是一个居住的设施，而是一个温馨、舒适、安全、健康的生活环境，智能家居就应运而生了。智能家居的发展直接推动了家居安防智能化的发展。另外建设部就智能家居发展提出的《全国住宅小区智能化技术示范工程建设大纲》将智能家居划分为几个等级标准，将家居安防智能化技术纳入智能家居必备的功能中。智能家居安防系统拓扑图如图4-1所示。

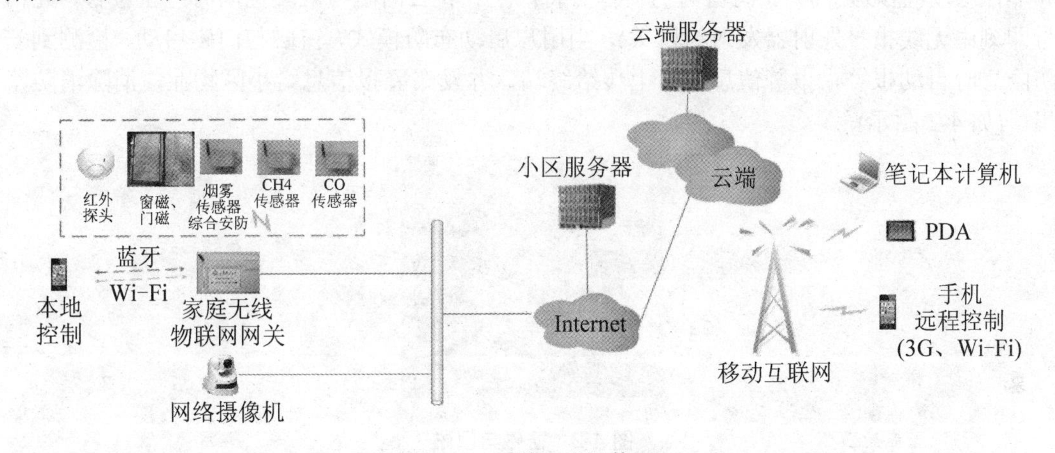

图4-1 系统网络拓扑图

智能家居安防实际上是将家庭控制设备连接到报警设施上，实现对非法闯入的盗窃、抢劫行为和突发事件进行及时报警，抢救和保护的功能。从功能上细分，还可分为可视对讲、周界防范、家居安全、紧急求助、无线报警、声光报警、防挟持报警等。而家居安防报警又包括了防盗报警、火灾报警和煤气泄露报警等。家庭中所有的安全探测装置，如消防类(烟感、煤气泄漏报警器等)、防盗类(门磁、窗磁、各种监测器、防盗幕帘、紧急求救按钮等)，都连接到家庭智能终端，对其状态进行监测。当发生警报时，家庭智能终端将警情根据设置进行各种操作，包括启动警铃和联动设备、拨打设定的报警电话。如与社区系统相连，还可同时把警情送往小区监控服务器。

4.2 家居安防的典型设备

4.2.1 窗磁、门磁和红外探测器

1. 窗磁与门磁

门磁系统是一种安全报警系统，分门磁、窗磁(原理相同，形状相异)。门磁/窗磁如果不太留意是不太容易看到的。所谓的门磁/窗磁其实是门磁开关和窗磁开关的简称，传统的门磁/窗磁由两部分组成：较小的部件为永磁体，内部有一块永久磁铁，用来产生恒定的磁场，较大的是门磁主体，它内部有一个常开型的干簧管，当永磁体和干簧管靠得很近时(小于5毫米)，门磁传感器处于工作守候状态，当永磁体离开干簧管一定距离后，处于常开状态。在智能家居安防中，对传统的门磁/窗磁做了升级处理。

窗门磁：窗磁与门磁主要包括无线发射器和磁块两部分用来检测门和窗户的非法打开和非法移动(盗贼开门窗，门窗与门窗框必将产生移位，门磁与磁块也同时产生位移，此信号即刻由无线报警发射器发射给网关)，当用户启动布防模式，窗磁与门磁启动，检测到安防隐患时自动报警，报警信息同步上传给终端，并发布警报信息给小区物业，消除消防隐患。(如4-2图示)

图4-2 窗磁与门磁

窗磁和门磁的性能参数如表4-1所示。

表4-1 窗磁和门磁的性能参数

电源要求	10-15VDC；35mA(最大)/12VDC；在额定电压12VDC时AC波动：3Vp～p
工作温度	0℃～49℃；5%～95%相对湿度，无霜
工作距离	30～40mm
开关触点	可选择常开或常闭触点

2. 红外探测器

该探测器是将入射的红外辐射信号转变成电信号输出的器件。红外辐射是波长介于可见光与微波之间的电磁波，人眼察觉不到。要察觉这种辐射的存在并测量其强弱，必须把它转变成可以察觉和测量的其他物理量。一般说来，红外辐射照射物体所引起的任何效应，只要效果可以测量而且足够灵敏，均可用来度量红外辐射的强弱。现代红外探测器所利用

的主要是红外热效应和光电效应。这些效应的输出大都是电量，或者可用适当的方法转变成电量。

红外探测器：主要由被动式红外探测器和无线报警模块两部分组成，启动布防模式后，当探测到移动目标的红外辐射后，无线报警模块向家庭无线物联网网关报警，从而启动系统联动报警(如图 4-3 所示)。

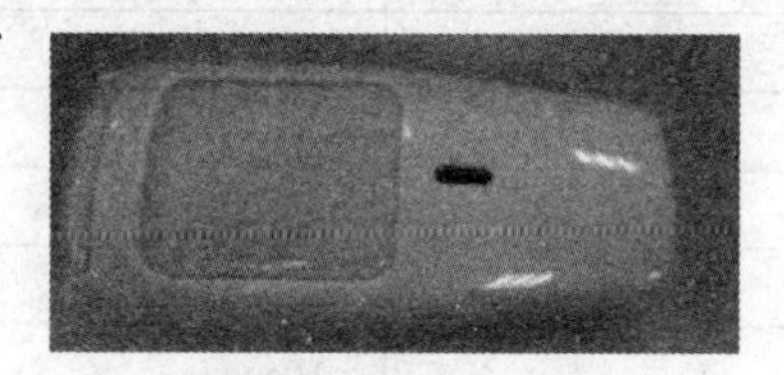

图 4-3 红外探测器

红外探测器的性能参数，如表 4-2 所示。

表 4-2 红外探测器性能参数

电源要求	10～15VDC；35mA(最大)/12VDC；在额定电压 12VDC 时 AC 波动：3Vp～p
工作温度	0℃～49℃；5%～95%相对湿度，无霜
抗白光干扰	6500Lux
抗 RF 干扰	30V/m，10MHz～1000MHz
探测范围	12m×12m
安装高度	2m(最小)～3.6m(最大)
微波频率	X-波段
抗静电干扰	±10kV

4.2.2 烟雾及有害气体传感器

1. 烟雾传感器

该传感器就是通过监测烟雾的浓度来实现火灾防范的，烟雾报警器内部采用离子式烟雾传感，离子式烟雾传感器是一种技术先进、工作稳定可靠的传感器，被广泛运用到各种消防报警系统中，其性能远优于气敏电阻类的火灾报警器。它在内外电离室里面有放射源镅 241，电离产生的正、负离子，在电场的作用下各自向正负电极移动。在正常的情况下，内外电离室的电流、电压都是稳定的。一旦有烟雾窜逃外电离室，干扰了带电粒子的正常运动，电流、电压就会有所改变，破坏了内外电离室之间的平衡，于是无线发射器发出无线报警信号，通知远方的接收主机，将报警信息传递出去。烟雾传感器广泛应用在城市安防、小区、工厂、公司、学校、家庭、别墅、仓库、资源、石油、化工、燃气输配等众多领域。

无线烟雾传感器：实现对室内烟雾值的采集并将数据上传给小区服务器和终端设备，与消防报警器联动防范家庭火灾隐患。监测现场环境的烟雾浓度，通过测量，达到早期防火防爆的目的。通风装置自动控制：当环境中的烟雾浓度达到一定值后，就可以自动启动通风装置；降低烟雾浓度；烟雾报警器，当封闭空间的烟雾浓度达到报警值后，就会报警。传感器参数见表 4-3 底板设计原理图参考温湿度节点。

表 4-3　烟雾传感器参数

传感器型号	MS5100
工作电压	3.8V
工作电流	51.6mA
功耗	196mW
传输距离	300m
测量浓度范围(质量比)	0.06～0.167
量程	0～1000ppm
环境氧气浓度	21%±2%
响应时间	<10sec
环境温度	-10℃～60℃
尺寸	7.0×6.7×3

图 4-4　无线烟雾传感器

2. 甲烷传感器

一般采用载体催化元件为检测元件。产生一个与甲烷的含量成比例的微弱信号，经过多级放大电路放大后产生一个输出信号，送入单片机片内 A/D 转换输入口，将此模拟量信号转换为数字信号。然后单片机对此信号进行处理，并实现显示、报警等功能。

无线甲烷传感器：实现对厨房内甲烷值的采集并将数据上传给小区服务器和终端设备，预防家庭煤气或天然气泄漏隐患。监测环境现场瓦斯浓度，通过监测，达到早期防火防爆的目的。应用：家庭用天然气、液化石油气体泄漏报警器，可用于智能家居安防系统；瓦斯浓度计，用于测量瓦斯浓度。相关参数见表 4-4。

表 4-4　甲烷传感器参数

传感器型号	NAP-50A
工作电压	3.8V
工作电流	51.6mA
功耗	196mW
测量浓度范围	0.05%～5%
高精度允许检测范围	0.05%～2%
环境温度	-10℃～50℃
环境湿度	<95%RH

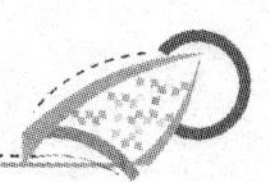

图 4-5 无线甲烷传感器

3. 无线 CO 传感器(2400WSL_CO/780WSL_CO)

一氧化碳是一种无色无味的气体，由于它与人体内的血红蛋白有高度的亲和力，所以当它被吸入人体后，会争夺体内血液中的氧形成一氧化碳血红蛋白，使动脉壁缺氧、水肿，阻碍血流通畅，使人发生疲倦、气短、恶心和头晕眼花等不良症状，体内吸入过多一氧化碳时甚至会导致人因缺氧而死亡。在智能家居安防中，准确地对有房间室内进行 CO 浓度监测和报警成为保障群众生命安全和国家财产安全的一项必不可少的工作。

功能：监测环境现场 CO 浓度，通过监测，达到早期防火防爆的目的。优点：输出直线性、重复再现性优越、不受湿度影响。应用：一氧化碳报警器，当 CO 超过一定浓度后，就会发出报警信息；便携式 CO 探测器，环境检测器，配合其他种类的气体浓度检测器，共同构成环境检测器；CO 浓度计，测量空气中 CO 浓度。相关参数见表 4-5。

表 4-5 CO 传感器参数

传感器型号	NAP-505
工作电压	24V
工作电流	14mA
功耗	336mw
湿度范围	15%～90%RH
温度范围	-20℃～+50℃
检测气体浓度	0～1000ppm
最大检测气体浓度	15000ppm
响应时间	<30sec
尺寸	8.0×6.×3

图 4-6 无线 CO 传感器

消防报警器：消防报警器与室内的传感器协同工作，当厨房内的烟雾传感器、温湿度传感器、CO 传感器和传感器检测的数据信息超出预警值时，消防报警器启动声光报警，报警信息同步上传给终端，并发布警报信息给小区物业，消除消防隐患(如图 4-7 所示)。

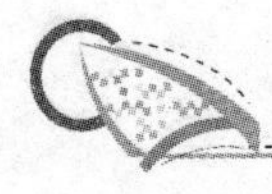

图 4-7　消防报警器

4.2.3　网络摄像机

网络摄像机是一种结合传统摄像机与网络技术所产生的新一代摄像机，它可以将影像通过网络传至地球另一端，且远端的浏览者不需使用任何专业软件，只要标准的网络浏览器(如 Microsoft IE 或 Netscape)即可监视其影像。网络摄像机不仅可基于计算机局域网用于区域监控，如住宅小区监控、办公楼、银行、商场等传统地监控；还能通过 INTERNET 用于新型地跨区域远程监控及网上展示，远程儿童及老人看护、无人值守通信机房监控、旅游景点网上演播、产品网上展览等。

网络摄像机：对室内状况进行实时监控，当启动布防模式后，摄像机自动启动抓拍模式，对于室内动态影像进行抓拍并发送到服务器存储，方便用户及相关部门查看，用户也可通过多种终端设备查看监控画面，为家居安防提供进一步的保障(图 4-8)。

图 4-8　网络摄像机

4.2.4　梯口机

在智能楼宇系统中，智能楼宇可视对讲系统是其重要的组成部分，与以往的组网方式不同，减少了很多中间设备，例如，半数字化的可视对讲系统的中间设备有视频分配器、视频放大器以及户户隔离器等，以及梯口机与室内机主要靠一个通信控制器进行连接，这样，就需要专门的音视频通信线，不仅增加了成本，同时，还增加了布线的难度、降低了音视频信号的质量，增加用户也很麻烦。

基于以太网的智能楼宇系统组网非常简单，用市场上通用的交换机就可以组网，每一台设备只需要一根网线就行了，不需要专门的音视频信号线，一根网线就完成了所有信号的传输，包括音视频信号，大幅度降低了线缆成本、布线成本以及安装成本，这里用框图简单描述一下小区可视对讲系统的拓扑结构。每一栋楼只需要一台梯口机，以及若干室内机，室内机通过楼层交换机连接起来，形成一个小的局域网络，楼层交换机把若干栋楼连接起来，形成一个大的局域网络，在由路由器把楼层交换机连接起来，接到中心管理处，中心管理处可以对整个小区进行管理，同时也可以把一些有用的信息下发给用户，也可以

通过路由器把小区智能楼宇设备连接到 INTERNET 上，用户可以对自己的家庭进行远程控制。总的来说，它主要由三部分组成，小区可视对讲系统、骨干网络和中心管理机。其结构如图 4-9 所示。

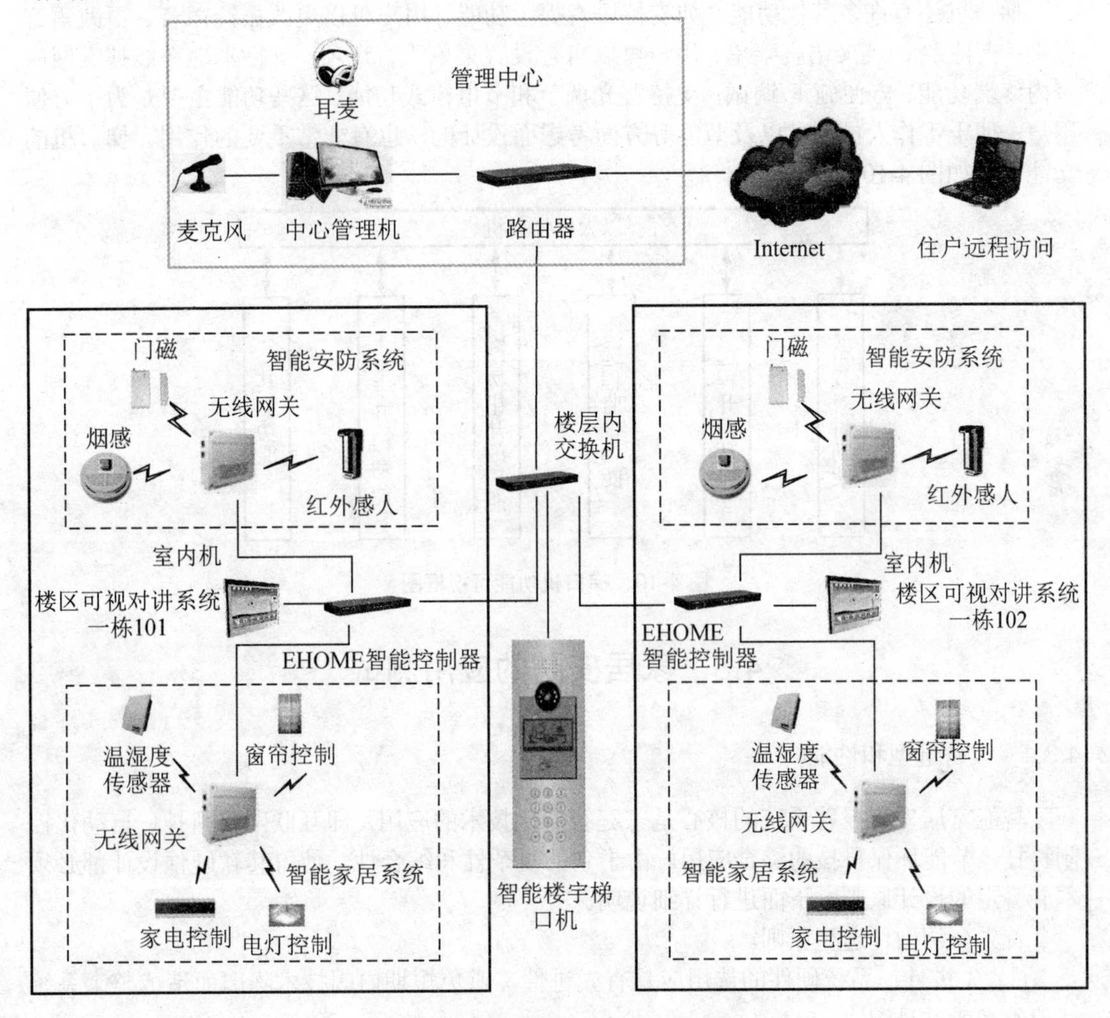

图 4-9 智能楼宇与智能家居系统图

在可视对讲系统当中，梯口机的主要功能还是可视对讲。当有访客来时，客人呼叫要找住户的室内机；当住户有人在家时，可以接通然后进行可视对讲；如果确定让客人进来，按一下室内机上的开锁键，就可以把梯口的门打开，客人就可以进来；如果住户不在家，当客人呼叫要找住户的室内机的时候，住户没有接听，过一段时间就会自动录影，保存在室内机的存储器中，住户回家后可以调出音视频资料，以查看有没有客人访问。梯口机还可以呼叫中心管理机，可以与中心管理处的工作人员进行可视对讲。

梯口机还有一个比较重要的功能，就是开锁功能。其开锁的方式有很多，主要包括远程开锁、密码开锁、IC 卡开锁和出门按钮开锁。远程开锁主要是住户对梯口处的电锁打开和关闭，还有就是中心管理机对梯口处的电锁进行控制；密码开锁主要是针对住户而言，输入正确的开锁密码就可以把电锁打开，为了用户的安全，一般不告诉访客；IC 卡开锁主要是对住户而言，住户每人会发一张IC卡，IC卡的信息已经录入控制系统当中，当IC卡的信息是有效信息时，就可以把门打开；出门按钮开锁主要是针对已经进入楼内的住户和客人，当其想出去的时候，可以按出门按钮，就可以把门打开。

梯口机还有许多其他功能，如支持语音提示功能、用户可以更改振铃声音、更改语音提供；支持中文/英文语言菜单、用户可以自行设置菜单语言选项；支持本地在线搜索网内室内终端功能、方便施工/调试；支持背光调节和节电模式功能。这些功能主要是为了方便用户、便于工作人员调试以及节能等方面考虑而设计的，也有非常重要的作用。梯口机的功能框图如图4-10示。

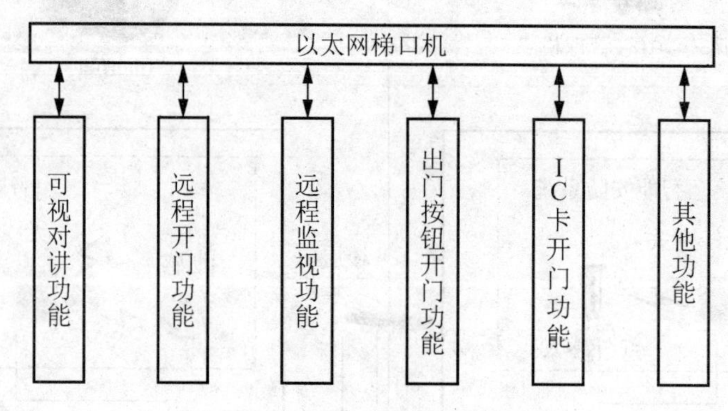

图4-10　梯口机功能可视框图

4.3　家居安防的应用测试

4.3.1　设备选型和性能

智能家居安防报警系统的核心是家庭智能化技术的应用，即互联网络科技、自动化控制科技，节能环保科技的综合应用。由于它的复杂性和综合性，使得其软硬件设计都必须本着一定的设计原则，下面进行详细说明。

首先介绍硬件选型原则。

(1) 先进性：系统硬件的选用应具有先进性，避免短期内因技术陈旧而造成整个系统性能不高或过早淘汰。

(2) 成熟性：在充分考虑先进性的同时，硬件系统应立足于用户对整个系统的具体需求，应选择先进、适用、成熟技术的产品，最大限度地发挥投资效益。

(3) 可靠性：系统无论在硬件上还是软件上都应采取多种保护措施，保证系统24小时不间断正常运行，同时还应充分考虑系统权限安全措施，进一步保证系统的可靠性。

(4) 开放性：无论是系统设备还是网络拓扑结构，都应具有良好的开放性。网络化的目的是实现设备和信息的共享。因此，网络要具有开放性，并应提供标准接口，用户可根据要求，对系统进行扩展或升级。

(5) 兼容性：计算机网络的选择和相关产品的选择要以先进性和适用性为基础，同时考虑兼容性。系统设备应优先选择根据国际标准设计、生产的标准化设备，避免因兼容性差而造成的系统难以升级或扩展。

(6) 实时性：系统硬件应具有实时处理和快速响应能力。

接下来介绍软件设计原则。

(1) 可靠性和安全性：系统软件应实现24小时可靠运行，并充分考虑系统权限设置等多种保护措施，保证系统数据的安全性。

(2) 界面友好：系统软件应操作方便，采用中文图形界面，运用多媒体技术，使系统具有处理声音及图像的能力，要适应不同层次、不同年龄用户的使用要求。

(3) 可扩充性：系统软件应提供二次开发的功能，便于多次升级和支持硬件产品的更新。

(4) 模块化：根据家庭的实际需要选择安装不同的功能组件，以适应不同用户的需要。

最后介绍几个家居安防实例，包括有消防报警器和门窗磁报警、网络摄像机和梯口机。

1. 消防报警器与门窗磁报警

1) 硬件模块

如图4-11所示，硬件部分主要包括：MCU、WSN模块、门窗磁。其中MCU通过IO口控制底层的门磁窗磁报警信号触发动作，MCU又与WSN无线模块双向通信，将报警信息发送给家庭网关，信息层层上发，进而实现无线报警。

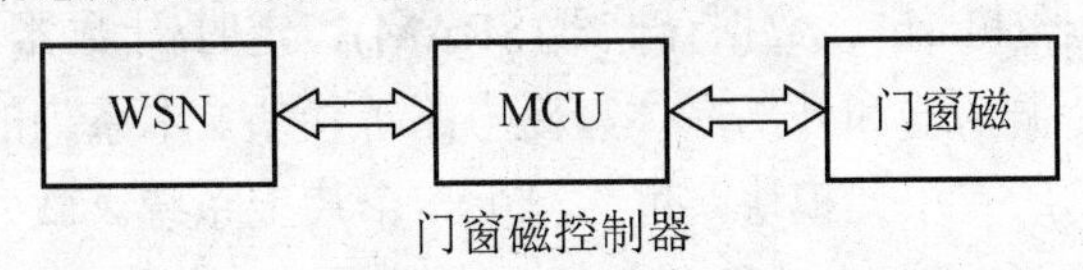

图4-11 门窗磁控制器

如图4-12所示，硬件部分主要包括：MCU、WSN模块、烟雾传感器。其中MCU通过IO口来接收传感器的数据信息，同时MCU又与WSN无线模块双向通信，将传感器接收到的数据信息发送给家庭网关，信息层层上发，由服务器对数据信息进行存储和匹配决定是否达到报警条件，进而实现无线报警。

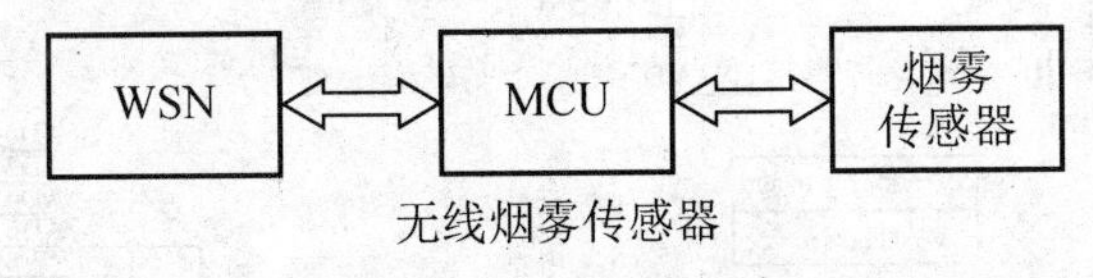

图4-12 无线烟雾传感器

如图4-13所示，硬件部分主要包括：MCU、WSN模块、甲烷传感器。其中MCU通过IO口来接收传感器的数据信息，同时MCU又与WSN无线模块双向通信，将传感器接收到的数据信息发送给家庭网关，信息层层上发，由服务器对数据信息进行存储和匹配决定是否达到报警条件，进而实现无线报警。

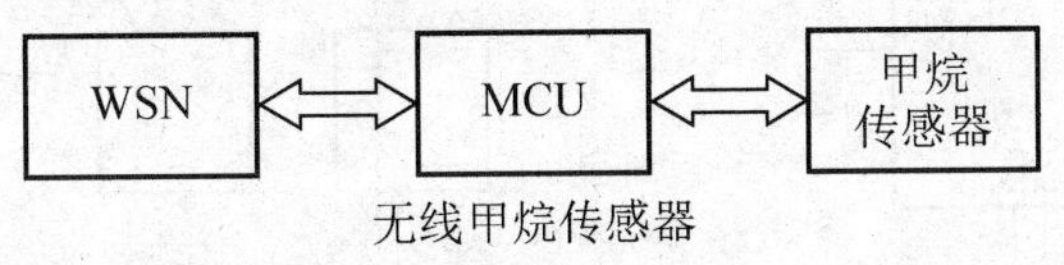

图4-13 无线甲烷传感器

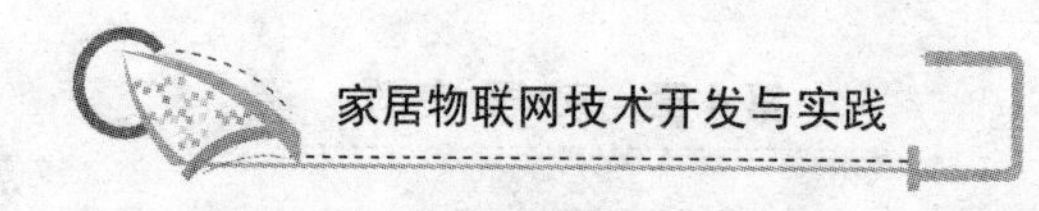

如图 4-14 所示，硬件部分主要包括：MCU、WSN 模块、声光报警等。其中 MCU 通过 IO 口控制声光报警等的启动和关闭，MCU 又与 WSN 无线模块双向通信，WSN 一方面接收网关发来的室内传感器数据并发给 MCU 由 MCU 选择执行报警，另一方面 WSN 将 MCU 报警信号发给网关，触动系统整体报警。

图 4-14　消防报警器

2) 硬件原理

消防报警器和门窗磁报警系统采用 STC10xx 系列单片机。该系列是宏晶科技生产的单时钟周期(1T)的单片机，是高速/低功耗/超抗干扰的新一代 8051 单片机，指令代码完全兼容传统的 8051，但速度快 8-12 倍。内部集成高可靠复位电路，针对高速通信，智能控制，强干扰场合。

STC10xx 系列单片机的内部结构框图如图 4-15 所示。STC10xx 单片机中包含中央处理器(CPU)、程序存储器(Flash)、数据存储器(SRAM)、定时/计数器、UART 串口、I/O 接口、看门狗及片内 R/C 振荡器和外部晶体震荡电路等模块。本系列的单片机几乎包含了数据采集和控制中所需的所有单元模块，可称得上一个片上系统。微处理器电路通过串口与 CC2530 模块相连，同时输出控制光强模块。

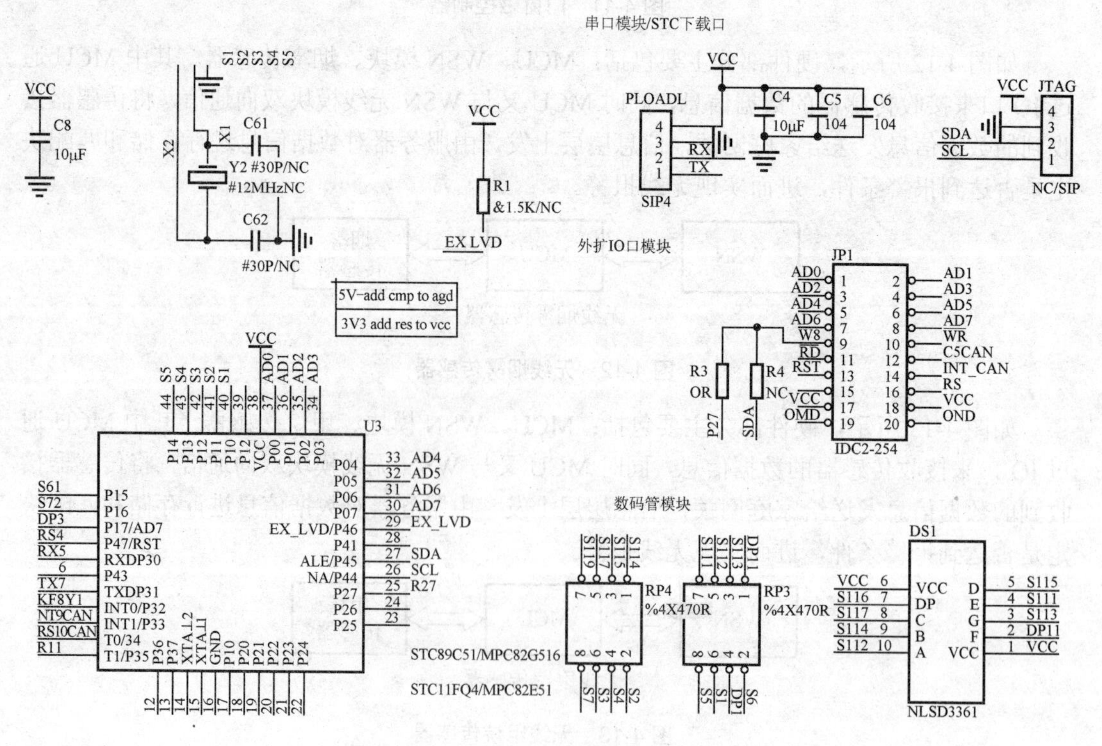

图 4-15　STC10F04 电路原理图

微处理芯片的 PCB 设计如图 4-16 所示：

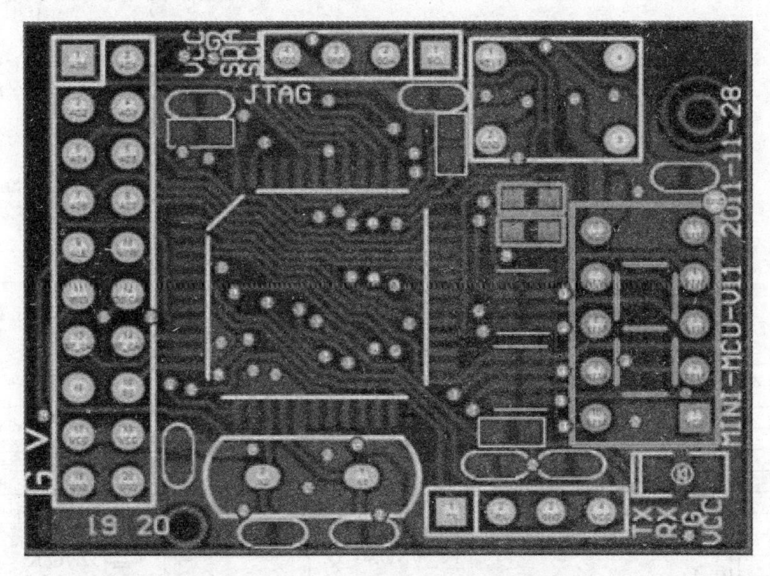

图 4-16　STC10F04 芯片的 PCB 设计

由于 CC2530 是无线 SOC 设计，其内部已集成了大量必要的电路，因此采用较少的外围电路即实现信号的收发功能，图 4-10 为 CC2530 的电路原理图。Y2 为 32MHz 晶振，用 1 个 32 MHz 的石英谐振器和 2 个电容(C3 和 C4)构成一个 32 MHz 的晶振电路；Y1 为 32.768kHz 晶振，用 1 个 32.768 kHz 的石英谐振器和 2 个电容(C1 和 C2)构成一个 32.768 kHz 的晶振电路。C5 为 5.6pF，电路中的非平衡变压器由电容 C5 和电感 L1、L2、L3 以及一个 PCB 微波传输线组成，整个结构满足 RF 输入/输出匹配电阻(50 Ω)的要求。另外在电压脚和地脚都添加了滤波电容来提供芯片工作的稳定性。

本系统的电源管理电路主要为系统提供 5V 和 3.3V 的直流电压，同时在进行电源电路设计时，在保证原理正确的情况下，必须考虑电源容量大于系统所需。如图 4-18 所示，为供电方便，电源电路直接从市电 220V 经 AC/DC 模块降压、整流转换成 12VDC 后，通过稳压芯片 L7805 和 AS1117-3.3 稳压、滤波后，得到稳定的 5V 和 3.3V 电源。

3) 通信协议

智能家居节点设备全部采用无线连接方式接入系统，为了能在家庭内部构建动态组网、运行稳定、低功耗、传输距离远的无线传感器网络，选择一个符合以上要求的 WSN 协议是必要的。

窗磁、门磁、消防报警器均采用 WSN 通信协议接入系统。基于 IEEE 802.15.4E 协议的无线传感器网络具有近距离、低功耗、低成本的特点。可以移植到多种嵌入式设备中。IEEE 802.15.4E 设备工作在 2.4GHz 频段，采用自组织方式组网，对网络内部的设备数量没有限制，新添加的设备节点会被网络自动发现，提升了网络的可靠性。

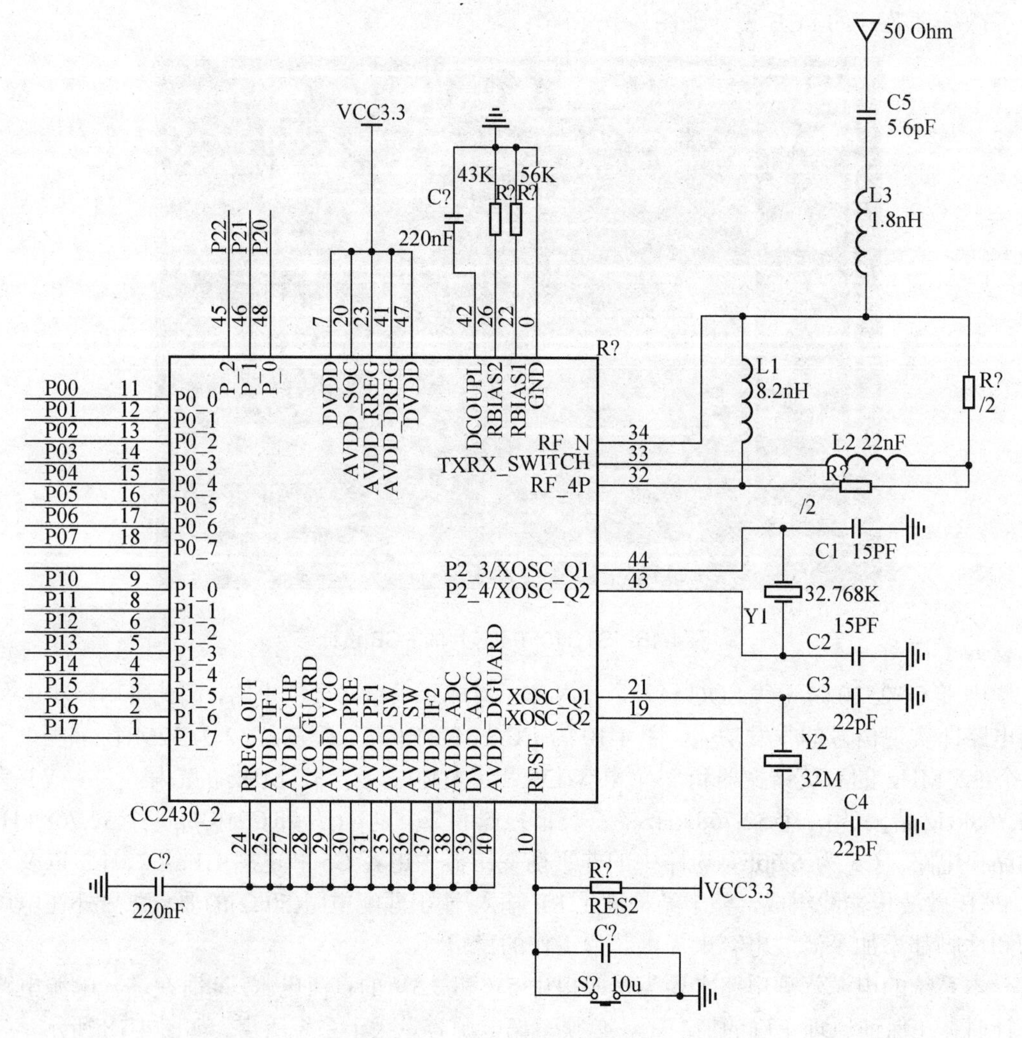

图 4-17　CC2530 电路原理图

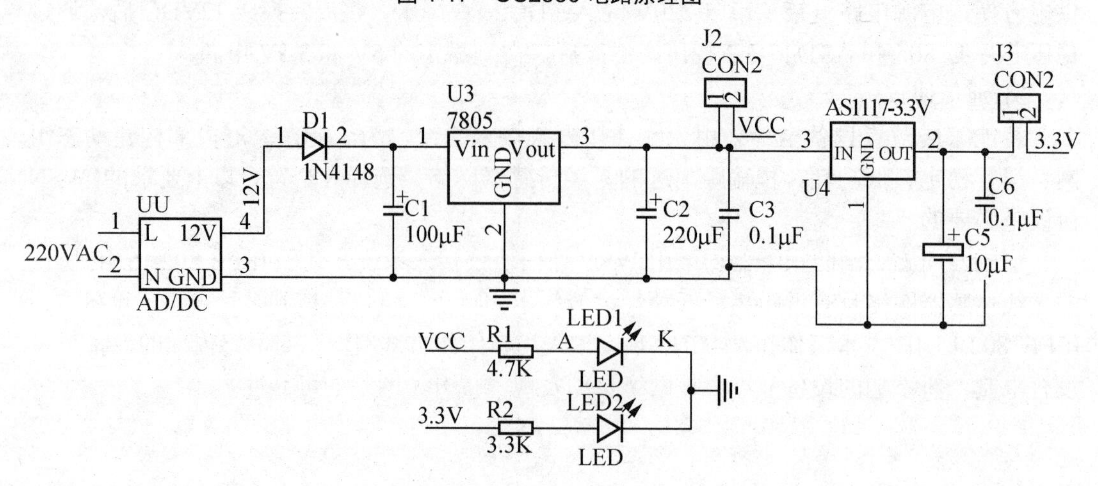

图 4-18　电源管理模块电路原理图

2. 网络摄像机

1) 硬件模块

对于网络摄像机经过成本分析、系统硬件复杂度、可靠性、可升级性等角度综合考虑，采用三星公司推出的基于 ARM11 架构的 S3C6410 处理器来搭建网络摄像机硬件平台。S3C6410 处理器是采用 RISC 指令集的 ARM11 架构 32 位处理器，采用先进的 65NM 工艺制造，主频 533MHz，其内部支持 32/64 位总线，支持 DRAM(包括移动 DDR，DDR，移动 SDRAM，SDRAM)，FLASH(包括 NOR FLASH，NAND FLASH，ONENAND)，ROM 等多种外部存储器。除此外在片内集成了 MFC 硬件编解码单元，支持硬件 MPEG4/H263/H264 编解码。支持 USB2.0/USB1.1 高速设备，支持 SD 卡等多种外设。提供了一套成本低效益高，功耗低，性能高的应用处理器解决方案。

硬件平台采用 S3C6410 处理器位核心，搭配以外围必要的时钟电路，供电电路，外围存储电路，USB 设备电路，SD 卡存储设备，网络 MAC 芯片，RS232 串口电路等组成。其硬件实现逻辑框图如 4-19 所示。

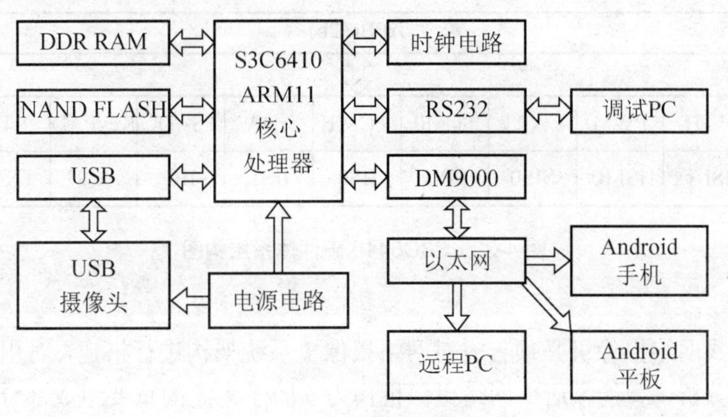

图 4-19 硬件平台逻辑框图

S3C6410 中内嵌的 ARM1176 处理器其特性：

- TrustZone 安全扩展
- 具有 AMBA 超高速先进微处理器总线架构
- AXI 先进的可扩展接口，其中两个接口支持的优先级顺序多处理机
- 8 级流水线
- 拥有返回堆栈的分支预测功能
- 低中断延时配置
- 外部协处理器接口
- 指令和数据存储管理单元 MMUS

S3C6410 其硬件体系结构如图 4-20 所示：

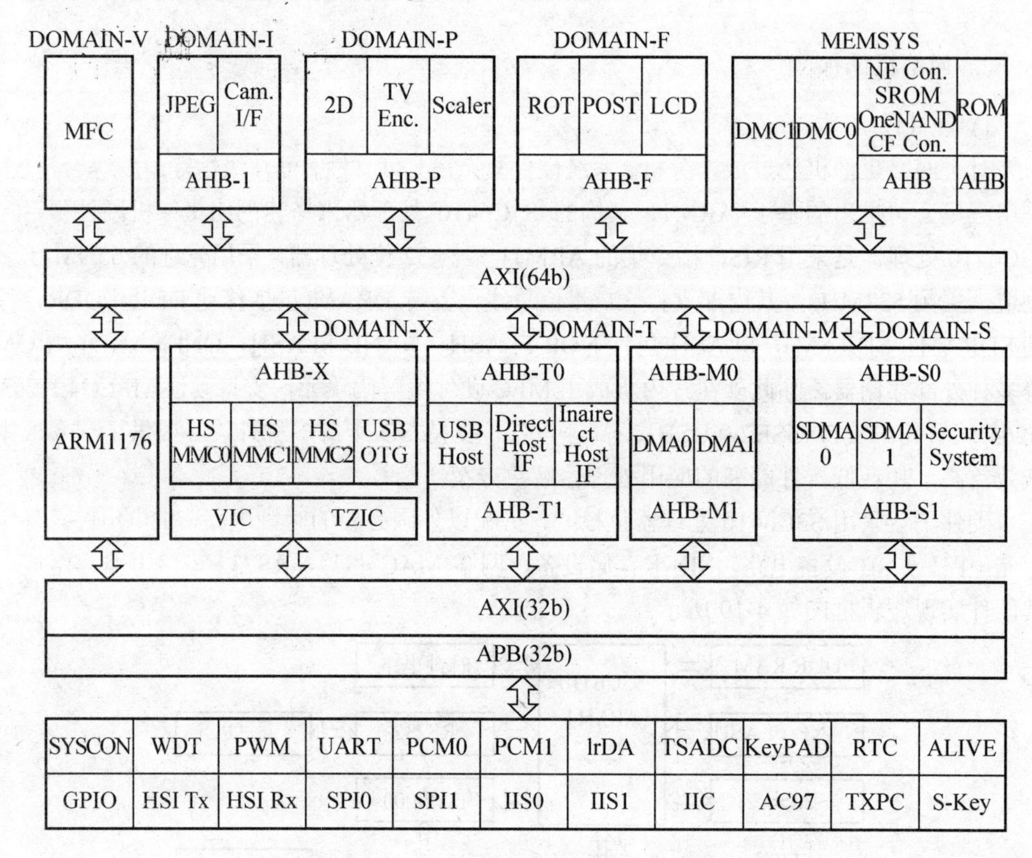

图 4-20　S3C6410 硬件体系结构图

2) 软件模块

开发嵌入式网络摄像机必须首先对网络摄像机系统架构进行搭建，对用户需求功能模型进行深入的分析，智能家居中网络摄像机作为安防子系统的重要组成部分，必须考虑其所采集视频的实时性，传输视频的可靠性，对异常报警视频进行某种存储是必要的功能，除此以外方便使用的客户端也是软件系统的重要的组成部分。

网络摄像机软件系统设计须遵守以下几个原则。

(1) 可靠性和安全性：系统软件应实现 24 小时不间断可靠运行，充分考虑到可能发生的以外情况，如突发断电后重新上电的系统自启动，自恢复功能，网络连接的安全功能。

(2) 实时性：网络摄像机作为安防监控类设备有一定的实时性要求，因此通过网络传输的视频须考虑多种网络载体情况。

(3) 界面友好：网络摄像机提供网页和 Android 客户端两种形式的用户界面，友好、简洁的中文图形界面方便各年龄段的用户群体使用。

(4) 可扩充性：系统软件应提供能后期改进二次开发的功能，便于日后的功能升级。

对网络摄像机软件系统进行抽象分析，按照软件内部图像数据采集，图像数据的传输，图像数据的处理和图像数据存储流程，逐步分析功能，结合 Linux 系统视频采集架构，JPEG

图像压缩算法和嵌入式 Web 设计了软件系统架构模型，如图 4-21 所示，虚线框出了本文所主要研究并设计实现的软件功能模块。

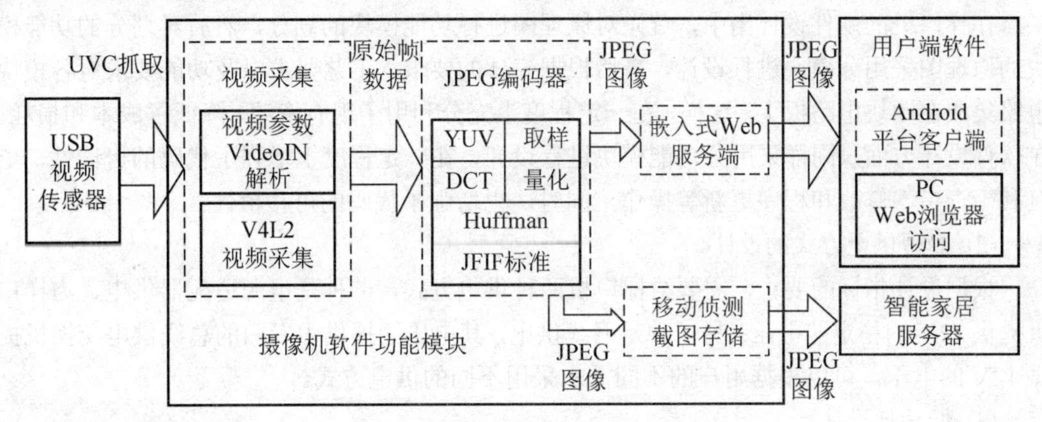

图 4-21　网络摄像机软件系统架构图

3) 通信协议

网络摄像机是处于 Internet 中的网络设备，必须通过网络传输数据，这就需要 TCP/IP(Transmission Control Protocol)传输控制协议[31]来实现，TCP/IP 协议从分层观点看来可以分为 4 个层次：网络接口层、网络层、传输层和应用层。其中 TCP 协议工作于传输层，IP 协议工作于网络层，而后文将要介绍的嵌入式 Web 服务端提供的网页访问则使用到了应用层 HTTP 协议。TCP 协议和 UDP 协议有着很大的区别，其中 TCP 协议是一种面向连接的方式，能保证数据无差错的传输。而 UDP(User Datapram Protocol)协议是一种无连接的协议，只能提供简单的不可靠数据传输。

3. 梯口机

以太网技术作为智能楼宇技术的研究热点和发展方向，将成为智能楼宇技术的主流方向，根据课题要求，自主开发基于以太网的智能楼宇梯口机，其必须满足以下几个要求。

(1) 集成微处理器；

(2) 支持与常用测控部件连接的软硬件接口；

(3) 支持总线供电和电源适配器供电；

(4) 软件设计和硬件设计须模块化、可裁减、可定制；

(5) 方便产品软硬件升级；

(6) 可外接存储器；

(7) 采用以太网传输信号。

智能楼宇梯口机除了具备上述特征以外，在设计中，具体针对市场上的一些现有的功能模块提供供电电压可信号传输的硬件接口和软件接口，对梯口机还有如下要求。

(8) 给门禁读卡模块提供 5V 的工作电压和韦根 26 的通信接口；

(9) 提供一个 485 接口，便于集成功能模块。

根据梯口机的设计指标，在本课题的设计与实现中应该遵循以下几个设计原则。

(1) 软硬件设计模块化、可裁剪、可定制。

在梯口机的硬件设计当中，首先对原理图进行功能模块的划分，然后对划分的功能模块的原理图采用分模块进行设计，最后根据壳体的要求、工艺要求以及功能要求对各模块电路集成在四块电路板上，这样，在一定程度上充分利用了现有资源，降低了成本和损耗。在软件设计方面，同样采用分功能模块进行设计，在一定程度上增强了代码的可读性，更有利于查错、修改和程序更新等操作，同时，也增强了代码的可移植性。

(2) 多种供电方式的设计。

根据设计指标的要求，需要给梯口机两种供电方式，一种是电源适配器供电，为梯口机提供 12V 的稳定的电压；另一种是网线供电，其电压的提供由专门的总线供电交换机提供 12V 的电压。可以根据用户的不同需求采用不同的供电方式。

(3) 低功耗设计。

为了更加低碳与更加绿色环保，梯口机采用低功耗设计，在 CPU 选型方面，选择低功耗芯片，对摄像头也采用低功耗设计，当使用摄像头的时候，才启动摄像头，平时摄像头不工作，也不给摄像头供电；在电源供给电路中，电源芯片都是采用低功耗芯片来进行设计，根据所述的低功耗设计技术，在选型与设计方面都满足低功耗设计原则。

(4) 电磁兼容(EMC)。

在电路的设计中，器件的布局和布线都严格按着后面所述的高速 PCB 板设计技术中所提到的减少 EMI 的方法来进行器件布局和布线，同时对电源信号端口进行去耦电容接地处理，以增强其抗干扰的能力。

硬件模块设计如下。

梯口机的设计采用的是双核处理结构，每个核都有其负责的功能。GM8120 处理模块是带有实时多任务 LINUX 操作系统的，其主要是负责音视频信号的处理以及网络信号的处理，同时扩展了比较大的存储容量，可以存储比较多的有用数据；Mega64 控制模块主要是负责控制和显示部分，具体分为门禁控制部分、开锁部分以及 LCD 显示部分。同时，GM8120 与 Mega64 的通信采用串口通信。硬件系统结构框图如图 4-22 所示。

梯口机的硬件主要由两部分组成，分别是 GM8120 核心处理模块和 Mega64 控制模块。GM8120 核心板的设计与实现是整个硬件系统的核心，是整个系统的控制中心，其他模块的一些数据都需要传给 GM8120 处理器做进一步处理，同时，GM8120 处理过后的数据也需要传给其他模块去执行，所以，GM8120 核心板是梯口机的大脑。GM8120 核心板包含处理器 GM8120、存储器、时钟电路以及一些外围电路和接口。核心处理模块的电路结构组成如图 4-23 所示。

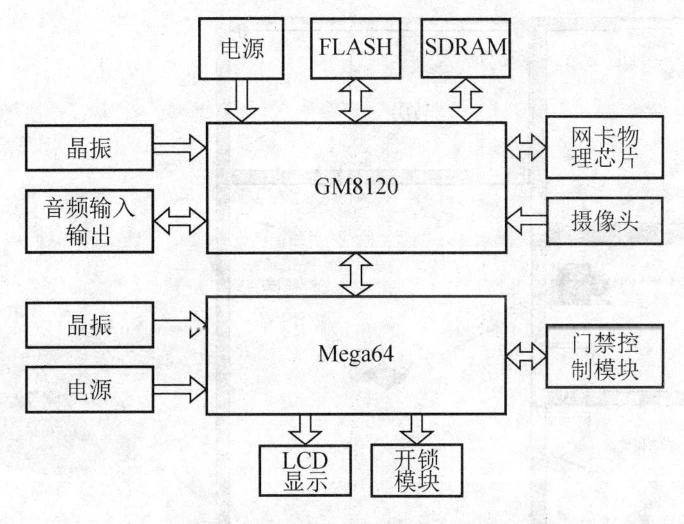

图 4-22　梯口机总体结构框图

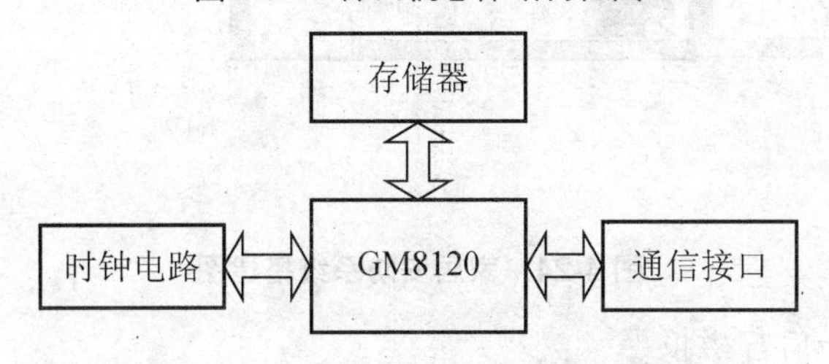

图 4-23　GM8120 核心处理模块框图

主控制板的设计也是梯口机比较重要的部分，主控板上包含了一片 AVR 单片机，许多控制功能都是在主控板上实现的，具体来说，主控板上实现的功能有整个系统的供电、LCD 显示功能、摄像头的视频输入、音频输入输出、硬件消回声等，而其中核心器件是 AVR 单片机，具体型号采用的是 Mega64L，开锁、LCD 显示以及刷卡模块的数据读入等，都是依靠 Mega64L 来实现的。

键盘板是梯口机重要的组成部分，其中有几个功能模块的设计，分别是 4×3 矩阵键盘模块、RS-485 通信模块、韦根 26 通信接口模块、继电器模块以及开锁模块等，控制器采用的是主控板上的 AVR 单片机。

4.3.2　系统搭建

为了使设备在实际应用中能够具有稳定的性能，本实验室利用 60 平方米的面积真实搭建了一个包括客厅、厨房、老人房、卧室以及书房的真实家居环境。根据家居情况以及电器分布情况，选择了卧室和书房的窗磁、客厅门磁、老人房和客厅的网络摄像机，搭建了入侵报警系统，厨房的烟雾及有害气体传感器和消防报警器进行设备测试和组网测试，搭建了环境监测报警系统。在室内各房间分布了无线设备和有线设备，另外在室外可以通过手机和平板对系统进行测试。体统搭建模拟环境如图 4-24 所示。

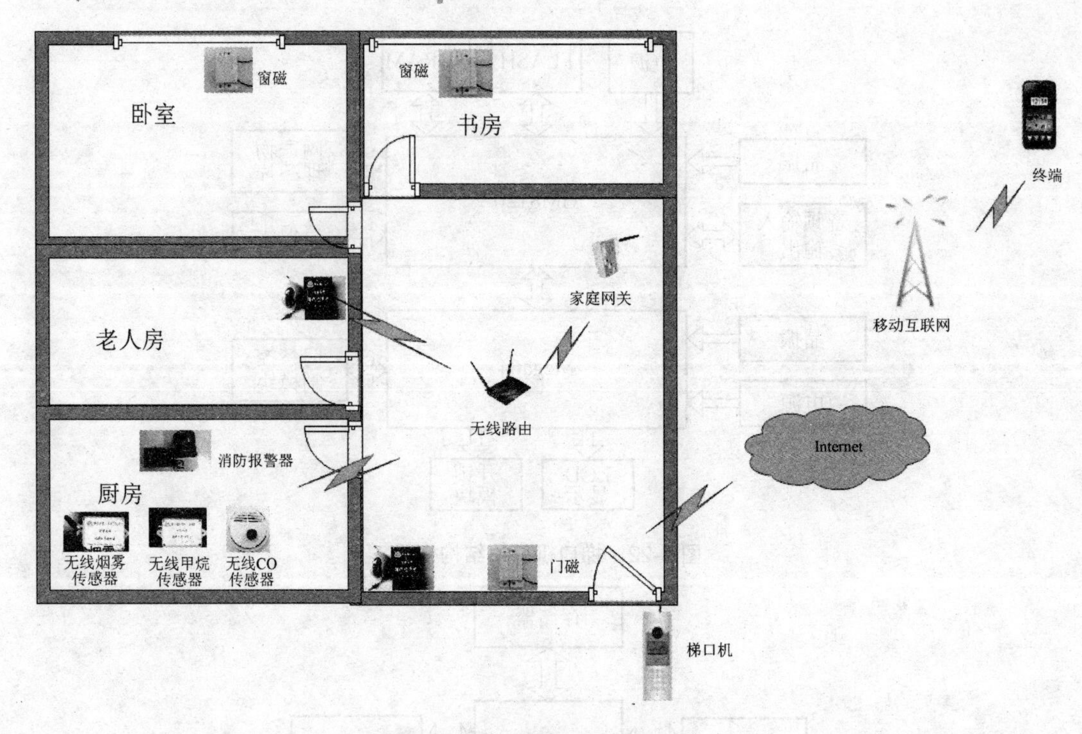

图 4-24　家居安防系统搭建图

1. 消防报警器和门窗磁报警

测试平台的搭建概念如图所示，包括消防报警和门窗磁的防盗报警，报警时能通过网关发送报警信息到用户手机和小区保安处。

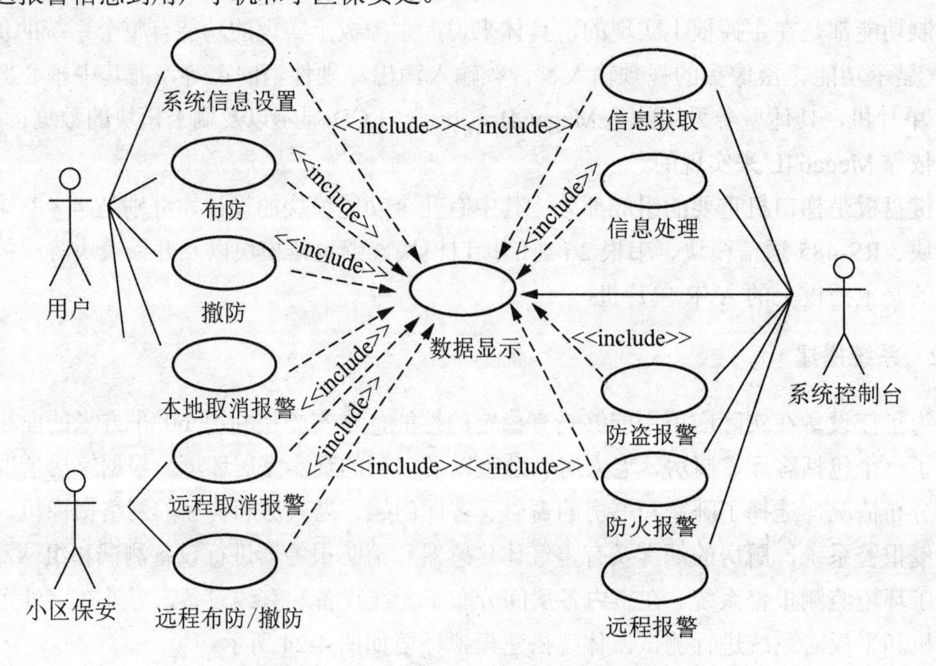

图 4-25　消防报警器与门窗磁报警搭建图

要想将写好的程序在智能报警控制器上运行，首先要下载操作系统到目标板，Linux操作系统的内核是一个非常大的独立的程序，优点是全球系统的各个组成部分直接沟通，提高系统运行速率。但是由于嵌入式系统的资源受限，因此不太适合这个结构。需要对内核进行裁减，只保留支持应用程序运行的环境即可。这就需要编译内核，主要包括内核配置、建立依赖关系及建立内核。

为了能使整个系统正常工作，还要制作文件系统，包括：制作文件系统镜像和 NFS 文件系统。NFS 文件系统能够使不同的宿主机通过网线将 NFS 服务器中的共享文件安装在目标板上。它分为服务器端和客户端 。客户端通过挂载(mount)的方式访问服务器提供的共享文件，好比访问本地文件。

即使已经下载操作系统到目标板，系统也不能正常运行，这是因为未进行系统引导。因此还必须进行系统引导程序(U-Boot)的移植。主要包括配置 U-Boott 和建立 U-Boot。

经过上述工作后，要将制作好的系统映像下载到目标板。下载的方式有网络(tftp、ftp)下载、串口下载及 USB 下载。在此先用网络方式进行系统镜像下载， tftp(简单文件传输协议)分为客户端和服务器端。由于目标板上已有 tftp 客户端程序，因此，只需要在宿主机上开启 tftp 服务，并进行配置即可。

打开超级终端，设置波特率为 38400，8 位数据位，无奇偶校验，1 位停止位，无数据流控制。在超级终端界面上输入 tftp 0x00000000 zImage，即可完成嵌入式 Linux 操作系统的下载。并通过同样的方式将做好的应用程序镜像下载到 0x80240000 地址。至此整个软件环境搭建完成。

2. 网络摄像机

网络摄像机的测试平台搭建如图 4-26 所示，摄像监控画面通过网关和以太网络传输到远程客户端，用户可以利用浏览器和手机平板终端对家居情况实现实时监控。

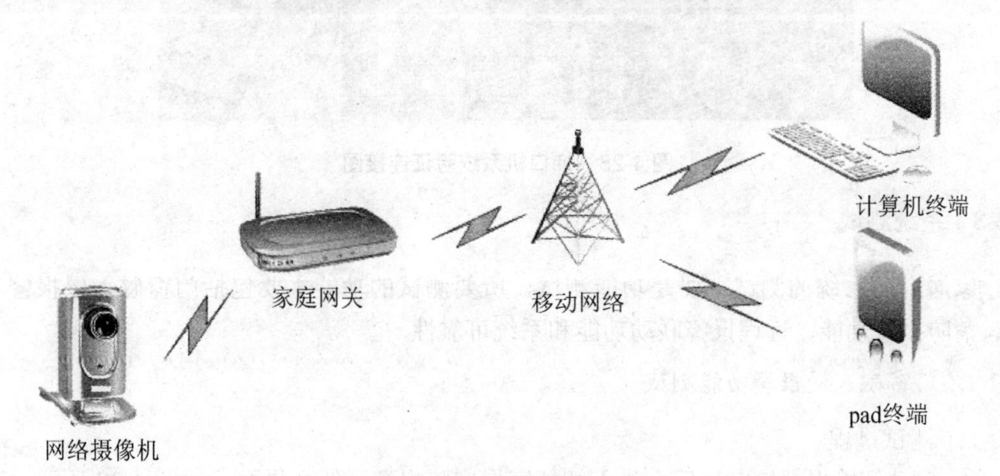

图 4-26 网络摄像机系统搭建图

3. 梯口机

验证平台的搭建分两种模式来完成，一种是以智能楼宇梯口机为中心来搭建验证平台；另外一种是把智能楼宇梯口机加入智能楼宇系统中对其进行验证。第一种方式需要EPA 交换机、智能楼宇梯口机、电磁锁、出门按钮、有效 IC 卡以及一些测试工具，如万用表、示波器以及螺丝刀等。先把智能楼宇梯口机接到交换机上，然后把电磁锁、出门开关接到梯口机上，然后检查电路，看是否存在短路现象，连接图如图 4-27 所示。

图 4-27　梯口机功能验证图

第二种方式是把智能楼宇梯口机放到智能楼宇系统中进行验证，所需设备为智能楼宇梯口机、EPA 交换机、电磁锁、出门按钮、IC 卡、2 台室内机、中心管理机以及一些测试工具。验证平台的搭建过程，首先把电磁锁、出门按钮接在梯口机的相关接口上，把梯口机与 EPA 交换机用网线进行连接，然后把两台室内机和中心管理机分别与 EPA 交换机用网线进行连接，检查电路连接，看看是否有短路现象，连接图如图 4-28 所示。

图 4-28　梯口机系统验证连接图

4.3.3　系统测试

家居安防系统的测试主要是功能测试，所要测试的功能主要包括门窗磁入侵报警功能、消防报警功能、远程报警联动功能和系统可靠性。

1. 门窗磁入侵报警功能测试

(1) 测试过程。

① 启动智能报警控制器后会进入智能家居安防报警系统主界面，如图 4-29 所示，系统工作的初始状态是未布防状态。点击“外出”按钮或“在家”按钮，对系统进行布防操作，测试布防功能是否正确。

② 在系统布防工作模式下，打开窗户并在双红外探测器可测视角(120度)范围内活动，模拟有人从窗户入侵，看测试结果。

③ 在报警界面，按下“取消”按钮(图4-30)，进行取消报警操作，观察智能报警控制器的反应。

④ 当系统工作在布防模式下时，按下“撤防”按钮(图4-29)，进行撤防操作，然后看看是否撤防。

⑤ 在智能家居安防报警系统的主界面，按下系统设置图标，如图4-29所示，进入系统设置界面后，如图4-32所示，首先单击MAC地址编辑框，然后单击界面右边数字键盘的“*”按钮，输入33、44、66，按同样的方法在网络地址编辑框中输入172.022.136.61、在子网掩码编辑框中输入255.255.252.0、在网关地址编辑框中输入172.022.136.001、在服务器地址编辑框中输入172.022.136.033。最后单击数字键盘的存储确定按钮“#”。查看结果。

(2) 测试结果。

按下“外出”按钮或“在家”按钮后，首先会听到“布防延时中”的语音提示，在30秒后，会听到“布防成功”的语音提示，系统工作在布防模式下。此时有异常情况发生，则会弹出报警界面，并指示报警防范区域，如图4-30所示。在报警界面下单击“取消”按钮，如图4-30所示，界面会切换到身份确认界面，提示输入密码，如图4-31所示。在身份确认成功后，会返回到智能家居安防报警主界面，如图4-29所示。当系统工作在布防模式下时，按下“撤防”按钮，会弹出身份确认界面，如图4-31所示。在身份确认成功的情况下，会听到“撤防成功”的语音提示，系统工作在未布防模式下。

按下“系统设置”图标后，首先弹出身份确认界面，提示输入密码，如图4-31所示，在身份确认成功后，会进入系统设置界面，如图4-32所示，对网络地址按照测试阶段做了修改后，会听到“修改成功”的语音提示。并可以看到智能报警控制器的网络地址均按照测试阶段输入的信息，做了相应修改，如图4-33所示。

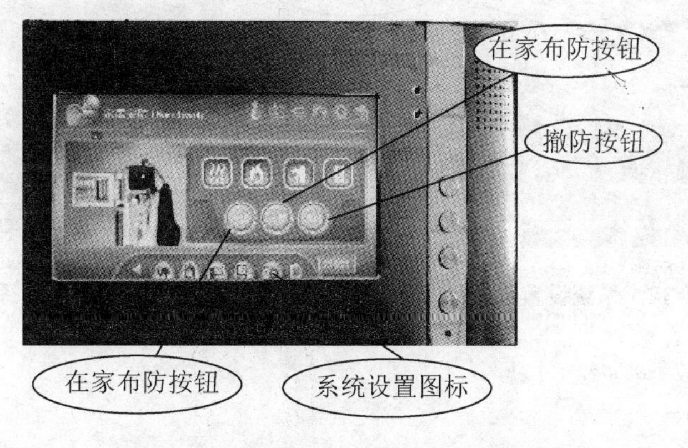

图4-29 智能家居安防报警系统主界面

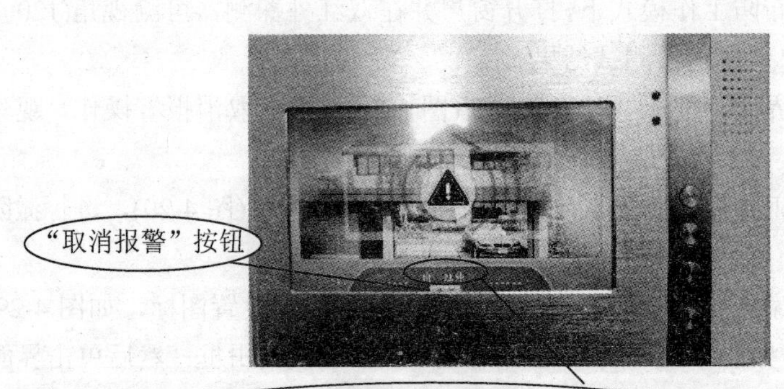

图 4-30　报警界面界面

图 4-31　身份确认界面

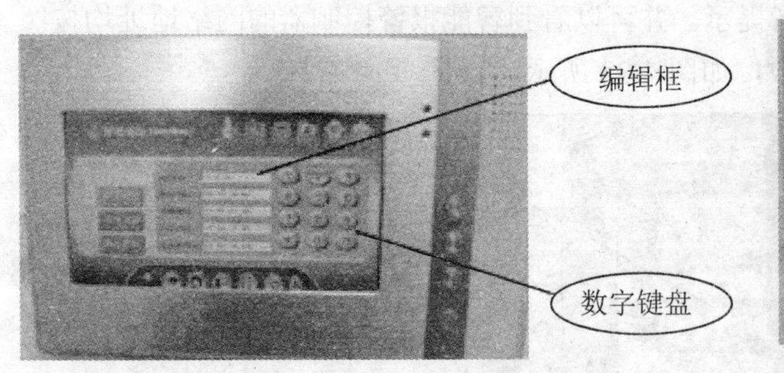

图 4-32　系统设置界面

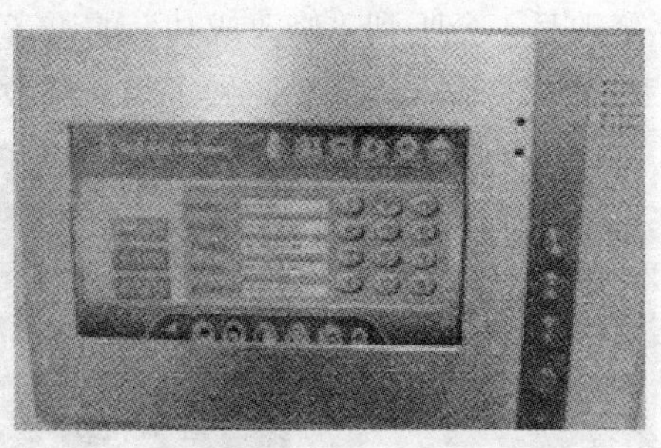

图 4-33　系统设置界面

2. 消防报警功能测试

(1) 测试过程。

① 基于 6LoWPAN 传感网络的环境监测值实时显示功能测试。

将服务器(接警中心 PC 机)与智能报警控制器通过网线相连，打开 6LoWPAN 传感网络中的 WSN/TD-SCDMA 网关及一氧化碳、甲烷、烟雾传感器，如图 4-34 所示。在智能家

居安防报警系统主界面下单击“无线测量值”按钮，如图4-35所示。

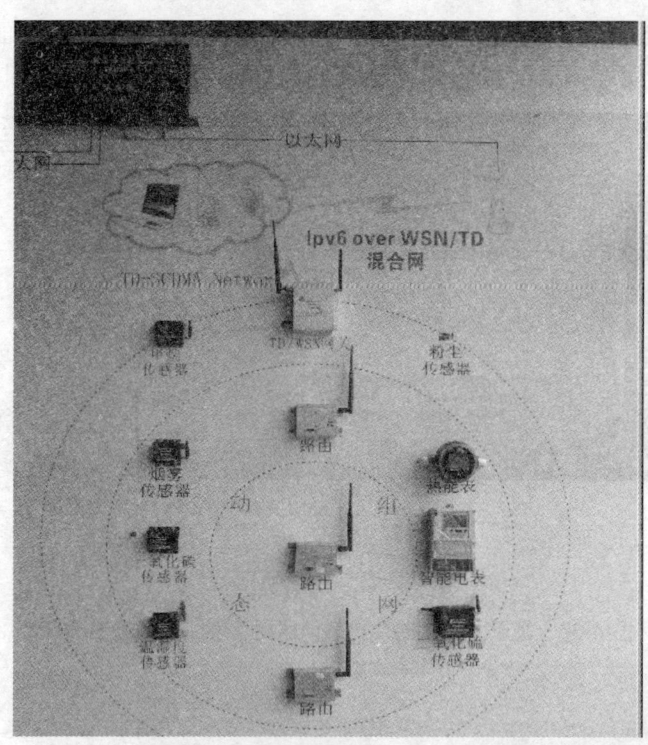

图4-34 6LoWPAN传感网络

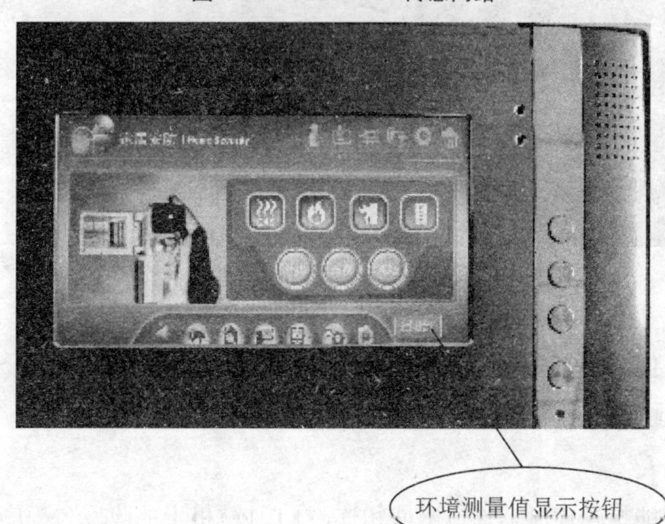

图4-35 智能安居安防报警系统主界面

② 基于WIA-PA工业无线网络的环境监测值实时显示功能测试。

测试系统如图4-1所示。在智能家居安防报警系统主界面下单击“无线测量值”按钮，如图4-8所示。

(2) 测试结果。

单击“无线测量值”按钮后，进入到环境监测数据显示界面，在界面上可以看到房间信息、传感器信息及经过计算的各传感器的采集值，分别如图 4-36 和图 4-37 所示。

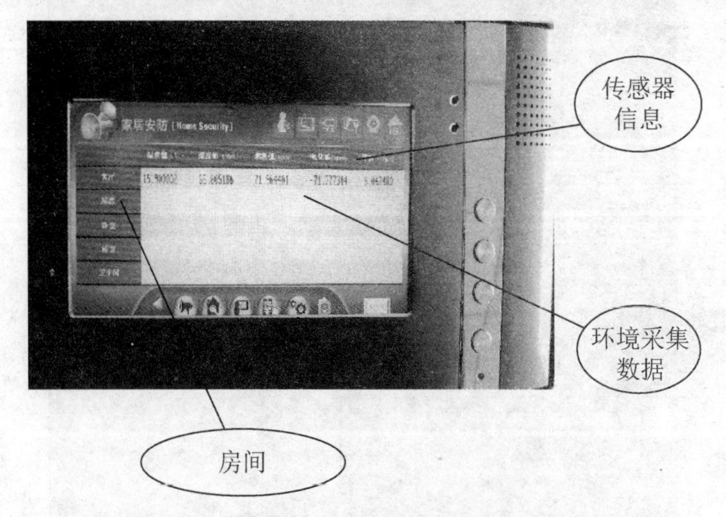

图 4-36　基于 6LoWPAN 传感网络的环境测量数据显示界面

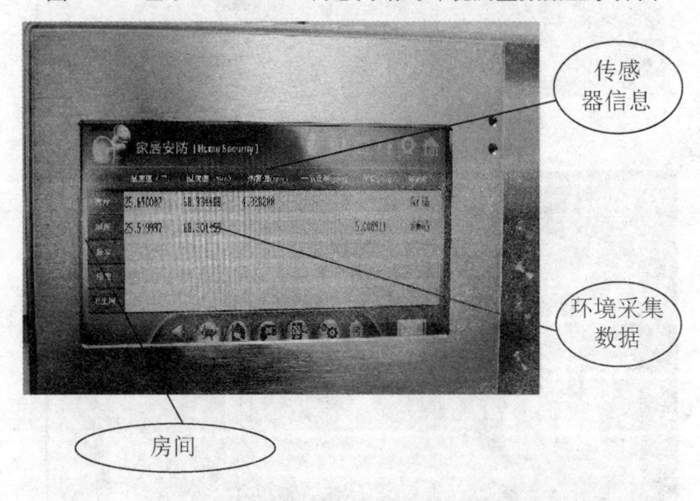

图 4-37　基于 WIA-PA 工业无线网络的环境测量数据显示界面

3. 远程报警联动功能测试

(1) 测试过程。

将 PC 机与智能报警控制器通过网线相连，打开 PC 机上的收发包程序及 Ethereal 抓包软件。

① 远程读地址设置、远程写地址设置功能的测试。

让收发包程序发送读地址服务主叫报文及写地址服务主叫报文。观察 Ethereal 抓包软件显示的网络数据包信息及智能报警控制器的相应动作。

② 设备定时报告功能测试。

观察 Ethereal 抓包软件显示的网络数据包信息。

③ 远程设置工作模式功能测试。

让收发包程序发送远程设置工作模式服务主叫报文。观察 Ethereal 抓包软件显示的网络数据包信息及智能报警控制器的相应动作。

④ 远程报警功能测试。

系统工作在布防模式下时，打开窗户并在双红外探测器可测视角(120 度)范围内活动，模拟有人从窗户入侵。查看 Ethereal 抓包软件显示的网络数据包信息。

⑤ 远程取消报警功能测试。

在智能报警控制器处于报警状态时，让收发包程序发送远程取消报警服务主叫报文。观察 Ethereal 抓包软件显示的网络数据包信息及智能报警控制器的相应动作。

(2) 测试结果。

在 Ethereal 抓包软件中可以看到，智能报警控制器以大约每 10 秒一次的频率周期向 PC 机发送设备定时报告服务报文，如图 4-37 所示。当接收到 PC 机发送的读地址服务报文后，智能报警控制器在 707 纳秒后将本机地址信息发送给 PC 机，如图 4-38 示。当接收到 PC 机发送的写地址服务报文后，智能报警控制器在 2 毫秒后给出写地址服务应答报文，如图 4-39 所示。接收到远程工作模式设置报文后，智能报警控制器在 10 毫秒后，回复远程工作模式设置答应服务报文，如图 4-40 所示，此时设备工作在布防模式下。当检测到异常情况时，智能报警控制器将报警信息发送给 PC 机，如图 4-41 所示。在 60 秒后，PC 机未收到本地取消报警报告服务报文，则立即进行远程取消报警，如图 4-42 所示。

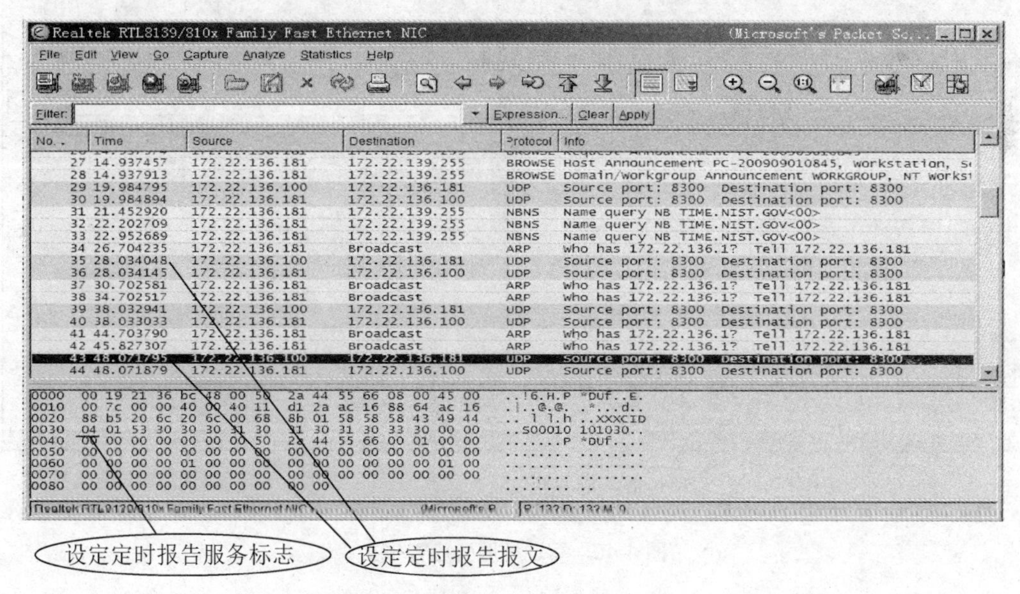

图 4-38　设备定时报告服务报文

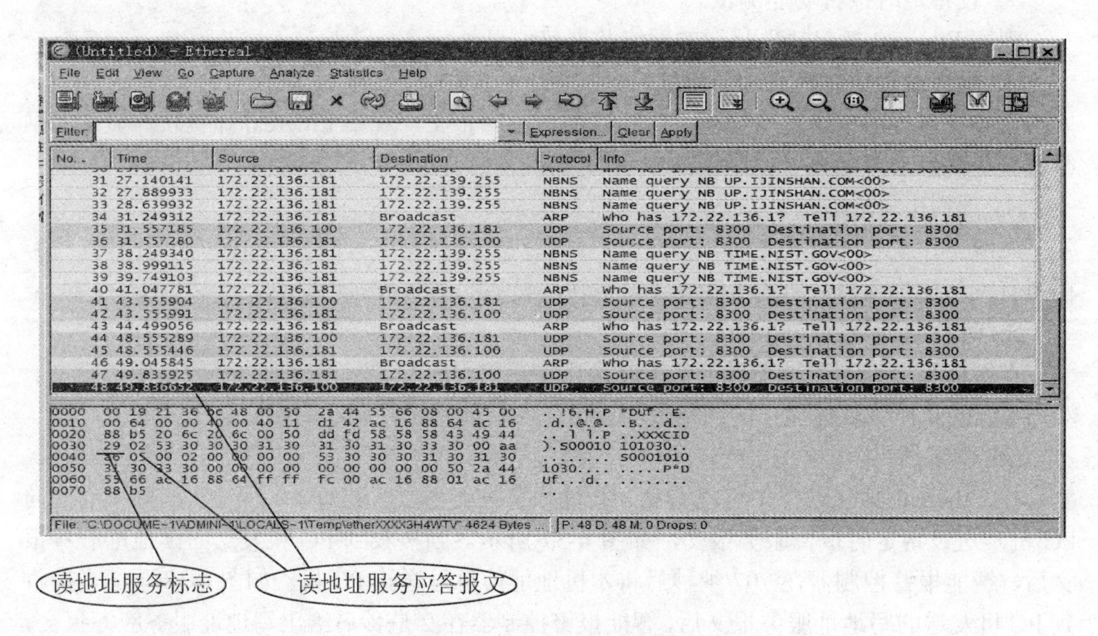

图 4-39 读地址服务应答报文

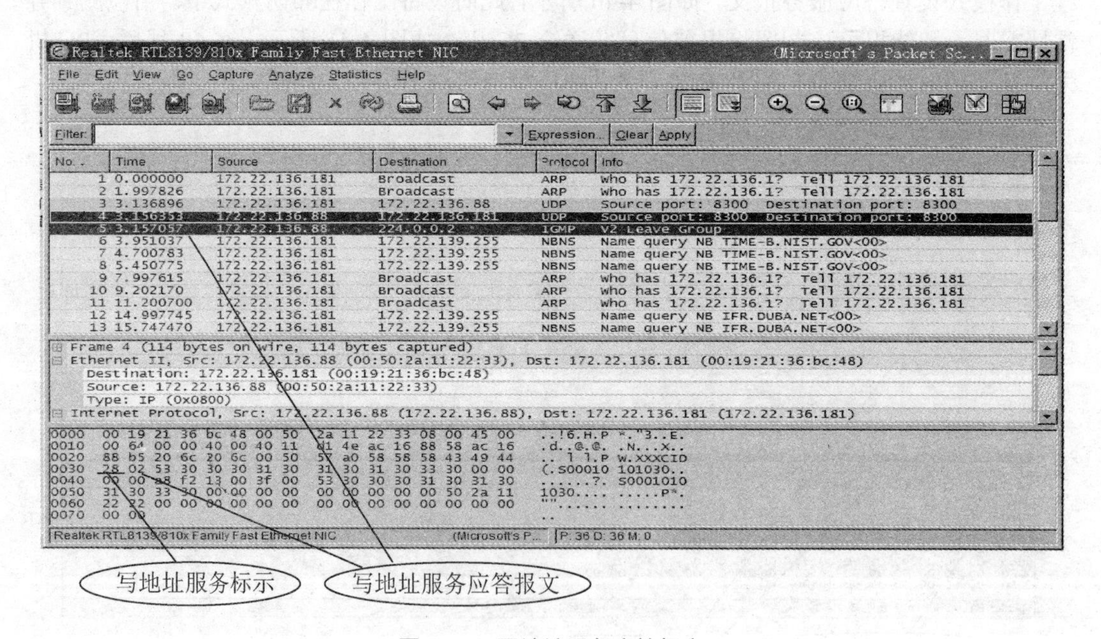

图 4-40 写地址服务应答报文

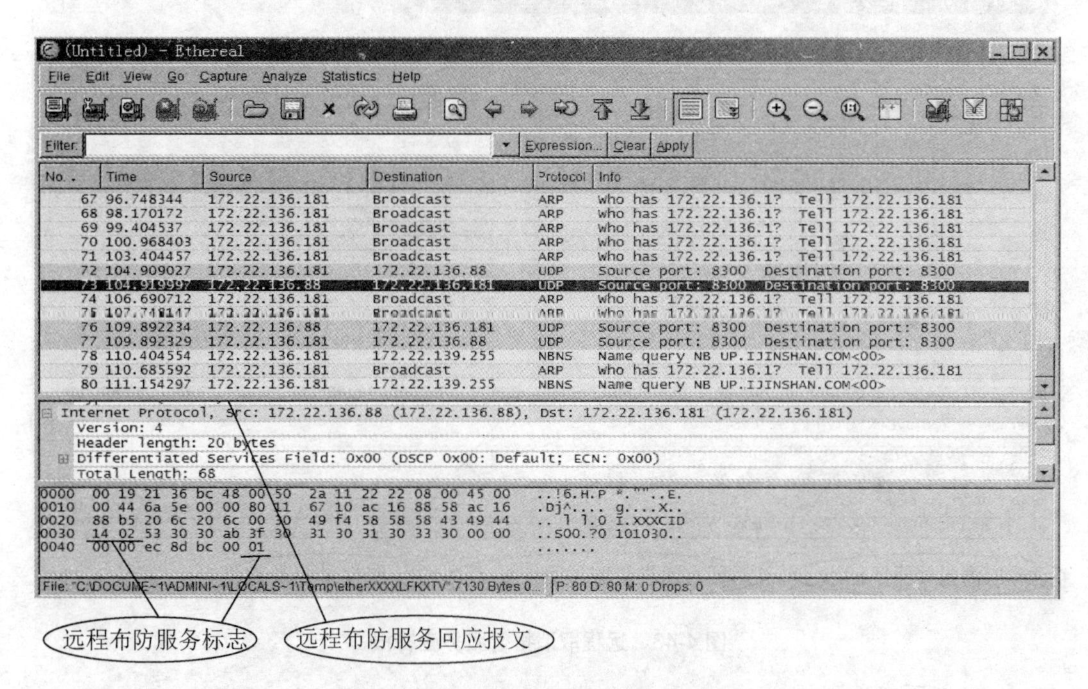

图 4-41　远程工作模式设定服务应答报文

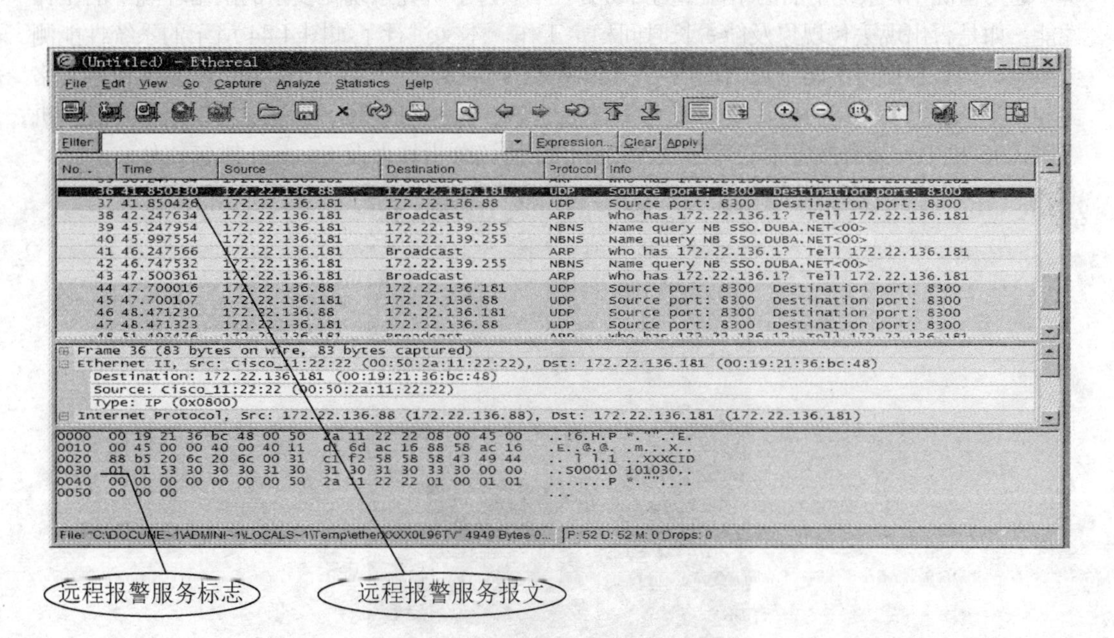

图 4-42　远程报警服务报文

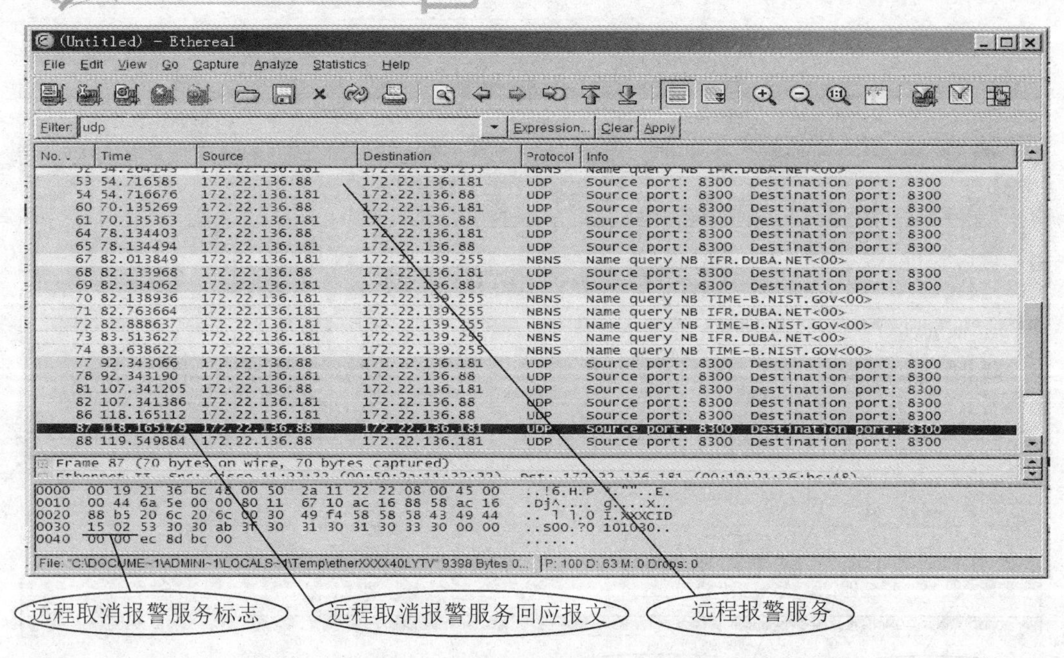

图 4-43　远程取消报警服务应答报

4. 系统可靠性测试

通常情况下，系统中的网络流量为 2kbps 左右，为了研究系统在复杂的网络环境下的工作性能，如是否出现丢包现象及能否长时间稳定工作，本文进行了如图 4-44 所示的系统性能测试实验。实验中使用了两个通信的网络，6LoWPAN 传感网络和以太网。6LoWPAN 传感网络由 6LoWPAN 网关、路由器及传感器节点构成；以太网是由 PC 机、智能报警控制器及交换机组成。PC 机中安装有接警中心管理软件、Sniffer 协议分析软件及 Ethereal 抓包软件。

图 4-44　系统抗干扰实验

(1) 测试过程。

① 丢包率测试。

在系统正常工作时，利用 Sniffer 软件模拟数据包，并发送到网络进行干扰。首先将网络流量增加 10 倍即 20kbps，然后逐步增加干扰强度。打开 Ethereal 抓包软件进行数据包分析，打开超级终端，观察智能报警控制器打印的接收数据包数量信息。

② 系统长时间运行测试。

在系统正常工作时，利用 Sniffer 软件模拟数据包，并发送到网络进行干扰。首先将网络流量增加 10 倍即 20kbps，进行远程布防，观察门磁、窗磁及红外感人本地报警、远程报警情况，观察室内温度显示情况。然后逐步增加干扰强度。进行相同的操作，使系统连续运行 120 小时，观察系统长时间运行情况。

(2) 测试结果。

系统丢包率分析如图 4-45 所示，当网络流量小于 100kbps 时，系统丢包率为 0，当网络流量达到 100kbps 时，开始出现丢包现象，丢包率为 0.37%左右，随着干扰强度的增大，当网络流量增加到 200kbps 时，系统丢包率为 0.73%左右，表 4-6 描述了系统连续工作 120 小时针对各任务的执行情况。通过上面的分析可以看出，系统因受干扰，工作在复杂的网络环境下时，仍然具有很低的丢包率，并且能够正常工作。达到系统设计要求。

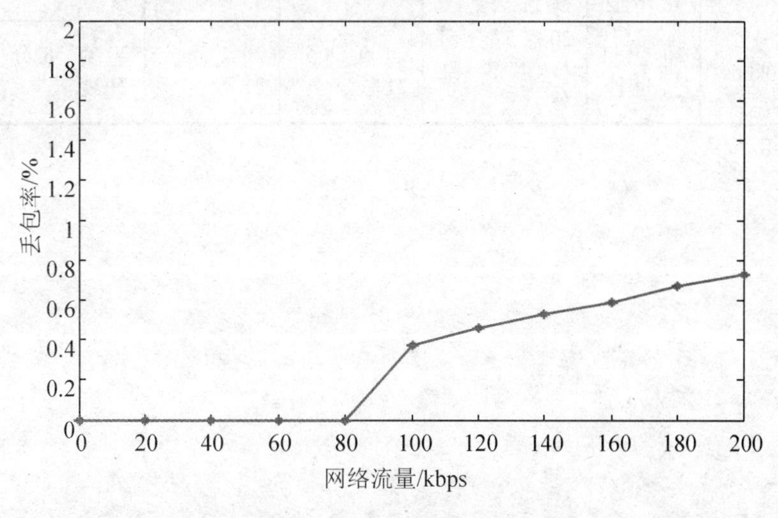

图 4-45 系统丢包率分析

表 4-6 系统长时间运行情况

测试时间	网络流量	远程布防时间	触发时间/防区	门磁本地、远程报警时间	窗磁本地、远程报警时间	红外感人本地、远程报警时间	温度值/℃
2012年5月7日	20kbps	8 点 26 分 02 秒	8 点 28 分 17 秒/门、红外	8 点 28 分 47 秒		8 点 28 分 47 秒	26.143321
	40kbps	8 点 36 分 18 秒	8 点 38 分 38 秒/窗、红外		8 点 39 分 08 秒	8 点 39 分 08 秒	26.841562

续表

测试时间	网络流量	远程布防时间	触发时间/防区	门磁本地、远程报警时间	窗磁本地、远程报警时间	红外感人本地、远程报警时间	温度值/℃
2012年5月8日	60kbps	10点47分10秒	10点48分55秒/门	10点49分25秒			27.724885
	80kbps	10点56分11秒	10点58分04秒/门、窗、红外	10点58分34秒	10点58分34秒	10点58分34秒	27.975833
2012年5月9日	100kbps	15点07分37秒	15点09分10秒/门、红外	15点09分40秒		15点09分40秒	27.854764
	120kbps	15点16分42秒	15点18分15秒/窗、红外		15点18分45秒	15点18分45秒	27.487652
2012年5月10日	140kbps	9点27分11秒	9点30分28秒/门、窗、红外	9点30分58秒	9点30分58秒	9点30分58秒	26.674432
	160kbps	9点37分23秒	9点40分37秒/门、红外	9点41分07秒		9点41分07秒	26.439997
2012年5月11日	180kbps	20点43分26秒	20点48分25秒/窗		20点48分55秒		25.457999
	200kbps	20点54分34秒	20点57分51秒/门、窗、红外	20点58分21秒	20点58分21秒	20点58分21秒	25.845124

第 5 章 环境监控

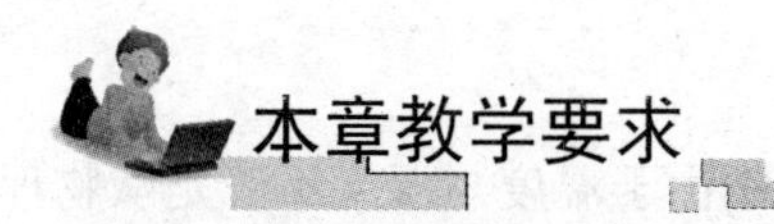

- 了解环境监控体系
- 掌握环境监控的典型设备
- 掌握环境监控典型设备的选型及性能
- 了解环境监控系统的搭建
- 掌握环境监控的各种模式

本章导读

智能家居的出现就是为了给用户提供一个更加舒适安逸的生活环境，使用户的生活更加便捷而易于掌控。想象一下，当你在家时，分布在家中各个角落的传感器能够检测到你的各种动态，根据你的想法调整家电开关、灯光明暗、空调温度高低以及音乐选曲和声音大小。在这样一个一切以你为主角的环境中，你能感受到前所未有的智能生活体验。本章主要介绍了智能家居系统中对环境监控的典型设备及功能，搭建了一个简易的系统模型，给出了几种用于环境监控的环境模式。通过对本章的学习，同学们会对智能家居环境监控理念有一个更加深入的认识。

5.1 环境监控体系概述

智能家居的出现就是为用户提供一种新的工作、生活方式，提供一个舒适温馨、高效安全的高品位生活环境，还将一个被动静止的居住环境提升为一个有一定智慧协助能力的体贴的生活帮手，进一步优化住户的生活质量，这都体现了环境监控体系在智能家居中的核心作用。随着新技术的不断出现，智能家居环境监控体系必将有更大的突破，给人们带来更多更好的舒适体验。

从当前智能家居的发展和未来趋势来看，智能家居环境监控体系系统应该主要包括以下几个方面。

(1) 灯光和窗帘控制：包括灯光的无线控制、无线调光和窗帘的无线控制；

(2) 背景音乐场景控制：包括背景音乐的播放和不同音乐场景的切换；

(3) 室内环境信息的监控：包括室内温湿度、甲烷等数据信息的采集，为空调等改变室内环境家电的控制提供依据；

(4) 家电设备的控制：包括电视的控制、空调的控制、影院播放设备的控制等；

5.2 环境监控的典型设备

5.2.1 温湿度传感器

采用无线温湿度传感器(2400WSL_TH/780WSL_TH)由于温度与湿度不管是从物理量本身还是在人们实际的生活中都有着密切的关系，所以温湿度一体的传感器就会相应产生。温湿度传感器是指能将温度量和湿度量转换成容易被测量处理的电信号的设备或装置。市场上的温湿度传感器一般是测量温度量和相对湿度量。

无线温湿度传感器实物如图 5-1 所示。

图 5-1 无线温湿度传感器

功能：测量环境温度和湿度，通过测量，人为地控制温度和湿度，提高环境舒适度。响应快、抗干扰能力强；采用串行接口，分辨率可以根据采集速率进行调整；操作比较简单；具有休眠模式，减少了节点功耗。工作电压 3.8V，工作电流 27.8mA，功耗 106mW。设计开发了 780MHz 6LoWPAN 温湿度传感器节点(780WSL_TH)和 2.4GHz ISA100.11a 温湿度传感器节点(2400WSL_TH)，780 传感器参数见表 5-1。

表 5-1 温湿度传感器参数

型号	分辨率		量程范围	测量精度
SHT75	默认	14bit	−40℃～123.8℃	±0.3℃(25℃)
	高速采集	12bit		
SHT10	默认	12bit	0～100%RH	±1.8%RH
	高速采集	8bit		

5.2.2 太阳辐射传感器和空气质量传感器

1. 太阳辐射传感器

大气循环是由太阳辐射驱动的。测量太阳辐射及其与大气和地表的相互作用极为重要，因为太阳辐射提供了地球可用的几乎全部的能量。太阳辐射有两种方式到达地球表面：一是直接太阳辐射，太阳辐射直接穿过大气；二是散射太阳辐射，进入的太阳辐射被地表散射或反射。大约50%的短波太阳辐射被地表吸收并转变为热红外辐射。直接太阳辐射就是用太阳辐射传感器来测量的。太阳辐射传感器的实物如图5-2所示：

图5-2 太阳辐射传感器

功能：检测日常太阳辐射值及紫外线强度。应用：用于人们出行提醒，防止外出被紫外线灼伤，相关参数见表5-2。

表5-2 太阳辐射传感器

传感器型号	FY-TBQ-ZWL
光谱范围	280～400nm
测量范围	0～500 W/m^2
输出信号	0～20mV
灵敏度	0.5～5m V/m^2
典型气体反应值	1～10ppm
环境温度	-50℃～+100℃
环境湿度	0～100%

2. 空气质量传感器(2400WSL_AQ/780WSL_AQ)

人类的生活工作都离不开居室，居室的环境与人类的健康息息相关。近年来，室内的空气污染给人们的健康带来了很大的伤害。随着社会的发展，人们的生活水平也不断提高，室内装修也走进千家万户，但同时也带来了各种各样的室内环境污染。有的甚至已致使室内空气污染高出室外空气污染的数倍，使许多人产生了健康问题。空气质量传感器就肩负着测量居室气体浓度的任务。空气质量传感器的实物如图5-3所示。

图5-3 空气质量传感器

功能：检测环境现场中氨气、硫化物、甲苯等空气污染气体的浓度。应用空气清洁器换气、通风控制、空气质量监视空调自动换气控制，相关参数见表 5-3。

表 5-3　空气质量传感器参数

传感器型号	TP-4
检测气体	空气污染物
工作电压	5±0.1V DC
工作电流	40mA
负载电阻	39Ω
功耗	200mW
典型气体反应值	1～10ppm
环境温度	-20℃～80℃
环境湿度	5%～90%
封装形式	TO-5 金属壳

5.3　环境监控的应用测试

5.3.1　设备选型和性能

1. 室内环境信息的监控

室内环境控制器主要包括采集环境的以下几个部分。

(1) 无线温湿度传感器(2400WSL_TH/780WSL_TH)。

(2) 空气质量传感器(2400WSL_AQ/780WSL_AQ)。

(3) 太阳辐射传感器。

室内环境信息的监控主要由室内环境监控器来实现，整体方案采取模块化设计方式。设计方案包括通信模块与传感器两部分，传感器的功能是感知物理信息，并通过 I/O 接口传输给通信模块。其硬件框架结构如图 5-4(室内环境监控器结构图)所示。

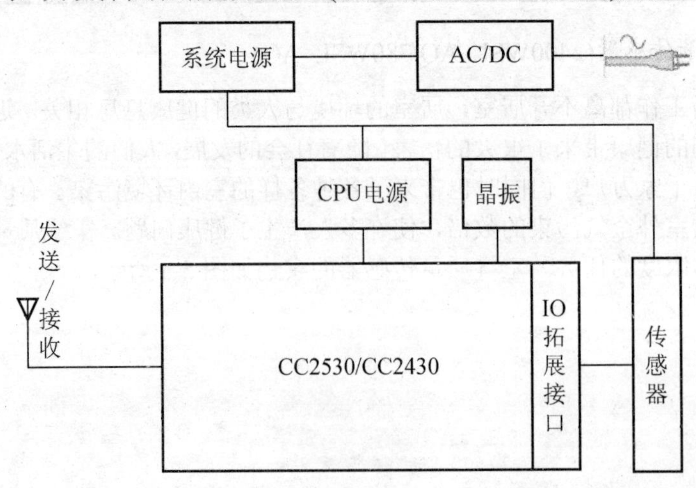

图 5-4　室内环境监控器结构图

整个环境控制器硬件设计采用通用型底板设计，兼容 7 种传感器多双工工作模式下的低功耗运行，其硬件构成分为电源管理部分、指示灯部分、底板端口部分、传感器接口部分。

(1) 电源管理部分：主要为 CC2430 芯片、GM812X 系列芯片、传感器芯片提供供电，实现了电源供电和电池供电两种供电方式自动切换选择，其电路原理图如图 5-5(电源管理部分)所示。

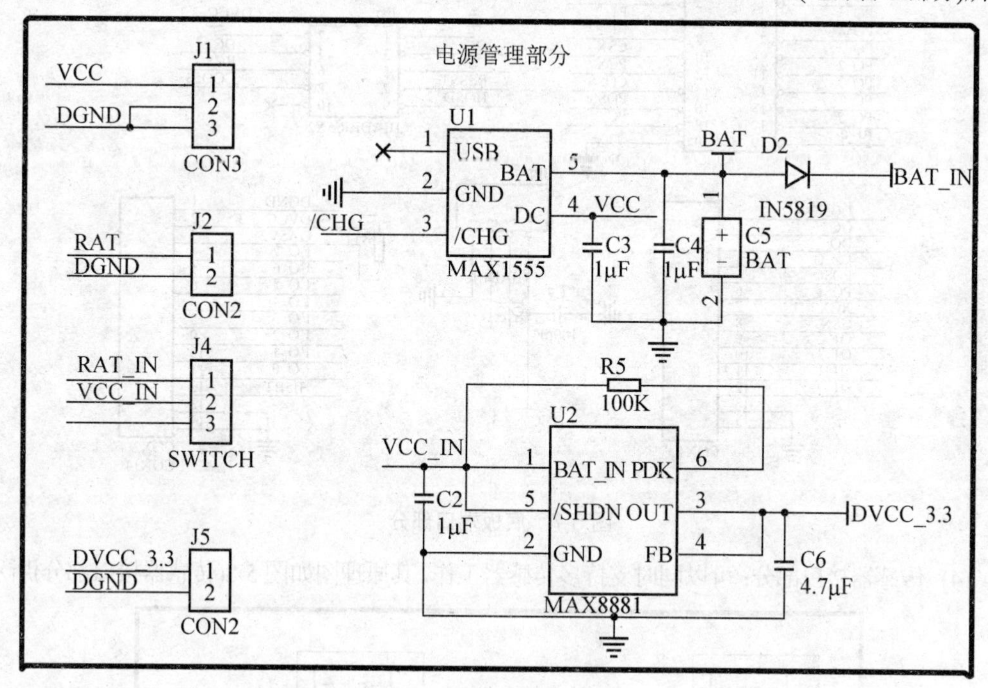

图 5-5 电源管理部分

(2) 指示灯部分：其电路原理如图 5-6(指示灯部分)所示。

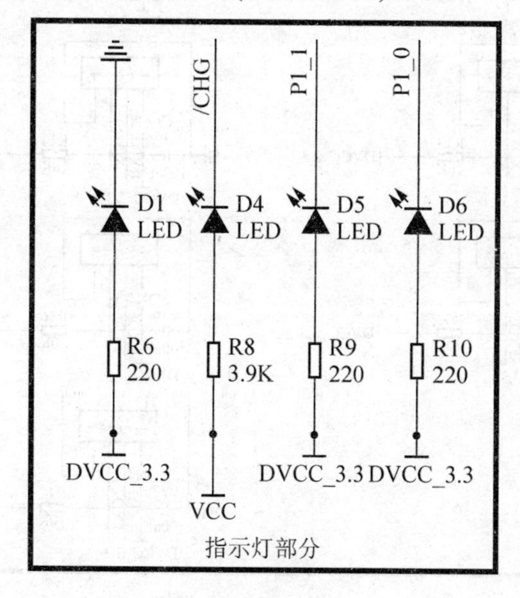

图 5-6 指示灯部分

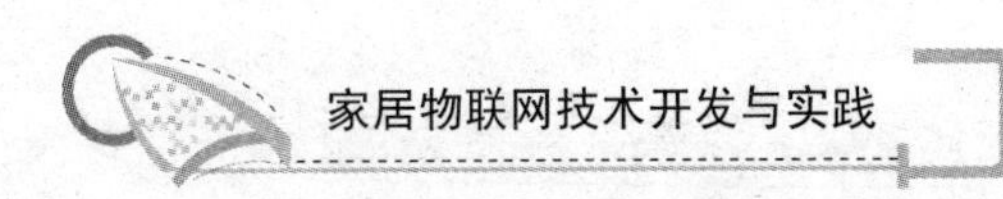

(3) 底板端口部分：主要提供 2430/2530 核心板插槽，同时对 2430/2530 串口进行扩展，实现了多传感器多双工工作，其原理图如图 5-7(底板端口部分)所示。

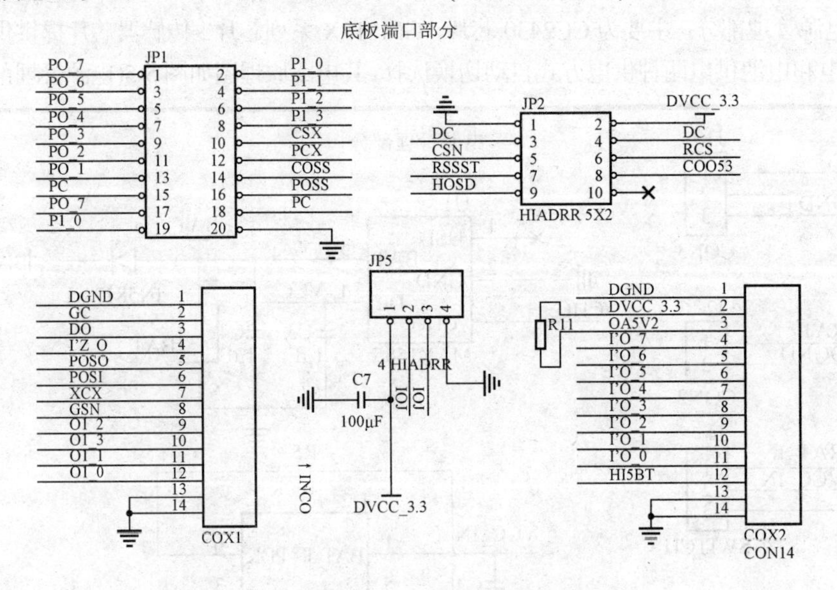

图 5-7　底板端口部分

(4) 传感器接口部分：可以同时支持多传感器工作，其原理图如图 5-8(传感器接口部分)所示。

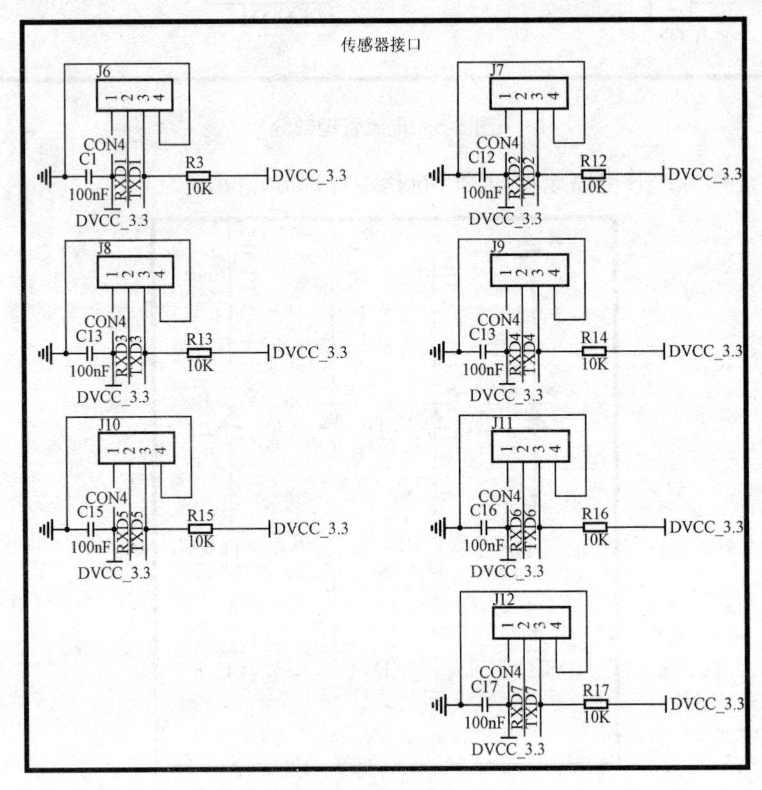

图 5-8　传感器接口部分

2. 智能窗帘

智能窗帘系统主要包括MCU、WSN无线模块、本地操作面板、电动窗帘导轨和窗帘开关机械定位电机几部分构成，如图5-9所示。

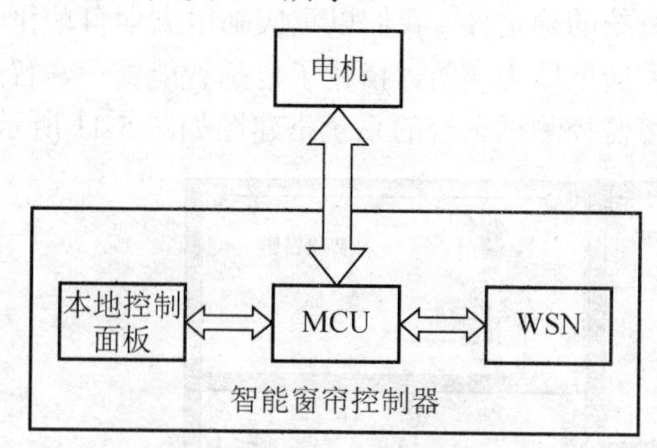

图5-9 智能窗帘控制器框架图

本设计是基于IEEE802.15.4e协议的无线传感网络，网络中需要一个协调器对网络进行自主控制，并通过家庭网关与家居中的其他终端设备进行通信，网关负责组员的管理及数据转发等任务。智能终端通过数据监控中心转发数据来控制窗帘闭合。窗帘闭合开关可以设置成路由或节点设备，对窗帘进行开关控制。设计中，MCU和WSN的设计采用类似智能灯光的方案，便于后期集中维护和管理。

3. 智能灯光

智能照明系统是物联网智能家居中的重要部分，在实现对家居环境的监控作用上具有重要意义。本设计的主要内容包括智能终端控制、无线控制节点及传感器节点接入、远程数据中心、远程客户控制。系统结构图如图5-10所示。

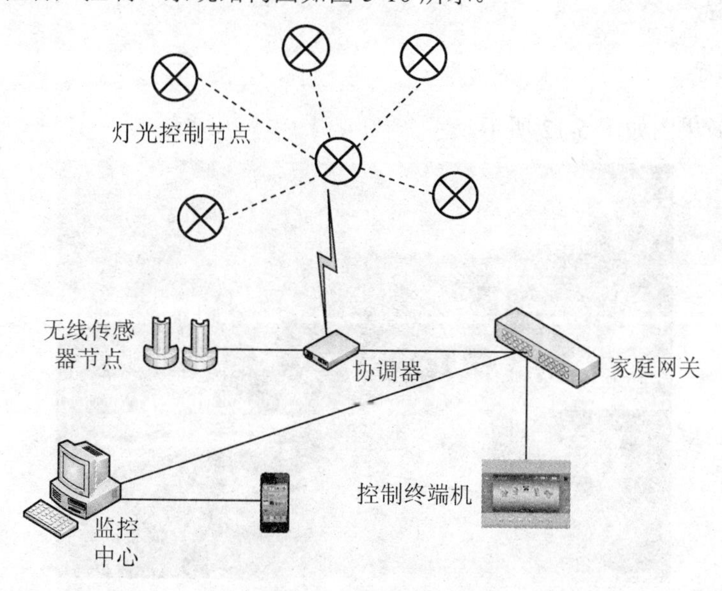

图5-10 智能照明结构图

在后文的家电控制中，将对智能灯光做详细的介绍。

5.3.2 系统搭建

为了测试环境监控系统的稳定性，我们以重庆邮电大学自动化学院网络控制与智能仪器仪表重点实验室智能家居展厅为场所，搭建了包括智能窗帘、智能灯光和温湿度传感器等在内的测试平台。环境监控测试平台的系统搭建图如图 5-11 所示。

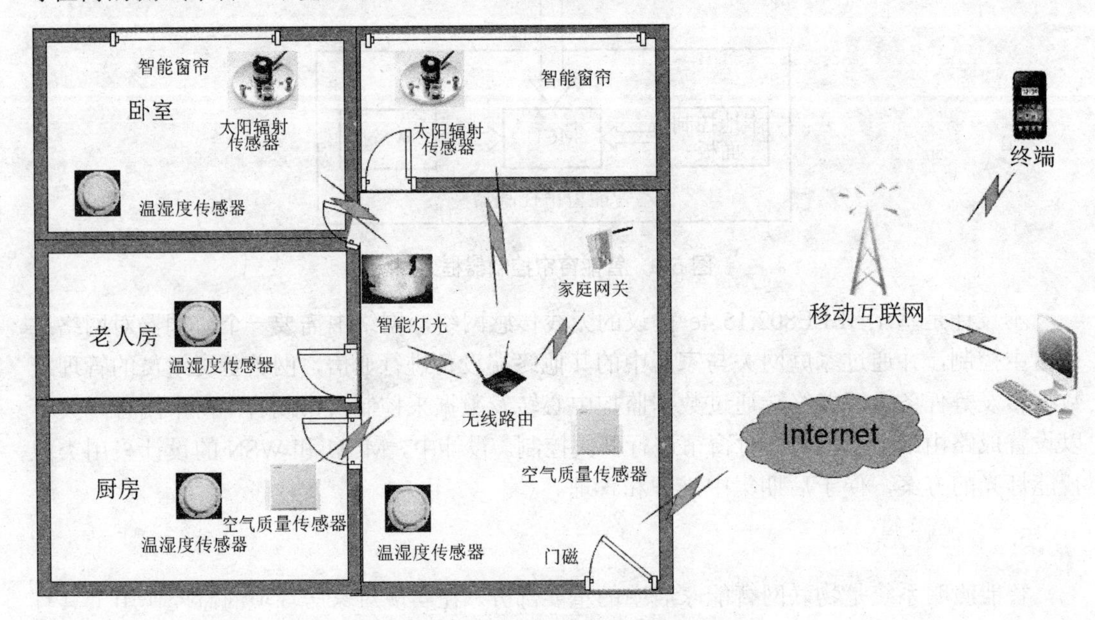

图 5-11 环境监控系统搭建图

5.3.3 系统测试

1. 智能客厅

智能客厅效果图如图 5-12 所示。

图 5-12 智能客厅效果图

【场景描述】

当想看电视时，用户只需通过任意一种终端设备启动“客厅电视”场景，即可进入观看电视模式：

(1) 自动关闭客厅部分灯光，将光线调整到最舒服的亮度；

(2) 窗帘根据当前光线强弱决定是否自动关闭；

(3) 自动打开电视，调到您最常看的频道。

当需要会客时，用户只需通过任意一种终端设备启动“客厅会客”场景，即可进入会客模式：

(1) 自动打开客厅灯光；

(2) 窗帘根据当前光线强弱决定是否自动打开；

(3) 背景音乐自动响起，开始播放用户最喜欢播放的音乐。

当晚上准备睡觉时，用户只需通过任意一种终端设备启动“睡眠”场景，即可进入睡眠模式：

(1) 客厅及餐厅的灯光按照由远到近的顺序依次熄灭，让主人回卧室的时候有足够的灯光照明；

(2) 窗帘根据当前光线强弱决定是否自动关闭；

(3) 电视及其周边电器设备自动关闭电源；

(4) 用户只需通过任意一种终端设备就可以单独控制每一盏灯的开关和任意一种电器的启动，以及每一面窗帘的开合。

如果我们想感受家庭智能影音给我们带来的震撼时，用户只需通过任意一种终端设备启动“娱乐”场景，即可进入影院模式：

(1) 灯光自动变暗，首先自动关闭客厅主要灯光，自动打开影音室背景光源(地脚灯)，方便进行视听器材的手动控制；

(2) 窗帘根据当前光线强弱决定是否自动合上；

(3) 电视或投影机自动打开；

(4) 功放自动打开(可以不用再购买功放，背景音乐系统可以把音频输出到每个房间，客厅采用影院式吸顶音箱，足够产生震撼的声场)；

(5) DVD或者高清播放机自动打开。

欣赏完高清大片带来的震撼后，用户只需通过任意一种终端设备启动“结束娱乐”场景，进入关闭模式：

(1) 自动打开客厅主要灯光，自动关闭影音室背景光源(地脚灯)；

(2) 窗帘根据当前光线强弱决定是否自动打开；

(3) 电视或投影机可自动关闭；

(4) 功放自动关闭；

(5) DVD或者高清播放机自动关闭。

以上各种场景运行时，各设备的动作可以根据用户的需求进行自主设置，全力为用户的舒适度DIY提供保障，客厅内部的温湿度传感器会不停地将室内温湿度数据发送到任意终端设备上，并提醒用户是否需要启动空调等家电来调节客厅的环境值；用户在回家前也可根据任意终端设备的环境值来设置空调等家电的开启与关闭，让您在到家时就能享受到舒适的环境。

2. 智能卧室

智能卧室效果图如图 5-13 所示。

图 5-13　智能卧室效果图

【场景描述】

当想要睡觉时，用户只需通过任意一种终端设备启动“睡觉”场景，即可进入睡眠模式：

(1) 自动关闭卧室所有灯光；

(2) 窗帘自动关闭；

(3) 如果室内有灯光没有关闭，终端设备会发出警告信息提醒用户关闭，按一下“全关模式”按钮，屋内所有的灯光即全部关闭；

(4)“是否需要温湿度自动调节”的信息会在您启动睡觉场景的设备上弹出，用户可自定义选择是否开启此功能。

当晚上起夜时时，用户只需通过任意一种终端设备启动“起夜”场景，即可进入起夜模式：

(1) 卧室到卫生间的壁灯会随着人的走动自动打开和关闭；

(2) 壁钟自动为您报时；

如果晚上有朋友到访时，用户正在卧室的床上看电视，那么只需通过任意一种终端设备启动“接待”场景，即可进入接待模式：

(1) 客厅及餐厅的灯光自动依次打开，不用在黑暗中走到门口再去开灯；

(2) 窗帘根据当前光线强弱决定是否自动打开。

当早上到达用户自定义设置的起床时间时，系统会自动启动起床模式：

(1) 窗帘打开；

(2) 背景音乐系统自动播放用户喜欢的起床音乐。

以上各种场景运行时，各设备的动作可以根据用户的需求自主设置，全力为用户的舒适度 DIY 提供保障，卧室内部的温湿度传感器会不停地将室内温湿度数据发送到任意终端设备上，并提醒用户是否需要启动空调等家电来调节客厅的环境值(启动睡眠模式时此功能自动关闭)。

3. 智能卫生间

智能卫生间效果图如图 5-14 所示。

图 5-14 智能卫生间效果图

【场景描述】

当有客人来时，不会因为天黑又是第一次去洗手间而找不到灯光开关在哪里，只要进入客卫，排气扇自动开始工作，光线侦测模块会根据卫生间的照度来判断是否需要打开卫生间的灯光；当客人离开时，也不用再用刚刚洗过的手去关灯，灯光和排气上会自动关闭，既卫生又能体现科技给住宅带来的便利；

在回家前，用户可以通过任意一种终端设备设置卫生间的热水器启动，为其在到家时能舒舒服服地享受一个热水澡提供方便。

4. 背景音乐系统

超强智能背景音乐系统让居室内的每个角落都自由地飞扬着精致、曼妙的音乐，让劳累一天的业主及家人瞬间忘记工作与学习的辛劳，充分融入到优美音乐的纯真意境，尽情享受家的温馨与快乐：

在厨房，灵动的旋律让主人及家人尽情享受烹饪的乐趣，洗菜做饭时也不会错过每天都看的电视剧；

在餐厅，它给用户和家人创造和谐温馨的用餐气氛；

在浴室，它彻底让业主及家人摆脱一身的疲倦；

在卧室，它让业主及家人释放心底最真切的情感，尽情享受独我境界，可以让主人枕着音乐入睡，也可以在清晨让轻柔的音乐告诉用户该起床了……

5. 家电的自动关闭功能

当用户离家启动离家模式时，家庭内部的所有家电会全部自动关闭以达到节约能耗的目的。

第6章 家电控制

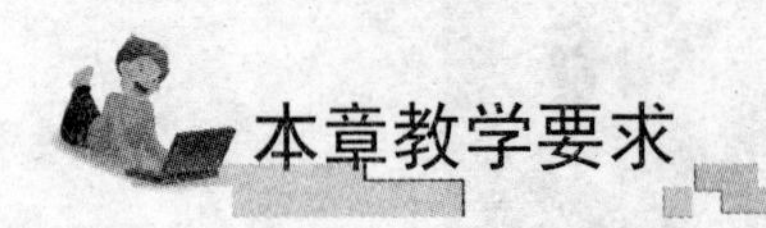

本章教学要求

- 掌握家电控制总体的体系结构
- 了解家电控制的典型设备
- 掌握家电控制的设备选型和性能
- 了解家电控制系统的搭建和测试

本章导读

传统的家电基本上都是通过手动按钮控制的。随着科技的日益进步和人民生活水平的不断提高，人们对家居的要求越来越高。智能化越来越受到青睐，因为它摆脱了传统的手动按钮去控制家里的电器。通过手机，平板计算机都可以实时控制家里的电器，同时还可以对家电进行远程控制，这样可以实时检查家里的电器是否忘记关。例如下班了，用户可以提前通过手机控制去打开热水器、电饭煲等，这样当回到家时，就不用再等着去做什么了，就会有更多的时间去休息。所以智能的家电控制会慢慢受到人们的欢迎。

6.1 家电控制体系概述

家电控制是智能家居中的重要组成部分，它需要具有家中常见红外家电的控制、家电电源控制、通信组网等功能，目前市场上的家电控制设备还达不到智能家居系统的要求。近年来，国家推行的“家电下乡”政策极大地推进了家电的普及程度。截至2012年12月底，全国累计销售家电下乡产品2.98亿台，实现销售额7204亿元。随着人民生活水平的日益提高，家电产品需求量将大幅度增加，从而推动产品市场较快增长。因此在本实验智能家居平台的基础上，需要结合现有家电产品的实际情况，通过物联网技术实现家电控制的便捷化、智能化。

如图 6-1 所示，家庭用户可以通过接入 Internet 的笔记本计算机、平板计算机、智能手机访问家庭中的家电控制系统。小区服务器存储家电控制系统的当前状态信息，并对访问家电控制系统的用户进行身份验证和历史状态日志查询。小区服务器将合法用户的控制、查询等信息发送给家庭无线网关，家庭无线网关解析数据信息后，通过无线传感器网络发送给对应地址的家电控制终端。家电控制终端包括红外家电控制器和智能插座等。将家庭中的家电控制系统接入 Internet，从而实现家电控制的网络化。

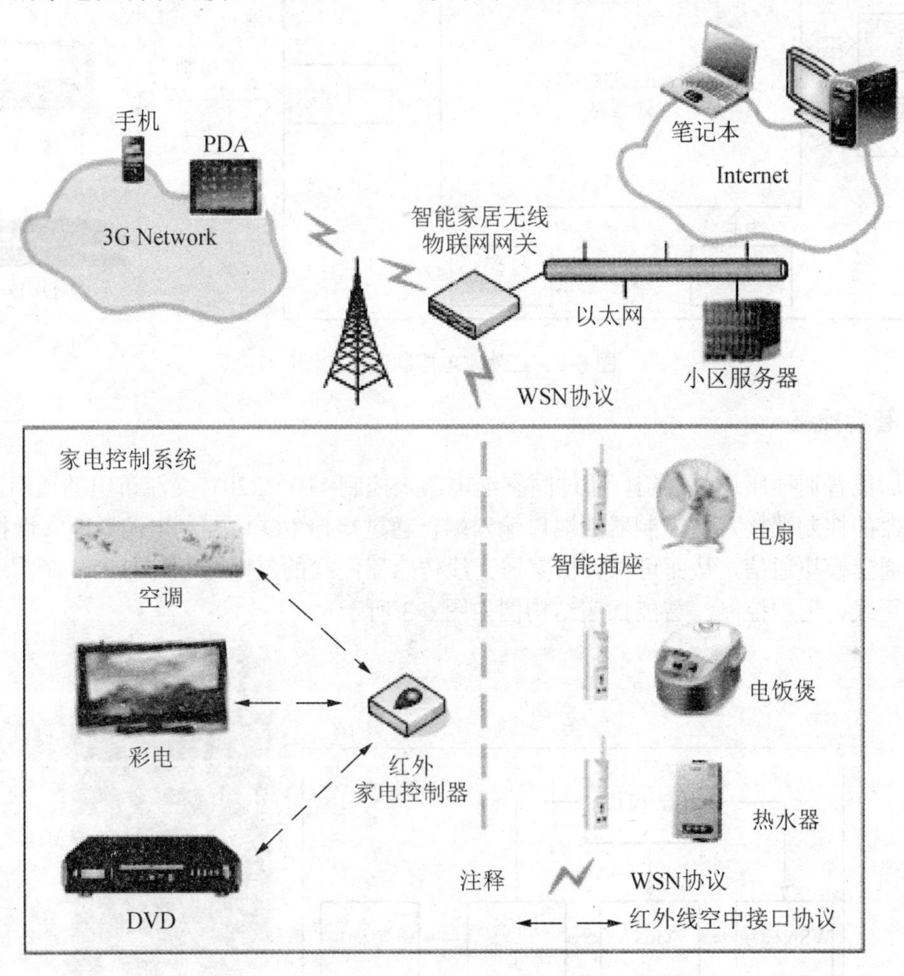

图 6-1　家电控制系统拓扑图

6.2　家电控制的典型设备

6.2.1　红外电器控制器

红外家电控制器可以学习彩电、空调、DVD 等家电的红外控制信号，通过触摸屏可以方便家庭用户学习家中电器的红外信号，并将与家电配套遥控板的红外信号存储在红外家电控制器中。通过 WSN 模块收发智能家居无线传感器网络的家电控制信息，处理后控制相应的家电。同时，通过驱动USB接口的3G上网卡，可以实现3G网络用户控制家电的功能。红外家电控制器结构图如图6-2所示。

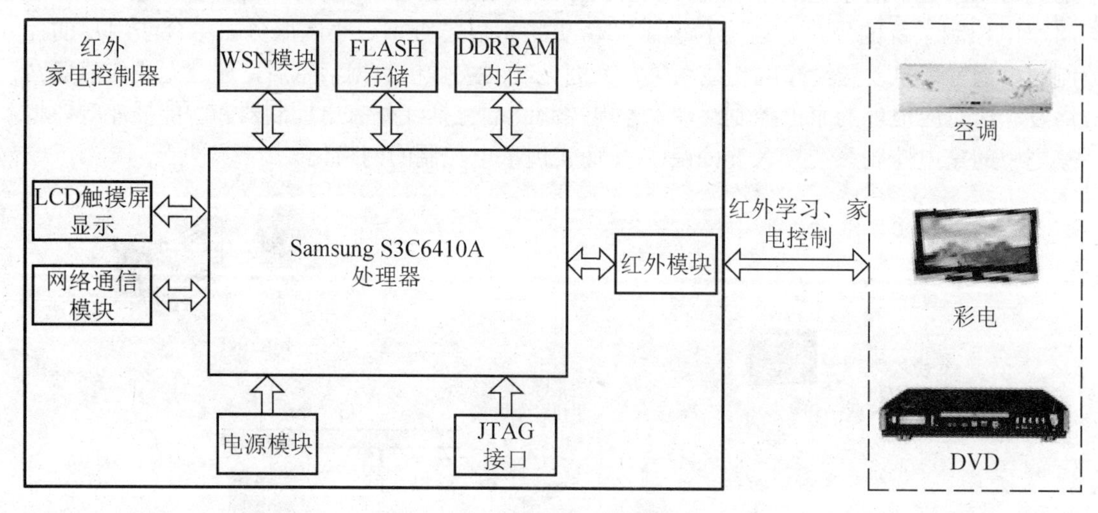

图6-2　红外家电控制器结构图

6.2.2　智能插座

对居民普通插座进行改造，通过固态继电器来控制110～220V交流市电的通断，在固态继电器的控制端接入微控制器的端口输入端，通过端口I/O口控制电源通断。微控制器与无线通信模块通信，从而可以解析家居无线传感器网络的家电控制信息，从而实现智能插座的无线、远程控制。智能插座结构图如图6-3所示。

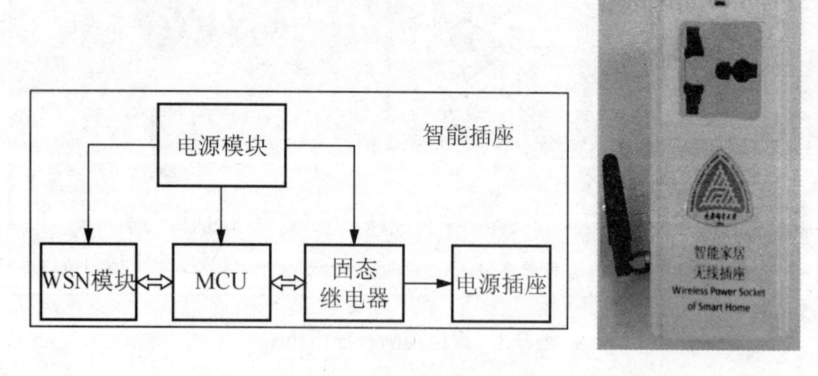

图6-3　智能插座结构图

6.2.3　智能灯光

智能照明系统是物联网智能家居的重要组成部分，本设计是基于IEEE802.15.4e协议的无线传感网络，网络中需要一个协调器对网络进行自主控制，并通过家庭网关与家居中的其他终端设备进行通信，网关负责组员的管理及数据转发等任务。智能终端通过数据监控中心转发数据来控制灯光节点。灯光节点可以设置成路由或节点设备，对灯具进行开关

和调节亮度的控制。本设计的主要内容包括智能终端控制、无线控制节点及传感器节点接入、远程数据中心、远程客户控制。系统结构图如图6-4所示。

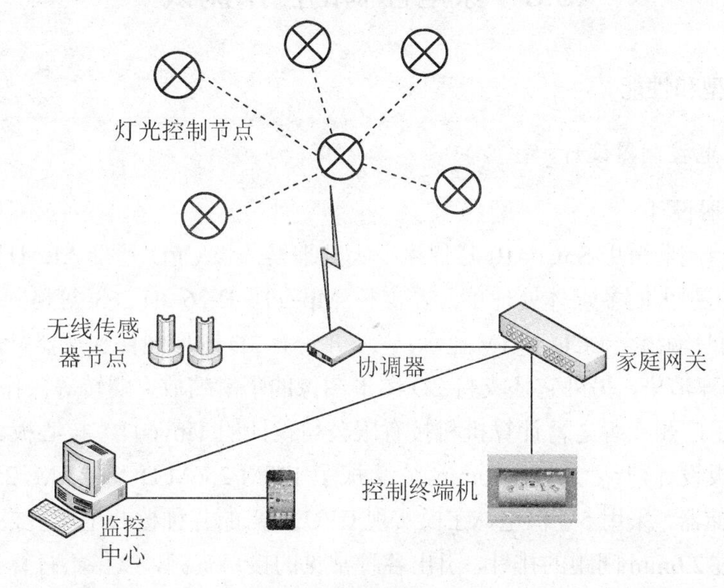

图6-4 智能照明结构图

在本系统中，无线节点主要负责接收终端控制命令及进行灯具亮度的控制；家庭网关负责网络的管理与数据的转发；协调器负责网络的建立和节点的管理；监控中心和终端控制机是整个系统的中枢，实现对照明的集中管理和对智能家居的整体控制。无线传感网可以根据要求组成星形或树形的网络，星形网络一般用于较简单的建筑，适合家庭组建。灯光节点和传感器由路由及协调器接入智能家居家庭网关，由家庭网关与智能终端和服务器相连，构成统一的控制网络。每个灯光节点都有无线收发的功能，可以作协调器或路由。

对于成本、复杂度、实用性以及要实现功能的考虑，IEEE802.15.4e技术具有低价格、低功耗以及便于使用的特点，目前，家用电器通信多数属于信号量少的控制信号，少数(计算机、电视、电话等)数据量大的电器一般都有专用线路，并且对其进行控制亦属于信号量少的信号。所以，由以上讨论分析可知，考虑到实用性和价格因素，IEEE802.15.4e技术是智能家居中灯光控制系统的首选无线通信协议。

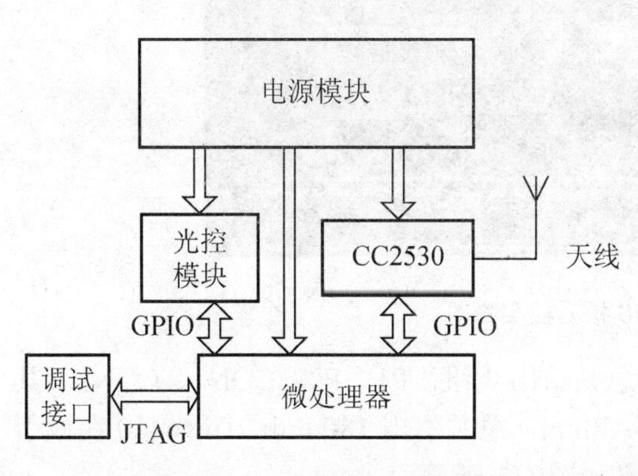

图6-5 照明节点结构框图

灯光控制器的硬件设计主要包括微处理器、射频芯片、光控制器以及电源模块。射频模块负责与协调器进行通信，并通过串口与微处理器交换数据。微处理器模块用来分析及控制照明情况，光控模块可以调节当前光照强度，整个电路板由电源模块供电。灯光控制器设计框图如图6-5所示。

6.3 家电控制的应用测试

6.3.1 设备选型和性能

1. 红外家电控制器设计

1) 主控制器设计

红外家电控制器采用 S3C6410 芯片为中央处理器。该 CPU 基于 ARM1176JZF-S 核设计，内部集成了强大的多媒体处理单元，支持 Mpeg4，H.264/H.263 等格式的视频文件硬件编解码，可同时输出至 LCD 和 TV 显示；它还并带有 3D 图形硬件加速器，以实现 OpenGL ES 1.1 & 2.0 加速渲染，另外它还支持 2D 图形图像的平滑缩放、翻转等操作。为了加快开发速度，采用了广州友善之臂计算机科技有限公司设计的 Tiny6410 核心板。Tiny6410 采用高密度 6 层板设计，尺寸为 64×50mm，它集成了 128M/256M DDR RAM，256M/1GB SLC Nand Flash 存储器，采用 5V 供电，在板实现 CPU 必需的各种核心电压转换，还带有专业复位芯片，通过 2.0mm 间距的排针，引出各种常见的接口资源，以供不打算自行设计 CPU 板的开发者进行快捷的二次开发使用。

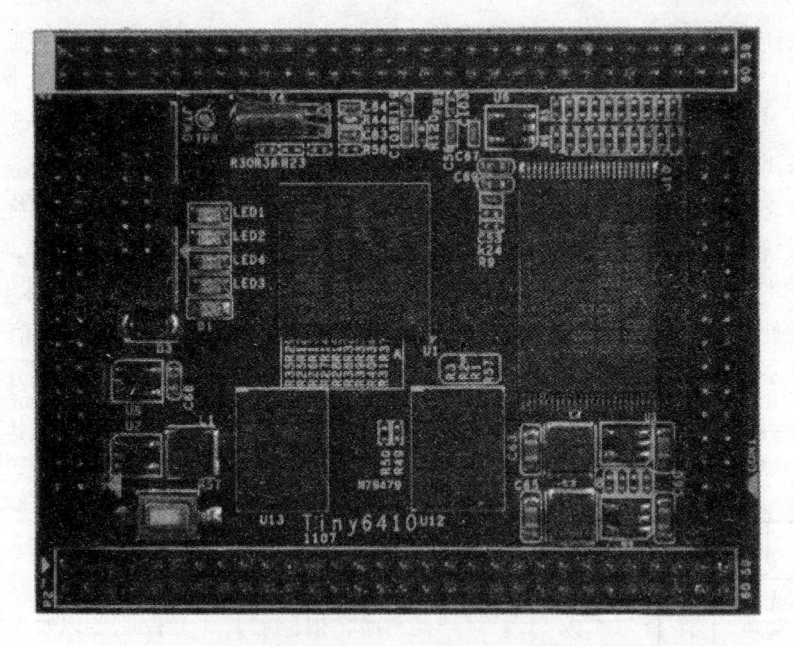

图 6-6 Tiny6410 核心板实物图

Tiny6410 采用 2.0mm 间距的双排插针，总共引出 4 组：P1、P2、CON1、CON2。其中 P1 和 P2 各为 60 Pin；CON1 和 CON2 各为 30Pin，总共引出 180 Pin。Tiny6410 在板引出 10 Pin Jtag 接口，Tiny6410 核心板引脚定义如图 6-7 所示。

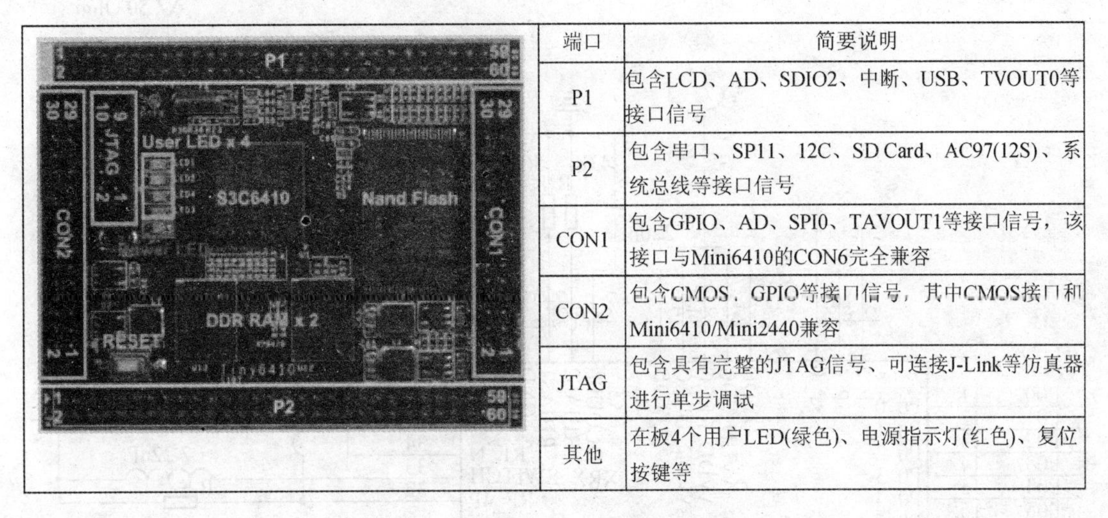

端口	简要说明
P1	包含LCD、AD、SDIO2、中断、USB、TVOUT0等接口信号
P2	包含串口、SP11、12C、SD Card、AC97(12S)、系统总线等接口信号
CON1	包含GPIO、AD、SPI0、TAVOUT1等接口信号，该接口与Mini6410的CON6完全兼容
CON2	包含CMOS．GPIO等接口信号，其中CMOS接口和Mini6410/Mini2440兼容
JTAG	包含具有完整的JTAG信号、可连接J-Link等仿真器进行单步调试
其他	在板4个用户LED(绿色)、电源指示灯(红色)、复位按键等

图 6-7 Tiny6410 核心板引脚定义图

2) WSN 模块

CC2430 是一颗真正的系统芯片(SoC)CMOS 解决方案。这种解决方案能够提高性能并满足以 ZigBee 为基础的 2.4GHz ISM 波段应用，及对低成本，低功耗的要求。它结合一个高性能 2.4GHz DSSS(直接序列扩频)射频收发器核心和一颗工业级小巧高效的 8051 控制器。CC2430 的设计结合了 8Kbyte 的 RAM 及强大的外围模块，并且根据不同的闪存空间 32，64 和 128kByte，设计有 3 种不同的版本。CC2430 也集成了用于用户自定义应用的外设。一个 AES 协处理器被集成在 CC2430，以支持 IEEE802.15.4 MAC 安全所需的(128 位关键字)AES 的运行，以实现尽可能少的占用微控制器。图 6-8 为 CC2430 的电路原理图。Y2 为 32MHz 晶振，用 1 个 32 MHz 的石英谐振器和 2 个电容(C3 和 C4)构成一个 32 MHz 的晶振电路；Y1 为 32.768kHz 晶振，用 1 个 32.768 kHz 的石英谐振器和 2 个电容(C1 和 C2)构成一个 32.768 kHz 的晶振电路。C5 为 5.6pF，电路中的非平衡变压器由电容 C5 和电感 L1、L2、L3 以及一个 PCB 微波传输线组成，整个结构满足 RF 输入/输出匹配电阻(50Ω)的要求。另外，在电压脚和地脚都添加了滤波电容来提供芯片工作的稳定性。

3) 红外模块

模块选型：

经过对比，为了兼容对各种电视机、空调、DVD、音响、热水器、智能灯光等红外遥控的家电设备的控制，选择红外自学习遥控终端 IR-001。该红外模块是由浙江杭州瑞和智能科技有限公司开发的，支持串口通信方式。

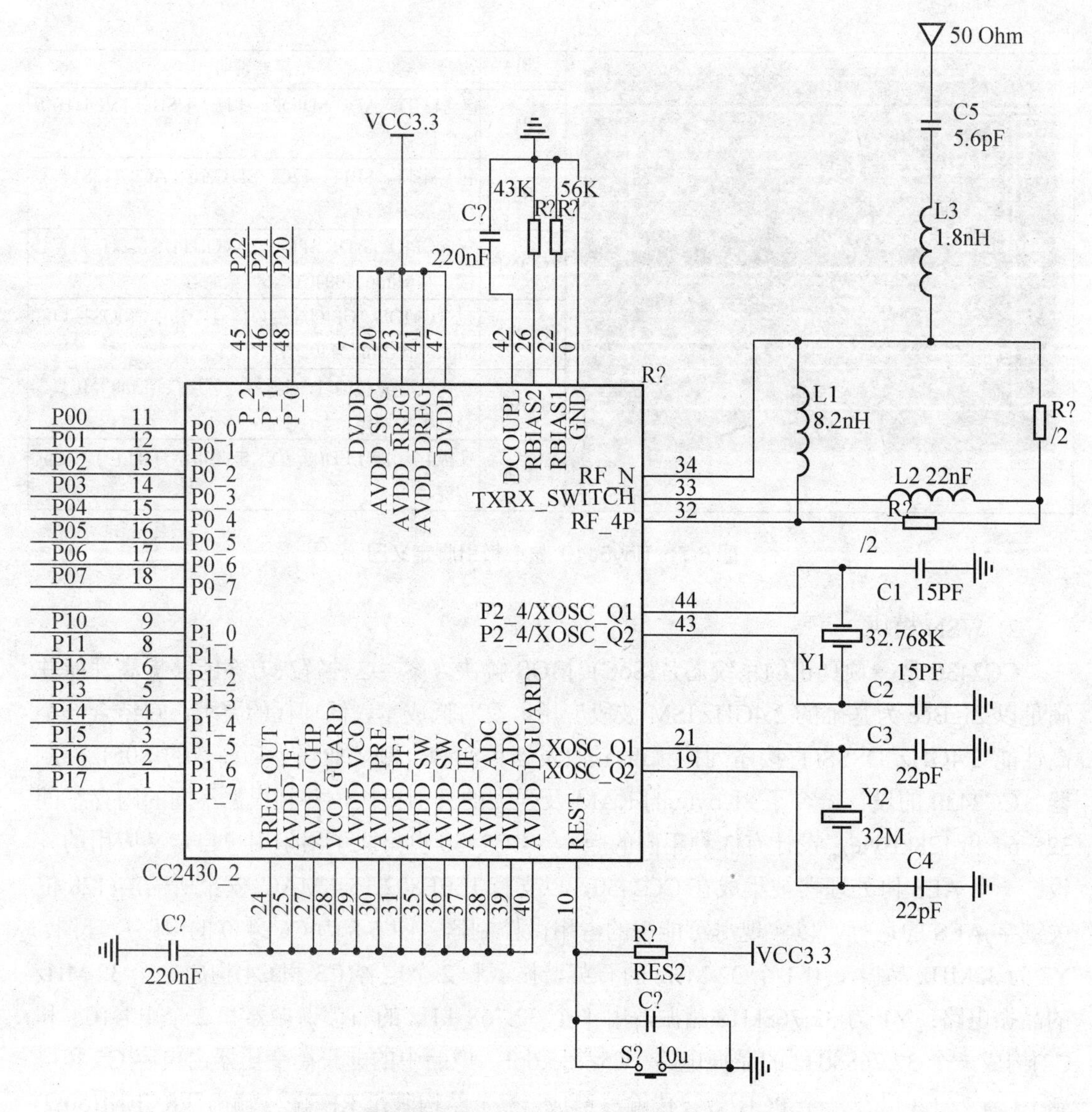

图 6-8　CC2430 外围电路原理图

图 6-9　WSN 模块 PCB 图

图 6-10　WSN 模块实物图

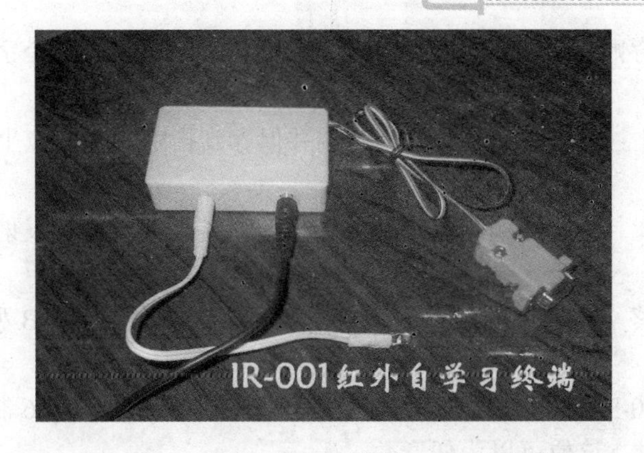

图 6-11 红外自学习遥控终端 IR-001 实物图

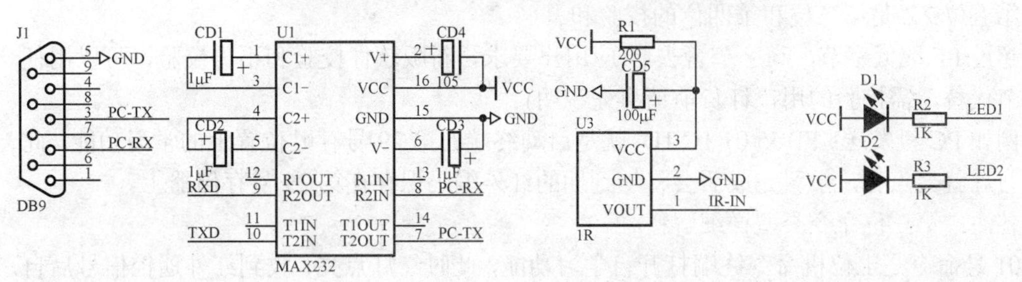

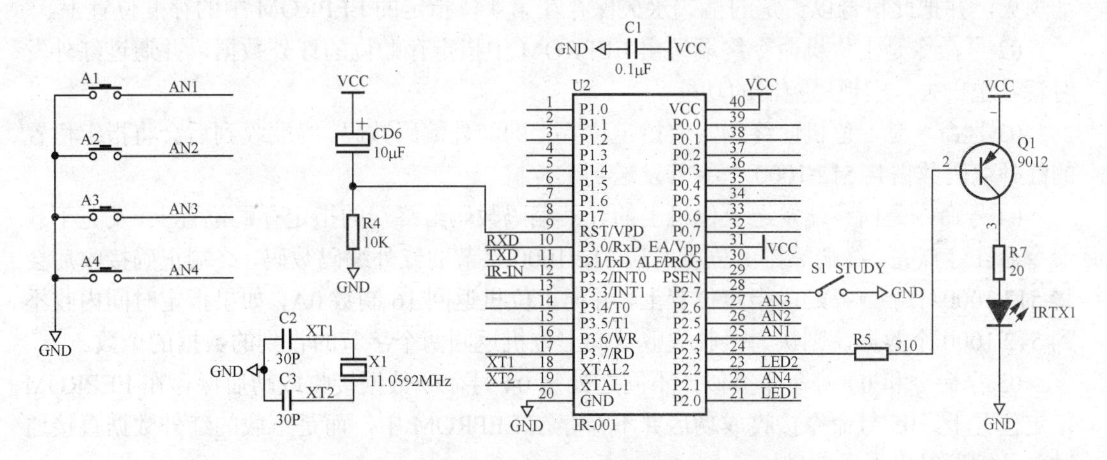

图 6-12 红外自学习遥控终端 IR-001 原理图

4) 红外自学习终端串口协议

通信格式：9600,N,8,1。

命令格式，FF 55 XX YY ZZ。

解释：

第一位和第二位为协议头，固定为 FF 55。

第三位 XX 是命令类型。

01 是启动当前存储位置上的学习功能。

02 是发射当前存储位置上红外编码。

03 是上传当前存贮位置上的红外编码数据到 PC 机[A 型：512 个字节，B 型：1000 个字节]。

04 是下载 PC 机上的红外编码数据到终端并保存到指定的存贮位上[A 型：512 个字节，B 型：1000 个字节]。

05 是接收 PC 机上的红外编码数码不保存直接通过红外发射管发射出去，也就是串口红外发射功能[A 型：512 个字节，B 型：1000 个字节]。

06 是直接发射终端内存中的红外编码数据[A 型：512 个字节，B 型：1000 个字节]。

第四位 YY 是存贮位置。

A 型：范围为 00-3A(16 制)共 58 个位置；B 型：范围为 00-1C(16 制)共 29 个位置，命令类型为 05 或 06 时，该位可以为任意数。

第五位 ZZ 是第三位和第四位的校验和。

超过 FF 取低字节，高字节舍去。(应用户要求，新版软件校验和不再校验，可以用任意字节代替，需校验的用户订货前请事先说明)

例如 PC 机发送：FF 55 01 1C 1D 就是启动终端的第 29 号存贮位置上的学习功能，此时学习灯就会点亮，学习完成后会将学到期的红外编码保存在第 29 号存储器上。

备注：第三位命令类型详细解释。

01 号命令是上位机命令终端打开自学习功能，此时红灯点亮，收到红外遥控信号后自动熄灭，并把此信号以一定的格式永久保存在第 4 位指定的 EEPROM 中的存贮位置上。

02 号命令是上位机命令终端调出 EEPROM 中指定存贮位的红外数据，并通过红外发射管发送出去，实现遥控器的功能。

03 号命令是上位机向终端索取指定位置上的红外编码数码，终端收到后会将指定位置的红外编码数据共 512/1000 个字节发送到上位机。

04 号命令是向终端发送上位机上的红外编码数码给终端的指定存贮位置上，发完下载命令后红灯点亮，终端等待上位机发送 512/1000 字节的红外编码数码，终端正确接收后会将 512/1000 个字节存贮成指定位置上，并向上位机返回 16 制数 0A，如果指定时间内收不到 512/1000 个数据，则认为接收失败，向上位机返回两个字节的收到的数据的个数。

05 号命令和 04 号命令类似，不同之处是 04 号命令数据接收成功后保存在 EEPROM 指定位置上，05 号命令接收成功后并不保存在 EEPROM 中，而是下载的红外数据直接通过红外管发射出去遥控目标。

06 号命令是上位机命令终端直接把 RAM 中的红外数据通过红外发射管发送出去。

2. 智能插座

智能插座控制系统的设计：目前市场上的排插功能太过于简单，很多时候满足不了人们的需要！例如，觉见的电瓶车充电时间一般是 9 个小时左右，时间太长很容易磨损电池，太短则晚上充电充不满，人们往往又不希望去车库给它充电，或者充电时在白天，晚上不想在车库或忘记了拔掉电源，从而造成极大的不便。因此，我们提出这个课题的想法，实现单片机直流控制继电器来完成定时开关功能的使用(例如，打开一定时间后断开或者定时打开)。

智能插座已成为人们日常生活中必不可少的必需品，广泛应用于个人家庭以及一些公共场所，给人们的生活、学习、工作、娱乐带来极大的方便。由于单片机控制电路技术的发展及采用了先进的石英技术，使智能插座具有定时准确、性能稳定、携带方便等优点。

1) 单片机的选择

微型计算机的一个重要分支是单片机微型计算机，同时它也是颇具生命力的机种。单片机微型计算机简称单片机，尤其在控制领域中的地位更为显著，所以又被称为微控制器。

一般情况下，单块集成电路芯片构成了单片机，其内部所含有的基本功能部件有 I/O 接口电路、存储器和中央处理器等。因此，单片机只需要结合适当的软件及外部设备，就可以成为一个完整的单片机控制系统。采用的型号为 STC89C52 的单片机。允许工作的时钟为 0～24MHz。STC89C52 采用的是 Flash 存储器技术。 含有 2K 字节的 Flash 程序存储器，128 字节的片内 RAM。共有 20 个引脚，体积小灵巧。

2) 继电器的运作

首先把三极管想象成一个水龙头。上面的 Vcc 就是水池，继电器是一个水轮机，下面的 GND 是比水池低的任何一处。刚才说过，三极管就是水龙头，它的把手就是那个带有电阻的引脚。现在，单片机的某一个需要控制这个继电器电路的输出引脚就是一只“手”，当单片机的这个引脚输出低电平的时候，就像“手”在打开三极管“水龙头”，水就从上往下流，继电器“水轮机”就开始转起来了。反之，如果是输出高电平，“手”就开始关闭“水龙头”，继电器“水轮机”因为没有水流下来，就会停止。这就是三极管的开关作用。简单的理解和记忆就是：三极管是一个开关器件，其实真的可以将它看成是一个开关，只不过它不是用手来控制，而是用电压(电流)来控制的，因此，三极管有些时候也被称为电子开关(与机械开关相区别)。图中还有一个继电器线圈两端反相并联的二极管，它起到吸收反向电动势的功能，保护相应的驱动三极管，只要是用三极管驱动继电器的场合，一般都有它的存在。需要特别注意的是它的接法：并联在继电器两端，阴极一定是接 Vcc。

3) 单片机硬软件调试

(1) 硬件调试。

在完成设计的样品后进入测试阶段，其重要的目的是找出样品的故障或者设计上的漏洞和工艺上的故障。

脱机检查：检测地址总线、数据总线和控制总线上会不会存在短路现象，使用万能表检测电源盒引脚连接的正确性。

调试：除去 EPROM 和 CPU，测试各个接口电路能否满足需求，需要调试很多次。

(2) 软件调试。

软件测试有利用交叉汇编，汇编语言调试，手工汇编，这里着重介绍手工汇编。它是很简便的一种调试方式，也是最原始的，也不用另外添加调试设备。需要注意的是，在手工汇编时，注意调用指令、转移指令、查表指令。

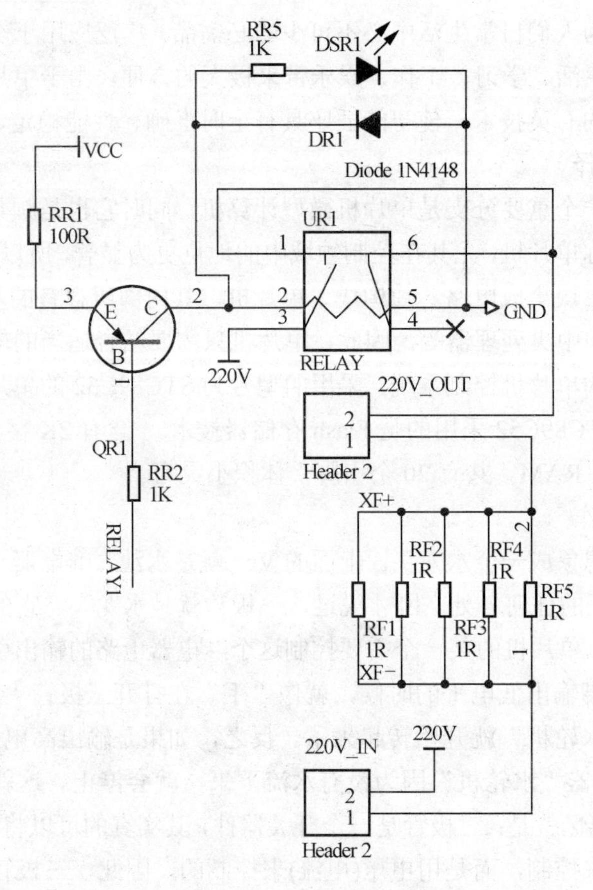

图 6-13 继电器电路图

3. 智能灯光设计

图 6-14 给出了 STC10F04 系列的微处理电路原理图，同时设计了 JTAG 口调试电路，方便下载程序。还涉及了外扩 IO 模块和数码管模块。微处理器电路通过串口与 CC2430 模块相连，同时输出控制光强模块。

微处理芯片的 PCB 设计如图 6-15 所示。

CC2530 是无线 SOC 设计，其内部已集成了大量必要的电路，因此采用较少的外围电路即实现信号的收发功能，图 6-16 为 CC2530 的电路原理图。其中 Y2 为 32MHz 晶振，用 1 个 32 MHz 的石英谐振器和 2 个电容(C3 和 C4)构成一个 32 MHz 的晶振电路；Y1 为 32.768kHz 晶振，用 1 个 32.768 kHz 的石英谐振器和 2 个电容(C1 和 C2)构成一个 32.768 kHz 的晶振电路。C5 为 5.6pF，电路中的非平衡变压器由电容 C5 和电感 L1、L2、L3 以及一个 PCB 微波传输线组成，整个结构满足 RF 输入/输出匹配电阻(50Ω)的要求。另外，在电压脚和地脚都添加了滤波电容来保证芯片工作的稳定性。

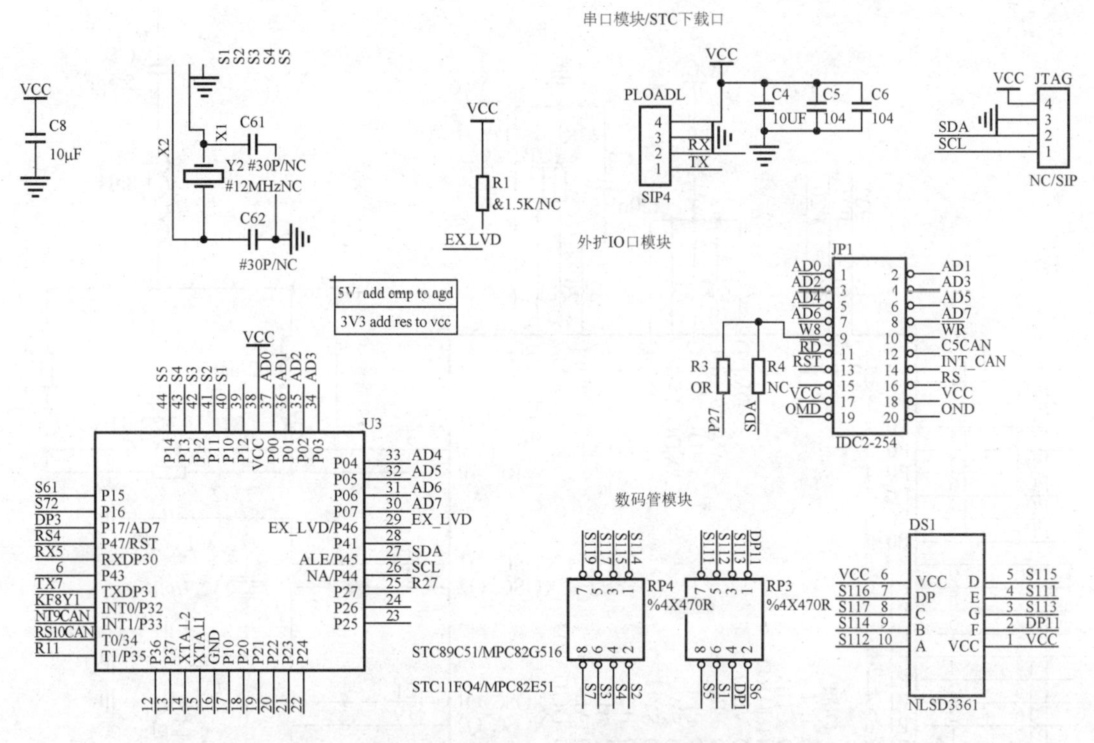

图 6-14　STC10F04 电路原理图

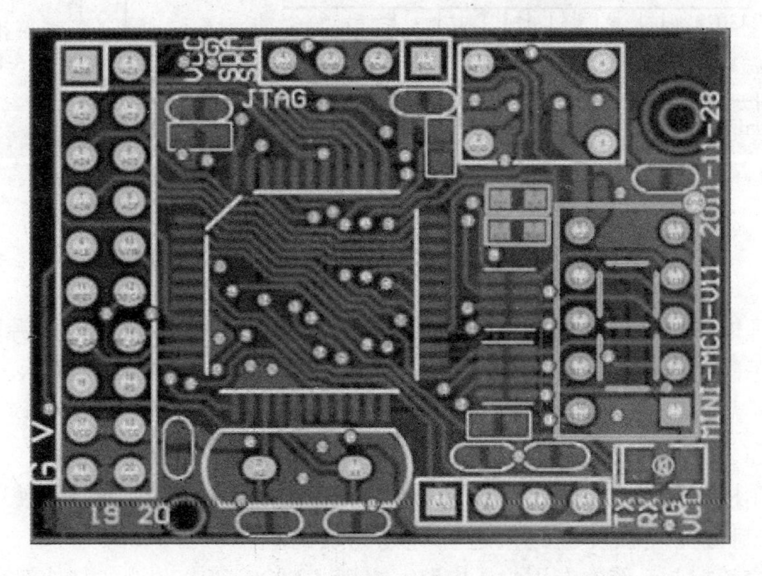

图 6-15　STC10F04 芯片的 PCB 设计

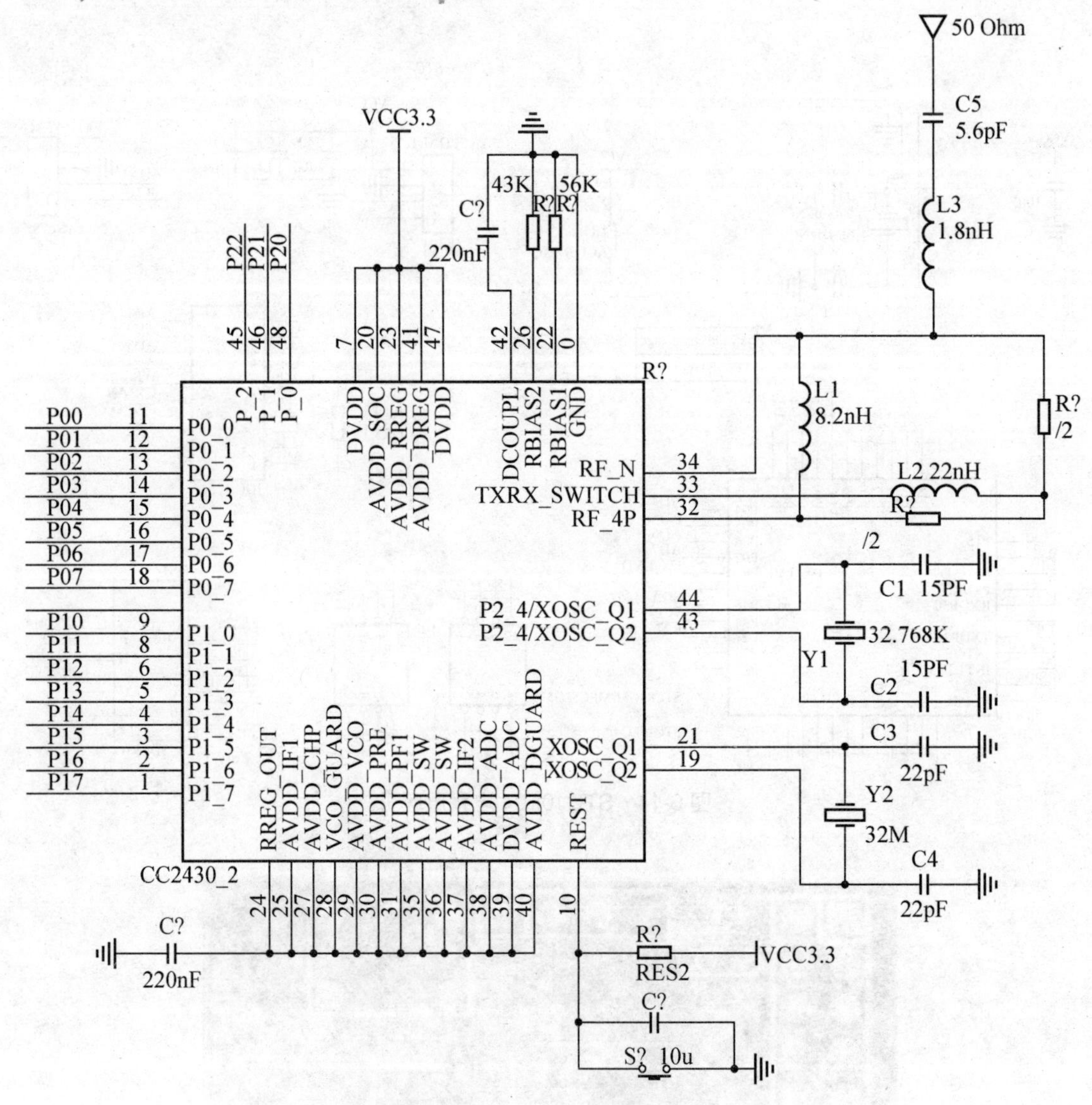

图 6-16　CC2530 电路原理图

电源管理电路主要为系统提供 5V 和 3.3V 的直流电压，同时在进行电源电路设计时，在保证原理正确的情况下，必须考虑电源容量大于系统所需。如图 6-17 所示，为供电方便，电源电路直接从市电 220V 经 AC/DC 模块降压、整流转换成 12VDC 后，通过稳压芯片 L7805 和 AS1117-3.3 稳压、滤波后，得到稳定的 5V 和 3.3V 电源。

调光控制模块主要根据微处理器的命令调节灯光开关及亮度。本设计使用 WS100T10 集成电路控制可控硅触发电路来进行灯光亮度的调节。WS100T10 是一块用于工频 50Hz/60Hz 交流控制系统的专用集成电路，采用 CMOS 工艺制造。与外部交流脉冲同步的全数控精密双通道双向可控硅移相触发电路。每个通道单独控制，并提供多种控制方式以满足用户不同的应用要求。

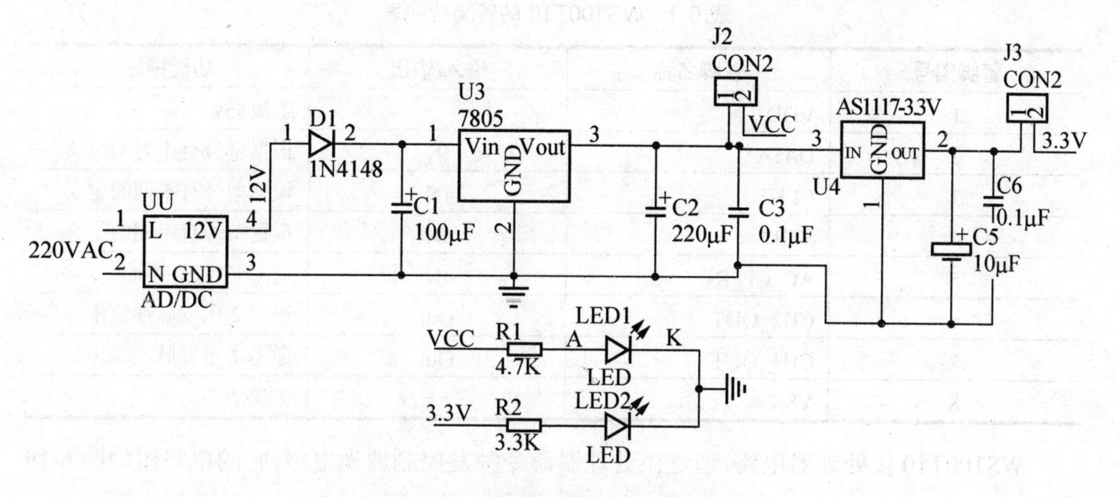

图 6-17 电源管理模块电路原理图

电源管理电路具有以下几个主要特点。

- 低压 CMOS 工艺制造；
- 工作电压(VDD＝5V)；
- 移相角度 0～180；
- 用户控制方式可选择；
- 管脚的排列如图 6-18 所示。

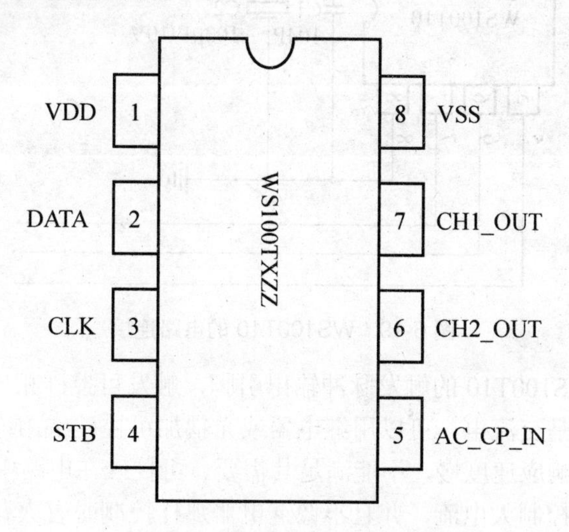

图 6-18 WS100T10 的管脚图

它的管脚说明如表 6-1 所示。

表 6-1 WS100T10 的管脚功能表

管脚编号	管脚名称	输入/输出	功能描述
1	VDD	—	电源+5v
2	DATA*	IN	根据型号有不同的定义
3	CLK*	IN	根据型号有不同的定义
4	STB*	IN	根据型号有不同的定义
5	AC_CP_IN	IN	交流同步脉冲输入
6	CH2_OUT	Out	通道 2 出发脉冲输出
7	CH1_OUT	Out	通道 1 出发脉冲输出
8	VSS	—	电源地

WS100T10 接处理器电路，通过微处理器命令触发控制调光电路，它的电路图如图 6-19 所示。

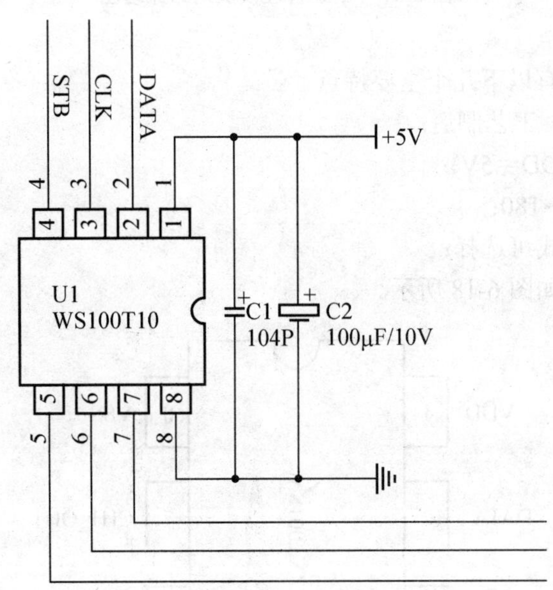

图 6-19 WS100T10 的电路连接

调光电路连接 WS100T10 的触发脉冲输出引脚，触发可控硅相位移动控制光照强度。由于灯光一般使用的是交流电，可以用继电器或光耦加可控硅(晶闸管 SCR)来驱动。继电器由于是机械动作，响应速度慢，不能满足其需要。可控硅在电路中能够实现交流电的无触点控制，以小电流控制大电流，并且不像继电器那样控制时有火花产生，而且动作快、寿命长、可靠性高。调光电路图如图 6-20 所示。

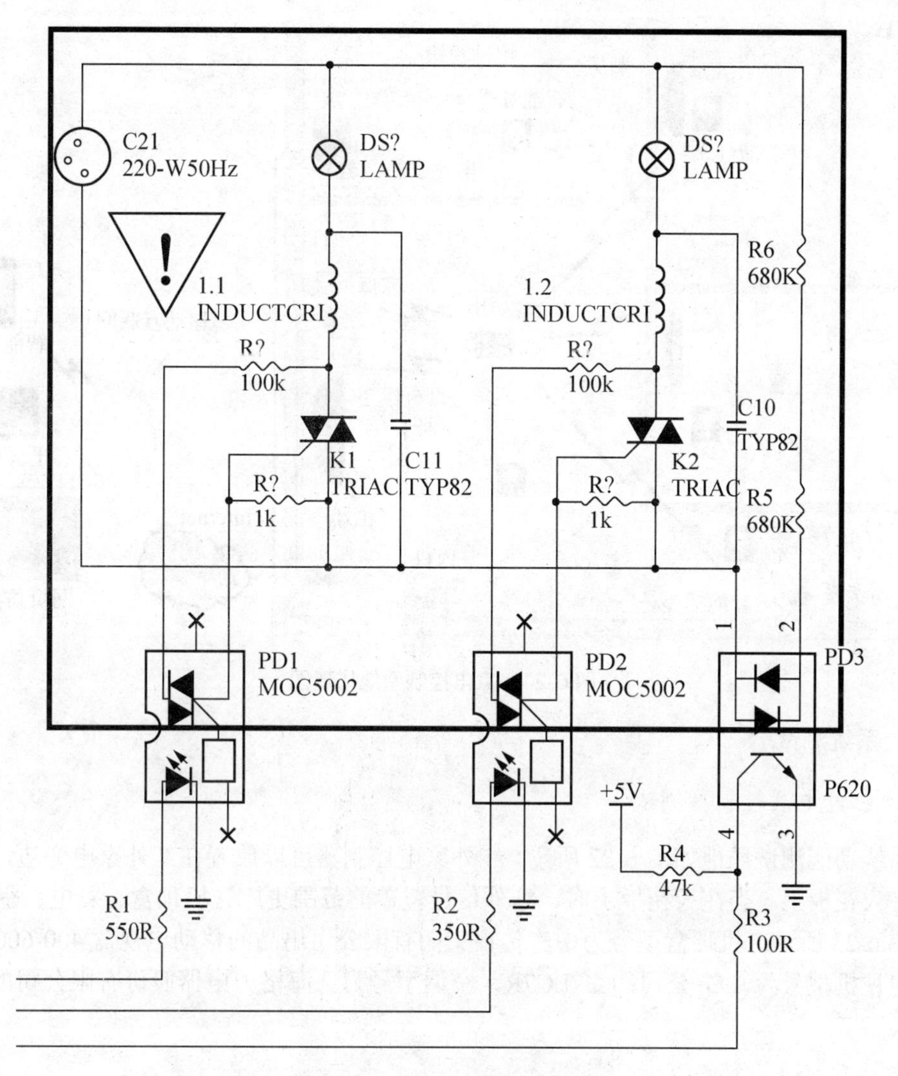

图 6-20 灯光亮度调节电路图

6.3.2 系统搭建

为了验证设备在实际应用场合中是否具有稳定的性能，本实验室搭建了一个包含客厅、书房、卧室、厨房和老人房的真实智能家居环境，面积为 60 平方米左右。根据环境中的家具、家电布置情况，选择了客厅的彩电和空调、卧室的彩电以及老人房的彩色电视机进行设备测试和组网测试。家电控制系统搭建图如图 6-21 所示，在室内各房间分布了家电控制系统的红外家电控制器和智能插座以及智能灯光。另外在远程区域，采用智能手机、平板计算机和网页访问对系统进行测试。由于整个测试环境面积不大，仅采用了一个无线作数据转发。无线路由布置在客厅天花板位置上。从系统搭建图可以看出，客厅的红外家电控制器与无线路由之间没有障碍，老人房的红外家电控制器与无线路由之间有一道墙，而卧室的红外家电控制器与无线路由之间有两道墙。

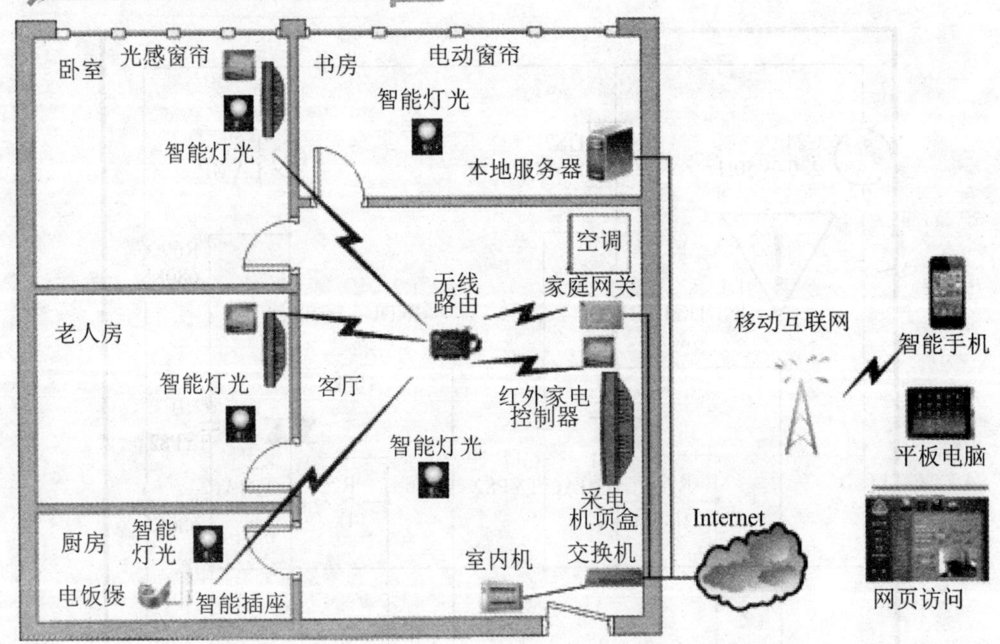

图 6-21 家电控制系统搭建图

6.3.3 系统测试

1. 红外电器控制器测试

系统功能测试场地如图 6-22 所示。红外家电控制器可以放置在红外家电旁边，也可以放置在天花板上。当在天花板上时，红外信号覆盖的范围更广。机顶盒、彩电、空调实物图如图 6-23 所示。机顶盒型号为中广传播集团有限公司出品的移动电视盒 400-600-5577，彩色电视机型号为 LG 公司的 37LC7R，空调型号为珠海格力电器股份有限公司的 KFR-72W/K03-3。

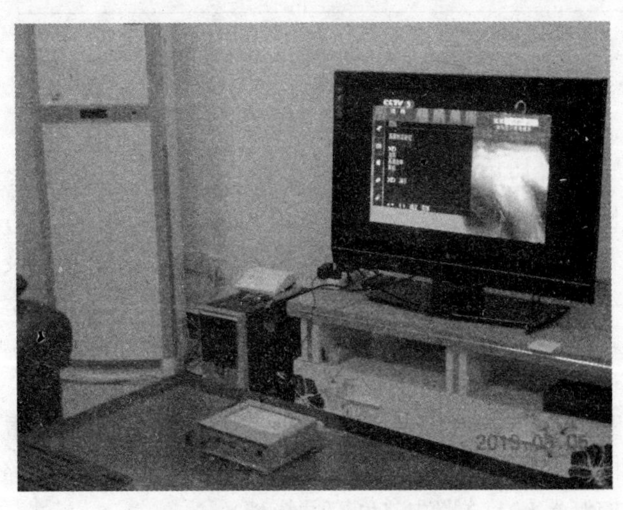

图 6-22 系统功能测试场地图

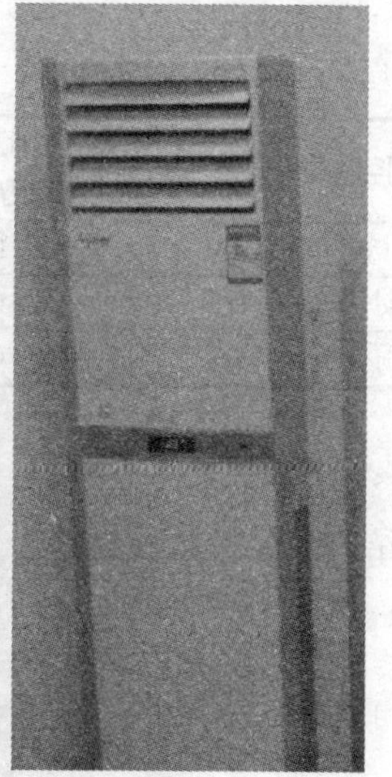

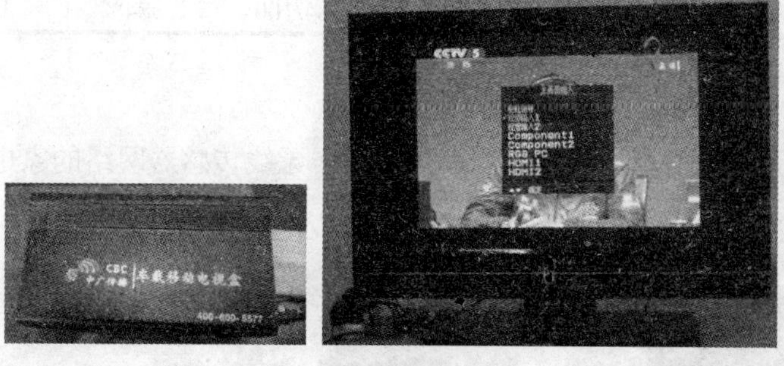

图6-23 机顶盒、彩电、空调实物图

在系统功能测试时，使用不同终端对红外家电控制器进行控制测试，统计控制的成功率和实时性。在智能手机、平板计算机和远程网页上都有家电控制界面。只要点击操作家电相应的按键，控制命令就可以通过互联网发送到本地服务器，然后经过网关解析后发给4E网络无线路由，经过WSN的数据传输后到达对应地址的红外家电控制器。红外家电控制器解析命令后执行控制家电的操作。因此，只要测试各种终端控制命令对家电控制的成功率，就能得到家电控制系统网络功能测试数据。不同终端界面如图6-24所示。

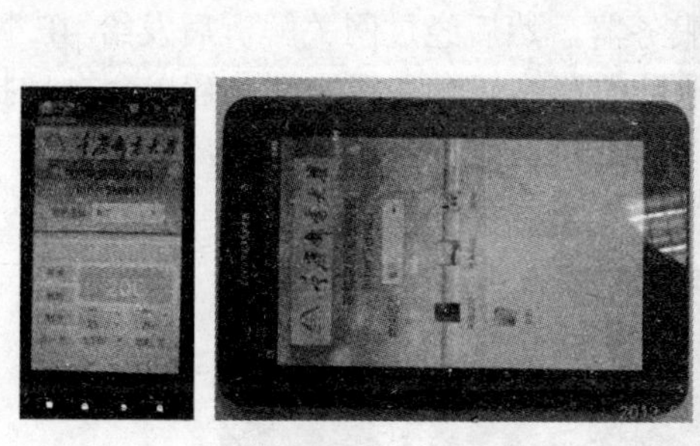

图6-24 不同终端界面图

控制命令发送成功率对比如表6-2所示，经过分析后可得，控制命令的成功率和终端的网络接入方式相关，从以太网、Wi-Fi到3G网，控制命令发送的成功率依次递减。所以有必要提高网络带宽和稳定性，合理选择接入网络，这有利于整个系统正常运行。

表 6-2　控制命令发送成功率对比

控制终端	彩电视频切换命令成功次数/总次数	平均延时(秒)	成功率	空调开命令成功次数/总次数	成功率	平均延时(秒)
网页访问(以太网)	98/100	0.5	98%	96/100	96%	0.6
平板计算机(Wi-Fi)	94/100	0.8	94%	90/100	90%	0.9
智能手机(3G 网)	86/100	1.3	86%	84/100	84%	1.3

2．智能插座的测试

结构中包括微控制器与无线通信模块通信，可以解析家居无线传感器网络的家电控制信息，从而实现智能插座的无线、远程控制，如图 6-25 所示。

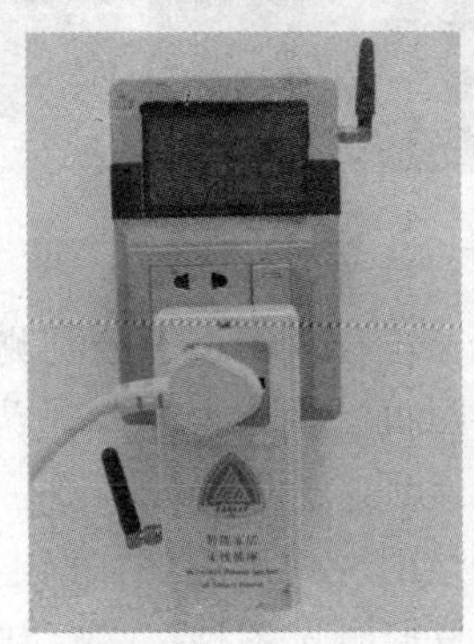
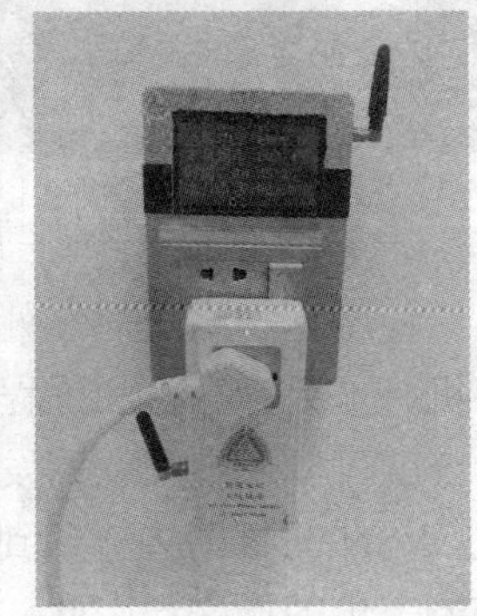

图 6-25　测试结果演示

3．智能灯光测试

在智能手机、平板计算机和远程网页上都有家电控制界面。只要点击操作家电相应的按键，控制命令就可以通过互联网发送到本地服务器，然后经过网关解析后发给 4E 网络无线路由，经过 WSN 的数据传输后到达对应地址的智能灯光。智能灯光解析命令后执行控制家电的操作。因此，只要测试各种终端控制命令对家电控制的成功率，就能得到家电控制系统网络功能测试数据。不同终端界面如图 6-26 所示。

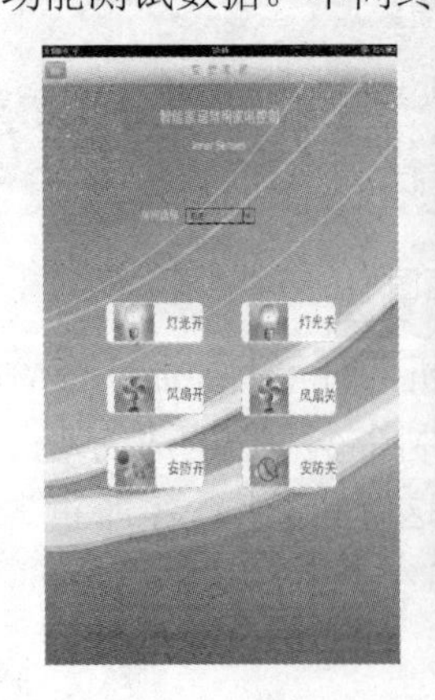

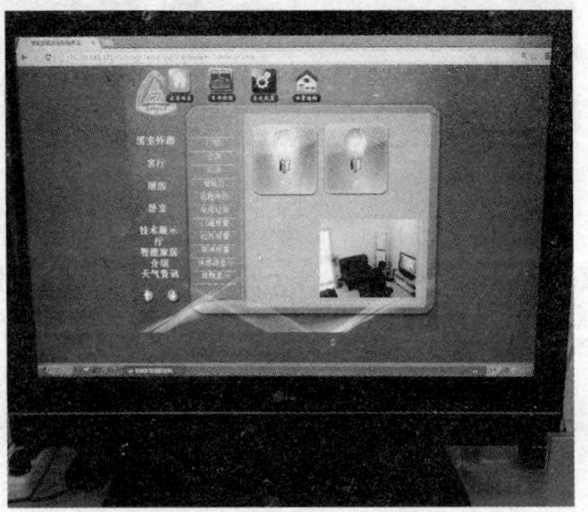

图 6-26　不同终端界面图

控制命令的成功率和终端的网络接入方式相关，从以太网、Wi-Fi 到 3G 网，控制命令发送的成功率依次递减。所以有必要提高网络带宽和稳定性，合理选择接入网络，这有利于整个系统正常运行。智能灯光控制演示如图 6-27 所示。

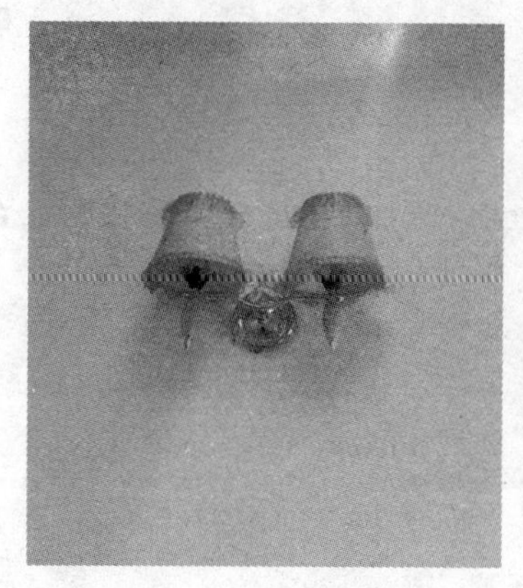

图 6-27 智能灯光控制演示

第 7 章

能 耗 管 控

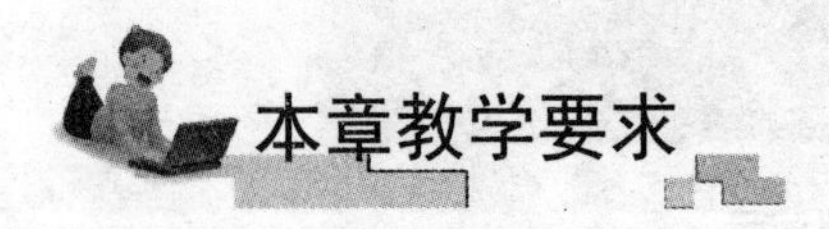

- 掌握家居能耗管控的总体体系结构
- 了解能耗管控的典型设备
- 掌握能耗管控的设备选型和性能
- 了解能耗管控的搭建和测试

随着信息网络的高速发展，使信息网络得到越来越广泛的普及，并且逐渐走进家庭，实现家庭的网络化、信息化与智能化。鉴于发电过程带来的环境污染问题和用电侧的电能浪费现象，如何有效地控制能耗成为重要的研究课题。随着民用能源需求的不断增大，家庭能耗管理越来越引起重视。例如在用电上，可以监测能耗。用电高峰期时，可以有选择性地使用家用电器，优先使用功率较小的用电器。同样，可以检测何时电费较低，这时可以集中使用家用电器，节约电费。与此同时，家里的用电情况都可以随时观测，也可以通过远程控制计算机、智能手机、平板计算机等进行实时监控。

7.1 能耗管控体系概述

随着信息网络的高速发展，给整个社会带来了巨大的变化，使信息网络得到越来越广泛的普及，并且逐渐走进家庭，实现家庭的网络化、信息化与智能化。因为家庭是社会的细胞，只有家庭实现信息化，才有可能真正实现社会的信息化。随着信息技术的迅猛发展，嵌入式产品也越来越多地走进了普通百姓的家庭中。这些都使得设计出一种集成可靠性高的智能家居系统解决方案成为必要。

家庭能耗监控系统是智能家居不断发展的产物，也是智能家居的众多子系统之一。社会经济的快速发展致使人们对电力的需求日益增加，鉴于发电过程带来的环境污染问题和用电侧的电能浪费现象，如何有效地控制能耗是重要的研究课题。随着民用能源需求的不断增大，家庭能耗管理越来越引起重视。

从智能家居无线物联网拓扑图可以看出，本系统分为两个部分：一是家庭电器能耗的监控；二是对家庭水、电、气三表能耗数据的集中采集。通过从整体到局部的方式让用户更加清楚家中的各个设备的用电情况，更好地实现节能减排。

智能家居无线能耗监控系统总体结构如图 7-1 所示，常用家庭电器如电视、冰箱、空调等大功率电器其电源线只需直接插在无线能耗检测仪上，便能正常进行工作，其瞬间有功功率、电量、电费等信息能直接在无线能耗检测仪上显示，由于内置无线通信模块，这些数据信息可以通过无线协议 IEEE802.15.4E 通过无线路由发送给家庭无线网关。家庭无线网关把数据信息进行协议转换成以太网数据帧格式后通过楼层交换机把数据帧转发给室内机和本地服务器。室内机在接收到数据帧后，对家电能耗信息数据进行解析并显示在 UI 界面上。本地服务器同样通过以太网获取到家电能耗数据，对数据帧进行解析后存储在本地后台数据库，同时构建远程访问网页，这样远程计算机、3G 手机、平板计算机在能够上网的情况下，通过 TCP/IP 访问本地服务器获取能耗数据以及发送控制命令，控制命令通过本地服务器把控制命令由以太网发送给家庭多功能无线网关，由网关发送给无线路由，再发送给无线能耗检测仪解析控制命令并执行操作，这样就实现了 IEEE802.15.4E 网络的能耗检测仪组网和远程能耗监控。

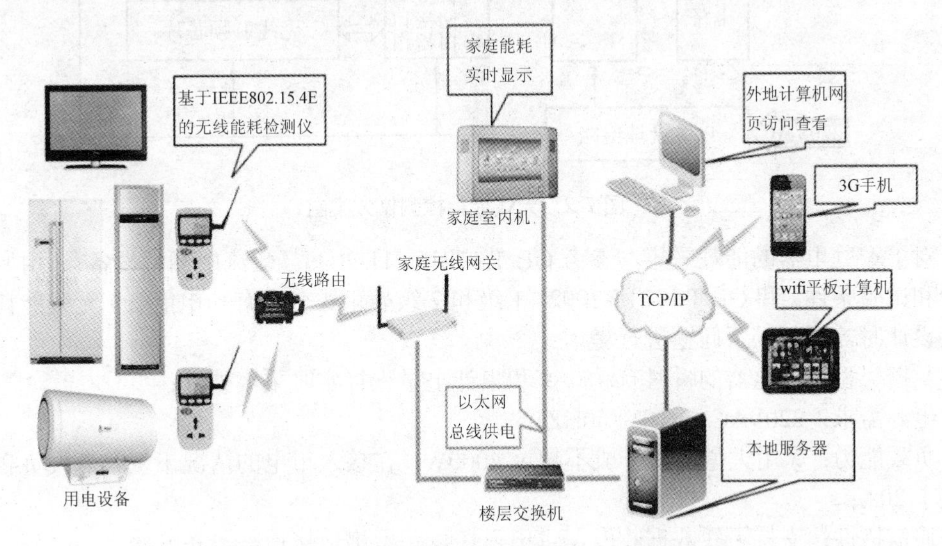

图 7-1 智能家居无线能耗监控系统结构图

图 7-1 为智能家居家电能耗监控系统结构，从该系统可知，无线能耗检测仪在系统中属于一个连接底层设备与上层设备的关键设备，它直接实现对家电信息的采集和发送，同时接收用户控制命令进行本地供电控制。无线能耗检测仪能够对插在其上的家用电器进行管理，从而实现家电的网络接入能力，实现了通过远程终端对家电的远程监视和控制。从物联网的角度来分析，它作为物联网感知识别层的能耗感知设备，是联系物理世界和信息世界的纽带，通过它人们可以让“家电开口说话和听话”。

7.2 能耗管控的典型设备

7.2.1 能耗监测仪

根据无线能耗检测仪的需求分析，从低成本、低功耗、准确可靠性出发，图 7-2 给出了无线能耗检测仪的方案图。在本方案中，选用电能计量芯片以及电压电流采集电路的形式，将电能脉冲信号传送给主处理器芯片进行处理计算，同时将得到的能耗数据发送给无线射频芯片进行转发。另外，方案中主处理器自身集成串口、时钟和存储接口，其外围配备 LCD 显示、按键和继电器接口来满足功能需求。电源管理电路直接从 220VAC 取电后，经过转换给各部分电路提供电源。

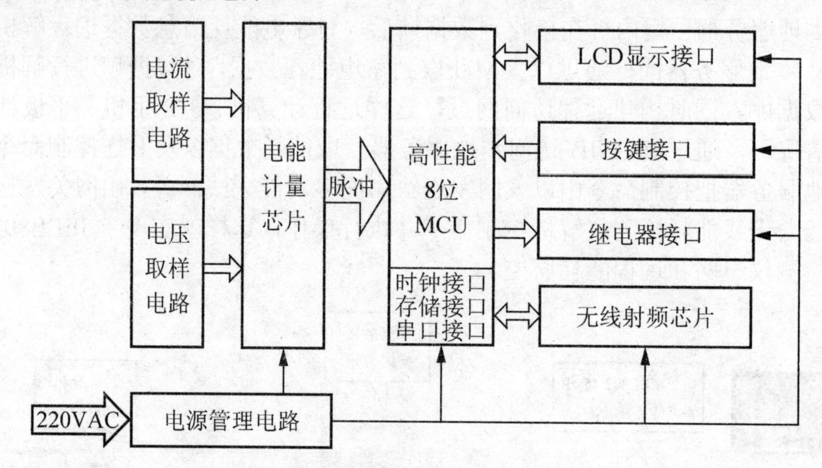

图 7-2 无线能耗检测仪方案图

对于家庭电器的能耗采集，参考 GB/T 17215.211-2006《交流电测量设备 通用要求、试验和试验条件》和 GB/T 17215-2002《1 级和 2 级静止式交流有功电能表》无线能耗检测仪在设计时需要对以下问题进行考虑：

数据类型：对电器的瞬时有功功率和累计电量进行实时采集处理；

电源需求：220VAC −/+10%(50HZ)；

负载能力：家用大型电器一般不超过 4000W，在接入市电的情况下，其最大负载电流不低于 20A；

通信特性：支持无线数据收发，供电可控，预留串口接口，以备升级；

数据准确度：不低于国家标准级别 2 级；

设备功耗：不高于国家标准规定 2.5W；

工作温度：−5℃～45℃；

结构特性：电器插口适合我国标准插头，内部插头端子采用优质磷青铜、弹性好、不氧化、不变形，外壳需采用进口防火阻燃材料，具有优良的电绝缘性。

无线能耗检测仪的总体硬件设计方案如图 7-3 所示。各个硬件电路模块构成了整个无线能耗检测仪，每个硬件模块都有着不同的功能，在整个硬件系统中都承担着一定的作用。

其中核心部分是计量电路的设计，它是电能表计量准确性的关键部分，是电能表计量功能的体现，但是其他部分也是缺一不可的。特别是MCU ATmage64控制器，它是硬件系统的灵魂，实现系统中各个部件协调控制，共同完成家庭电器能耗信息的采集与数据收发。

无线能耗检测仪的硬件是采用 ADE7755+ATmega64+CC2430 的主体结构，外围配备电压电流采集电路、LCD显示电路、电源管理电路、键盘扫描电路以及开关控制电路。其中 ADE7755 是一种用于功率测量和电能计算的高准确度的专用集成电路芯片，它可与不同量程传感器直接相连，从而达到简化接口设计并提高功率测量的精确度和稳定性的目的。由于它的输出为脉冲信号，所以CPU通过中断引脚可以方便准确地进行电量的累计。当有负载时，瞬时功率信号CF输出脉冲信号给微控制器ATmega64，通过对CF的计数，可以得到累计的电量信息，然后ATmega64内部采用功率算法，通过内部定时器设定积分时间对CF进行计数，然后除以积分时间得到瞬时有功功率，并且根据设定的电价，得到电费等数据信息。然后ATmega64将电器的瞬时有功功率值、累计电量、电费等数字信息通过串口发送给 CC2430，CC2430 通过无线路由把数据通过无线路由发送给智能家庭网关，从而实现底层电器能耗信息的无线采集。

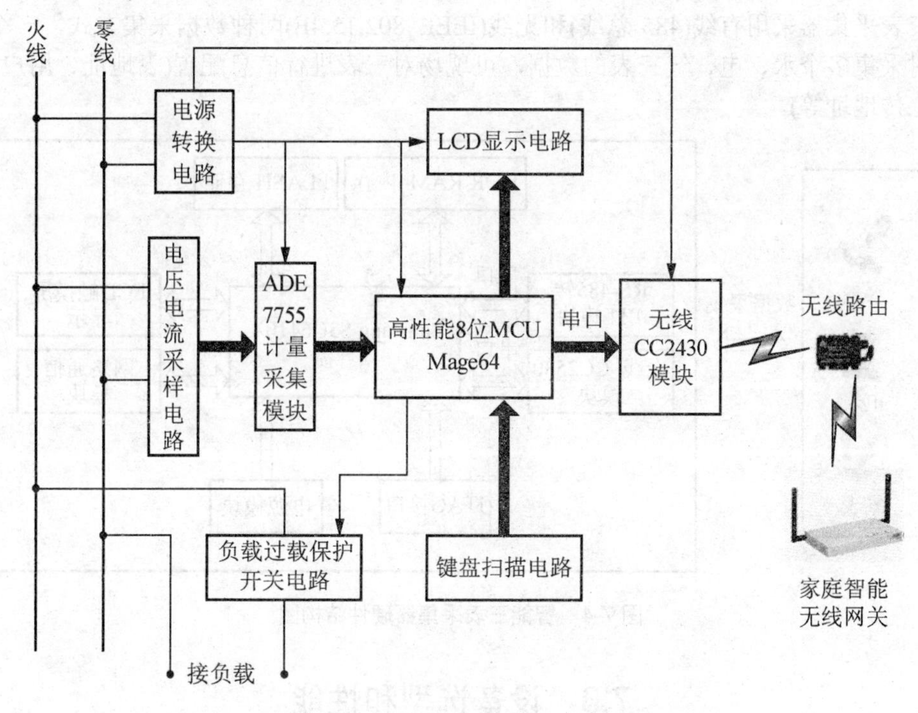

图7-3 无线能耗检测仪总体硬件框图

7.2.2 智能三表采集器

智能三表采集器的硬件机构图如图7-4所示，各个硬件电路模块构成了整个智能三表采集器，每个硬件模块都有着不同的功能，在整个硬件系统中都承担着一定的作用。模块与模块之间又通过MCU统一地联系在一起，共同完成数据的采集、处理和上传。

智能三表采集器的中心处理器采用的是Samsung S3C6410A芯片，外围配备电源模块、触摸屏显示电路、RS-485转TLL模块、无线zigBee CC2530模块、网络通信模块、JTAG

接口。其中三表数据通过 RS-485 传出，经过一个 RS-485 转 TLL 的模块将采集的 485 信号转换成 TLL 信号，通过串口接受，传入中心处理器对数据进行处理，再由触摸屏显示电路显示出来，同时通过网络通信模块将处理的数据发送给家庭网关和楼层交换机，上传到小区服务器。无线 zigBee CC2530 模块用来接收三表的无线数据，JTAG 接口用来程序的下载和调试。

S3C6410 是一个 16/32 位 RISC 微处理器，旨在提供一个具有成本效益、功耗低、性能高的应用处理器解决方案， S3C6410 采用了 64/32 位内部总线架构。该 64/32 位内部总线结构由 AXI、AHB 和 APB 总线组成。其采用 ARM1176JZF-S 内核，包含 16KB 的指令数据 Cache 和 16KB 的指令数据 TCM，ARM Core 电压为 1.1V 的时候，可以运行到 553MHz，在 1.2V 的情况下，可以运行到 667MHz。有 188 个灵活配置的 GPIO，8 通道复用 ADC，4 通道 UART 具有基于 DMA 或基于中断操作，支持 5 位、6 位、7 位或 8 位串行数据传输/接收，TFT LCD 接口，支持 320×240，640×480 或其他显示分辨率高达 1024×1024，它具有功耗低、性能高、数据处理能力强等优点。它可以广泛应用于计算机外部设备、工业实时控制、仪器仪表、通信设备、家用电器等各个领域。

三表采集器采用有线(485 总线)和无线(IEEE 802.15.4E)两种数据采集方式，一个采集器同时采集多个水、电、气三表的数据，可现场对三表进行信息配置(表地址、用户信息、数据上传地址等)。

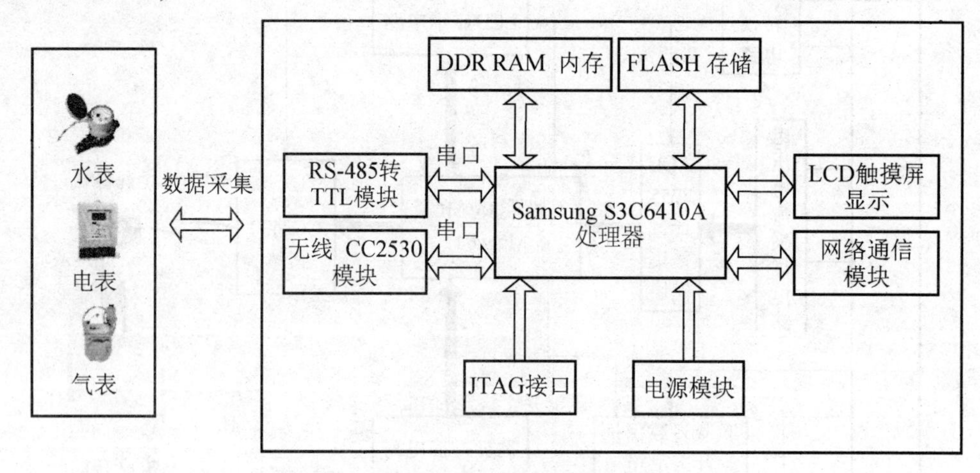

图 7-4 智能三表采集器硬件结构图

7.3 设备选型和性能

7.3.1 设备选型和性能

1. 能耗监测仪设备选型和性能

1) 主控电路

ATmega64 是基于增强的 AVR RISC 结构的低功耗 8 位 CMOS 微控制器。由于其先进的指令集以及单时钟周期指令执行时间，ATmega64 的数据吞吐率高达 1MIPS/MHz，从而可以缓减系统在功耗和处理速度之间的矛盾。

AVR 内核具有丰富的指令集和 32 个通用工作寄存器。所有的寄存器都直接与逻辑单元(ALU)相连接，使得一条指令可以在一个时钟周期内同时访问两个独立的寄存器。这种结构大大提高了代码效率，并且具有比普通的 CISC 微控制器最高至 10 倍的数据吞吐率。

ATmega64 内部拥有 64K 字节的系统内可编程 Flash(具有同时读写的能力，即 RWW)，2K 字节 EEPROM，4K 字节 SRAM，53 个通用 I/O 口线，32 个通用工作寄存器，实时计数器(RTC)，4 个具有比较模式与 PWM 的灵活的定时器/计数器 (T/C)，两个 USART，面向字节的两线串行接口，8 路 10 位具有可选差分输入级可编程增益的 ADC，具有片内振荡器的可编程看门狗定时器，一个 SPI 串行端口，与 IEEE1149.1 标准兼容的、可用于访问片上调试系统及编程的 JTAG 接口，以及 6 个可以通过软件进行选择的省电模式。

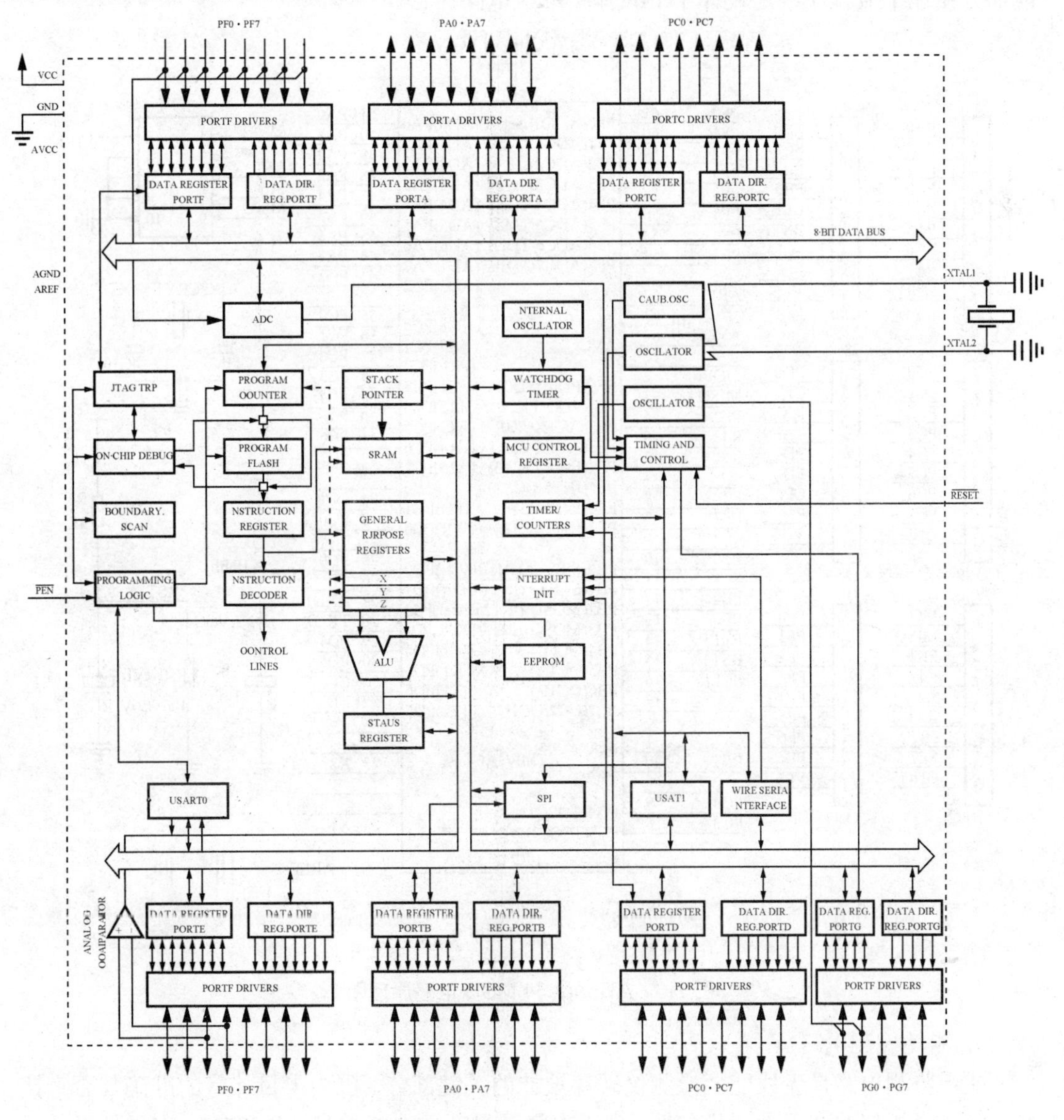

图 7-5　ATmega64 内部结构图

另外，ATmega64 是以 Atmel 高密度非易失性存储器技术生产的。片内 ISP Flash 允许程序存储器通过 ISP 串行接口，或者通用编程器进行编程，也可以通过运行于 AVR 内核之中的引导程序进行编程。引导程序可以使用任意接口将应用程序下载到应用 Flash 存储区(Application Flash Memory)。在更新应用 Flash 存储区时引导 Flash 区(Boot Flash Memory)的程序继续运行，实现了 RWW 操作。 通过将 8 位 RISC CPU 与系统内可编程的 Flash 集成在一个芯片内，使 ATmega64 成为一个功能强大的单片机，为许多嵌入式控制应用提供了灵活而低成本的解决方案。

图 7-6 给出了 ATmage64 微处理器电路原理图，图中在每个电压输入端、晶振电路以及按键电路都加入了滤波电容，以此来提高芯片电压输入和晶振频率的稳定性。另外为了能够方便地下载程序，还设计了 ISP 程序下载电路。

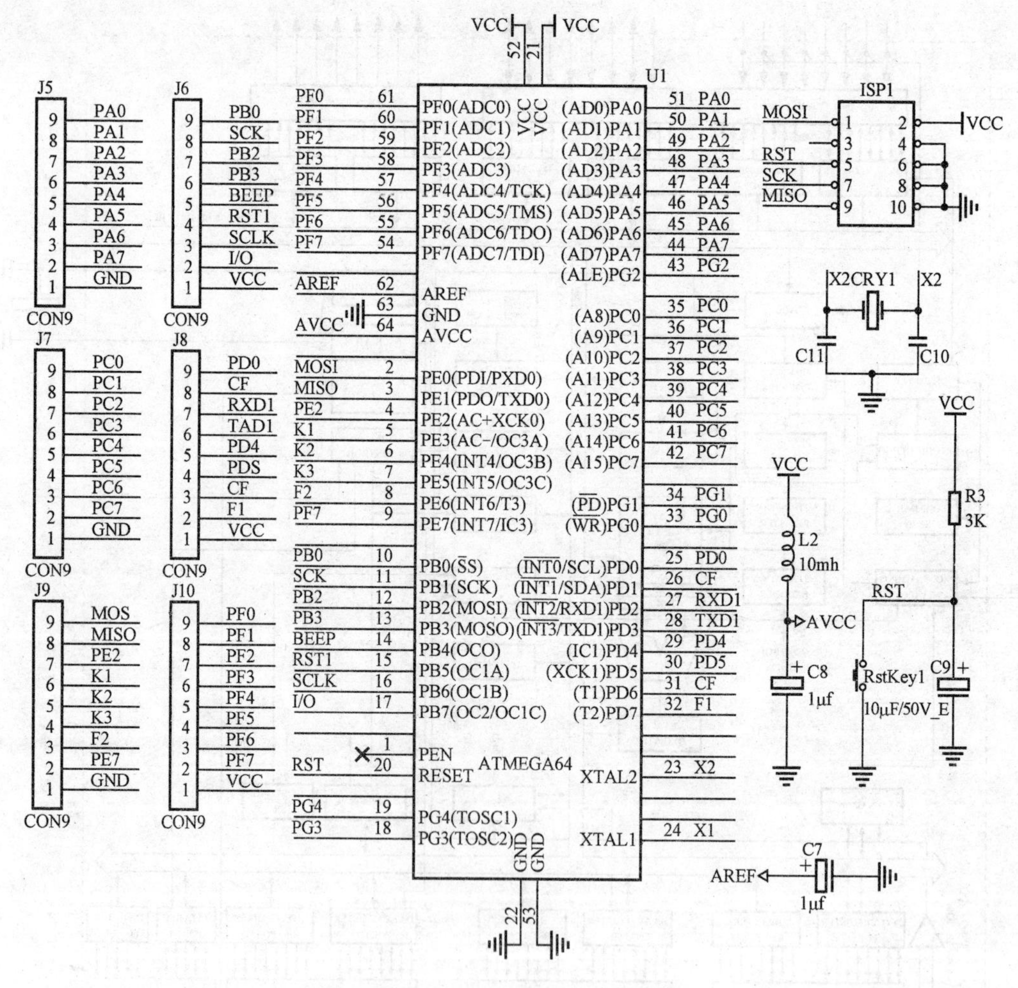

图 7-6　ATmage64 MCU 电路原理图

2) 能耗检测电路

能耗监测电路是无线能耗检测仪硬件设计的关键部分，因为电量计量的准确与否直接涉及能耗检测仪的准确性和稳定性。由于电量计量芯片选择的是 ADE7755，在硬件设计时

需要对其芯片管脚和主要特点进行介绍。它具有以下几个特点。

- 精度很高，在 500∶1 的动态范围内的误差小于 1%;
- 满足 IEC687/1036 标准的要求，支持 50Hz/60Hz、220VAC 的电压接入;
- 通过频率输出端提供的功率信号可以直接与计算机进行通信;
- 电流输入通道的放大器增益可编程;
- 芯片采用 CMOS 工艺，单+5V 供电，功耗极低;
- 具有在片电源监控功能;
- 具有正负电能指示功能，防窃电。

ADE7755 引脚如图 7-7 所示，各个引脚及其功能如表 7-1 所示。

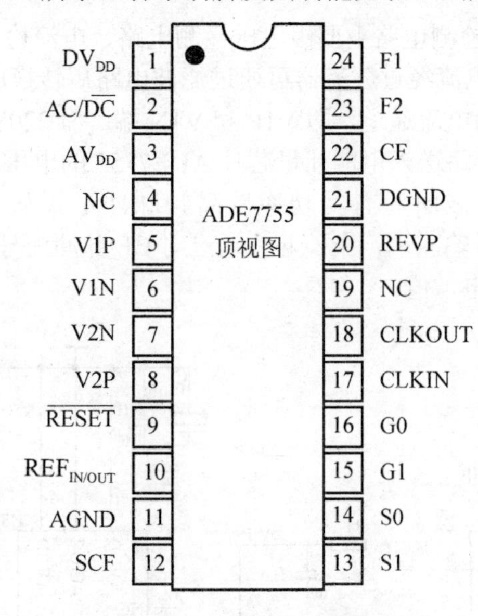

图 7-7 ADE7755 引脚图

表 7-1 ADE7755 的引脚及其功能

引脚名	引脚号	功能说明
DVDD	1	数字电源
AC/DC	2	通道 1 的 HPF 使能端
AVDD	3	模拟电源
NC	4，19	悬空闲置未用
V1P，V1N	5，6	通道 1(电流通道)的正、负极输入端
V2P，V2N	7，8	通道 2(电压通道)的正、负极输入端
RESET	9	ADE7755 的复位输入端，当为低电平时，ADC 和数字电路保持复位状态，在 RESET 的下降沿，清除 ADE7755 的内部寄存器
REFIN/OUT	10	ADE7755 的参考电压输入/输出端，外部基准源可以直接连到该引脚上
AGND	11	模拟信号接地端
SCF	12	校验频率选择端，该引脚的逻辑输入电平决定 CF 端的输出频率
S0，S1	13，14	这两引脚的输入用来决定数字—频率转换系数，为电度表的设计提供了很大的灵活性

续表

引脚名	引脚号	功能说明
G0，G1	15，16	这两引脚的输入用来决定通道 1 的增益，可能的增益为 1、2、8、16
CLKIN	17	晶体振荡器的输入端或外部时钟输入端
CLKOUT	18	晶体振荡器的输出端
REVP	20	正负功率指示端，当检测到负功率时该引脚输出高电平，当再次检测到正功率时，该引脚复位
DGND	21	数字信号接地端
CF	22	频率校验输出引脚，其输出频率决定瞬时功率的大小，常用于仪表功率计算
F1，F2	23，24	低频逻辑输出引脚，其频率的大小决定平均有功功率的大小

由图 7-8 可知，能耗检测电路主要由电压检测电路、电流检测电路以及 ADE7755 外围电路组成。首先，负载电流经过分流器再通过滤波电路后转换成合适的电压信号送入到电能计量芯片 ADE7755 的电流通道，即 V1P 和 V1N 端；而 220V 相电压则通过校验衰减网络降压后，再通过滤波电路送入电能计量芯片 ADE7755 的电压通道，即 V2P 和 V2N 端。二者经过 ADE7755 转换成瞬时有功功率以高频脉冲形式从 CF 端输出然后接入到 ATmage64 的外部中断信号输入端，主控芯片通过对 CF 脉冲信号的定时计算和计数处理，得到瞬时有功功率和累计电量值。

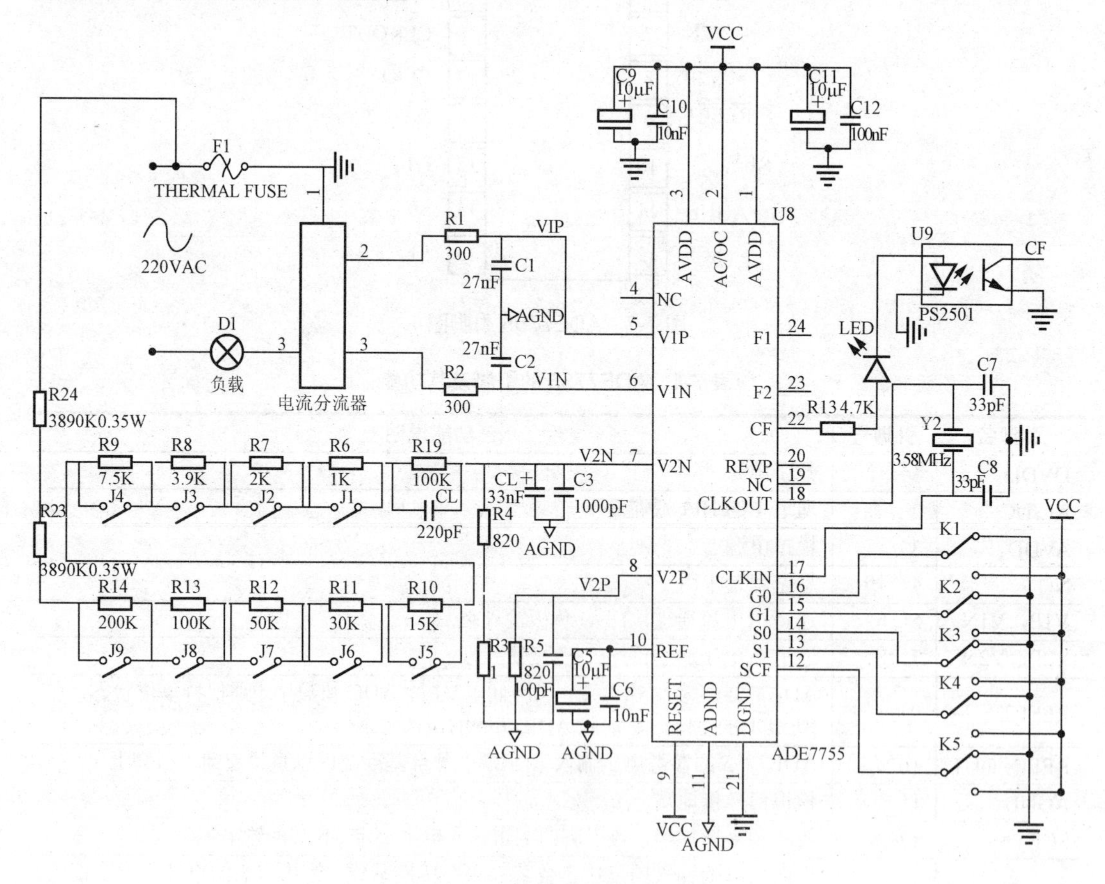

图 7-8 能耗检测电路原理图

使用分流器的电流采样电路如图 7-9 所示，其中 F1 为分流器，R1、R2 为采样电阻，C1、C2 为采样电容，一般选取的为 27nF 和 33nF，它们为电流采样通道提供采样电压信号，采样电压信号的大小由分流器的阻值和流过其上的电流决定。电流采样通道采用完全差动输入，V1P 为正输入端，V1N 为负输入端。通过 ADE7755 芯片技术指标可知，电流采样通道最大差动峰值电压应小于 470mV，电流采样通道有一个 PGA，其增益可由 ADE7755 的 G1 和 G0 来选择。

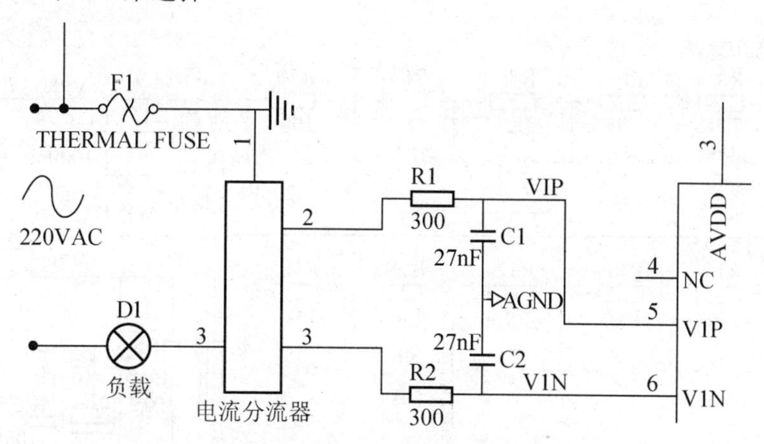

图 7-9　ADE7755 电流采样电路

如表 7-2 所示，当使用分流器采样时，G1、G0 都接高电平，增益选择 16，通过分流器的峰值电压为±30mV，考虑到常用家庭电器的功耗范围为 100W～4000W，所以在能耗检测仪硬件设计时，按照标定电流为 5(20)A 的规格，分流器阻值选择为 500μΩ，其分流器的类型为锰铜分流器。这样当流过分流器的电流为最大电流 20A 时，其采样电压为 500μΩ×20A=10mV，不超过峰值电压半满度值，所以在选用 500uΩ 锰铜分流器，并使 G1=1 且 G0=1 时，理论标定电流规格为 5(20)A。

表 7-2　ADE7755 电流通道增益选择

G1	G0	增益	最大差动信号
0	0	1	±470mV
0	1	2	±235mV
1	0	8	±60mV
1	1	16	±30mV

电压输入通道(V2N，V2P)也为差分电路，V2N 引脚连接到电阻分压电路的分压点上，V2P 接地。电压输入通道的采样信号是通过衰减线电压得到的，其中 R6 至 R14 为校验衰减网络，通过短接跳线 J1 至 J9 可将采样信号调节到需要的采样值上，本课题设计的能耗检测仪在基本电流为 5A 时，电压采样值为 174.2 mV，为了准许分流器的容差和片内基准源 8%的误差，衰减校验网络应该允许至少 30%的检验范围，根据图 7-10 的参数，其调节范围为 169.8 mV～250 mV，完全满足了调节的需要。这个衰减网络的−3dB 频率是由 R4

和 C3 的值所决定的，R19、R23、R24 确保了这一点，即使全部跳线都接通，R19、R23、R24 的电阻值仍远远大于 R4，R4 和 C3 的选取要和电流采样通道的 R1、C1 相匹配，这样才能保证两个通道的相位进行恰当的匹配，消除因相位失调而带来的误差影响。

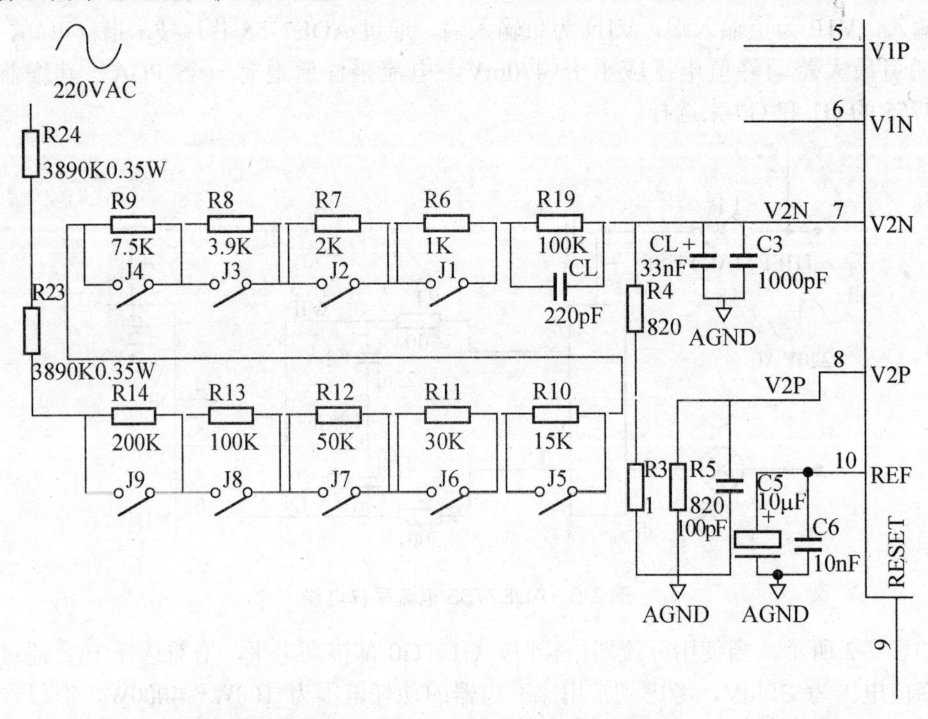

图 7-10　ADE7755 电压通道电路原理图

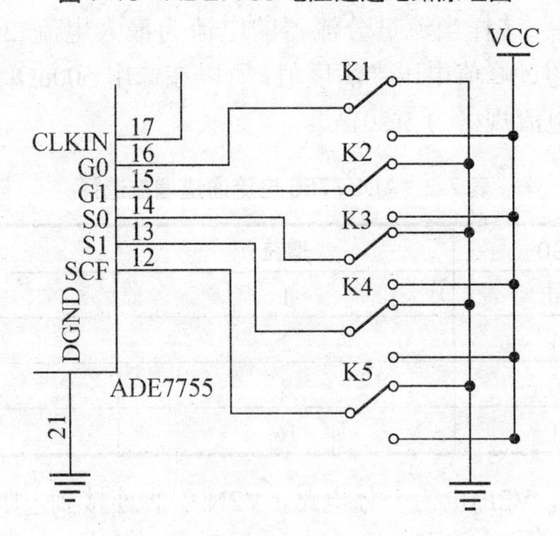

图 7-11　ADE7755 使能端口选择电路

ADE7755 的 CF 输出频率由其 SCF、S1、S0 引脚决定，其中 SCF 的逻辑输入电平确定 CF 引脚的输出频率，S1、S0 引脚的逻辑输入用来选择数字/频率转换系数，在家庭环境中使用的电器，其参比电压都是为 220VAC/50Hz 的交流电。另外，在能耗检测仪的理论标定电流 Ib 为 5(20)A，分流器阻值为 500μΩ，增益选择 G=16(G0=1，G1=1，最大电流通道差动信号为±30mV)。

3) 无线数据收发电路

由于 CC2430 是无线 SOC 设计，其内部已集成了大量必要的电路，因此采用较少的外围电路即可实现信号的收发功能，图 7-12 为 CC2430 的电路原理图。Y2 为 32MHz 晶振，用 1 个 32 MHz 的石英谐振器和 2 个电容(C3 和 C4)构成一个 32 MHz 的晶振电路；Y1 为 32.768kHz 晶振，用 1 个 32.768 kHz 的石英谐振器和 2 个电容(C1 和 C2)构成一个 32.768 kHz 的晶振电路。C5 为 5.6pF，电路中的非平衡变压器由电容 C5 和电感 L1、L2、L3 以及一个 PCB 微波传输线组成，整个结构满足 RF 输入/输出匹配电阻(50 Ω)的要求。另外，在电压脚和地脚都添加了滤波电容来保证芯片工作的稳定性。

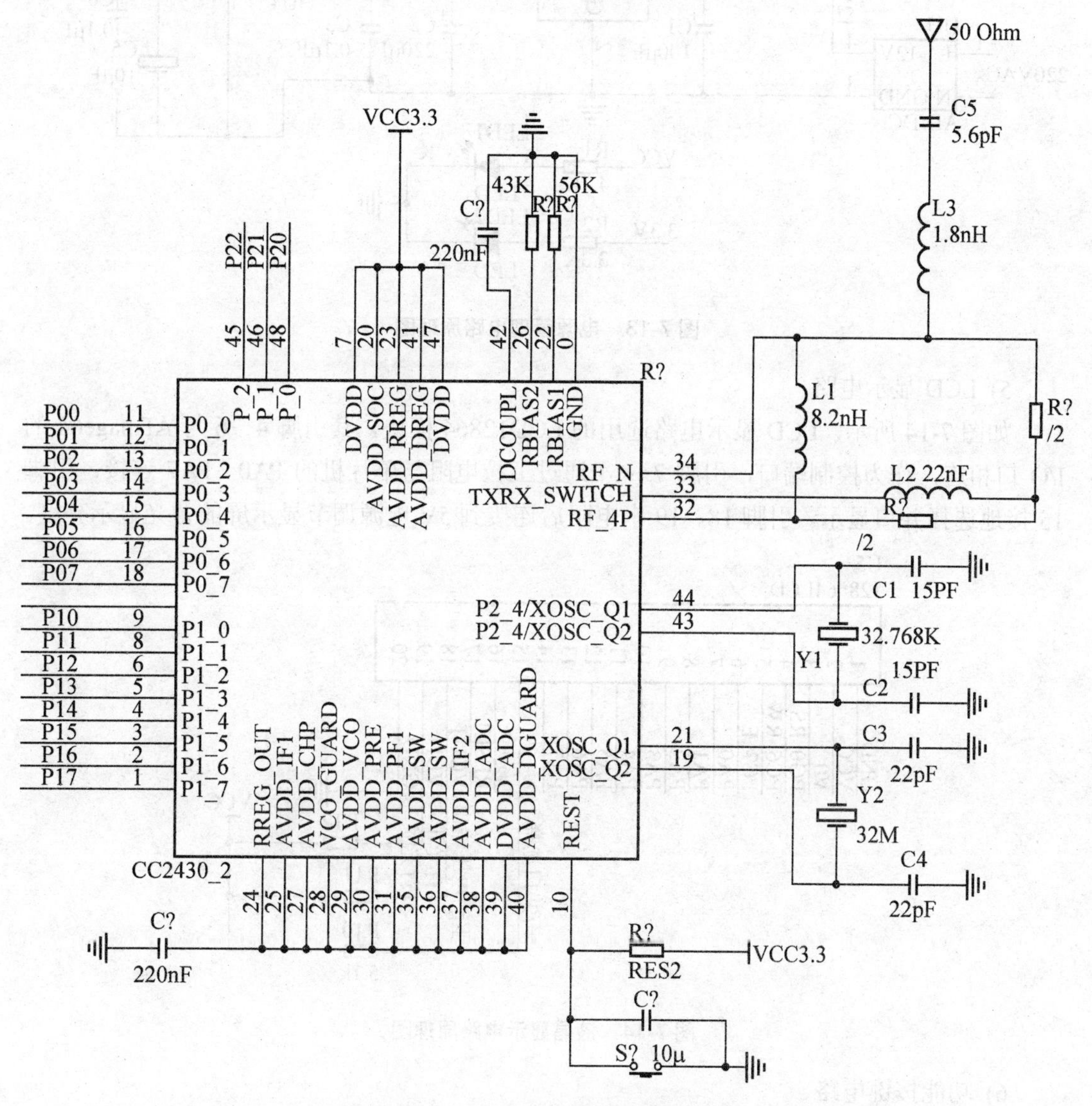

图 7-12 CC2430 外围电路原理图

4) 电源管理电路

本系统的电源管理电路主要为系统提供 5V 和 3.3V 的直流电压，同时在进行电源电路设计时，在保证原理正确的情况下，必须考虑电源容量大于系统所需。如图 7-13 所示，为供电方便，电源电路直接从市电 220V 经 AC/DC 模块降压、整流转换成 12VDC 后，通过稳压芯片 L7805 和 AS1117-3.3 稳压、滤波后，得到稳定的 5V 和 3.3V 直流电源[24]。

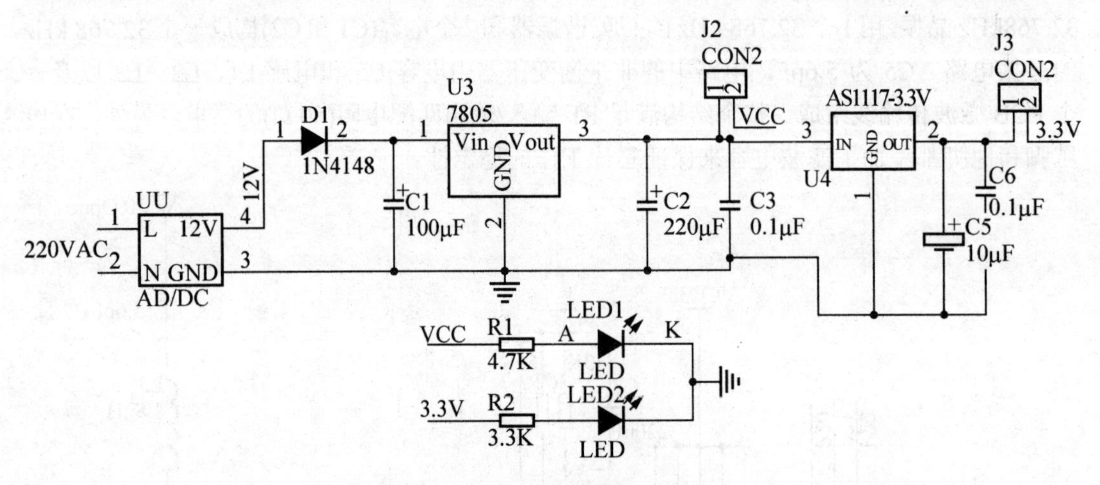

图 7-13　电源管理电路原理图

5) LCD 显示电路

如图 7-14 所示，LCD 显示电路选用的 LCD12864 模块，其引脚 4～6 与 ATmage64 的 I/O 口相连，作为控制端口，引脚 7～14 通过上拉电阻与单片机的 PA0～PA7 连接，引脚 15 接地选择并口显示。引脚 18、19 串电阻后连接到 5V 电源调节显示屏的背光显示亮度。

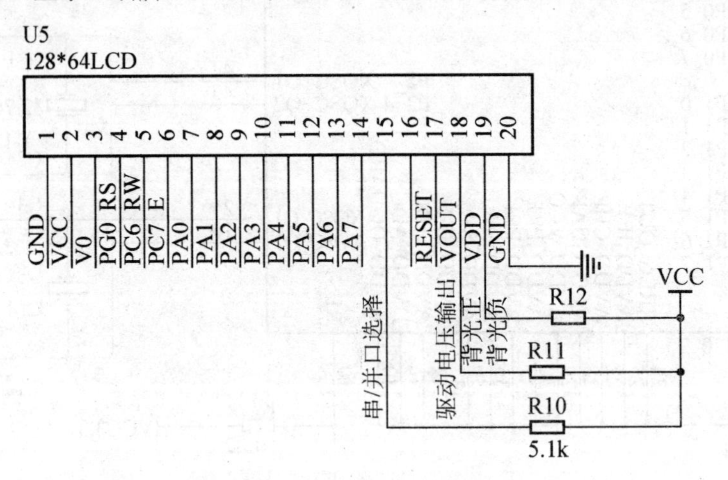

图 7-14　液晶显示电路原理图

6) 功能按键电路

在本系统中，输入数据、查询和控制功能，都要用到按键。如图 7-15 所示，行线 PC3-PC5

通过 3 个上拉电阻接电源端 VCC，处于输入状态，为输入口；PC0-PC2 控制键盘的行线电位，作为键扫描口，处于输出状态。MCU 通过读取 PC0-PC2 的状态，即可知道有无键按下。当键盘上没有键闭合时，行、列之间是断开的，所有行线 PC0-PC2 输入全部为高电平。当键盘上某个键被按下闭合时，则对应的行线和列线短路，行线输入电平即为列线输出电平，则可以判定此键被按下了。

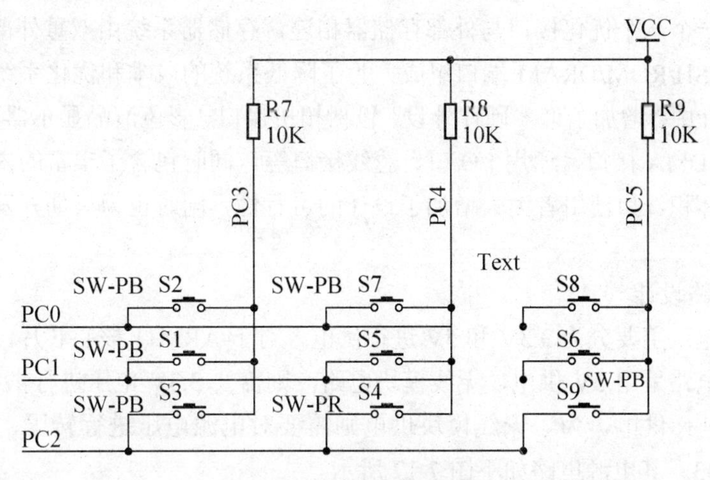

图 7-15 按键电路原理图

7) 开关控制电路

根据需求分析，无线能耗检测仪需要使用继电器对待机的家用电器进行切断电源的操作。图 7-16 给出了开关控制电路和蜂鸣器电路原理图，图中主要使用了 12V 固态继电器和 5V 有源蜂鸣器，通过 NPN 三极管 9013 和 8050 组成驱动电路，在开关电路中还使用了二极管 IN4007 对继电器进行了保护。

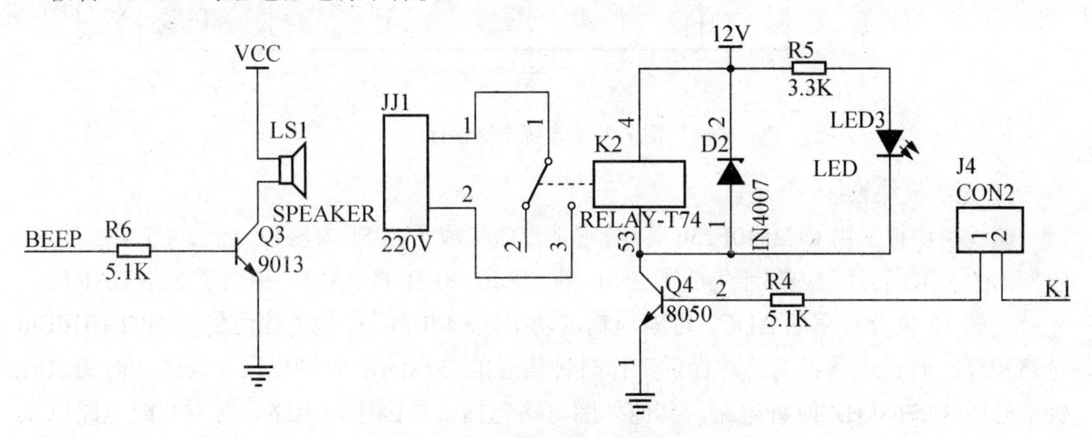

图 7-16 蜂鸣器和继电器电路原理图

2. 智能三表设备选型和性能

1) 主控器设计

三表采集器硬件设计上采用 S3C6410 芯片为中央处理器，此芯片具有强大的应用处理功能，采用 ARM1176JZF-S 的内核，包含独立的 16KB 的 Cache 指令数据和 TCM 指令数据。当芯片工作室，主频最高可达到 800MHz，一般正常工作时主频为 533MHz 和 677MHz。S3C6410 通过一个一个优化接口与外部存储器相连，存储器系统由双重外部存储器端口、DRAM 和 FLASH/ROM/DRAM 端口组成。为了降低系统的成本和优化系统的总体功能，S3C6410 在设计中，增加了许多硬件外设，包括相机接口、彩色液晶显示器、4 通道 UART 接口、32 通道 DMA 接口、通用 I/O 口、总线接口等，同时包含了丰富的内部设备，不仅减小了芯片的体积，为使用者大大增加了设计的可行性，同时也为后期开发创造了更多的选择。

2) 电源电路设计

电路供电电压主要分为 3.3V 和 5V 进行供电，对于 ARM11 核心芯片，串口调试电路和以太网接口电路采用 5V 供电，无线模块电路，则需要 3.3V 电压进行供电。采用 5V、1A 直流电源进行供电，为了无线模块供电则需要对电源电压进行转压，转压芯片采用 LM1117MPX_33。其电源电路如下图 7-17 所示。

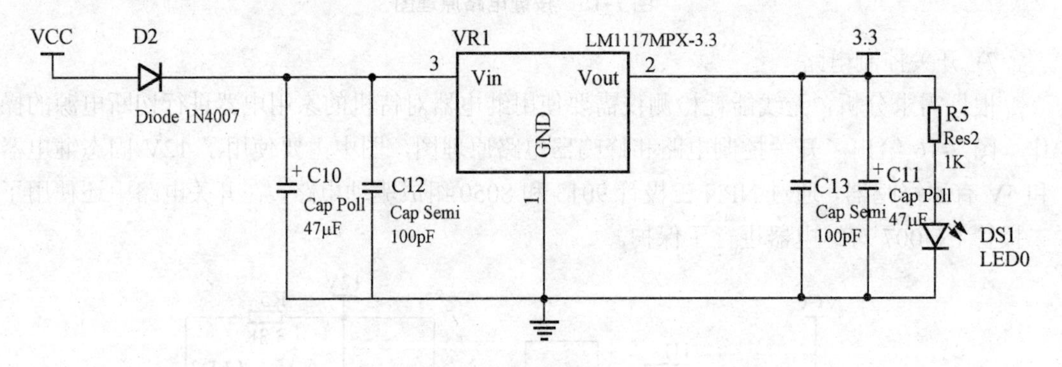

图 7-17　电源电路设计

3) 无线模块设计

无线模块拟采用 CC2530F256 芯片，它是一款集成了 8051 内核和一个 2.4G 频段的 RF 收发器的 SOC 芯片，内部还集成了 256K 的 Flash，8KB 的 RAM，提供了 2 路 UARTS、支持 7 到 12 位分辨率的 ADC，可编程输出功率达+4dBm，可最大化通信范围的 101dBm 链路预算。时钟电路：为芯片提供工作时钟信号的 32MHZ 时钟电路和为休眠时提供时钟信号的 32.768kHZ 时钟电路。其他外围电路包括：外围接口电路、射频匹配电路以及天线。

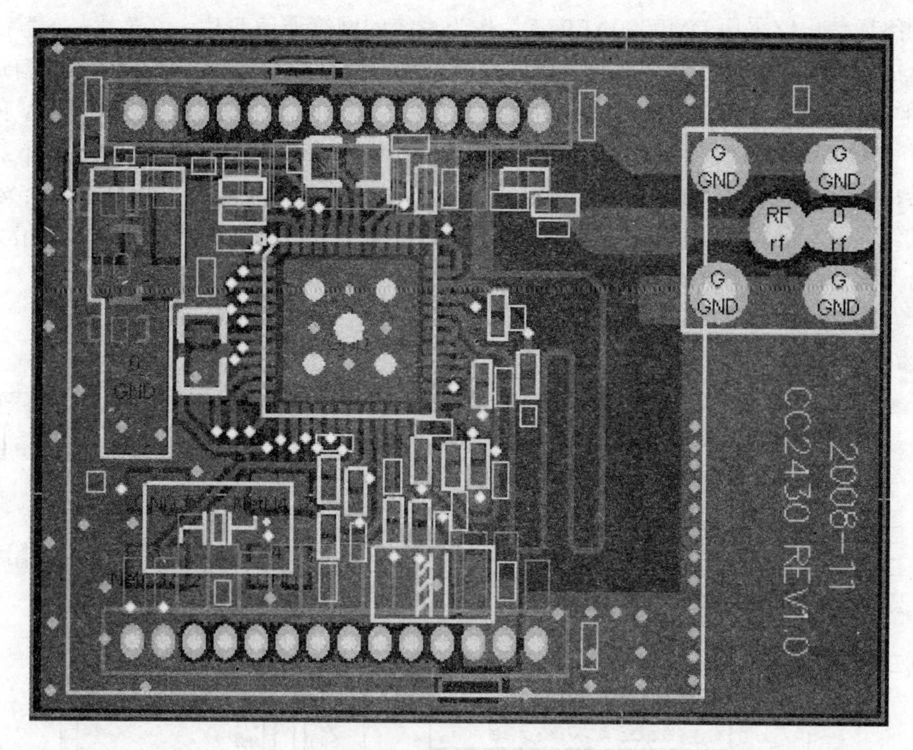

图 7-18 无线模块 PCB 图

图 7-19 无线模块实物

4) 网络通信模块设计

网络通信电路采用 DM9000AEP 芯片作为系统的网络通信芯片，该芯片是一款完全集成符合成本效益单芯片快速以太网 MAC 控制器和一般处理接口，一个 10/100M 自适应的 PHY 和 4K DWORD 值的 SRAM。它的目的是在低功耗和高性能进程的 3.3V 与 5V 的支持宽容。 DM9000AEP 支持 8 位，16 位和 32 位接口访问内部存储。该 DM9000Aep 物理协议层接口完全支持使用 10MBps 下 3 类、4 类、5 类非屏蔽双绞线和 100MBps 下 5 类非屏蔽双绞线，这完全符合 IEEE 802.3u 规格。它的自动协调功能将自动完成配置以最大限度地适合其线路带宽。DM9000AEP 电路原理如图 7-20 所示。

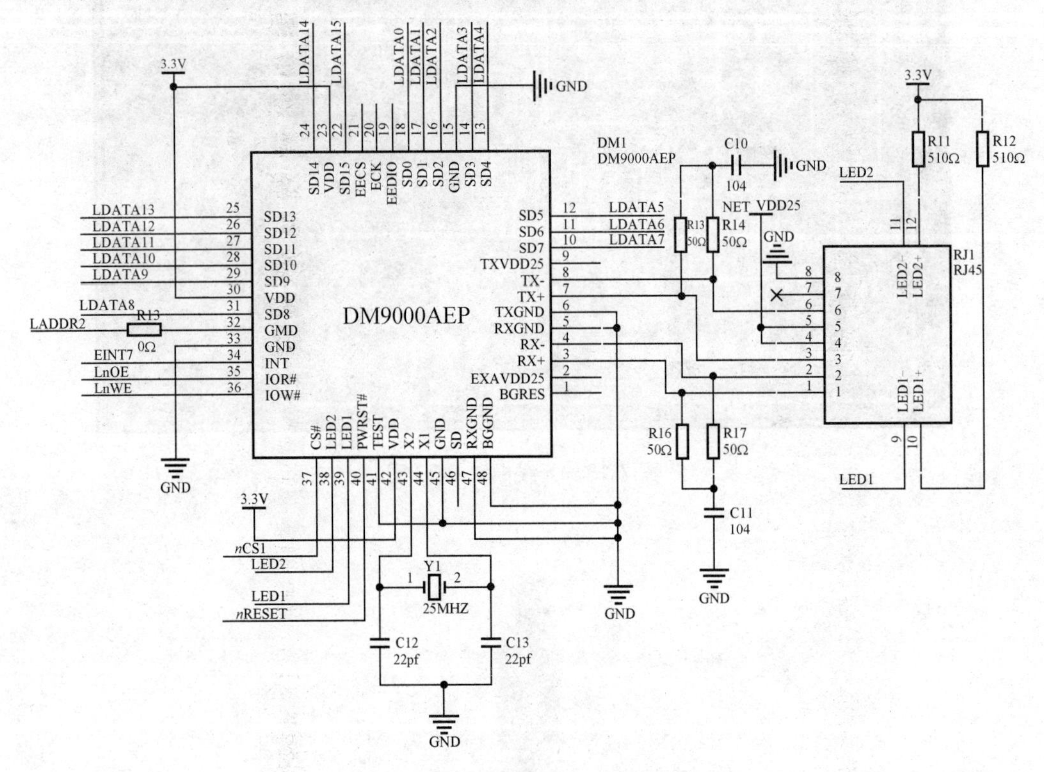

图 7-20　DM9000AEP 电路原理图

7.3.2　系统搭建

为了使设备在实际应用中能够具有稳定的性能，本实验室利用 60 平方米的面积真实搭建了一个包括客厅、厨房、老人房、卧室以及书房的真实家居环境。根据家居情况以及电器分布情况，选择了厨房的电饭煲、卧室的电热水壶以及客厅的电视进行设备测试和组网测试。如图 7-21 所示，在室内各房间分布了无线能耗监控系统的无线设备和有线设备，另外，在室外可以通过手机的平板对系统进行测试。从无线路由挂在客厅天花板上的位置可以看出，用于电视的能耗检测仪与无线路由之间没有障碍，卧室电热水壶的能耗检测仪有一道墙，而厨房电饭煲的能耗检测仪有两道墙。可以同步、实时观测水、电、气表采集的数据。

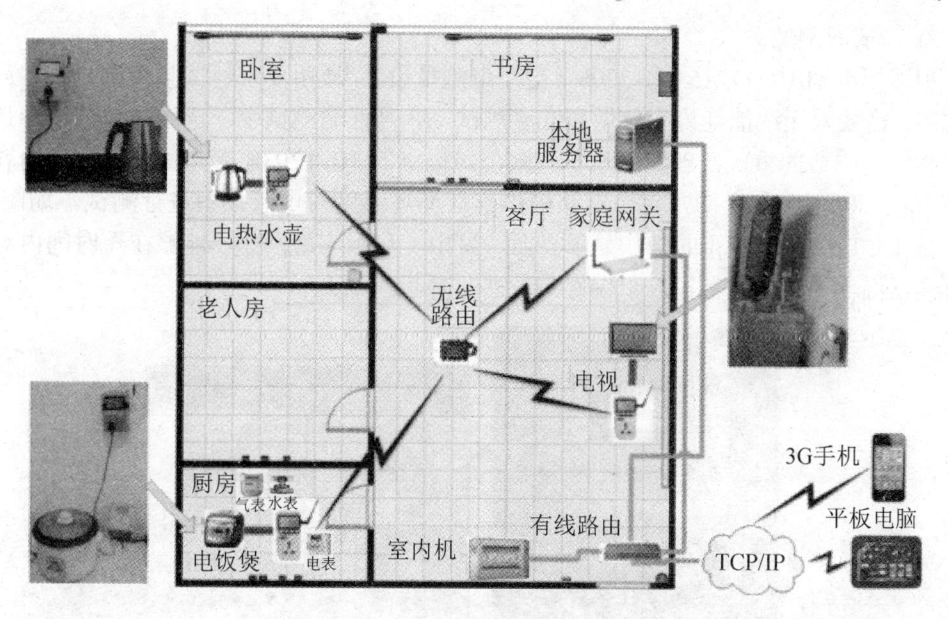

图 7-21 无线能耗监控系统搭建图

7.3.3 系统验证与测试

1. 无线能耗检测仪系统验证与测试

在完成了无线能耗检测仪的软硬件设计，以及硬件焊接和程序下载后，需要对能耗检测仪和能耗监控系统进行验证性测试。对于出现的问题，需要分析处理来使系统实现良好的运行。

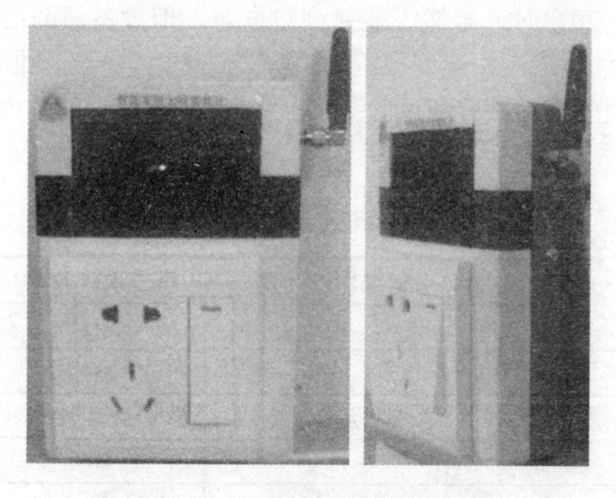

图 7-22 无线能耗检测仪外观图

在家居环境中，各种电子设备所产生的电磁干扰以及温度的变换，对电能检测设备的干扰也是不可忽视的。在南方夏天最高温度可以达到 40℃以上，北方室内温度在没有暖气供应的情况，也会降低到 0℃以下，所以在家居环境中长期工作的电能检测设备在高低温和电磁干扰环境下的可靠性测试会直接体现设备的实际使用价值。

1) 高低温测试

根据标准 GB/T 17215.211-2006《交流电测量设备 通用要求、试验和试验条件》中的条款 6，需要对无线能耗检测仪做高低温测试。在高低温测试中，选用的测试设备是自动化工程实训中心的重庆汉巴实验设备有限公司提供的 HUT703P 湿热试验箱，它的温度选择范围在−70～130℃之间，完全能够模拟家居环境温度对电子设备进行测试。如图 7-23 所示是 HUT703P 试验箱的操作显示界面，呈中文显示，易操作，能够在短时间内对设备进行高低温测试、耐寒测试、低温存储等恶劣环境测试。

图 7-23　高低温测试示意图

在无线能耗检测仪的高低温测试中，利用在设定的温度中，由于在程序中设定 1 分钟发送一次数据，所以采用 1 小时定时抓包的方法来测试设备的工作情况，同时观察设备外观是否有损坏。从如表 7-3 所示的测试结果可以得出，设备在高温 50℃时处于临界工作状态，外壳已经有少许破损，60℃时已经不能正常工作；在低温−10℃时，设备的抓包率出现明显的降低，达到−20℃时，虽然还能抓到数据包，但设备液晶已经不能正常显示。所以，无线能耗检测仪的正常工作温度范围为−10℃～50℃，符合标准 GB/T 17215.211-2006《交流电测量设备通用要求、试验和试验条件》条款 6 所规定的户内用仪表工作温度范围−5℃～45℃的要求。

表 7-3　高低温测试抓包率对比

	第一次(1 小时)	第二次(1 小时)	第三次(1 小时)	第四次(1 小时)
高温设定值	30℃	40℃	50℃	60℃
数据抓包率	98%	83%	75%	21%
损坏程度	无损坏	无损坏	外壳有融化	液晶不显示
低温设定值	0℃	−5℃	−10℃	−20℃
数据抓包率	92%	84%	69%	41%
损坏程度	无损坏	无损坏	无损坏	液晶不正常

2) 电磁兼容测试

电能检测设备的 EMC 测试主要体现在抗扰度测试上，因为安装在电网终端的电能检测设备，在其运行使用过程中，不可避免地会遭受到公共电网上各种电磁骚扰。根据标准

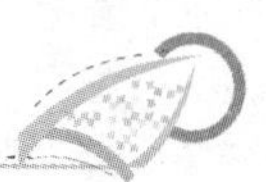

GB/T 17215.211-2006《交流电测量设备通用要求、试验和试验条件》中条款 7.5 提出的电磁兼容测试项目以及结合重庆邮电大学自动化学院制造技术与工程实训中心的电磁兼容设备条件，需要对无线能耗检测仪进行射频电磁场抗扰度试验来验证其可靠性。

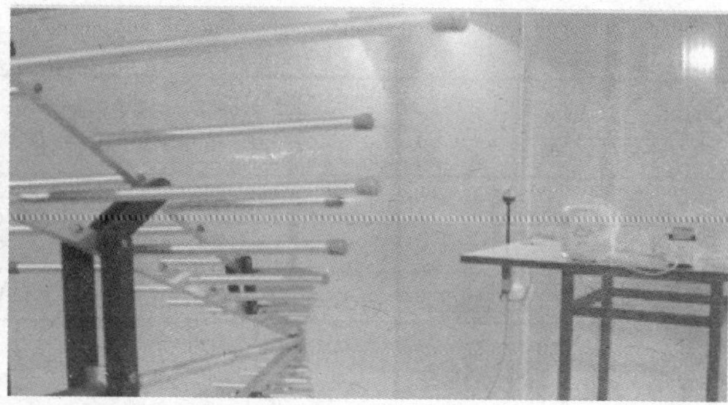

图 7-24　电磁场辐射抗扰度测试环境

射频电磁场对设备的干扰往往是由设备操作、维修和安全检查人员在使用移动电话时所产生的，其他如无线电台、电视发射台、移动无线电发射机和各种工业电磁辐射源等有意发射，以及电焊机、晶闸管整流器、荧光灯工作时产生的寄生辐射等无意发射，也都会产生射频辐射干扰。

3) 设备自身损耗测试

无线能耗检测仪作为智能家庭能耗监控系统中的能耗采集节点设备，其自身功耗测试也是很重要的。如果设备自身功耗很大，那么在实际的电器测量中，就会为用户带来额外的电量，从而提高用户的用电量，不利于节能减排。

无线能耗检测仪内部采用的 ATmage64、CC2430、ADE7755 以及液晶 LCD12864 都是低功耗芯片模块，在设计时遵照产品设计原则，采用的元器件都具有体积小、低热量、低功耗等特点。如图 7-25 所示，无线能耗检测仪在不接负载下，通过数字电压源提供给系统稳定电源的同时，可以测出其工作电流，从而测得其功耗值。

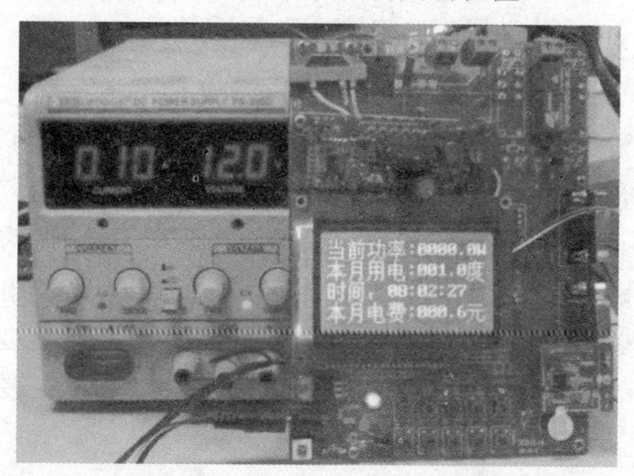

图 7-25　设备功耗测试示意图

从表 7-4 可以得出，在稳定电压 12VDC 的情况下，分别做了设备运行 30 分钟和 60

分钟的工作电流统计，记录下其运行过程中产生的最大工作电流和最小工作电流，然后取其平均工作电流，利用公式 P=U×I 可以算的能耗检测仪的平均功耗为 1.11W，小于 GB/T 17215-2002《1 级和 2 级静止式交流有功电能表》条款 7 所规定 2.5W 极限值。

表 7-4 功耗测试对比

电压值	30 分钟电流测量值		30 分钟平均电流值	60 分钟电流测量值		60 分钟平均电流值
	最大值	最小值		最大值	最小值	
12V	100 mA	80 mA	90 mA	110 mA	80 mA	95 mA
平均电流值	92.5 mA					
平均功耗	1.11W(瓦)					

4) 通信距离测试

在家居环境中，对于无线设备的通信距离的测试，可以让用户在进行家居装修时，对设备的放置位置进行设计。在无线通信中，通信距离主要影响因素有无线模块发射功率、传播损耗、工作频率、接受灵敏度等性能。在本产品测试中，主要针对无线能耗检测仪在有天线增益和无天线增益的情况下，由于无线能耗检测仪每一分钟会定时发出无线能耗数据，所以只要在一小时内通过 CC2430 抓包器来获取无线能耗数据抓包率，通过结果对比，得到无线通信距离测试结果。测试示意图如图 7-26 所示。

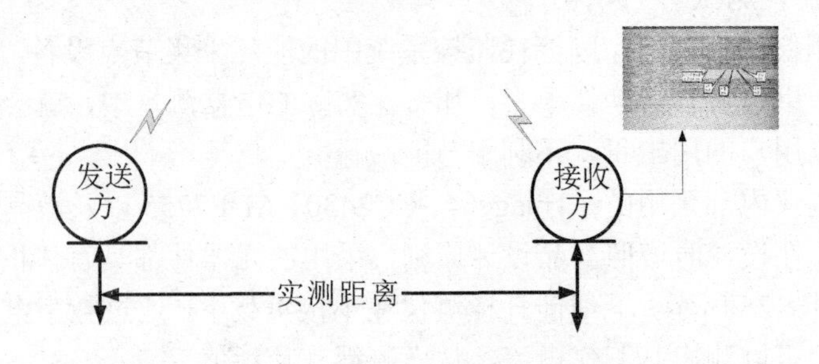

图 7-26 通信距离测试示意图

从表 7-5 的结果可以得出，无线能耗检测仪在有天线的情况下，5 米和 10 米通信距离的抓包率分别为 97.7%和 76.7%。而在 20 米和 50 米时，抓包率都在 50%以下，已经不能满足正常使用。另外在不装配天线的情况下，5 米距离的抓包率为 71.7%，而 10 米、20 米、50 米的抓包率都在 50%以下。通信距离的增长，使抓包率降低的主要原因可能是测试环境中存在大气、电磁干扰、空气湿度、阻挡物、多径损耗以及使用的天线自身增益及安置高度、匹配性能等影响因素，并且通信协议也可能对其通信距离进行影响限制。由于家居环境的面积限制，一般不会超过 10 米的直线通信距离，所以在装配天线的情况下，设备的通信距离仍能满足系统需要。

表 7-5 通信距离抓包率测试对比

天线增益	5米数据包/个(小时)	5米抓包率	10米数据包/个(小时)	10米抓包率	20米数据包/个(小时)	20米抓包率	50米数据包/个(小时)	50米抓包率
有天线(3DB)	58/60	97.7%	46/60	76.7%	24/60	40%	15/60	25%
无天线	43/60	71.7%	29/60	48.3%	12/60	20%	3/60	5%

5) 射频穿透性测试

在复杂的家居环境中，无线设备的放置与无线路由之间可能存在一道墙、两道墙、多道墙或者其他障碍的情况，为了防止障碍物对能耗数据的接收，所以对其射频穿透性的测试尤为重要。从系统的搭建图中可知，客厅、卧室、厨房的无线能耗检测仪与无线路由之间分别有 0 道墙、1 道墙、2 道墙(墙厚 20cm)，同时 3 个设备到无线路由的距离都在 5 米左右，所以同样通过定时 1 小时，在无线路由的位置通过抓包器进行数据抓取来获得抓包率，通过结果分析得到设备的射频穿透性。

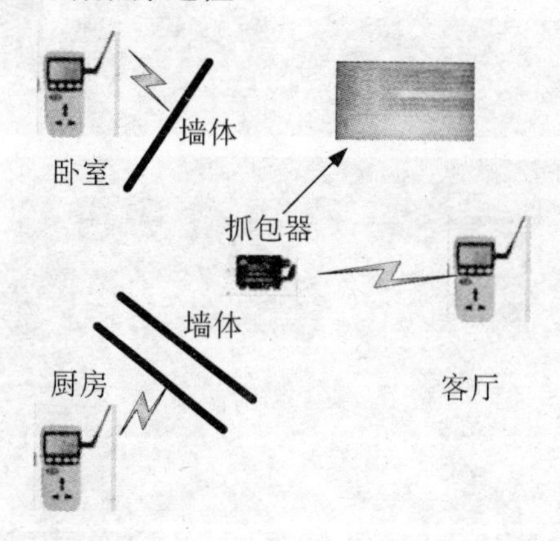

图 7-27 射频穿透性测试示意图

由表 7-6 的射频穿透性测试结构可以得出，在实际的家居环境中，产品在与无线路由距离近的情况下，其射频穿透性是很好的，原因是在家居环境中物理空间的电磁干扰性小，并且采用高可靠性的无线组网协议，降低了设备组网在多障碍情况下丢包的情况。

表 7-6 穿透性测试抓包率对比

障碍	数据包/个(小时)	抓包率
0 道墙	58/60	96.7%
1 道墙	54/60	90%
2 道墙	49 /60	81.7%

6) 上行能耗数据接收测试

上行能耗数据的接收测试，主要针对底层能耗数据采集显示的实时性来测试系统功能的实时性，通过本地室内机、远程网页、智能手机、平板计算机这 4 种监控终端来测试能耗数据从局域无线网发送到局域以太网，再发送到互联网的实时性。

从系统的搭建图中，主要针对客厅的电视、卧室的电热水壶以及厨房的电饭煲进行数据采集，由于无线能耗检测仪定时 1 分钟会发送数据，并且电器的功率是在不停地变化，所以每种终端每隔一分钟观察数据是否有变化，则能判断网络能耗数据是否采集成功。图 7-28 是终端上行数据接收采集示意图。

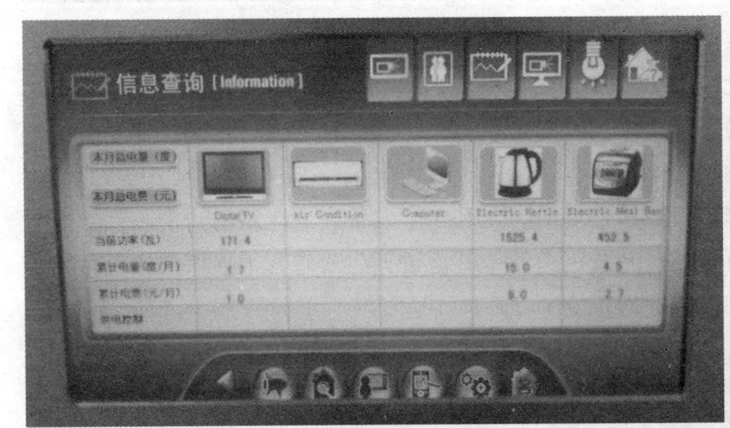

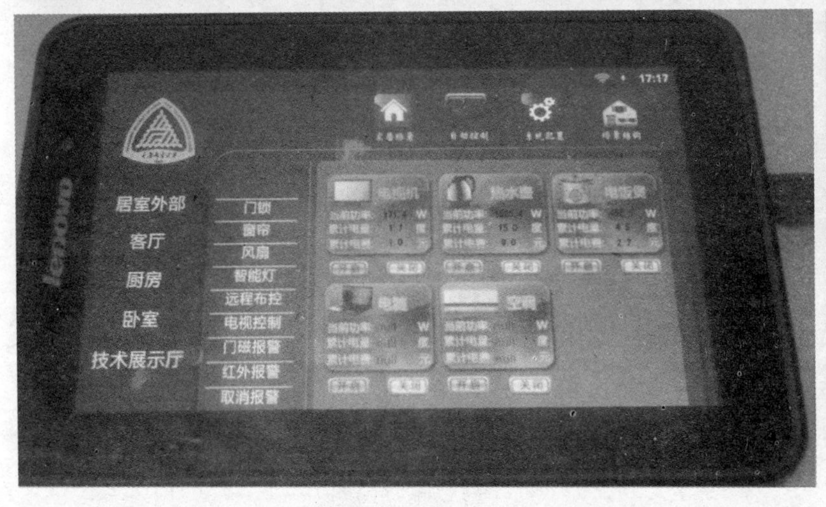

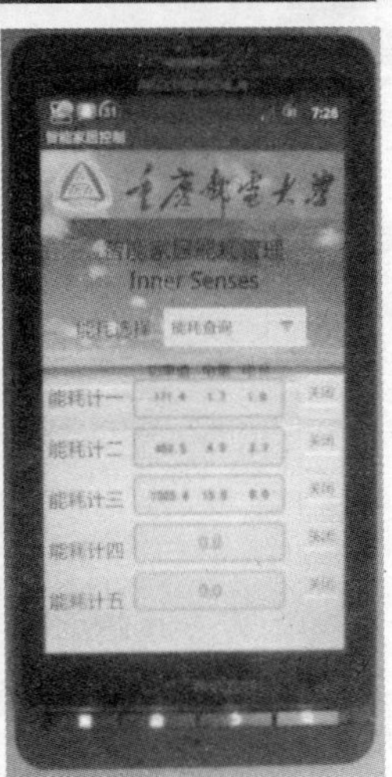

图 7-28　室内机、计算机、平板计算机及 3G 手机上行数据采集图

从表 7-7 的测试结果可知，能耗检测仪 1 分钟会从发送一次数据给无线网关，所以在 1 个小时内，各种终端的数据显示理论变化次数为 60 次，通过实际测试，室内机、平板计算机和远程网页的数据接收成功率都在 90%以上，而手机数据接收成功率为 83.3%，其原因可能是局域以太网、WIFI 以及有线宽带的数据带宽高，网络堵塞的情况比较少，而 3G 手机移动互联网数据带宽低，且用户较多，系统易出现网络丢包的情况。

表 7-7 上行数据显示变化率对比

终端设备	数据变化次数/理论变化次数(1 小时)	上行数据接收成功率
室内机显示(局域网)	56/60	93.3%
平板计算机显示(WIFI)	54/60	90%
远程网页显示(有线宽带)	55/60	91.7%
手机显示(3G)	50/60	83.3%

7) 下行控制命令发送测试

在平板计算机、智能手机以及远程网页 3 种终端上都有控制按钮，只要点击按钮，控制命令就会通过互联网发送到本地服务器，服务器通过以太网把控制命令发送给家庭网关处理后发送给无线路由，无线路由接收到来自家庭网关的控制命令后发送给底层的无线能耗检测仪进行解析执行操作。所以在对能耗监控系统的下行数据测试时，只要通过测试各种终端控制命令对设备控制的成功率，就能得到能耗监控系统网络下行数据功能的测试情况。

从表 7-8 可知，下行数据的成功率和发送命令的终端的网络接入方式有很大的关系，从有线宽带、WIFI 到手机 3G 网络，其网络带宽和性能的降低直接影响系统网络下行命令发送的成功率，所以在保持网络稳定的情况下，整个系统就能正常运行。

表 7-8 下行数据发送成功率对比

终端设备	开命令成功次数/总次数	网络下行成功率	关命令成功次数/总次数	网络下行成功率
远程网页(有线宽带)	19/20	95%	18/20	90%
平板计算机(WIFI)	17/20	85%	17/20	85%
手机(3G 网络)	15/20	75%	14/20	70%

2. 无线能耗检测仪系统验证与测试

在完成了智能三表的软硬件设计，以及硬件焊接和程序下载后，需要对智能三表仪和监控系统进行验证性测试。对于出现的问题，需要分析处理来使系统实现良好的运行。

图 7-29 智能三表外观图

1) 高低温测试

三表集抄器的工作环境处在每层楼的楼道中，温度的变化可能会影响到设备的正常工作。南方夏天可以达到40℃以上高温，北方的冬天没有暖气供应的情况，气温将低到0℃以下，所以对楼道中长期工作的采集设备进行高低温测试会直接体现该设备的实际使用价值。

设备正常运行的气候环境条件见表7-9。

表7-9　气候环境条件分类

场所类型	级别	空气温度	
		范围/℃	最大变化率 *a*/(℃/m)
遮蔽	C1	5～+45	0.5
	C2	25～+55	0.5
户外	C3	40～+70	1

根据标准GB/T 2423.1-2001《电工电子产品的基本环境试验规范》第2部分：试验方法试验A：低温/试验B：高温，对智能三表集抄器做高低温测试。测试中，采用自动化工程实训中心的重庆汉巴实验设备有限公司提供的HUT703P湿热试验箱作为本次测试设备，它的温度选择范围在-70～130℃之间，完全能够模拟楼栋楼层的温度对电子设备进行测试。将设备在非通电状态下放入高温试验箱中央，升温至规定的45℃、55℃、70℃，在每个温度短停留 15 分钟，然后取出设备通电，观察设备外观是否有损坏，设备能否正常工作。将设备在非通电状态下放入高温试验箱中央，降温至规定的-5℃、-10℃、-25℃，在每个温度短停留 15 分钟，然后取出设备通电，观察设备外观是否有损坏，设备能否正常工作。测试结果如表7-10所示，设备正常工作温度范围为-25℃～55℃的温度范围中正常工作，符合标准所规定的遮蔽环境下采集器的工作温度范围的要求。

表7-10　高低温测试结果

	第一次(15分钟)	第二次(15分钟)	第三次(分钟)
高温设定值	45℃	55℃	70℃
正常收发数据	是	是	否
损坏程度	无损坏	无损坏	LCD不显示
低温设定值	-5℃	-10℃	-25℃
正常收发数据	是	是	否
损坏程度	无损坏	无损坏	LCD不正常

2) 电磁兼容测试

(1) 射频电磁场辐射抗扰度测试。

三表采集器工作所处的楼道环境，无法避免设备操作、维修和安全检查人员在使用移动电话时所产生的，以及无线电台、电视发射台、移动无线电发射机和各种工业电磁辐射源等射频电磁场辐射的影响。电磁辐射对电子产品的影响，轻者使设备性能下降，重者造成设备的永久损坏。表7-11为射频电磁场辐射抗扰度测试严酷等级。

表 7-11 射频电磁场辐射抗扰度测试严酷等级

等级	一般试验场强(80MHz—1GHz)	保护(设备)抵抗数字无线电电话射频的试验场强 (800MHz—960MHz 以及 1.4GHz—6GHz)
1	1 V/m	1V/m
2	3 V/m	3 V/m
3	10 V/m	10 V/m
4	无	30 V/m

根据分项能耗数据传输技术导则中对采集器的要求，射频电磁场辐射抗扰度要达到 2 级或以上。在实际的测试中，实验设备选用工程实训中心的高频电磁场屏蔽房，GB/T 17626.6-2006《电磁兼容试验和测量技术射频电磁场辐射抗扰度实验》条款 7.5，终端在正常工作状态下，按 GB/T 17626.6 的规定，并在下述条件下进行试验：

- 频率范围：150kHz～80MHz；
- 严酷等级：3；
- 试验电平：10V(非调制)；
- 接负载电流，施加参比电压。

在确定高频电磁场屏蔽房的测试参数条件后，三表集抄器通电工作，然后关闭屏蔽房进行射频电磁场抗扰度。在测试时可以通过监视屏幕观察三表集抄器的工作情况，LCD 显示是否正常，并记录观察到的异常现象。在经过 5min、10min、20min 的测试后，停电从屏蔽房取出三表集抄器，检测功能和性能是否正常，试验后设备能否正常工作，存储数据有无改变。

(2) 电快速瞬变脉冲群抗扰度测试。

在日常生活中，脉冲干扰随处可见，当打开一个控制电感性负载的开关，看到产生火花时，这就表明在供电线路里产生了一连串的高压小脉冲。这些高压小脉冲将直接耦合到设备的供电线路的电源和地之间，并通过电感和电容的耦合，间接地耦合到信号线上形成严重的干扰。脉冲对电子设备的干扰作用明显很低。表 7-12 为电快速瞬变脉冲群抗扰度测试严酷等级。

表 7-12 电快速瞬变脉冲群抗扰度测试严酷等级

开路输出试验电压(±10%)和脉冲的重复频率(±20%)				
等级	在供电电源端口，保护接地(PE)		在 IO(输入输出)信号，数据和控制端口	
	电压峰值/kV	重复频率/kHz	电压峰值/kV	重复频率/kHz
1	0.5	5	0.25	5
2	1	5	0.5	5
3	2	5	1	5
4	4	2.5	2	5

根据分项能耗数据传输技术导则中对采集器的要求，电快速瞬变脉冲群抗扰度要达到3级或以上。在实际的测试中，实验设备选用工程实训中心的电快速瞬变脉冲群抗扰度测试平台，根据 GB/T 17626.4-1998《电磁兼容试验和测量技术电快速瞬变脉冲群抗扰度试验》，设备在工作状态下，试验电压施加于设备的供电电源端和保护接地端。

- 严酷等级：4；
- 试验电压：±4kV；
- 重复频率：2.5kHz、5kHz 或 100kHz；
- 试验时间：1min/次；
- 施加试验电压次数：正负极性各 3 次。

设备在正常工作状态下，用电容耦合夹将试验电压耦合至脉冲信号输入及通信线路上。

- 严酷等级：3；
- 试验电压：±1kV；
- 重复频率：5kHz 或 100kHz；
- 试验时间：1min/次；
- 施加试验电压次数：正负极性各 3 次。

3) 三表集抄器性能测试

在楼宇能耗管控系统中，三表集抄器性能的好坏直接影响着整个系统的工作，以及影响人们日常生活。所以针对产品本身，按照相关标准，本课题对其做了三表集抄器准确性测试、设备功耗测试、负载能力测试。通过这些性能测试，可以更清楚地了解产品设计的不足，并加以改进。

4) 数据采集准确性测试

数据采集准确性测试要求采集器直接或通过采集器采集电能表的数据时，采集器采集的电能表累计电能量读数 E 应与电能表示值 E0 一致。

5) 三表集抄器自身功耗测试

三表集抄器作为智能楼宇耗监控系统中的能耗采集设备，其自身功耗测试也是很重要的。如果设备自身功耗很大，那么在实际的使用中，就会为用户带来额外的电量，不利于节能减排。

三表集采器采用 S3C6410，CC2530 等低功耗芯片模块，在设计时遵照产品设计原则，采用的元器件都具有体积小、低热量、低功耗等特点。如图 7-30 所示，三表集抄器正常工作，通过数字电压源提供给系统稳定电源的同时，可以测出其工作电流，从而测得其功耗值。

在稳定电压 5VDC 的情况下，分别做了设备运行 30 分钟和 60 分钟的工作电流统计，记录下其运行过程中产生的最大工作电流和最小工作电流，然后取其平均工作电流，利用公式 P=U×I 可以算的三表集抄器的平均功耗为 1.55W，符合分项能耗数据传输技术导则中采集器的功耗小于 10W 的要求。

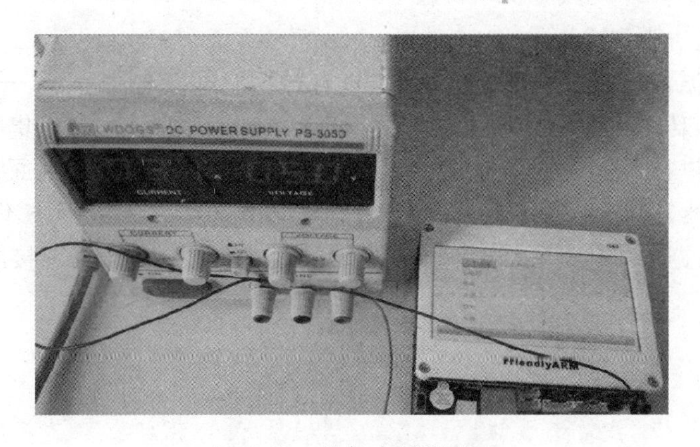

图 7-30 设备功耗测试图

6) 数据采集处理功能测试

分项能耗数据传输技术导则对三表集采器的功能要求：支持同时对不同用能种类的计量装置进行数据采集，包括电能表、水表、燃气表，支持 DL/T645-1997《多功能电表通信规约》、CJ/T188-2004《户用计量仪表数据传输技术条件》采集通信协议。三表集采器在软件设计中按照以上采集标准进行数据指令发送采集指令，采集指令格式如表 7-13、表 7-14 所示。

表 7-13 电表采集指令

帧起始符	地址		控制码	数据长度	数据标识(+33)	校验	结束符
68	A1A2A3A4A5A6	68	11	04	33 33 34 33	CS	16

表 7-14 水、气采集指令

帧起始符	类型(水/气)	地址	控制码	校验	结束符
68	10/30	A1A2A3A4A5A6	01 03 90 1f 00	CS	16

首先通过添加设备配置各种表的地址信息和用户信息，根据选择的类型表的地址被添加到相应的采集指令，将其发送出去，返回数据帧通过解析得到能耗数据，解析格式如表 7-15、表 7-16 所示。将对应的数据提取出来，显示在三表采集器主界面上。

表 7-15 电表数据解析

帧起始符	地址		控制码	数据长度	数据标识(+33)	数据(-33)	校验	结束符
68	A1A2A3A4A5A6	68	91	08	33333433	D1D2D3D4	CS	16

表 7-16 水、气数据解析

帧起始符	类型(水/气)	地址	控制码	数据	校验	结束符
68	10/30	A1A2A3A4A5A6	81 09 90 1F	D1D2D3D4D5D6	CS	16

7) 数据上传功能测试

分项能耗数据传输技术则要求采集器的能耗数据能进行定时远传，一般规定分项能耗数据每 15 分钟上传 1 次，不分项的能耗数据每 1 小时上传 1 次。三表集采器采用 IP 协议和能耗管控中心进行通信，数据远传时数据中心建立 TCP 监听，数据采集器不启动 TCP 监听，数据采集器发起对数据中心的连接，TCP 建立后保持常连接状态不主动断开，数据采集器定时向数据中心发送心跳数据包并监测连接的状态，一旦连接断开则需要重新建立连接。

第8章 智能医疗

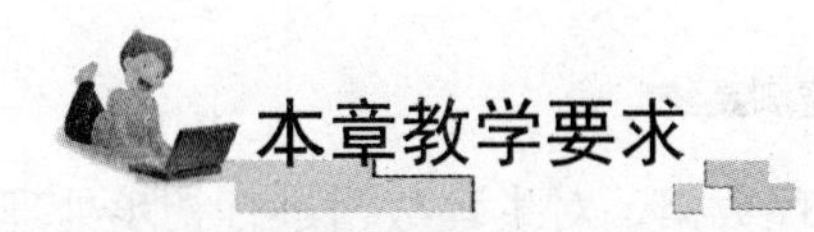

- 掌握家居智能医疗的总体体系结构
- 了解智能医疗的典型设备
- 掌握智能医疗的设备选型和性能
- 了解智能医疗的搭建和测试

本章导读

智能家居的智能医疗已慢慢进入千万家，而且逐步走向智能化、信息化。整个体系将会融入更多的人工智能，传感器技术等高科技。在家居里可以实时监测家人的健康参数，如心率、脉搏，血压等参数。对于家里的老人是否摔倒都可以实时监测。可以随时将数据传送到手机和平板计算机等。实时监测健康参数，为用户提供独立、健康、安全、方便、持续的人性化健康保健服务，缓解医院压力，促进低成本医疗发展..

8.1 智能医疗体系概述

智能医疗是通过打造健康档案区域医疗信息平台，利用最先进的物联网技术，实现患者与医务人员．医疗机构．医疗设备之间的互动，逐步达到信息化。在不久的将来医疗行业将融入更多人工智能、传感技术等高科技，使医疗服务走向真正意义的智能化，推动医疗事业的繁荣发展。在中国新医改的大背景下，智能医疗正在走进寻常百姓的生活。

智能家居的医疗监测系统，如图 8-1 所示。利用 ZigBee 短距离无线通信技术，实现人体生理参数(心电、血压、血氧饱和度)的连续、实时、动态检测，在检测人体生理参数的同时不影响用户的正常生活，并且提高检测准确性。

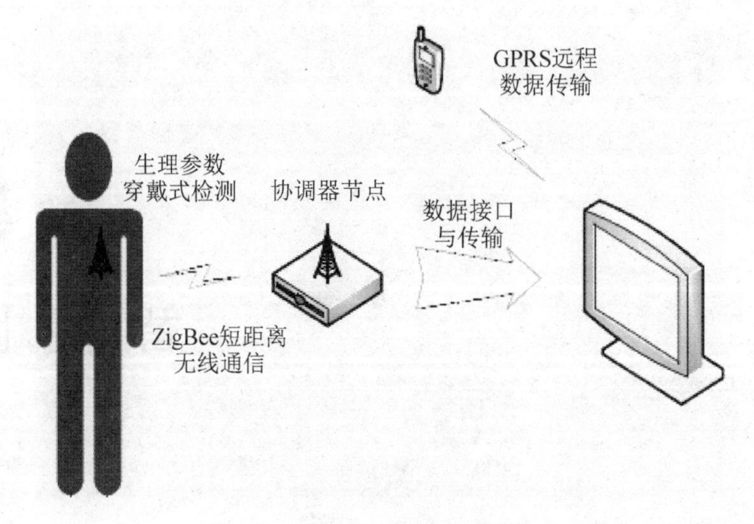

图 8-1 智能家居的医疗监测系统

佩戴在用户身体上的传感器节点(RFD)检测到生理数据，对生理数据进行初步处理，然后利用短距离无线通信技术传输到网络协调器(COORD)，网络协调器将接收到的生理数据通过接口传输到家用 PC 的智能化综合健康管理软件汇总、存储、分析。智能化综合健康管理软件将分析结果通过 GPRS 数字移动通信技术实时地传给用户家人手机或远端医疗中心，为用户提供独立、健康、安全、方便、持续的人性化健康保健服务，缓解医院压力，促进低成本医疗发展.

8.2 智能医疗的典型设备

8.2.1 跌倒监测仪

目前，国内外针对检测判断老人跌倒的技术主要有：基于视频监控的跌倒检测系统，基于声学和振动的跌倒检测系统，基于穿戴式传感器的跌倒检测系统。

早期的基于视频监控的跌倒检测系统，其工作原理是通过在家里不同的区域安装一个或几个视频摄像头，不间断地捕捉人体运动的画面，然后经过特别设计的图像处理算法，不断地分析捕捉到的人体运动画面，从图像分析的结果中确定是否存在具有跌倒特征的一些图像特征，从而判断人体是否发生跌倒。虽然基于视频监控的方式在一定程度上取得了较好的成果，但是基于视频的处理算法复杂，设备安装不方便，价格昂贵，甚至还有泄露家人隐私的威胁。

基于声学与振动的跌倒检测系统主要通过分析跌倒时的音频频率和振动频率来检测判断被监护人是否发生了跌倒。虽然有个别的研究取得了一定的成果，但是，这种监测方法因为较多不可预料的客观因素的影响无法得到较好的检测精度和检测效果。例如，地板材质的选择就是一个非常棘手和难以克服的问题，因为不同材质的地板在跌倒时产生的声响频率和振动频率都是不一样的，同时因为它们材质的不同，声响频率和振动频率都是无

法统一的，因而这种检测方式一般只能作为其他检测方法的辅助检测方法。

基于穿戴式传感器的跌倒检测系统是指嵌入了微型传感器的可穿戴的跌倒检测设备，例如，嵌入了加速度传感器、角度传感器等的帽子、衣服、鞋、腰带、首饰等，这种检测系统可以实时监测人体活动时的加速度或者角速度等运动参数的变化以及人体姿态的变化。当检测到人体的运动参数有改变时，通过一定的检测算法可以判断人体是否发生了跌倒。近年来，随着传感技术、微电子和微机械系统的飞速发展与成熟，随着低成本、低功耗的微集成电路技术的成熟，基于穿戴式传感器的跌倒检测系统得到了飞速的发展。基于 MEMS 三维加速度传感的穿戴式跌倒检测报警系统成为目前国内外研究跌倒监测的热点和主要趋势。目前，基于穿戴式传感器的跌倒检测系统常用的检测方法主要有模式识别的方法和基于加速度阈值判断的方法，但是模式识别的方法算法复杂，设备要求高，因此本系统最终选择了阈值判断的方法。同时为了降低“漏报”和“误报”的几率，本系统设计的跌倒检测设备还采用了通过身体姿态变化和输入按钮等相结合的方式来进行辅助判断。

我们设计的跌倒检测报警远程监护系统主要由三大部分组成：本地跌倒监护报警终端(跌倒检测仪)、远程监护终端和两者间的通信网络。

本地跌倒监护报警终端：主要负责对人体加速度和姿态变化进行实时的监测，当检测到佩戴者发生跌倒后，自动进行本地声光预警，在自动声光预警结束后自动地发送远程报警信息。并且跌倒检测仪还具有危急情况主动求救功能。

通信网络：这里选用了 GPRS 和 IEEE802.15.4e 两种通信网络组成。GPRS 网络主要负责将报警信息以短信或电话的方式通知家人和医院；IEEE802.15.4e 网络负责将跌倒报警信息发送至智能家居远程服务器上，并通过远程服务器将报警信息发送至智能家居远程监控网页上和远程监护终端如手机或者 PDA 上。

远程监护终端：由手机和远程监控主机、PDA 等组成。手机用于及时接收短信或者来自智能家居服务器的报警信息；远程监控主机和 PDA 用于接收来自智能家居服务器转发的跌倒报警信息，并实时地在监控主页上进行报警提示和报警信息的存储，以便在老人跌倒后进行及时救助。远程跌倒监护系统的拓扑图如图 8-2 所示。

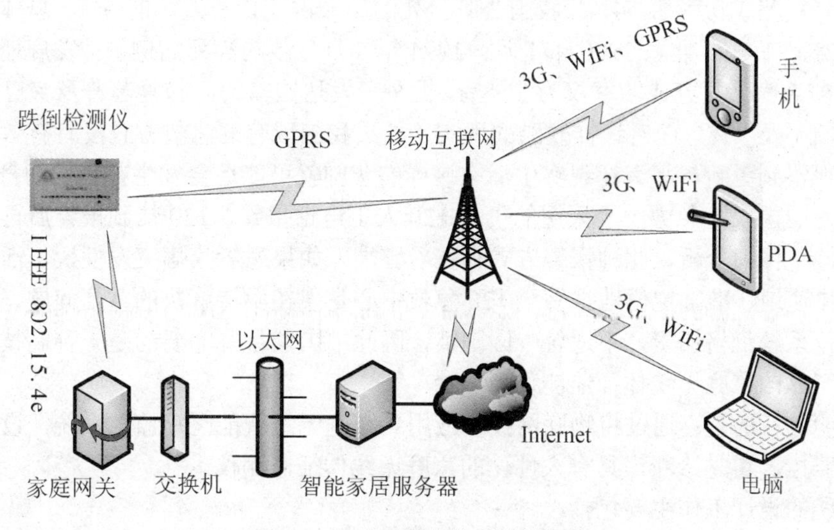

图 8-2 远程跌倒监护系统体拓扑

8.2.2 体征监测仪

心电、体温和脉搏等生理参数是人体最重要、最基本的生命指征。对这些参数的监测有助于医务工作者在野外、家庭急救及监护中对有生命危险的伤病员进行及时有效的救治，因此在生活中具有广泛的需求。现有的监测仪器多数体积较大，智能化程度不高，难以应用在野外及家庭等急救场合。本设计应用最新的物联网技术，设计出一种智能化、便携式、低功耗的三参数监测仪。该检测仪可以实时的、连续的、长时间地监测病人的心电、体温和脉搏等生理参数，并可通过室内终端或远程监测终端远程查看病人的生理参数，方便监护人实时了解病人的身体健康情况，非常适合于家庭中老年人的健康监测。

物联网的英文名称为“the internet of things”，简称 IOT。物联网通过传感器、射频识别技术、全球定位系统等技术，实时采集任何需要监控、连接、互动的物体或过程，采集其声、光、热、电、力学、化学、生物、位置等各种需要的信息，通过各类的网络接入，实现物与物、物与人的泛在链接，实现对物品和过程的智能化感知、识别和管理。开发家庭智能医疗监测系统，符合当今社会关注健康的主题，同时为家人的健康购买了一份价格低廉但非常实用的保险，特别是家庭老人的健康，可以让我们时刻知道家人特别是家庭老人和家庭病人的身体情况，符合当今社会的需求。

我国是一个心脑血管疾病高发的国家，每年心源性猝死的总人数高达 54 万人，目前医疗界认为在温度正常的环境中，一位猝死的患者只有在 4 分钟内得到及时的复苏，才有望生还，一位突发心脑血管疾病的患者在疾病初期能够得到及时救治，会大大提高治愈率，而我国在家庭急救方面和发达国家相比还有很大差距。

国外发达国家因为有家庭直接与急救联系的网络，有效地提高了院外高危人员的生存率，从现有资料看，全世界每年死于心血管病的病人超过 1500 万，其中冠心病是死亡的主要原因。美国每年发生心脏性猝死的病人约 35 万人，大约 70%心脏骤停发生在院外，在 70 至 80 年代美国复苏成功率为 1.2%～1.8%，近年复苏成功率逐渐上升，个别地区院外心脏骤停复苏成功率达 54%。我国心脏猝死的病人占死亡总人数的 5%，总体复苏成功率只在 1.2%～1.4%。北京 1990 年 1 月～1994 年 5 月急救的猝死病例中，发病地点以家庭为主，为 87.80%，复苏成功率仅为 2.58%。此外，发达国家的心肺复苏普及率已达 25%以上，而我国不及 1%。面对这样残酷的现实，如果我国现有的急救方式没有有效地改进，急救理念得不到更新，那么在现实生活中这样的悲剧就可能还会发生在我们的身边。

目前，国内 120 急救中心采用的仍是 120 人工电话报警，120 接到报警后再采用相应的急救措施。仔细分析，此种报警方式存在着弊端。如果患者疾病突发性快，活动能力受阻，如何快速地、准确定位地报警至 120 急救中心是现在亟待解决的重要问题，由于卫星地面站定位系统价格昂贵，不适合中国国情，因此中国老百姓需要的是一种高技术、低价位、性能可靠的家庭无线体征监测仪。

本发明的目的是：通过将物联网技术应用到家庭无线智能医疗监控系统，设计出能够进行实时监控、实时诊断，具有人性化的家庭无线体征监测仪。

本系统的设计工作主要包括：

(1) 设计基于物联网的家庭监控系统架构，把系统划分为 3 个部分：体域网、本地网关和远程监控中心。

(2) 根据无线传感器的接口，设计本地网关协议转换和数据转发，从体域网传来的生理数据通过本地网关的转发后发送到控制中心。

(3) 设计信息管理平台，通过将身体的脉搏、心率、体温等生理参数进行存储和管理。该系统包括：无线脉搏传感器、无线心电传感器、无线体温传感器、家庭多协议无线网关、家庭服务器、家庭控制显示终端、远程 PC、3G 手机。系统拓扑图如图 8-3 所示。

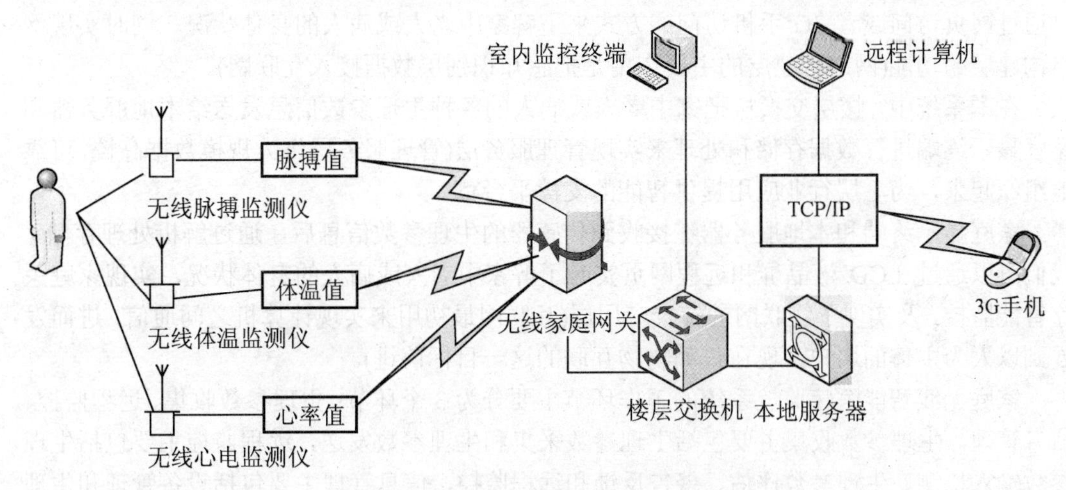

图 8-3 家庭无线体征监测系统拓扑图

无线脉搏监测仪：通过检测人的脉搏，实时的将数据进行采集和处理。

无线心电监测仪：通过检测人的心电，得到人的心电图，从心电图中了解人的心率、血压等生理特征值。

无线体温监测仪：通过检测人的体温，实时的将数据进行采集和处理。

家庭多协议无线网关：支持接收多种无线协议的数据格式，通过对各种无线协议数据解析后，把人的生理数据封装成以太网数据格式发送给楼层交换机。

楼层交换机：实现以太网数据的交换，与无线网关通过 RJ45 网线连接，同时通过 RJ45 网线连接室内监控终端和本地服务器，把以太网数据格式的人的生理参数信息发送给家庭服务器和室内监控终端进行数据解析、处理、存储。

家庭服务器：通过高性能存储计算机，把人的生理信息数据高效、可靠地组织起来，为远程计算机访问提供智能的支撑平台。

家庭控制显示终端：从楼层交换机接收所述的人的各种生理参数信息，并对所述的各种生理信息进行显示，如脉搏、心率、体温。

远程 PC：通过互联网或者 WiFi 访问家庭网页，监控家中的老人或病人的各种基本的生理参数信息，及时了解家中老人或病人的身体状况。

3G 手机：运行自主开发的 android 客户端程序，通过 3G、LTE 或者 WiFi 监控家中的老人或病人的生理信息。

本设计实例的有益效果在于采用物联网的四层网络结构(感知识别层、网络构建层、管理服务层和综合应用层，自主开发多无线模块可跟换的家庭无线智能医疗监控系统，通过对家中老人或病人的各种基本生理参数信息的检测，实时了解家中老人或病人的身体状况，从而实现物联网的感知识别层功能。

家庭无线智能医疗监控系统可通过多种无线协议(6LOWPAN、zigBee、蓝牙、WIA-PA、WiFi)将传感器监测到的家中老人或病人的各种基本生理参数信息发送给无线网关，无线网关用 RJ45 接口通过以太网把数据发送给楼层交换机，楼层交换机再把数据转发给本地服务器和家庭显示终端，同时通过本地服务器把各种生理参数信息传送到互联网，这样就可以通过网页访问或者 3G 手机访问的方式来了解家中老人或病人的身体状况，同时实现网络构建层的功能(网络构建层的主要作用是把感知识别层数据接入互联网)。

在本系统中，楼层交换机把家中老人或病人的各种生理参数信息发送给本地服务器和家庭显示终端进行数据存储和处理来实现管理服务层(管理服务层将大规模数据高校，可靠地组织起来，为上层行业应用提供智能的支撑平台)。

家庭显示终端和本地服务器在接收到传感器的生理参数信息后，通过解析处理存储，我们可以通过 LCD 液晶屏和远程网页实时了解家中老人或病人的身体状况，实现家庭医疗智能监控，及实现了物联网的综合应用层(互联网最初用来实现计算机之间通信，进而发展到以人为主体的用户，现在正朝物物互联的这一目标前进)。

家庭无线智能医疗监控系统的工作环节主要分为 3 个环节：生理参数收集、远程监控、信息管理。生理参数收集主要包括生理参数采集和生理参数发送，远程监控主要包括生理参数输入检测、生理参数评估、警告反馈和远程监控，信息管理主要包括设备管理和生理参数管理。结构框图如图 8-4 所示。

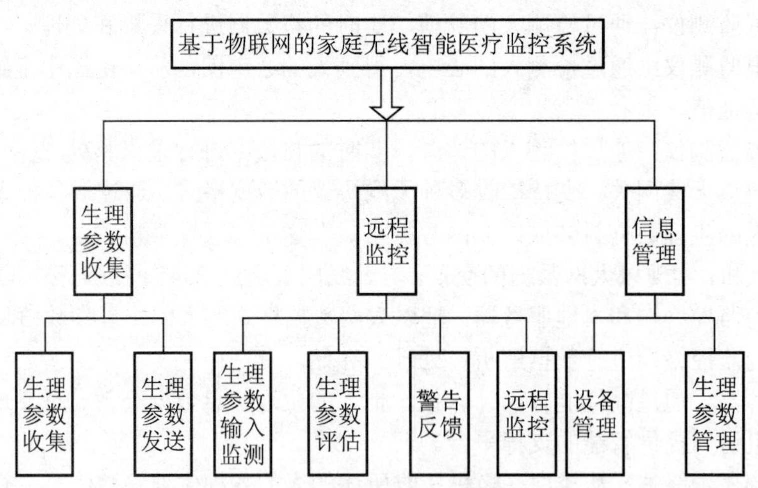

图 8-4　家庭无线体征监测系统结构框图

生理参数采集：信息采集是自动采取，间隔采样；采集的信息主要是人的生理信息，如脉搏、心率、体温；信息采集的频率应该是可控的，可以在一定的范围内调整。

生理参数发送：采集到的生理参数信息及时的发送给家庭网关，进而传送给服务器。

生理参数输入检测：对生理参数的内容进行初步检测，如果生理参数值达到人体可能范围之外，说明这个参数值是错误的，不应该对数据进行入库。

生理参数评估：系统提供相应的生理参数指标，结合生理参数指标对输入的生理参数信息进行评估，看是否符合正常的要求。

警告反馈：如果测得的生理参数信息出现异常，系统会及时地发出警告，将警告告知远程监控终端或室内可视监控终端，同时发出报警声。

远程监控：通过远程的服务网页或 3G 手机实时地监控人体生理参数的变化，实时了解人的各种生理参数信息。

信息管理：对所需各种监控设备的管理和对所测得的各种参数信息进行管理。

在本物联网家庭医疗监控系统中，正是利用物联网感知识别普适化、异构设备互联化、管理调控智能化等特点，来实现了家中老人或病人各种生理信息的采集，通过互联网、电信网来实现对家中老人或病人的实时监控，了解他们的身体状况。

8.3 智能医疗的应用测试

8.3.1 设备选型和性能

1. 跌倒监测仪选型和性能

跌倒检测仪硬件部分主要包括核心处理模块、加速度信息采集模块、声光报警模块、按键输入模块、无线传感器网络通信模块、GPRS 通信模块、系统电源模块。系统硬件结构见图 8-5 所示。

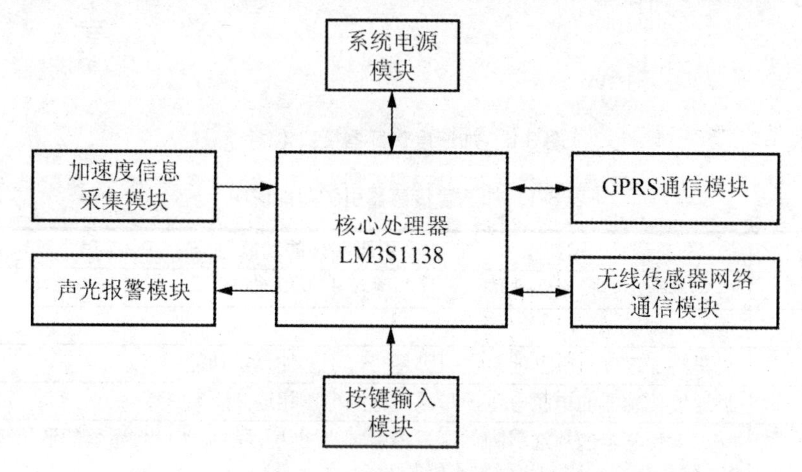

图 8-5 跌倒监测仪系统硬件结构图

加速度信息采集模块负责实时采集人体加速度信息；声光报警模块主要进行本地声光报警；按键输入模块负责在本地声光报警时进行取消报警或者系统出现漏报时进行主动报警；无线传感器网络通信模块和 GPRS 通信模块主要负责本地声光报警后远程报警信息的发送；核心处理器负责实现信息的处理，以及相应功能的实现；电源模块为其他模块供电。

核心处理器采用的是 TI 公司的 LM3S1138 处理器。该处理器是一款 32 位采用 ARM Cortex™-M3 内核(ARM v7M 架构)、兼容 Thumb-2 指令集、具有 3 个完全可编程且支持 IrDA 的 UART、工作频率达 50MHz 的高性能低价格处理器，广泛应用于各种降低成本并对性能有一定要求的解决方案中。

加速度信息采集模块采用的是美国 ADI 公司的 ADXL345 三轴加速度传感器，该传感器感知加速度的范围大、感应精度高，满足测量人体各种运动中加速度变化的范围与精度要求。加速度传感器 ADXL345 的控制和使用主要通过操作传感器内部的寄存器。读取 3 个轴上的加速度分量可以通过 IIC 接口和 SPI 接口。因为人体运动时加速度变化的带宽约为 20Hz，所以这里选择的采样带宽为 50Hz，对应的加速度采样数据的输出频率为 100Hz。因此这里采用 IIC 接口的方式与核心处理器通信。加速度信息采集模块的接口电路见图 8-6 所示。系统中用到的相应引脚实现的功能见表 8-1。

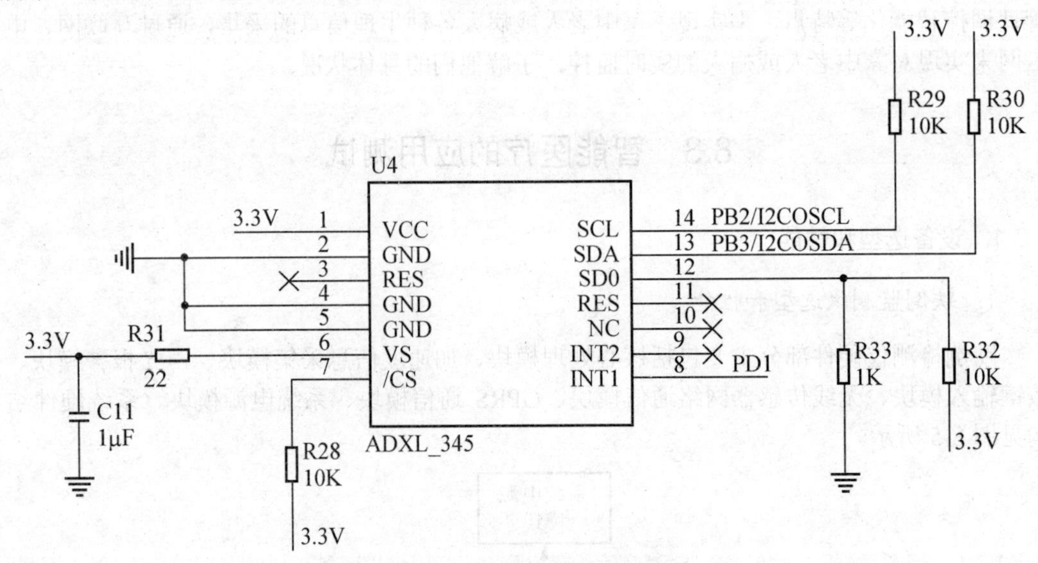

图 8-6 加速度传感器接口电路

表 8-1 加速度传感器引脚功能说明

引脚编号	引脚实现的功能
1	传感器数字接口电源电压，直接与系统电源相连接
2、4、5	接地引脚
3、11	这里将加速度传感器的复位引脚悬空，不添加复位功能
6	加速度传感器的电源电压，与系统电源电压相连
7	加速度传感器的片选引脚，这里将引脚 7 上拉，将加速度传感器的通信模式设置为 IIC 通信模式。注意该引脚不能悬空
8、9	加速度传感器的两个中断引脚，通过对加速度传感器的中断寄存器的配置可以选择将加速度传感器的中断映射到其中的一个中断引脚上，这里采用 8 号引脚作为中断引脚。
10	与传感器内部无连接，这里做悬空处理
12	IIC 地址的选择，通过焊接电阻 32 或者 33 选择地址，这里选择焊接电阻 R33，将 IIC 地址选为 ox53。
13、14	是 IIC 通信方式的数据输出引脚和数据输出时钟引脚，他们分别与核心处理器的 IIC 接口的数据输入输出引脚 71 和时钟控制引脚 70 相连接

GPRS 通信模块采用的是华为的 EM310 通信模块。在本系统中用于实现与远程监护端短信通信。EM310 模块共有 50 个引脚，引脚的接口包括了 EM310 与外界相连接的所有接口，包括电源部分、数据通信部分、语音通信部分以及状态指示部分。本系统不涉及语音通信，实现的主要功能是数据通信主要包括了 GPRS 模块的 SIM 卡与远程用户的手机通信，以及 GPRS 模块与系统核心处理器之间的串口通信。模块的接口电路如图 8-7 所示。系统中所用到的引脚的功能说明见表 8-2。

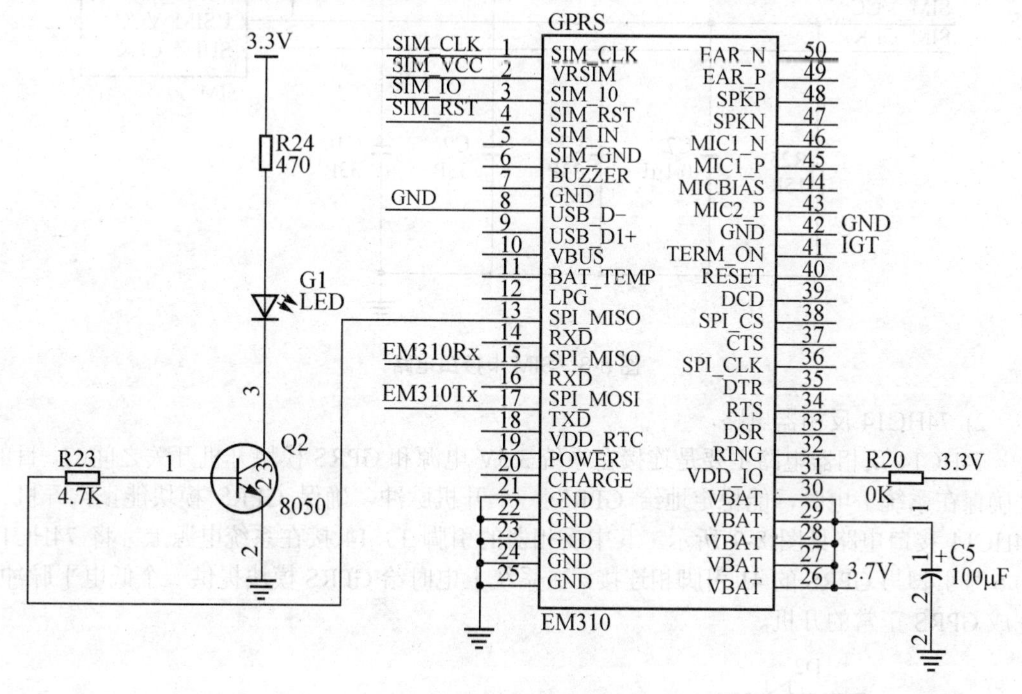

图 8-7 EM310 接口电路

表 8-2 系统中用到的引脚及其功能

引脚编号	功能
1、2、3、4	模块与 SIM 卡的通信接口，引脚 1 接 SIM 卡的时钟引脚、引脚 2 接 SIM 卡电源引脚、引脚 3 接 SIM 卡 DATA 引脚、引脚 4 接 SIM 卡复位引脚
8、42	GPRS 模块的地，接到系统底板上，保持与系统共地
13	连接 LED 灯，实时指示 GPRS 模块的工作状态，开机上电时每隔 1s 闪烁一次，开机入网后每隔 3s 闪烁一次
15、17	模块的串口引脚，15、17 分别接处理器 LM3S1138 的 UART1 的 RXD 和 TDX，注意这里是两个串口的 RXD 与 TXD 直接对接，不需要交叉连接
21、22、23、24、25	GND，与地线相连接
26、27、28、29、30	GPRS 电源正极输入端
31	IO 口电源管脚，提供串口和 IIC 口的输出电压信号
41	GPRS 的开关引脚，实现 GPRS 开机和关机控制功能

1) SIM 卡接口电路

SIM 卡的接口电路见图 8-8 所示。其中起对应的时钟引脚 3、电源引脚 1、DATA 引脚 6、复位引脚 2 分别与 GPRS 的引脚 1、2、3、4 相连接。确保 GPRS 模块与 SIM 卡能正常的通信。

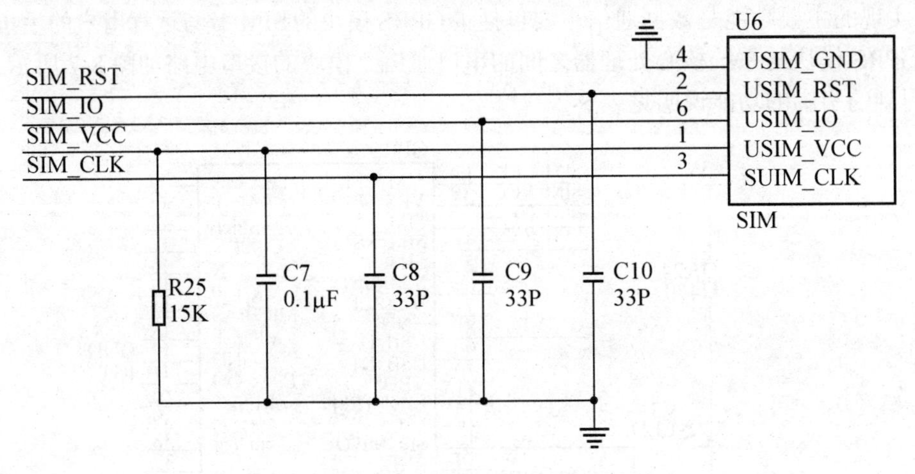

图 8-8　SIM 卡接口电路

2) 74HC14 反相器电路

74HC14 反相器电路主要是连接在系统 3.3V 电源和 GPRS 模块开机开关之间的，目的是确保在系统上电时，能稳定地给 GPRS 一个开机脉冲，确保 GPRS 模块能正常开机。74HC14 接口电路见图 8-9 所示。其中反相器的引脚 1、14 接在系统电源上。将 74HC14 的 6 号引脚与 GPRS 的 41 引脚相连接，在系统上电时给 GPRS 模块提供一个低电平脉冲，完成 GPRS 正常的开机。

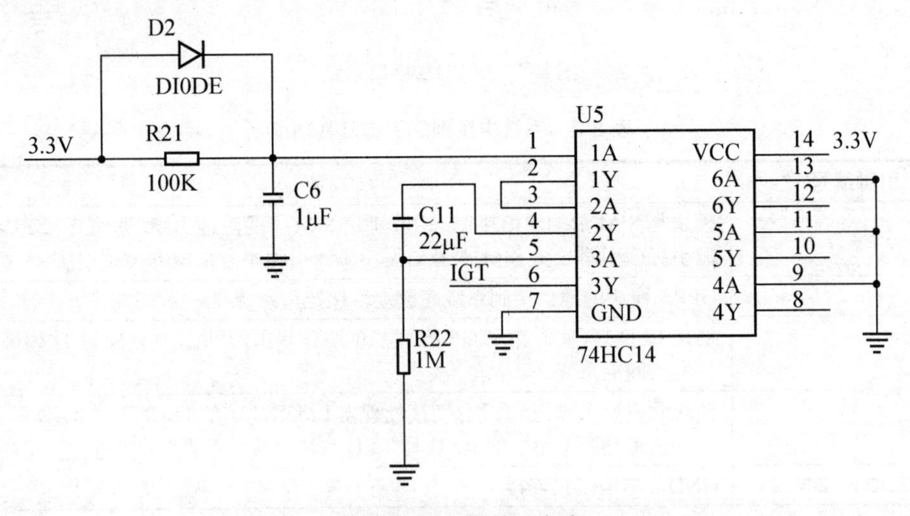

图 8-9　反相器接口电路

无线传感器网络通信模块采用的是基于 TI 公司的 CC2430 芯片设计的通信模块。该芯片是一款符合真正 IEEE802.15.4 规范、具有 8kB 的 RAM 和 32/64/128kB 可编程 Flash 存储单元的无线芯片，非常适合作为无线通信芯片应用于传感器网络中。CC2430 芯片共有

48 个引脚，按照功能 CC2430 的引脚可分为三类：控制线引脚、电源线引脚和 I/O 口引脚。控制线引脚包括芯片的复位引脚和射频信号引脚和晶振引脚。电源线引脚主要为芯片中的数字电路、I/O 口、模拟电路等提供 2V～3.6V 的工作电压，同时片上稳压器为芯片内部其他功能电路提供 1.8V 电压。还有 21 个 I/O 口引脚，全部具有响应外部中断的能力，另外还可以通过软件编程将这些 I/O 口配置成 ADC、USART、通用 I/O、定时器等外围接口使用。CC2430 引脚应用电路如图 8-10 所示。

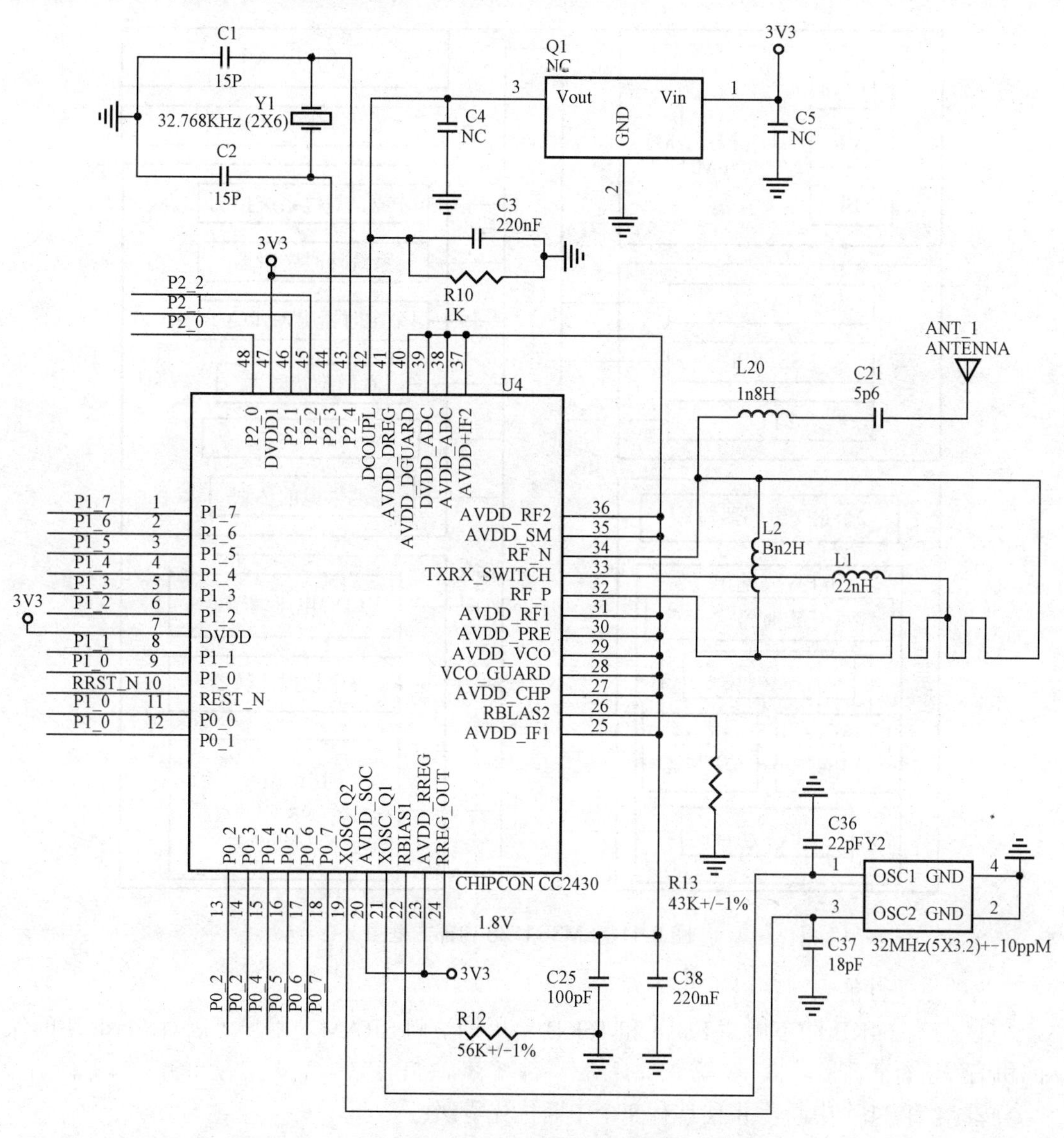

图 8-10 CC2430 引脚应用图

CC2430 芯片供电电压为 3.3V，处理器与 IEEE802.15.4e 模块的通信采用串口传输，将 CC2430 的串口 0 与核心处理器 LM3S1138 的串口 2 相连接。由于 CC2430 的串口和 LM3S1138 的串口都是输出的 TTL 电平，因而他们可以直接连接，不用添加电平转化芯片，即 CC2430 的 P02、P03 分别为 CC2430 的 USART0 串口 0 的 RX 和 TX，分别连接至 LM3S1138 的串口 2 的 TX 和 RX 上，即 CC2430 的引脚 P02 连接 LM3S1138 的 18 引脚 PG1 上，CC2430 的引脚 P03 连接 LM3S1138 的 19 引脚 PG0 上。在 LM3S1138 的内部，它集成了 ARM CortexM-3 的内核、内部存储器(64KB Flash 和 16KB SRAM)、通用定时器、看门狗定时器、同步串行接口(SSI)、UART 接口、ADC 采集器、模拟比较器、IIC 模块和 GPIO 口。其内部方框图如图 8-11 所示。

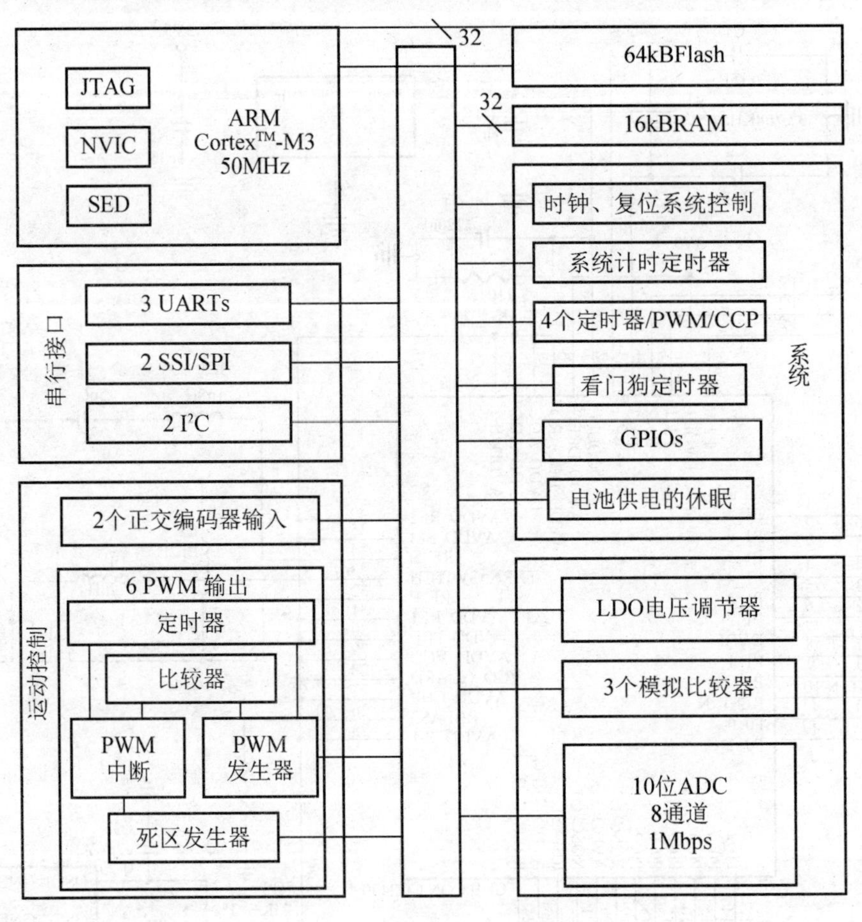

图 8-11　LM3S1138 内部方框图

它的主要性能表现在以下几个方面。

① 带有 64KB 的单周期 Flash 和 16KB 单周期访问 SRAM。用户可以对 Flash 块的保护和编程进行管理；

② 含有 34 个中断，并且具有 8 个中断优先等级；

③ 带有 4 个通用定时器模块，每个模块可以提供 2 个 16 位或者 1 个 32 位的定时器/计数器；

④ 带有 2 路同步串行接口；

⑤ 含有 3 个安全可编程串口，可以外接多个设备；

⑥ 具有 2 路 IIC 接口。在标准模式下，主机和从机的接收和发送操作的速度可以达到 100Kbps，在快速模式下可达到 400Kbps；

⑦ 具有 46 个 GPIO 口。可以设置多种 GPIO 中断和端口的驱动电流；

⑧ 电源采用睡眠模式和深度睡眠模式，降低其功耗；

⑨ 完整的 JTAG 接口，方便用户调试、编译和下载代码。

图 8-12 为 LM3S1138 芯片的外围接口图。核心处理器的外围电路设计时应注意以下几点。

芯片的每组 VDD 和 GND、VDDA 和 GNDA、VDD25 和 GND 之间要接一个 10～100nF 的电容，可以改善其 EMC 性能，使其能够在周围的电磁环境中可以正常运行并且不对环境中的其他任何设备产生无法忍受的电磁干扰；

芯片的串口和 IIC 接口必须添加 10K 的上拉电阻，保障数据传输的可靠性；

芯片的 JTAG 接口的 5 根信号线都要接上拉电阻，并且在一般情况下，不要将 5 根信号线用作其他用途，否则 JTAG 会连接失效，将会导致核心处理器被锁死；

系统的复位电路可以采用简单的 RC+按键的方式，降低设计的成本。

将核心板进行模块化设计，可以重复使用。将处理器的所有 GPIO 口都以排针的形式引出。

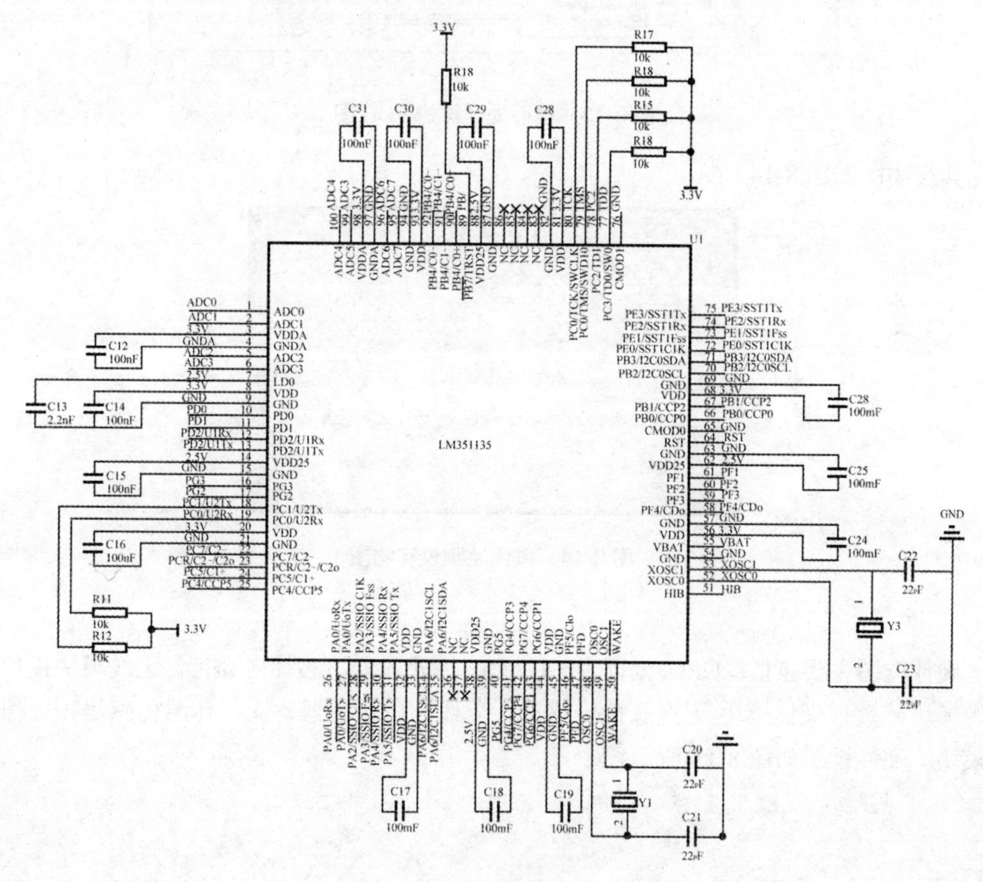

图 8-12　核心处理器外围接口图

最后根据 LM3S1138 的外围电路原理图，在 Protel99SE 软件中绘制了 LM3S1138 的 PCB 图如图 8-13 所示。

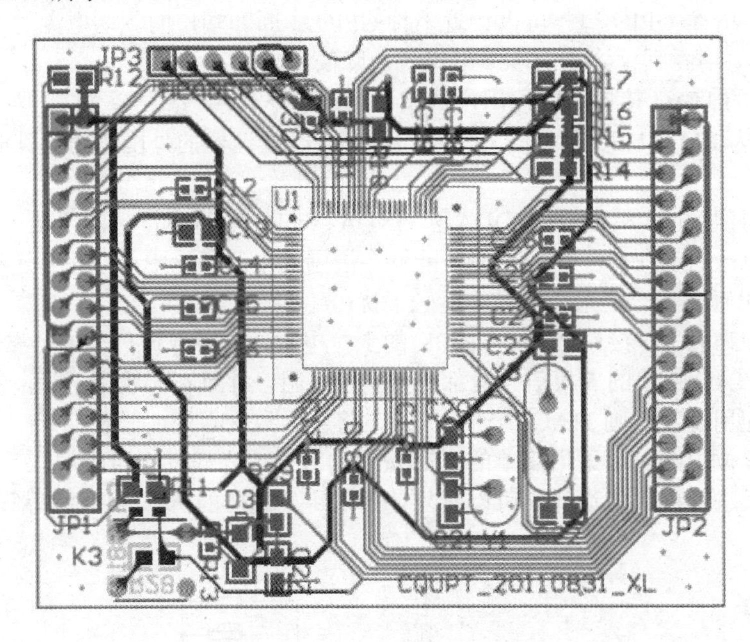

图 8-13　核心处理器的 PCB 图

其实物图如图 8-14 所示。

图 8-14　跌倒监测仪实物图

2. 体征监测仪选型和性能

硬件框图主要包括：CPU 处理器(CC2430 核处理器，芯片内部包含无线模块接口)，电源模块，数据采集模块(无线脉搏传感器、无线心电传感器、无线体温传感器)，数据存储模块。硬件框图如图 8-15 所示。

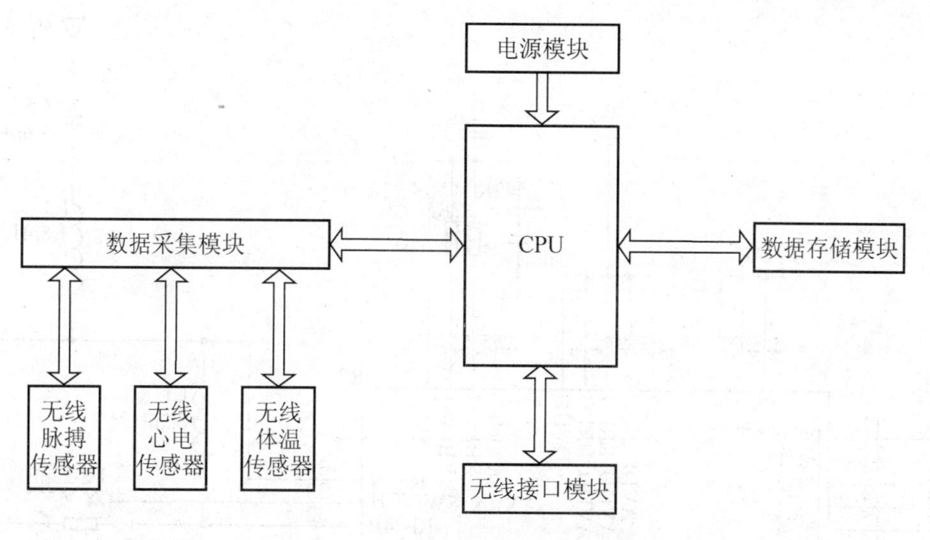

图 8-15 无线体征监测仪硬件框图

CC2430 核处理器是一颗真正的系统芯片(SoC)CMOS 解决方案。这种解决方案能够提高性能并满足以 ZigBee 为基础的 2.4GHz ISM 波段应用以及对低成本、低功耗的要求。它结合一个高性能 2.4GHz DSSS(直接序列扩频)射频收发器核心和一颗工业级小巧高效的 8051 控制器。CC2430 的设计结合了 8Kbyte 的 RAM 及强大的外围模块，并且有 3 种不同的版本，他们是根据不同的闪存空间 32、64 和 128kByte 来优化复杂度与成本的组合。

CC2430 芯片沿用了以往 CC2420 芯片的架构，在单个芯片上整合了 ZigBee 射频(RF)前端、内存和微控制器。它使用 1 个 8 位 MCU(8051)，具有 32/64/128 KB 可编程闪存和 8 KB 的 RAM，还包含模拟数字转换器(ADC)、几个定时器(Timer)、AES128 协同处理器、看门狗定时器(Watchdog Timer)、32 kHz 晶振的休眠模式定时器、上电复位电路 (Power On Reset)、掉电检测电路(Brown Out Detection)以及 21 个可编程 I/O 引脚。CC2430 外围电路原理图如图 8-16 所示。Y2 为 32MHz 晶振，用 1 个 32 MHz 的石英谐振器和 2 个电容(C3 和 C4)构成一个 32 MHz 的晶振电路；Y1 为 32.768kHz 晶振，用 1 个 32.768 kHz 的石英谐振器和 2 个电容(C1 和 C2)构成一个 32.768 kHz 的晶振电路。C5 为 5.6pF，电路中的非平衡变压器由电容 C5 和电感 L1、L2、L3 以及一个 PCB 微波传输线组成，整个结构满足 RF 输入/输出匹配电阻(50 Ω)的要求。另外，在电压脚和地脚都添加了滤波电容来提供芯片工作的稳定性。

电源模块主要由 5V 的充电电路接口和电池 3.6V 供电电路组成，电池有些情况下由电池正常供电，电池提供的 3.6V 电压经稳压芯片的转换后得到 3.3V 的稳压电压，给硬件电路供电，当电池电能不足时由外接充电电路对电池进行充电。供电电路如图 8-17 所示。

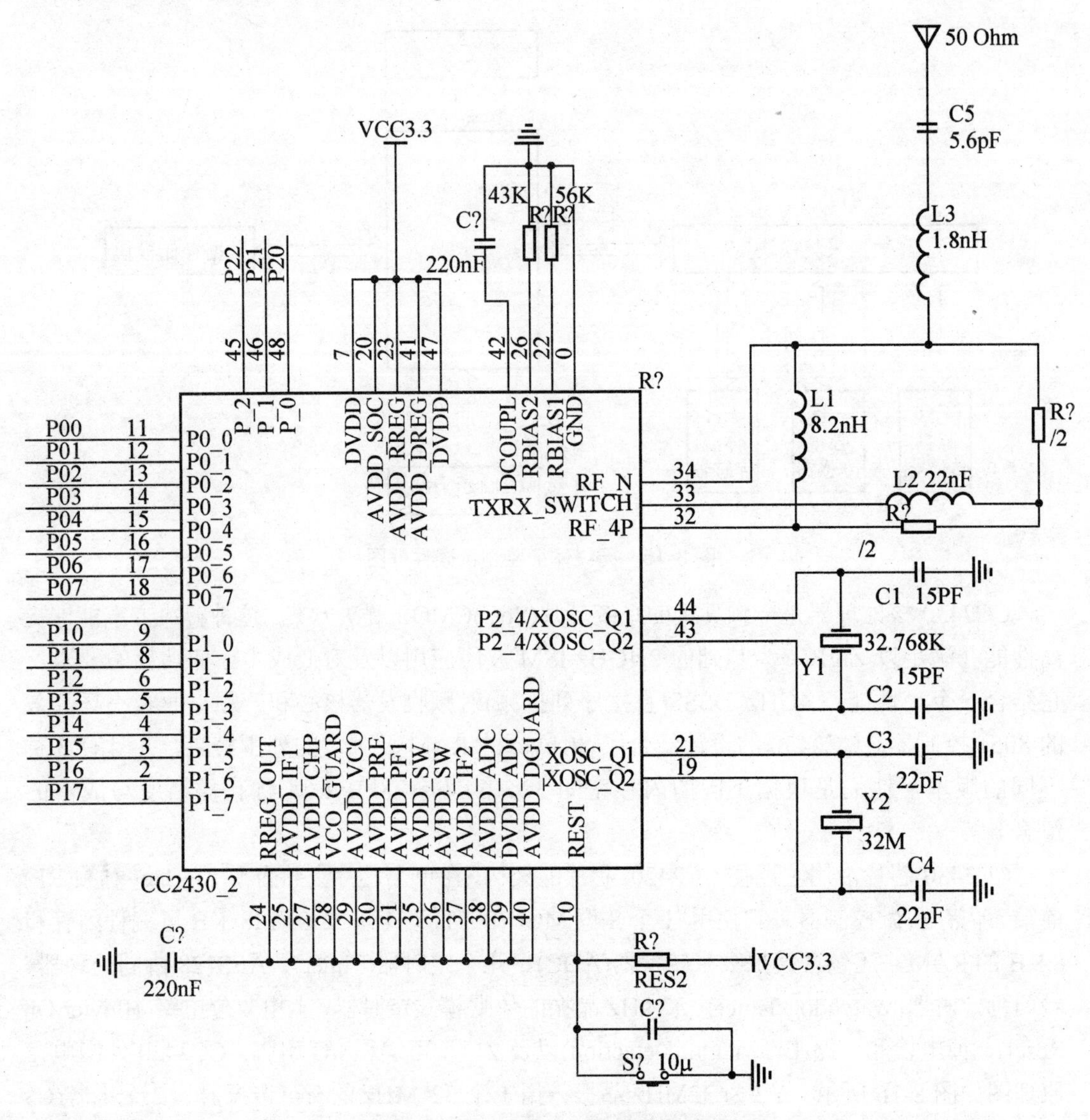

图 8-16　CC2430 外围电路原理图

数据采集和存储模块主要是通过外接的无线脉搏、无线心电、无线体温传感器实时的对数据进行采集，然后将采集到的数据存储到 CPU 中，实现对数据的采集和存储。

此产品心电监测采用综合 II 导联，佩戴时将负极电极片安放在右锁骨中点下缘，正极电极片安放在左腋前线第四肋间，接地电极安放在剑突下偏右，三片电极片分别通过三根心电导联线将实时采集的心电数据送给心电信号处理模块，该心电信号处理模块包括依次连接着导联线的放大器、滤波器、模数转换器，以及与放大器电性相连接的时间常数模块，采集到的人体电信号经过信号处理模块中的放大、滤波、模数转换后，由该处理模块的智能化软件进行数字滤波、波形识别，最后将二进制心电数据通过串口传送给嵌入式处理器。

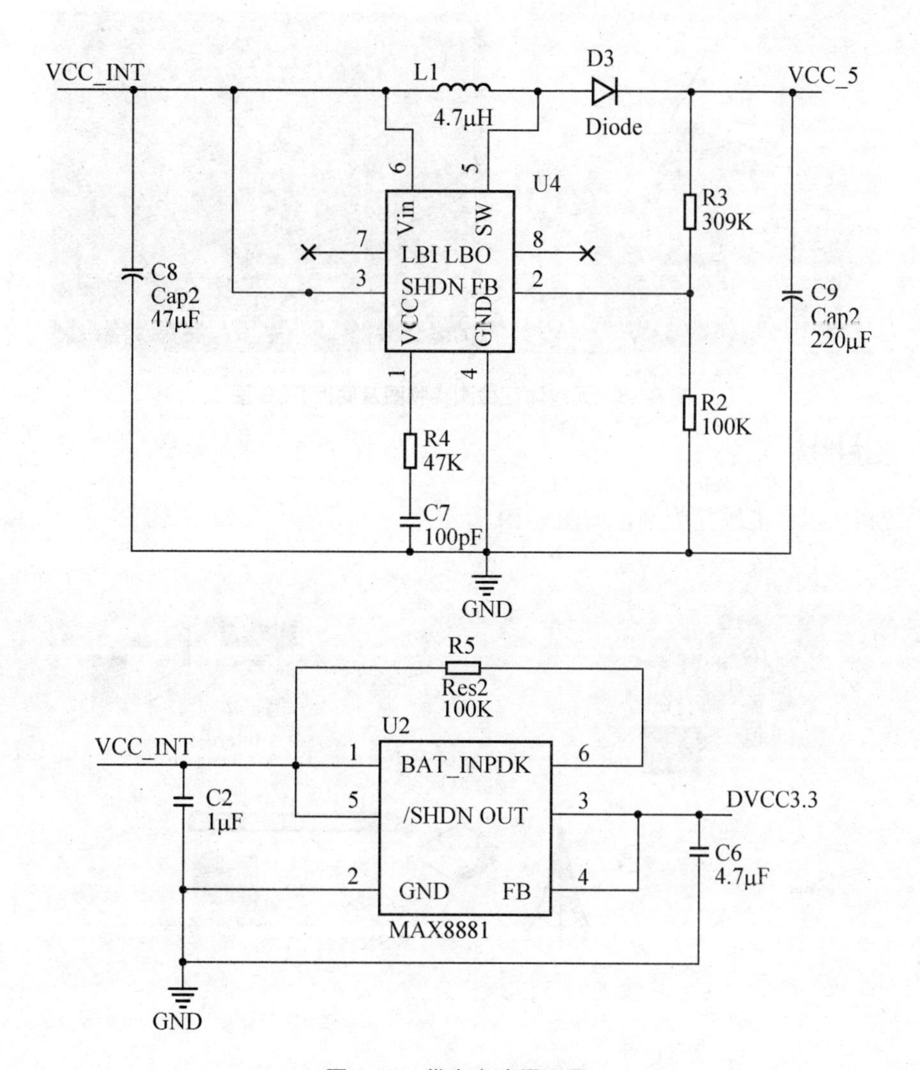

图 8-17 供电电路原理图

本产品使用的体温传感器是一种高精度的铂电阻，其阻值随着人体体温值的变化而变化，经采样电路后将电阻值转换成电压值，再经过放大和滤波电路，将电压信号传送给嵌入式处理器的指定模数转换引脚，将体温模拟量转换成数字量体温值。

脉搏传感器是一种压电式小型压力传感器，当检测到脉搏跳动时，动态压力信号通过薄膜变成电荷量，再经过放大电路和滤波电路转换成 2.7V 电压信号输出给嵌入式处理器的指定 I/O 口，通过软件计数的方法便可计算出脉搏值。

产品底板 PCB 图和实物图如图 8-18 所示。

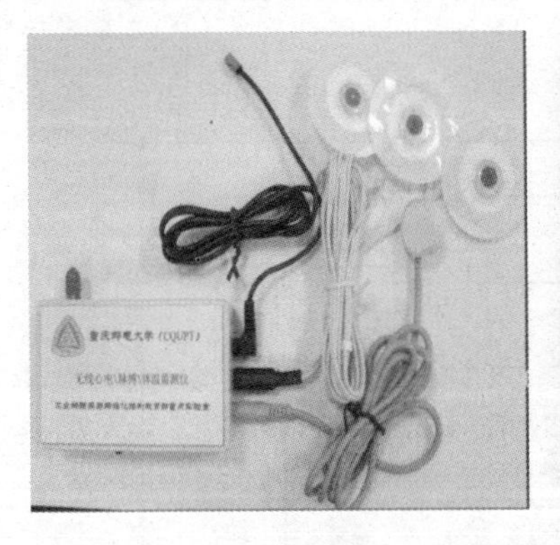

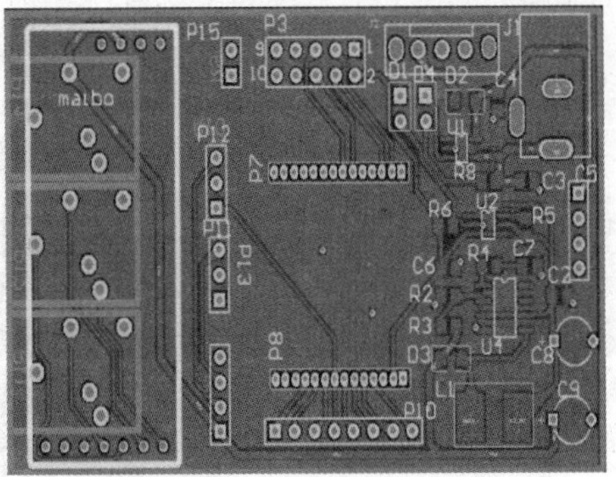

图 8-18 无线体征检测实物图及底板 PCB 图

8.3.2 系统搭建

系统搭建以智能医疗为例，如图 8-19 所示。

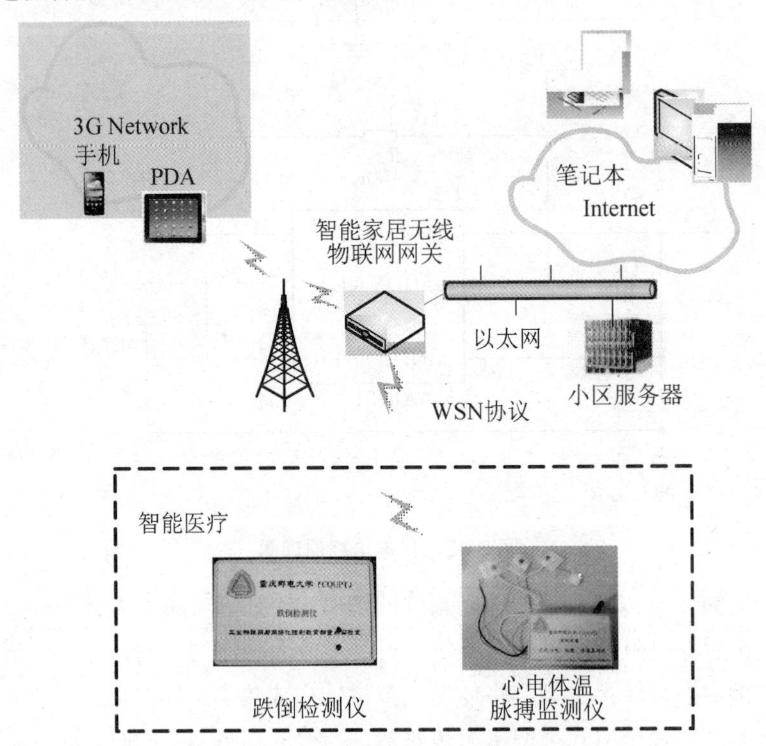

图 8-19 智能医疗系统搭建图

数据信息可以通过无线协议 IEEE802.15.4e 通过无线路由发送给家庭无线网关。家庭无线网关将数据信息进行协议转换成以太网数据帧格式后通过交换机将数据帧转发给本地服务器。本地服务器同样通过以太网获取到跌倒信息以及心电脉搏信息，对数据帧进行解析后存储在本地后台数据库，同时构建远程访问网页，这样远程计算机、3G 手机、平板计算机在能够上网的情况下，通过 TCP/IP 访问本地服务器获取跌倒信息以及心电脉搏

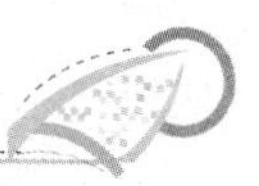

信息的数据以及发送控制命令，控制命令通过本地服务器由以太网发送给家庭多功能无线网关，由网关发送给无线路由，再发送给跌倒仪以及心电脉搏检测仪解析控制命令并执行操作，这样就实现了IEEE802.15.4e网络的跌倒信息以及心电脉搏信息和远程信息监控。

8.3.3 系统测试及验证

针对跌倒检测仪和心电脉搏检测仪的硬件首先对其完成了高低温测试。测试地点选择在重庆邮电大学自动化学院工程实训中心。测试平台采用的是重庆汉巴试验设备有限公司(HANBA)生产的高低温湿热试验箱，型号为HUT703P，该仪器是参照GB 10586—89湿热试验箱相应技术生产的。可以对设备整体(或部件)、仪器、材料等物件做温湿度检测试验、高低温例行试验、耐寒试验，以便检测被测品的适应性或对试验品的性能做出评价。

在高低温测试中，分为高温和低温两个流程来完成：①低温测试。测试温度范围是：-40℃～0℃，采用定值运行模式，测试时间为30分钟；②高温测试。温度范围：0℃～80℃，同样采用定值运行模式，测试时间为30分钟。图8-20为设备正在测试仪器中进行测试。

图8-20 高低温测试图

下面介绍测试过程。首先在测试之前将跌倒检测仪和心电脉搏检测仪进行上电工作测试确保测试前是能正常工作的。然后将其放入高低温测试仪中分别进行低温和高温测试，在低温测试完后，再次打开设备检查其是否能正常工作，通过检测发现，经过低温测试后的跌倒检测仪和心电脉搏检测仪依然能正常工作，说明其低温检测通过。然后再进行高温测试，将测试温度设置为0℃～80℃，同样在测试前确保设备能正常工作，经过三十分钟的测试后，拿出设备再次检测其是否能正常工作，通过检测发现在经过高温测试后的跌倒检测仪和心电脉搏检测仪依然能正常工作，因此说明它通过了高温测试。

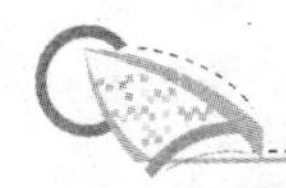

1) 设备测试

针对跌倒检测仪，根据中华人民共和国国家标准 GB/T2423.8-1995(电工电子产品环境试验，第二部分：试验方法，实验 Ed：自由跌落)对其做了自由跌落测试，测试的目的主要是为了测试设备的外壳的耐用程度和内部硬件设备的抗摔性能。测试地点选择在重庆邮电大学自动化学院工程实训中心。测试平台采用的是重庆汉巴试验设备有限公司(HANBA)生产的单翼手机跌落试验机，型号为 WD-DY-1500。该单翼手机跌落试验机，可以对设备进行设定高度的自由跌落测试。图 8-21 为设备跌落测试过程。

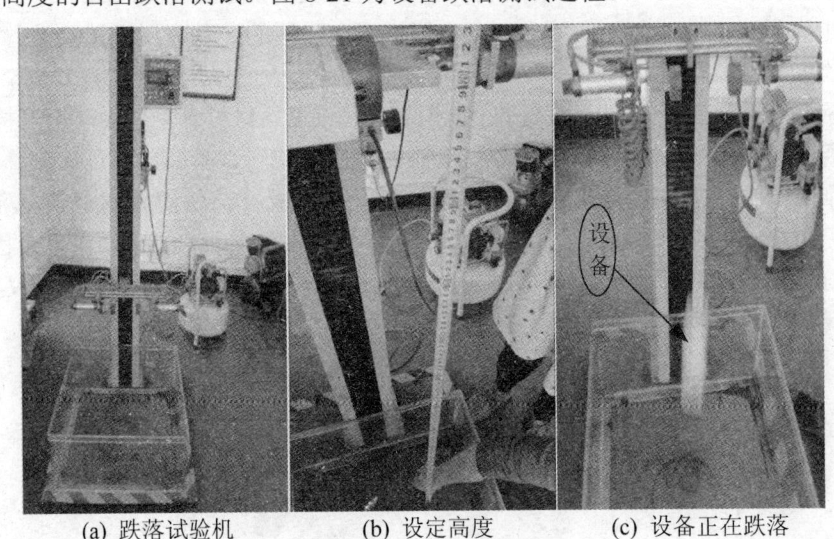

(a) 跌落试验机　　(b) 设定高度　　(c) 设备正在跌落

图 8-21　测试过程

根据跌落测试标准 GB/T 2423.8—1995 并结合设备的实际应用场景，这里共进行了 3 种高度的测试，这 3 种高度分别为 900mm、1000mm、1200mm。针对内部硬件设备的抗摔性能测试，每种高度分别进行了 50 次跌落测试，共 150 次测试。针对设备外壳的耐摔程度的测试，对设备的外壳的“面”进行了高度为 900mm 的 15 次测试和高度为 1200mm 的 5 次“棱”的跌落测试。图 6.2 所示为设备正在进行测试。

在测试过程中针对每种跌落高度，设备每跌落 5 次就进行一次功能测试，看跌落后设备是否还能正常工作。

通过测试过程发现，在 3 种高度的共 150 次测试中，设备的内部硬件结构没有被摔坏，在 150 次跌落测试后设备仍然能正常工作。在设备的外壳的“面”的测试中，在高度为 900mm 的外壳“面”的测试中，测试到第 15 次时设备的外壳的盖子被摔开，但是扣上后仍然完好。在针对设备外壳“棱”的高度为 1200mm 在 5 次测试中，在第 4 次跌落时设备外壳的菱角被摔裂。

因此通过测试表明，跌倒检测仪的内部硬件结构通过了跌落测试，但是设备外壳的耐摔性能并不是很好，如果要加强外壳的耐摔性，可以通过订制硅胶外壳的方式提高其耐摔性能。

2) 设备电磁兼容测试

针对跌倒检测仪，尽管单个设备的功率并不大，但是由于距离近可能会引起局部场强很大的可能，例如，靠近移动无线收发基站、无线电台或者工业电磁辐射源等，他们工作时都可能对设备产生辐射，针对这些可能出现的情况，这里对设备做了射频电磁场辐射抗干扰能力测试。

测试地点选择在在重庆邮电大学自动化学院工程实训中心。通过使用重庆邮电大学自动化学院工程实训中心的电磁兼容设备，依据 IEC 61000-4-3/GBT17626.3 标准，我们共对设备做了 1～3 级的射频电磁场辐射抗扰度测试。测试之前检查设备，确保其测试前是能正常工作的，然后将设备打开放入测试室后，将测试室密封后通过外部控制设备，调节发射天线的各项参数，来改变测试的场强，与此同时通过监控显示器观察设备的工作状况。图 8-22 所示为设备进行测试的环境。

图 8-22 测试环境

在测试过程中通过监控设备观察发现，设备的 LED 指示灯一直持续正常的闪烁，说明设备一直在持续正常的工作。当三级测试完成后，取出设备再进行相应的功能测试，发现设备依然能正常工作，说明设备通过了电磁兼容测试。

3) 系统整体功能应用验证及测试

在进行整个系统功能的测试中，首先要进行系统的测试环境的搭建中，主要包括硬件设备的准备和软件测试环境的搭建以及测试地点的选择。

硬件设备准备：跌倒检测仪、三床棉絮、IEEE802.15.4e 无线路由器、无线网关、交换机、公网无线路由器、一台智能家居服务器、一台监控主机、一部 PDA、一部安卓智能手机。

软件环境的搭建：针对前面提及到的硬件设备，在测试前分别准备好。保证设备都能正常上电工作以及数据的通信。

系统测试地点选择的是实验室按照家居装饰的展厅内。其中家居的布局图如图 8-23 所示。

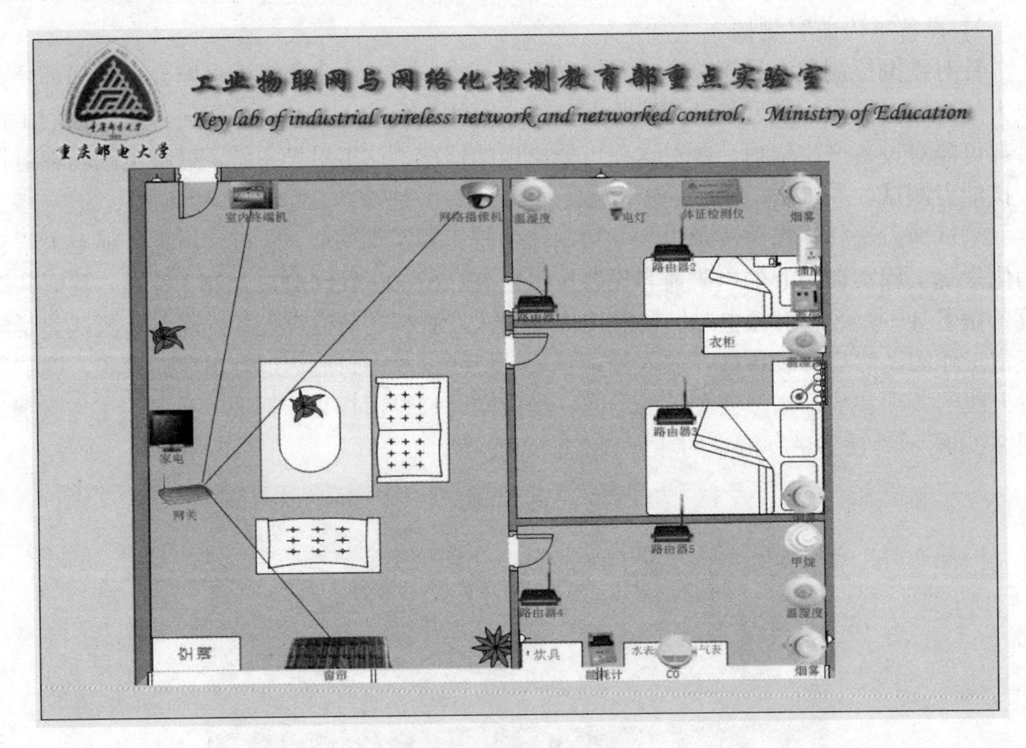

图 8-23　家居测试环境布局图

根据系统的需求分析，这里设计实现的跌倒检测仪的主要功能有跌倒检测本地报警、远程报警、主动求救报警、取消报警等功能。为了验证这些功能，这里组织了日常生活活动和跌倒的模拟测试。日常生活活动实验模拟测试主要模拟测试了以下项目：正常行走、正常的坐下、起身、正常的蹲下、起身、上楼、下楼、躺下。跌倒模拟实验测试主要做了向左、向右、向前、向后跌倒。

在整个系统搭建起来以后，将跌倒检测仪按照 X 轴在左右方向上、Y 轴在上下方向上、Z 轴在前后方向上，将跌倒检测仪佩戴在测试用户的腰部位置上。在跌倒检测仪佩戴好以后，佩戴测试参与者就开始模拟各种正常的日常活动，以及在各个方向上的跌倒。

因为模拟实验测试具有一定的危险性，所以这里并没有请老人参与模拟实验，本次实验测试分为 4 组同学分别佩戴检测仪后在铺在地上的棉絮上完成。针对每一个项目，每组同学分别进行 50 次模拟测试，测试结果统计分析见表 8-3 和表 8-4。

表 8-3　正常日常生活活动模拟测试数据表

测试项目名称	测试者 1		测试者 2		测试者 3		测试者 4		总次数	
	测试次数	报警次数	测试次数	报警次数	测试次数	报警次数	测试次数	报警测试	总测试次数	总报警次数
正常行走	50	0	50	0	50	0	50	0	200	0
正常坐下	50	0	50	2	50	1	50	0	200	3
正常起身	50	0	50	0	50	0	50	0	200	0

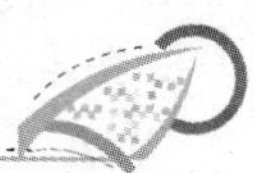

续表

测试项目名称	测试者1		测试者2		测试者3		测试者4		总次数	
	测试次数	报警次数	测试次数	报警次数	测试次数	报警次数	测试次数	报警测试	总测试次数	总报警次数
正常蹲下	50	0	50	0	50	0	50	0	200	0
蹲下起身	50	0	50	0	50	0	50	0	200	0
正常上楼	50	0	50	0	50	0	50	0	200	0
正常下楼	50	0	50	1	50	0	50	0	200	1
正常躺下	50	0	50	0	50	0	50	0	200	0

从表8-3的统计中发现，在对各种正常的日常活动的每个项目的200次模拟实验中，除了在正常坐下项目的模拟实验中出现了误报以外，其他项目都没有出现误报。经过分析发现，出现误报的原因是测试者在测试的过程中快速坐下，坐下后并半躺下从而导致了误报，因为在快速坐下的过程中加速度SVM变化过大且接近于跌倒时SVM的变化，同时坐下之后又处于半躺的状态，导致了跌倒检测仪误认为人体发生了跌倒。

表8-4　各种跌倒模拟测试数据表

测试项目名称	测试者1		测试者2		测试者3		测试者4		总次数		准确率%
	测试次数	报警次数	测试次数	报警次数	测试次数	报警次数	测试次数	报警次数	测试总数	报警总数	
向前跌倒	50	44	50	46	50	44	50	45	200	179	89.5
向后跌倒	50	45	50	47	50	46	50	47	200	185	92.5
向左跌倒	50	44	50	45	50	45	50	45	200	181	90.5
向右跌倒	50	45	50	44	50	46	50	45	200	180	90

从表8-4中统计的数据发现，在对跌倒项目的每个项目进行的200次模拟测试中，测试报警的报警率最高，达到了92.5%；最低报警率是89.5%。其中，报警率最高的是在向后跌倒的测试中；报警率最低的是在向前跌倒的测试中。

经过分析发现，当人们向前跌倒时，在身体着地的时候，人们会有意识地通过弯曲双腿和使用双手去进行缓冲着地，那样就会导致人们在跌倒过程中加速度SVM的冲击值减小，使身体着地时的加速度SVM值可能无法达到我们设定的SVM阈值，导致系统无法检测到跌倒的发生。而报警率最高是在向后跌倒模拟实验中，因为在人们向前、向左、向右的跌倒中，人们要么可以通过双手或者单手或同时弯曲双腿的方式对跌倒进行一定的缓冲，在一定程度上将会降低人们跌倒的高度，使得人们在着地时产生的冲击加速度SVM减小，从而会在一定程度上导致漏报的出现，而在向后的跌倒中，因为人们无法通过双手或者双脚有意识地进行缓冲，因此不会减小人们着地时的冲击加速度SVM，所以系统就能较为准确地检测到跌倒，并进行报警处理。

在模拟跌倒的测试中，当跌倒检测仪检测到人们跌倒后，首先进行本地声光报警，在本地声光报警正常结束后，跌倒检测仪除了自动通过GPRS模块发送远程报警短信外，同

时还将自动通过 IEEE 802.15.4e 无线通信模块实时的将报警信息发送至智能家居服务器上，通过智能家居服务器将报警信息发送至监护人的手机终端或者平板计算机上。当手机或者平板计算机收到报警信息后，手机和平板计算机首先会在当前所在的界面上进行弹窗提示“用户跌倒”，提示人们家里的老人发生了跌倒。当人们看到弹窗提示后，可以进入家人看护的监控界面查看当前用户跌倒的监控状态确认老人是否发生跌倒，同时还可以通过手机查看安装在家里的摄像头，查看老人的情况。手机的弹窗提示界面和监控界面查看情况如图 8-24 所示。

(a) 报警弹窗提示

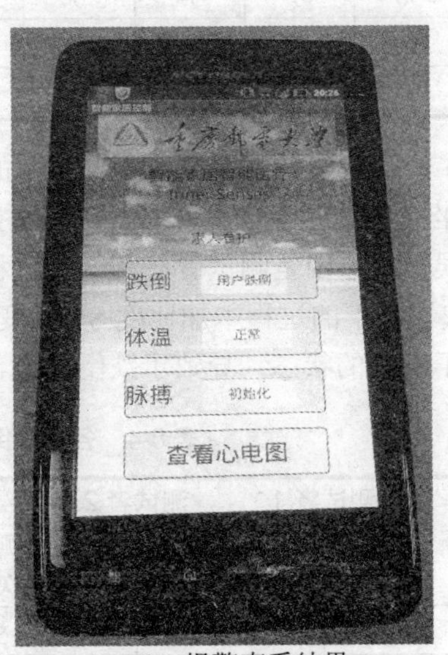

(b) 报警查看结果

图 8-24　用户跌倒报警提示

另外，当老人遇危急情况时按下主动报警按钮后，设备也会通过 IEEE 802.15.4e 和 GPRS 模块同时发送报警信息，PDA、手机收到报警信息也会进行以上提示。

通过以上的测试发现，本系统设计并实现的跌倒检测仪能实时有效地对老人的正常的日常生活活动和跌倒进行有效的区分，能实时有效地对老人地日常生活活动进行监护。并且系统在检测到跌倒后能实时准确地发送远程报警信息到监护人的手机上或者计算机上、或者 PDA 上，提示监护人家里老人发生了跌倒。让监护人可以及时发现老人发生跌倒，从而及时采取救助措施，尽量将跌倒后因为不能得到及时救助造成的伤害降至最低。

在进行整个系统功能的测试中，首先要进行系统的测试环境的搭建，主要包括硬件设备的准备和软件测试环境的搭建以及测试地点的选择。

硬件设备准备：体征监测仪、IEEE 802.15.4e 无线路由器、无线网关、交换机、公网无线路由器、一台智能家居服务器、一台监控主机、一部 PDA、一部安卓智能手机。

软件环境的搭建：针对前面提及到的硬件设备，在测试前分别准备好。保证设备都能正常上电工作以及数据的通信。

为了验证这些功能，这里组织了日常生活活动和体征的测试。日常生活活动实验测试主要模拟测试了以下项目：坐着、运动过后、惊吓之后。实验测试主要做了：正常、运动之后的心率和体温。

本次实验测试分为 3 组同学分别佩戴体征监测仪后。针对每一个项目，每组同学分别进行 20 次测试，测试结果统计分析见表 8-5。

表 8-5　正常日常生活活动测试数据表

测试项目名称	测试者 1		测试者 2		测试者 3		总次数	
	测试次数	心率次数/体温(平均数)	测试次数	心率次数/体温(平均数)	测试次数	心率次数/体温(平均数)	总测试次数	心率次数/体温(平均数)
正常坐下	20	75.6/36.2	20	76.3/36.8	20	76.3/36.8	60	75.5/36.4
运动之后	20	100.2/37.5	20	108.2/37.3	20	111.3/37.8	60	106.4/37.6
惊吓之后	20	101.3/36.4	20	103.6/36.3	20	110.6/36.2	60	103.3/36.3

数据在终端的显示如图 8-25 所示。

图 8-25　数据在终端的显示

第 9 章

智能家居标准与规范

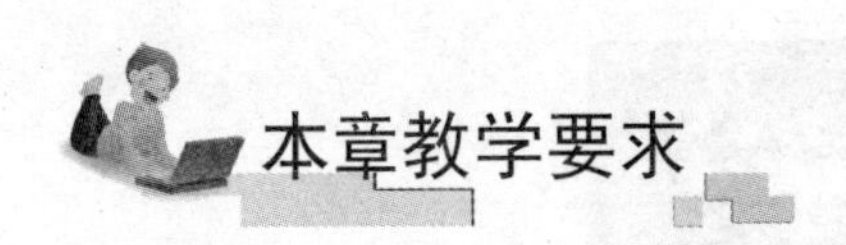

- 了解智能家居基础标准
- 了解智能家居设备的行业标准
- 了解智能家居工程实施标准
- 了解智能家居专用规范

俗话说，无规矩不成方圆。标准是对重复性事物和概念所做的统一规定。它以科学技术和实践经验的综合成果为基础，以获得最佳秩序和最佳社会效益为基本目的。标准有利于企业技术的进步，是推动技术进步的杠杆，是产品不被淘汰的保证。通过对本章节的学习，了解智能家居的各种标准及规范，为做更优质的产品打好基础。

9.1 行业标准总体概述

目前，影响智能家居产业发展的最大障碍就是缺乏普遍适用的执行标准。智能家居行业涉及范围较广，涵盖了通信、家居电气设计、装修设计、自动控制以及智能识别等领域。为保证行业发展及消费者的利益，智能家居产品在设计、生产、安装、使用等阶段均应完全符合国家关于无线通信领域的射频、电磁兼容、电气安全、环境可靠性等标准的技术要求，同时，由于其涉及行业众多的特殊性，还应符合其他行业智能家居相关的标准、规范中的相应条款。针对智能家居无线物联网系统内部及设备间的互联互通相关的技术要求及验证测试规范等，国内尚无相关标准。智能家居标准体系的意义在于更有效地推进我国智能家居标准研究制定；可以体现不同标高、标准之间的联系；保障研发、生产、安装、服务等环节的可靠性与科学性；为将来的标准研究提供重要的、完备的指导。

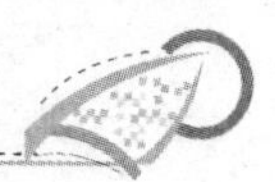

本章主要介绍目前智能家居行业的标准与规范缺乏或是不统一。为了更有效地推进我国智能家居标准研究制定进程，本章研究了技术标准体系。通过体系的研究，可以为将来的标准研究提供重要、完备的指导。同时，标准体系可以体现不同标准之间的联系，保障研发、生产、安装、服务等一系列环节的可靠性与科学性。

本标准体系确立了智能家居领域已经制定和待制定的国家标准和行业标准。本标准体系的范围是家庭内部的智能家居设备互联、信息共享和通信、数据、设备等方面的技术规范要求，以及家庭内外智能家居系统进行信息交互，实现应用服务的数据格式、通信协议和应用管理描述等方面的技术规范要求。本标准体系根据市场需求和产业发展需要，综合考虑技术产品现状和未来发展趋势，遵循完整、协调、先进和可扩展的原则。智能家居标准体系包括基础标准、通用规范和专用规范 3 个组成部分，其相互关系如图 9-1 所示。

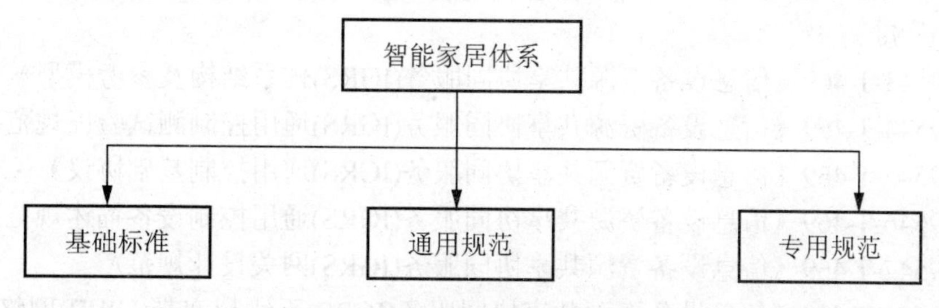

图 9-1　智能家居标准体系图

需要指出的是，由于智能家居系统产品、系统和服务种类繁多，相关领域技术发展迅速，为了保持标准体系的可持续性、与技术发展的同步性，标准的研究制定将会根据新业务的需要不断完善扩充；同时，为了保证标准中数据、指标来源的客观性、可靠性和科学性，配套的技术验证和检测平台建设也是必需的。

“家庭网络标准产业联盟”又名“e 家佳(ITopHome)”，由春兰与清华同方、中国网通等 7 家公司共同创立，制订了相关的行业标准和 IEC 国际标准。

行业标准：

QB/T 2836—2006《网络家电通用要求》

20079550-T-469《家庭控制子网接口一致性测试规范》

20079551-T-469《家庭控制子网通讯协议规范》

20079552-T-469《家庭网关标准规范》

20079553-T-469《家庭网络普通设备规范》

20079554-T-469《家庭网络设备描述文件规范》

20079555-T-469《家庭网络系统体系结构及参考模型》

20079556-T-469《家庭网络移动控制终端设备规范》

20079557-T-469《家庭主网接口一致性测试规范》

20079558-T-469《家庭主网通讯协议规范》

IEC 国际标准：

《家庭多媒体网关通用要求》

其中，《家庭多媒体网关通用要求》是中国在 IEC TC100 家庭网络领域的第一个国际标准，标志着中国在 IEC 的家庭网络领域有了第一个由我国主导的国际规范，该规范的出台对于鞭策物联网在数字家庭领域的应用具有重要意义。

闪联产业联盟(闪联标准工作组/闪联信息产业协会)是孵化于中关村、立足于中关村，由联想、TCL、康佳、海信、创维、长虹、长城、中和威 8 家大企业联合发起成立，辐射全国乃至全球的标准组织和产业联盟，它致力于信息设备资源共享协同服务标准(Intelligent Grouping and Resource Sharing)，即闪联(IGRS)标准的制定、推广和产业化。

制定的相关标准：

20079540-T-469《信息设备资源共享协同服务(IGRS)基于 IPv6 的通讯协议标准》

20079541-T-469《信息设备资源共享协同服务(IGRS)媒体中心设备标准》

20079542-T-469《信息设备资源共享协同服务(IGRS)数字媒体内容保护及可信发布框架(DMCP)标准》

20079543-T-469《信息设备资源共享协同服务(IGRS)体系结构及参考模型》

20079544-T-469《信息设备资源共享协同服务(IGRS)通用控制测试验证规范》

20079545-T-469《信息设备资源共享协同服务(IGRS)通用控制基础协议》

20079546-T-469《信息设备资源共享协同服务(IGRS)通用控制设备描述规范》

20079547-T-469《信息设备资源共享协同服务(IGRS)网关设计规范》

20079548-T-469《信息设备资源共享协同服务(IGRS)无线超宽带(UWB)网络中服务质量(QoS)规范》

20079549-T-469《信息设备资源共享协同服务(IGRS)网络多媒体终端的网络接口及基础应用规范》

并且闪联的基础协议标准、测试认证标准和文件交互框架标准已经成为 ISO/IEC 国际标准，填补了近 20 年来我国信息行业在国际标准组织(ISO)的空白，大幅度缩小了我国与发达国家在高技术领域的差距，是我国科技自主创新的重要标志，使中国在国际标准竞争领域赢得了更大的话语权。

智能家居的家居及安防部分所应遵循的标准中的对应条款、基础标准主要包括：

GB 50311—2007《综合布线系统工程设计规范》

GB 50312—2007《综合布线系统工程验收规范》

JGJ-16—2008《民用建筑电气设计规范》

GB 10408—2000《入侵探测器通用要求》

GB 15209—2006《磁开关入侵探测器》

GB 15322—2003《可燃气体探测器技术要求和试验方法》

GB 20815—2006《视频安防监控数字录像设备》

GB/T 21714—2008《住宅小区安全防范系统通用技术要求》

GB 50198—1994《民用闭路监视电视系统工程技术规范》

GA/T 74—2000《安全防范系统通用图形符号》

GA/T 75—1994《安全防范工程程序与要求》

JGJ/T 16—1992《民用建筑电气设计规范》

GB/T 15211—1994《报警系统环境试验》

GB/T 15408—1994《报警系统电源装置、测试方法和性能规范(idt IEC60839-1-2)》

GB 16796—1997《安全防范报警设备安全要求和试验方法》

智能家居作为信息技术设备所应遵循的相关标准，标准主要包括：

信部无[2005]423 文件

YD/T 1215—2006 900/1800MHz TDMA 数字蜂窝移动通信网通用分组无线业务(GPRS)设备测试方法：移动台

YD/T 1484—2011《移动台空间射频辐射功率和接收机性能测量方法》

GB 8702—1988《电磁辐射防护规定》

GB 9254—2008《信息技术设备的无线电骚扰限值和测试方法》

GB/T 17626.2—1998《电磁兼容试验和测量技术静电放电抗拢度试验》

GB/T 17626.3—1998《电磁兼容试验和测量技术射频电磁场辐射抗扰度试验》

GB/T 17626.4—1998《电磁兼容试验和测量技术电快速瞬变脉冲群抗扰度试验》

GB/T 17626.5—1998《电磁兼容试验和测量技术浪涌(冲击)抗扰度试验》

GB/T 17626.11—1998《电磁兼容试验和测量技术电压暂降、短时中断和电压变化抗扰度试验》

GB/T 22239《信息安全技术信息系统安全等级保护基本要求》

GBT 17618《信息技术设备抗扰度限值和测量方法》

GB 4943—2001《信息技术设备的安全》

GB 2423《电工电子产品基本环境试验规程》

GB 4208—2008《外壳防护等级》

GB/T 2423.21— 91《电工电子产品基本环境试验规程试验 M：低气压试验方法》

GB/T 2423.5—1995《电工电子产品环境试验第 2 部分：试验方法试验 Ea 和导则：冲击》

GB/T 2423.6—1995《电工电子产品环境试验第 2 部分：试验方法试验 Eb 和导则：碰撞》

GJB 899—90《可靠性鉴定和验收试验》

GB/T 26125—2011《电子电气产品六种限用物质(铅、汞、镉、六价铬、多溴联苯和多溴二苯醚)的测定》

GB/T 20271—2006《信息安全技术信息系统通用安全技术要求》

YD/T 1171—2001《IP 网络技术要求——网络性能参数与指标》

9.2　基 础 标 准

智能家居基础标准包含术语、数据和设备编码、文本和图形符号、环境、安全、电磁兼容共性基础标准。考虑到国内在相关产业中已经制定了一些针对性标准，因此，本部分内容着重归纳已有标准，并根据新技术发展、智能家居系统特点和要求，对现有标准提出修改意见，参与标准修订工作；与制定新标准规范相结合。智能家居基础标准体系如图 9-2 所示。

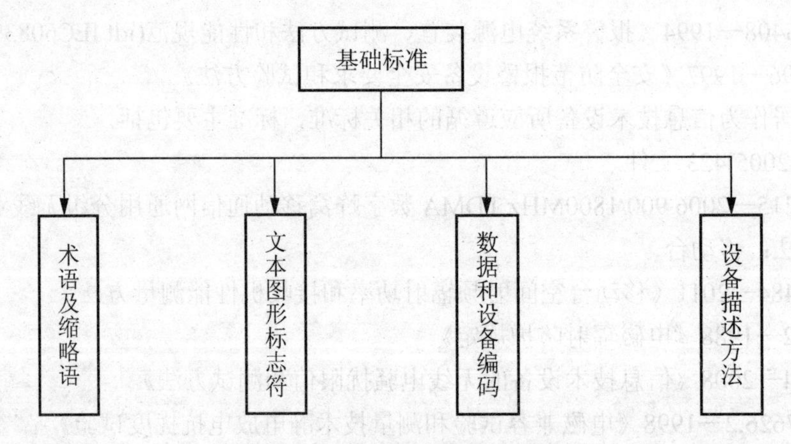

图 9-2　智能家居基础标准体系图

- 《智能家居基础标准：术语及缩略语》：规定智能家居领域通信技术、数据描述、设备及功能、应用服务等方面的基本术语名称、对应的英文名称、缩略语及定义解释等。
- 《智能家居基础标准：文本图形标识符》：规定智能家居领域各类设备、通信线路、管理系统及服务平台的文字、图形的统一标识方法，指导相应的工程设计和施工。
- 《智能家居基础标准：数据和设备编码》：规定智能家居所涉及的设备及应用系统的数据定义、分类及编码。
- 《智能家居基础标准：设备描述方法》规定智能家居系统中的设备状态、控制命令、交互信息内容、功能、用户交互界面等设备管理控制信息的描述方法，以及设备的生产、制造、运输和安装等产品信息的描述内容和格式。

9.3 通用规范

智能家居通用规范主要包括技术设备规范和工程设计实施规范两个方面的标准。技术设备规范主要是规定智能家居系统的体系结构，通信协议、数据格式等基本技术要求，以及规定智能家居系统的各种设备通信接口、软件接口、硬件接口及各种设备的基本功能和性能要求；工程设计实施方面的标准主要是为智能家居系统的设计、施工、验收和评估提供定量和定性的技术指标。

9.3.1 产品标准

技术设备规范主要包括：标准体系框架、通信协议、信息及数据安全、产品技术要求等几个领域。它主要涉及智能家居体系框架、系统通用技术要求、通信协议、信息格式、设备描述语言、数据安全保护和加密、异构系统互操作、多系统信息交互等方面的技术规范；以及与产品设计、技术应用相关的软硬件设计规范、应用技术兼容性规范，如功能要求、数据及命令格式、设备物理端口设计规范，API 接口设计规范等内容。产品规范还包括各类应用系统终端等制定整机的功能、性能技术要求及兼容性测试规范。

(1) 智能家居互操作体系结构：解决智能家居多种通信体制间相互交换信息，相互管

理和控制的问题。包括互操作体系模型和异构多系统信息交互接口。

(2) 智能家居系统通信协议：实现智能家居系统的各个设备间信息交换的方法。主要包括设备清单(列表)和信息内容清单(家庭电子节目单)的信息格式和交互方法；包括有线的现场控制总线、无线通信和电力线通信在内的多种智能家居设备控制通信协议；包括用户界面描述、多媒体数据格式及通信协议在内的智能家居多媒体信息分享协议；以及包括各种通信协议的一致性测试方法。

(3) 智能家居信息安全：主要解决在大量家庭信息开放性传输情况下的数据和设备的安全问题。包括基于 WAPI 的通信安全机制、基于版权包含的信息安全和隐私保护、保护设备安全控制和服务有效跟踪管理的家庭安全系统体系。

(4) 智能家居设备通用技术要求：主要解决界定某个设备是否属于智能家居产品的问题。包括产品的接口、功能、性能等方面的定性描述和具体技术参数的定量描述。智能家居由于涉及的技术领域较多，相关领域的技术发展比较迅速，标准制定工作比较活跃，所以需要积极采用现有国标和国际标准，形成一个兼容性的智能家居技术标准框架。智能家居通用规范中的技术体制主要包括如下标准。

①《智能家居异构系统互操作模型》：规定不同物理通信介质、不同信息交互协议、不同功能应用的多种智能家居通信协议在同一个系统中相互通信的方法、数据格式、设备要求。

②《智能家居对外信息交互接口》：规定数字社区和公共服务平台多种应用系统与智能家居系统和终端进行信息交互的数据格式、通信协议、硬件接口要求。

③《智能家居设备和信息清单规范》：规定描述组成一个智能家居系统的各个设备的列表的格式和内容，以及智能家居系统中控制命令、设备状态、人机交互信息以及多媒体信息的表示方法。

④《智能家居设备控制通信协议》：规定智能家居中各个设备间进行控制、状态管理和汇报等应用的数据交互的格式、通信规程方面的要求，属于与物理层通信介质无关的高层应用通信协议。

⑤《智能家居通信协议：电力线通信协议》、《智能家居通信协议：无线通信协议》、《智能家居通信协议：现场总线通信协议》：规定智能家居中各个设备间进行通信的物理层通信协议要求，包括硬件接口、数据格式、介质调制方式、链路访问方法等技术要求。这些协议以选择业界现有成熟协议为主，随技术发展而不断完善。

⑥《智能家居多媒体信息通信协议》：规定智能家居中音视频等对传输延时、显示和播放方式有较高要求的多媒体信息的传输方法的要求，包括多媒体信息多终端播放控制和同步控制协议。

⑦《智能家居用户界面描述方法》：规定智能家居中的设备控制管理、状态显示、信息播放等与人机交互相关的用户界面的描述文件的格式、规范的内容以及生成和获取的方法。

⑧《智能家居多媒体信息格式描述》：规定智能家居中涉及的多媒体信息的统一标识，以规范多媒体信息的编解码格式、文件格式以及对应的版权信息等。

⑨《智能家居通信协议一致性测试方法》：规定智能家居标准体系中的通信协议的测试方法，保证遵循不同的协议实现通信的畅通和操作的一致性。

⑩《智能家居安全体系》：规定智能家居安全的基本要求，各个组成设备的安全功能，以及智能家居安全评价方法。

⑪《智能家居安全技术实施：WAPI 安全通信规范》：规定采用我国自主制定的安全技术规范 WAPI 应用在智能家居系统的具体要求和实现方法。

⑫《智能家居安全技术实施：信息加密和隐私保护》：采用我国信息安全领域现有的技术规范，满足智能家居对于信息加密和内容隐私保护方面的要求。

⑬《智能家居通用设备功能要求》：规定智能家居设备在网络通信、控制、信息共享以及安装等方面在功能方面的技术要求。

⑭《智能家居设备：数据及控制命令格式》：规定智能家居设备的控制命令、状态信息反馈、处理信息能力等方面的统一要求。

⑮《智能家居设备：硬件及软件接口》：智能家居设备可能是在普通家庭设备的基础上增加了通信控制和信息处理模块形成的，对二者相连的软件和硬件接口进行规范，有助于传统设备的升级改造，构成覆盖更为完善的智能家居系统。

⑯《智能家居终端设备规范：网关》、《智能家居终端设备规范：智能终端》、《智能家居终端设备规范：多媒体设备》：对设备的软件接口、硬件接口、功能、安全、包装和安装、标识等涉及产品的生产、运输、安装和使用的各个环节的技术要求进行规定。包括网关、智能终端、多媒体设备、传感器等多种不同设备类型。

智能家居技术设备规范体系如图 9-3 所示。

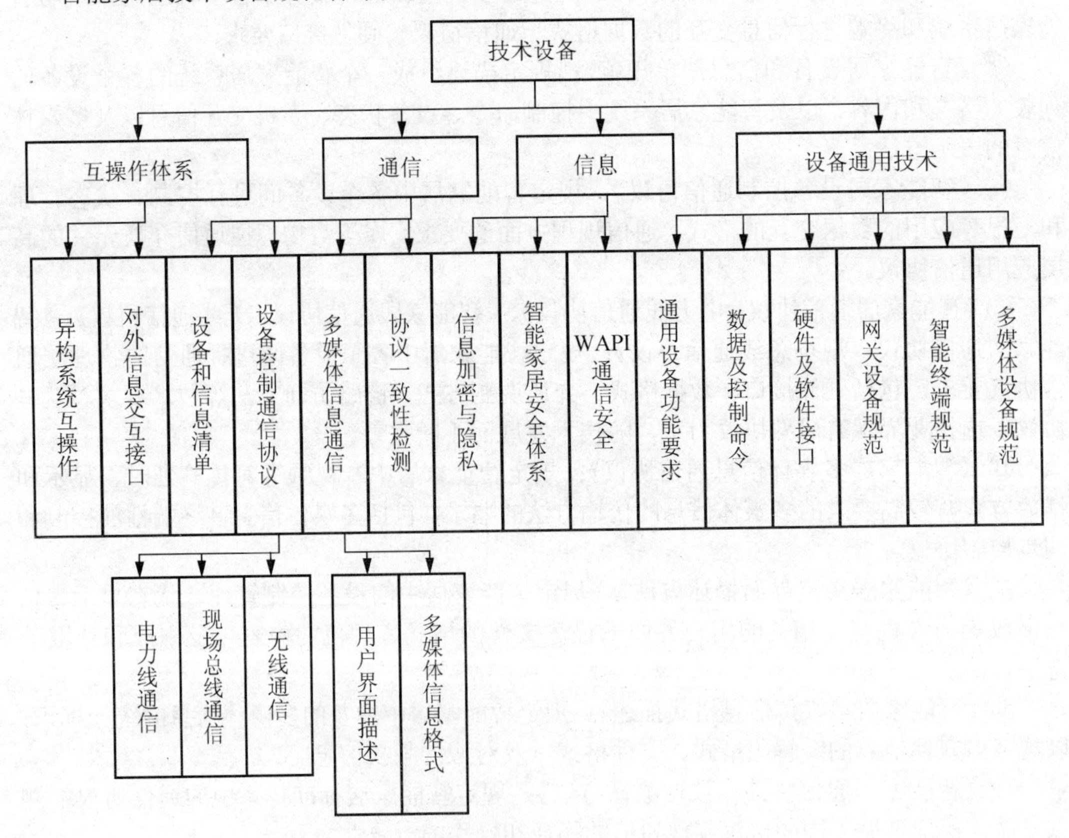

图 9-3　智能家居技术设备规范体系图

9.3.2　工程实施标准

工程实施规范包含智能家居系统设计要求、布线等现场施工要求，系统验收内容和条件，以及系统建设评估办法等多个方面的标准。智能家居工程实施标准体系如图 9-4 所示。

- 《智能家居设计内容及要求》：对智能家居系统的组成、设备和功能提出明确的技术要求，对设计方案的内容组成和描述进行明确定义，为智能家居系统的实施提供设计源头上的质量保证。
- 《智能家居综合布线规范》：智能家居系统的线材、接口插座、硬件电气指标、连接和布线条件和方法进行技术规定，实现统一的，包含控制、数据、音视频信息在内的，有线和无线相融合的家庭综合布线统一规范。
- 《智能家居综合功能接口规范》：智能家居系统需要与楼宇和社区系统相互连接，在安防、门禁、照明、电梯等多种楼宇和社区功能子系统需要与智能家庭系统和设备连接，这里对智能家居对外综合功能接口的软硬件特性进行规定，利于智能家居与社区的融合。
- 《智能家居系统验收内容和条件》：规定智能家居系统实施后进入验收前所需要达到的条件及具体验收内容。
- 《智能家居系统评估方法》：根据验收的情况，从系统设备构成、实现功能、用户界面友好程度、与其他系统的兼容性和扩展性多个角度量化的评价指标，对智能家居的实施情况进行评价。

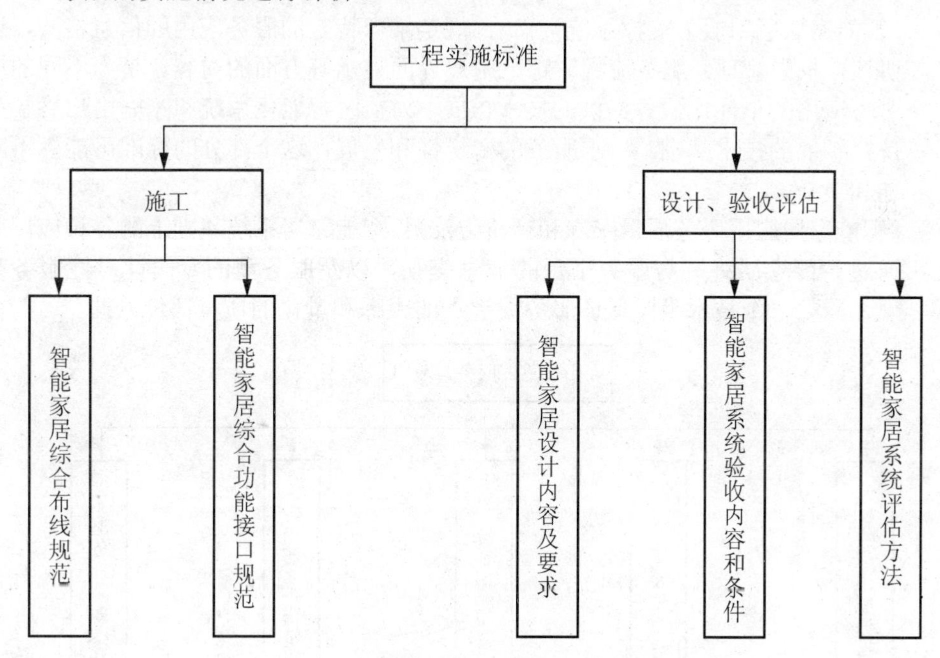

图 9-4　智能家居工程实施标准体系图

9.4 专用规范

专用规范是智能家居标准体系的重要内容，主要是服务和应用系统标准，应用系统标准制定的成功与否，将直接影响应用业务的商业运作模式。依据目前国内的需求情况、产业技术条件，此项目标准集合主要包括应用服务框架、应用系统信息要求、综合服务平台接口、应用服务支撑系统接口、应用服务质量跟踪和评价方法等与基于智能家居的应用和服务相关的标准。考虑到智能家居技术更新快，应用服务业务种类和模式可能会不断变化，标准将根据产业发展趋势作适应性调整。智能家居专用规范体系如图 9-5 所示。

- 《智能家居应用服务框架》：规定数字社区智能化系统(终端、服务端)所承载或使用的应用服务的描述方法，信息交互方法，评价、交易和服务售后跟踪模式的方法。是为各种增值服务应用通过社区智能化系统这个统一的服务平台向家庭用户提供服务类型、内容、方式、价格等多个方面的基本描述方法，是增值服务的统一技术要求。
- 《智能家居应用系统信息要求》：规定智能家居应用系统在智能家居终端设备与服务平台间交换的信息的格式、内容和含义，以保证基于智能家居的应用服务的实现。
- 《智能家居综合服务平台接口》：规定了智能家居的服务平台与家居终端设备、其他楼宇和社区平台、公共服务平台间的信息交互格式、方法和通信协议。
- 《智能家居应用服务支撑系统接口》：规定某个特定的服务应用的信息格式，通信协议，权限管理，服务流程跟踪，用户界面显示等方面的内容。是为不同的增值服务应用的个性化服务提供的技术扩展，为社区智能化系统和家庭用户终端提供持续扩展的技术基础。由于服务的多样性和发展，这个部分的标准可能会不断增加和更新。
- 《智能家居应用服务质量跟踪和评价方法》：智能家居系统基础上的各种应用服务通过智能家居终端与服务平台的信息交互，以及服务商的专门针对性服务来实现，需要一个技术手段保证服务关键点的跟踪和量化的质量评价方法。

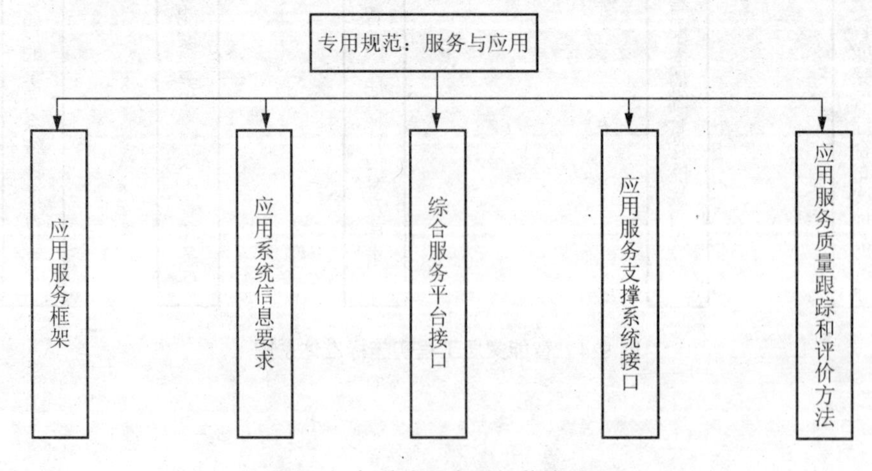

图 9-5　智能家居专用规范体系图

9.5　智能家居标准未来的对策

物联网是国家战略性新兴产业的重要组成部分，物联网的本质是为人类服务，而人类的家居生活已经形成了几千年，并且在未来相当长的时间内人类将继续生活在居所中，仅此一点即可见，一个离开了智能家居的物联网将成为无源之水、无本之木。智能家居作为所有物联网应用中最重要、最基础的应用，其应用市场的拓展难易程度关系到物联网发展的动力供给强度。鉴于当前智能家居行业尚未形成统一的技术标准，并且为了能够在未来智能家居发展中占有主动话语权，需要政府搭建智能家居发展的政策环境和平台，推动智能家居标准体系的建设，推进智能家居产业链的完善，引导智能家居的健康发展。从政府角度出发，可以考虑采取以下措施推动智能家居无线物联网相关标准化进展。

- 大力支持智能家居无线物联网的技术研究和示范应用。
- 基于示范应用的技术积累及推广中所暴露的问题等，提出智能家居无线物联网的标准化研究报告。
- 通过对智能家居技术的充分研究以及行业的相对成熟，制定智能家居无线物联网设备相关技术标准和测试规范，从而降低设备开发成本，提高开发效率及行业的兼容性。
- 建立权威的检测制度，建设科学的检测平台，从而保障智能家居无线物联网产品的可靠性，提高产品质量，促进行业健康发展。

可以采用标准与非标准并举的方式，先启动开拓市场，通过占有市场来实现标准的认可，最终成为行业的统一标准。

参考文献

[1] 李海燕．物联网技术及应用浅析[J]．科技信息．2011(18).

[2] 周洪，胡文山，张立明，等．智能家居控制系统[M]．北京：中国电力出版社，2006.

[3] 阮星．几种智能家居无线组网技术的分析和比较[J]．科技信息．2010(10).

[4] 王廷尧．以太网技术与应用[M]．北京：人民邮电出版社．2005.

[5] Tim Jones．嵌入式系统 TCP/IP 应用层协议[M]．路晓春，等译．北京：电子工业出版社，2003.

[6] 张志强．3G 技术普及手册[Z]．2004，8：5-12.

[7] MINTCHELL1 G A, HUITEMA C. Ethernet in control. Control Engineering, 2000, 47(5):46-54.

[8] 徐千洋．Linux C 函数库参考手册[M]．北京：中国青年出版社．2002.

[9] Dunkels A, Gronvall B, Voigt T. Contiki——A Lightweight and Flexible Operating System for Tiny Networked Sensors[C]//Proc. of the 29th Annual IEEE International Conference on Local Computer Networks. Tampa, USA: [s. n.], 2004.

[10] 伯内特，张波．Android 基础教程[M]．北京：人民邮电出版社，2009.

[11] 谭桂华．Visual C#高级编程范例[M]．北京：航空航天大学出版社，2004.

[12] 周学广，等．信息安全学[M]．北京：机械工业出版社，2003.

[13] IETF．IPv6 over Low Power WPAN[EB/OL]. (2005-03-08). http:// www.ietf.org/html.charters/6lowpan-charter.html.

[14] 陈堂敏．刘焕平．单片机原理与应用[M]．北京：北京理工大学出版社，2007.

北京大学出版社本科计算机系列实用规划教材

序号	标准书号	书　名	主　编	定价	序号	标准书号	书　名	主　编	定价
1	7-301-10511-5	离散数学	段禅伦	28	38	7-301-13684-3	单片机原理及应用	王新颖	25
2	7-301-10457-X	线性代数	陈付贵	20	39	7-301-14505-0	Visual C++程序设计案例教程	张荣梅	30
3	7-301-10510-X	概率论与数理统计	陈荣江	26	40	7-301-14259-2	多媒体技术应用案例教程	李　建	30
4	7-301-10503-0	Visual Basic 程序设计	闵联营	22	41	7-301-14503-6	ASP .NET 动态网页设计案例教程(Visual Basic .NET 版)	江　红	35
5	7-301-21752-8	多媒体技术及其应用(第 2 版)	张　明	39	42	7-301-14504-3	C++面向对象与 Visual C++程序设计案例教程	黄贤英	35
6	7-301-10466-8	C++程序设计	刘天印	33	43	7-301-14506-7	Photoshop CS3 案例教程	李建芳	34
7	7-301-10467-5	C++程序设计实验指导与习题解答	李　兰	20	44	7-301-14510-4	C++程序设计基础案例教程	于永彦	33
8	7-301-10505-4	Visual C++程序设计教程与上机指导	高志伟	25	45	7-301-14942-3	ASP .NET 网络应用案例教程(C# .NET 版)	张登辉	33
9	7-301-10462-0	XML 实用教程	丁跃潮	26	46	7-301-12377-5	计算机硬件技术基础	石　磊	26
10	7-301-10463-7	计算机网络系统集成	斯桃枝	22	47	7-301-15208-9	计算机组成原理	娄国焕	24
11	7-301-22437-3	单片机原理及应用教程(第 2 版)	范立南	43	48	7-301-15463-2	网页设计与制作案例教程	房爱莲	36
12	7-5038-4421-3	ASP .NET 网络编程实用教程(C#版)	崔良海	31	49	7-301-04852-8	线性代数	姚喜妍	22
13	7-5038-4427-2	C 语言程序设计	赵建锋	25	50	7-301-15461-8	计算机网络技术	陈代武	33
14	7-5038-4420-5	Delphi 程序设计基础教程	张世明	37	51	7-301-15697-1	计算机辅助设计二次开发案例教程	谢安俊	26
15	7-5038-4417-5	SQL Server 数据库设计与管理	姜　力	31	52	7-301-15740-4	Visual C# 程序开发案例教程	韩朝阳	30
16	7-5038-4424-9	大学计算机基础	贾丽娟	34	53	7-301-16597-3	Visual C++程序设计实用案例教程	于永彦	32
17	7-5038-4430-0	计算机科学与技术导论	王昆仑	30	54	7-301-16850-9	Java 程序设计案例教程	胡巧多	32
18	7-5038-4418-3	计算机网络应用实例教程	魏　峥	25	55	7-301-16842-4	数据库原理与应用(SQL Server 版)	毛一梅	36
19	7-5038-4415-9	面向对象程序设计	冷英男	28	56	7-301-16910-0	计算机网络技术基础与应用	马秀峰	33
20	7-5038-4429-4	软件工程	赵春刚	22	57	7-301-15063-4	计算机网络基础与应用	刘远生	32
21	7-5038-4431-0	数据结构(C++版)	秦　锋	28	58	7-301-15250-8	汇编语言程序设计	张光长	28
22	7-5038-4423-2	微机应用基础	吕晓燕	33	59	7-301-15064-1	网络安全技术	骆耀祖	30
23	7-5038-4426-4	微型计算机原理与接口技术	刘彦文	26	60	7-301-15584-4	数据结构与算法	佟伟光	32
24	7-5038-4425-6	办公自动化教程	钱　俊	30	61	7-301-17087-8	操作系统实用教程	范立南	36
25	7-5038-4419-1	Java 语言程序设计实用教程	董迎红	33	62	7-301-16631-4	Visual Basic 2008 程序设计教程	隋晓红	34
26	7-5038-4428-0	计算机图形技术	龚声蓉	28	63	7-301-17537-8	C 语言基础案例教程	汪新民	31
27	7-301-11501-5	计算机软件技术基础	高　巍	25	64	7-301-17397-8	C++程序设计基础教程	郗亚辉	30
28	7-301-11500-8	计算机组装与维护实用教程	崔明远	33	65	7-301-17578-1	图论算法理论、实现及应用	王桂平	54
29	7-301-12174-0	Visual FoxPro 实用教程	马秀峰	29	66	7-301-17964-2	PHP 动态网页设计与制作案例教程	房爱莲	42
30	7-301-11500-8	管理信息系统实用教程	杨月江	27	67	7-301-18514-8	多媒体开发与编程	于永彦	35
31	7-301-11445-2	Photoshop CS 实用教程	张　瑾	28	68	7-301-18538-4	实用计算方法	徐亚平	24
32	7-301-12378-2	ASP .NET 课程设计指导	潘志红	35	69	7-301-18539-1	Visual FoxPro 数据库设计案例教程	谭红杨	35
33	7-301-12394-2	C# .NET 课程设计指导	龚自霞	32	70	7-301-19313-6	Java 程序设计案例教程与实训	董迎红	45
34	7-301-13259-3	VisualBasic .NET 课程设计指导	潘志红	30	71	7-301-19389-1	Visual FoxPro 实用教程与上机指导（第 2 版）	马秀峰	40
35	7-301-12371-3	网络工程实用教程	汪新民	34	72	7-301-19435-5	计算方法	尹景本	28
36	7-301-14132-8	J2EE 课程设计指导	王立丰	32	73	7-301-19388-4	Java 程序设计教程	张剑飞	35
37	7-301-21088-8	计算机专业英语(第 2 版)	张　勇	42	74	7-301-19386-0	计算机图形技术(第 2 版)	许承东	44

序号	标准书号	书　　名	主　编	定价	序号	标准书号	书　　名	主　编	定价
75	7-301-15689-6	Photoshop CS5 案例教程(第 2 版)	李建芳	39	84	7-301-16824-0	软件测试案例教程	丁宋涛	28
76	7-301-18395-3	概率论与数理统计	姚喜妍	29	85	7-301-20328-6	ASP. NET 动态网页案例教程(C#.NET 版)	江　红	45
77	7-301-19980-0	3ds Max 2011 案例教程	李建芳	44	86	7-301-16528-7	C#程序设计	胡艳菊	40
78	7-301-20052-0	数据结构与算法应用实践教程	李文书	36	87	7-301-21271-4	C#面向对象程序设计及实践教程	唐　燕	45
79	7-301-12375-1	汇编语言程序设计	张宝剑	36	88	7-301-21295-0	计算机专业英语	吴丽君	34
80	7-301-20523-5	Visual C++程序设计教程与上机指导(第 2 版)	牛江川	40	89	7-301-21341-4	计算机组成与结构教程	姚玉霞	42
81	7-301-20630-0	C#程序开发案例教程	李挥剑	39	90	7-301-21367-4	计算机组成与结构实验实训教程	姚玉霞	22
82	7-301-20898-4	SQL Server 2008 数据库应用案例教程	钱哨	38	91	7-301-22119-8	UML 实用基础教程	赵春刚	36
83	7-301-21052-9	ASP.NET 程序设计与开发	张绍兵	39	92	7-301-22965-1	数据结构(C 语言版)	陈超祥	32

序号	标准书号	书　名	主　编	定价	序号	标准书号	书　名	主　编	定价
95	7-301-18314-4	通信电子线路及仿真设计	王鲜芳	29	130	7-301-22111-2	平板显示技术基础	王丽娟	52
96	7-301-19175-0	单片机原理与接口技术	李　升	46	131	7-301-22448-9	自动控制原理	谭功全	44
97	7-301-19320-4	移动通信	刘维超	39	132	7-301-22474-8	电子电路基础实验与课程设计	武　林	36
98	7-301-19447-8	电气信息类专业英语	缪志农	40	133	7-301-22484-7	电文化——电气信息学科概论	高　心	30
99	7-301-19451-5	嵌入式系统设计及应用	邢吉生	44	134	7-301-22436-6	物联网技术案例教程	崔逊学	40
100	7-301-19452-2	电子信息类专业 MATLAB 实验教程	李明明	42	135	7-301-22598-1	实用数字电子技术	钱裕禄	30
101	7-301-16914-8	物理光学理论与应用	宋贵才	32	136	7-301-22529-5	PLC 技术与应用(西门子版)	丁金婷	32
102	7-301-16598-0	综合布线系统管理教程	吴达金	39	137	7-301-22386-4	自动控制原理	佟　威	30
103	7-301-20394-1	物联网基础与应用	李蔚田	44	138	7-301-22528-8	通信原理实验与课程设计	邬春明	34
104	7-301-20339-2	数字图像处理	李云红	36	139	7-301-22582-0	信号与系统	许丽佳	38
105	7-301-20340-8	信号与系统	李云红	29	140	7-301-22447-2	嵌入式系统基础实践教程	韩　磊	35
106	7-301-20505-1	电路分析基础	吴舒辞	38	141	7-301-22776-3	信号与线性系统	朱明早	33
107	7-301-22447-2	嵌入式系统基础实践教程	韩　磊	35	142	7-301-22872-2	电机、拖动与控制	万芳瑛	34
108	7-301-20506-8	编码调制技术	黄　平	26	143	7-301-22882-1	MCS-51 单片机原理及应用	黄翠翠	34
109	7-301-20763-5	网络工程与管理	谢　慧	39	144	7-301-22936-1	自动控制原理	邢春芳	39
110	7-301-20845-8	单片机原理与接口技术实验与课程设计	徐懂理	26	145	7-301-22920-0	电气信息工程专业英语	余兴波	26
111	301-20725-3	模拟电子线路	宋树祥	38	146	7-301-22919-4	信号分析与处理	李会容	39
112	7-301-21058-1	单片机原理与应用及其实验指导书	邵发森	44	147	7-301-22385-7	家居物联网技术开发与实践	付　蔚	39
113	7-301-20918-9	Mathcad 在信号与系统中的应用	郭仁春	30	148	7-301-23124-1	模拟电子技术学习指导及习题精选	姚娅川	30
114	7-301-20327-9	电工学实验教程	王士军	34	149	7-301-23022-0	MATLAB 基础及实验教程	杨成慧	36
115	7-301-16367-2	供配电技术	王玉华	49	150	7-301-23221-7	电工电子基础实验及综合设计指导	盛桂珍	32
116	7-301-20351-4	电路与模拟电子技术实验指导书	唐　颖	26	151	7-301-23473-0	物联网概论	王　平	38
117	7-301-21247-9	MATLAB 基础与应用教程	王月明	32	152	7-301-23639-0	现代光学	宋贵才	36
118	7-301-21235-6	集成电路版图设计	陆学斌	36	153	7-301-23705-2	无线通信原理	许晓丽	42
119	7-301-21304-9	数字电子技术	秦长海	49	154	7-301-23736-6	电子技术实验教程	司朝良	33
120	7-301-21366-7	电力系统继电保护(第 2 版)	马永翔	42	155	7-301-23754-0	工控组态软件及应用	何坚强	49
121	7-301-21450-3	模拟电子与数字逻辑	邬春明	39	156	7-301-23877-6	EDA 技术及数字系统的应用	包　明	55
122	7-301-21439-8	物联网概论	王金甫	42	157	7-301-23983-4	通信网络基础	王　昊	32
123	7-301-21849-5	微波技术基础及其应用	李泽民	49	158	7-301-24153-0	物联网安全	王金甫	43
124	7-301-21688-0	电子信息与通信工程专业英语	孙桂芝	36	159	7-301-24181-3	电工技术	赵　莹	46
125	7-301-22110-5	传感器技术及应用电路项目化教程	钱裕禄	30	160	7-301-24449-4	电子技术实验教程	马秋明	26
126	7-301-21672-9	单片机系统设计与实例开发（MSP430）	顾　涛	44	161	7-301-24469-2	Android 开发工程师案例教程	倪红军	48
127	7-301-22112-9	自动控制原理	许丽佳	30	162	7-301-24557-6	现代通信网络	胡珺珺	38
128	7-301-22109-9	DSP 技术及应用	董　胜	39	163	7-301-24777-8	DSP 技术与应用基础(第 2 版)	俞一彪	45
129	7-301-21607-1	数字图像处理算法及应用	李文书	48	164	7-301-24812-6	微控制器原理及应用	丁筱玲	42